동적화면 처리를 위한

Ajax와 jQuery
프로그래밍 입문

인경열 지음

- 초보자도 이해하기 쉽게 구성한 예제 수록
- 전통적인 웹 개발방식과 Ajax를 이용한 개발방식의 비교 설명
- Ajax 핵심 개념 설명 및 예세 수록
- DOM 트리 구조 및 동적 화면 처리 구현 방법 설명
- JSON 및 XML 데이터 파싱 처리 방법 설명
- jQuery를 활용한 DOM 처리 및 애니메이션 기능 구현 방법 설명
- jQuery의 Ajax 기능 사용 방법 및 JSP 연동 예제 수록

- 좋은 책 · 알찬 내용 -
GM 가메출판사

jQuery는

jQuery가 나온 지도 어느덧 10여 년이 되었습니다. 웹 2.0의 유행을 타고 2005년을 전후로 prototype, dojo, jQuery와 같은 다양한 JavaScript 프레임워크가 등장하였는데, 여러 프레임워크를 제치고 현재도 jQuery의 인기는 타의 추종을 불허할 만큼 대단합니다.

현재까지 jQuery가 웹 기반의 어플리케이션 개발을 위한 대표적인 프레임워크로 자리 잡은 이유는, 기존 JavaScript의 코드를 단순하고 간결한 형태로 변경해서 제공한 것이기 때문에 동일한 코드를 처리하거나 복잡하고 반복적인 기존 개발방식과 비교하여 다양한 효과 처리가 가능하며, 이벤트 처리를 간단한 함수 처리 작업만으로도 쉽고 빠르게 개발 가능하도록 도와주기 때문입니다. 또한, 표준화된 CSS 선택자 기반의 DOM 처리가 가능하여 매우 쉬운 방법의 동적인 화면처리가 가능하고 웹 브라우저 종류와 상관없이 개발 가능한 크로스 브라우징이 지원되기 때문입니다.

Ajax와 jQuery 프레임워크를 같이 살펴봐야 하는 이유는

JavaScript와 마찬가지로 jQuery 프레임워크는 웹 브라우저에서 실행되는 front-end 환경의 개발 언어입니다. jQuery를 활용하면 동적인 화면 구성 및 손쉬운 이벤트 처리, 간단한 사용자 정의 애니메이션, 크로스 브라우징과 같이 JavaScript만으로 구현하기 어려웠던 복잡한 작업들을 매우 효과적으로 손쉽게 구현할 수 있습니다. 하지만, 실제로 서비스되고 있는 많은 웹 어플리케이션은 JavaScript 또는 jQuery 같은 front-end 기술뿐만 아니라 JSP, ASP, PHP 같은 서버 프로그래밍을 이용한 서버와의 통신을 통해서 사용자들의 요구 사항을 충족시키고 있습니다.

웹 쇼핑을 하거나 영화예매를 하거나 또는 길 찾기 서비스, 맵 서비스를 활용하거나 특정 포털 사이트의 메일을 사용하는 등과 같이 거의 모든 웹 어플리케이션에서 서버 통신 기술을 필요로 합니다.

사용자들의 요청에 굼뜨게 반응하거나 전체 화면에서 일부분이 변경되었음에도 전체 화면이 다시 재로딩(reloading) 되도록 어플리케이션을 구축하는 것은 사용자 입장에서는 제대로 된 UI/UX라고 볼 수 없습니다. 사용자 요청에 대한 즉각적인 반응 및 HTML을 이용한 전체 화면 변경이 아닌 JSON/XML 데이터를 통한 화면 일부분의 변경 기술 중심에 Ajax 기술이 있습니다.

따라서 클라이언트인 웹 브라우저와 서버와의 효율적인 통신 방법으로 Ajax 기술이 사용되기 때문에 Ajax와 jQuery 프레임워크를 반드시 같이 이해하고 정리하는 것이 매우 중요합니다.

이 책의 구성은
이 책은 크게 2가지 주제로 구성되었습니다. 하나는 Ajax 프로그래밍이고 다른 하나는 jQuery 프레임워크를 이용하는 jQuery 프로그래밍입니다.

1장부터 3장까지의 내용은 JavaScript를 사용하여 Ajax와 관련된 기본 개념을 살펴보고 네이버 및 구글에서 제공하는 '검색 서제스트' 예제를 구축하여 동작방식을 이해하도록 합니다. Ajax는 JSP/Servlet과 같은 서버 프로그램과 비동기 통신을 통하여 사용자에게 효율적인 UI/UX를 제공할 수 있으며, JSON/XML과 같은 포맷도 처리 가능하도록 지원합니다.

이 책에서는 JavaScript와 관련된 기본 문법 설명은 제공하지 않기 때문에 JavaScript의 기본 문법이 필요한 독자 여러분께서는 JavaScript의 기본 문법을 설명하는 다른 서적을 참고하시기 바랍니다.

4장부터는 jQuery 프로그래밍에 관하여 기본적인 내용을 살펴봅니다. jQuery를 활용한 화려하고 실무에서 적용 가능한 예제가 아닌, jQuery 프레임워크의 기본 문법에 중점을 두고 독자 여러분께서 이해하기 쉽게 최대한 간소한 예제를 사용하도록 노력하였습니다.

이 책의 실습 내용을 하나씩 따라 하다 보면, jQuery의 기본 사용법에 관하여 어렵지 않게 이해할 수 있을 것으로 생각합니다. 이 책이 프런트 엔드(front-end) 핵심 기술인 Ajax와 jQuery 프레임워크를 이해하는데 약간의 도움이라도 되기를 진심으로 바랍니다.

마지막으로 이 책이 출간될 수 있도록 도움을 주신 가메출판사 관계자 여러분께 진심으로 감사 드립니다.

인경열 드림

CONTENTS

PART 01 Ajax 프로그래밍

CHAPTER 01 Ajax 개요

01	Ajax 개요	16
02	Ajax가 반드시 필요한 이유	16
	2.1 사용자 인터페이스 측면	16
	2.2 비동기 상호작용	17
	2.3 접근 용이성	17
03	Ajax의 기본 구성 요소	17
04	전통적인(Non Ajax) 개발방식과 Ajax 개발방식 비교	19
05	Ajax 어플리케이션 대표적인 예	21
	5.1 구글 Gmail	21
	5.2 구글맵	21
	5.3 구글 검색(네이버 검색)	22

CHAPTER 02 개발 환경 구축

01	JDK(Java Development Kit) 설치	26
02	이클립스 개발 툴 설치	30
03	톰캣(웹 서버) 설치	34
04	이클립스와 톰캣 연동	36
05	이클립스에서 글꼴 변경 및 인코딩 변경	42
06	HTML 파일 작성해 보기	44
07	이클립스에서 소스 코드 import하기	51

CHAPTER 03 XMLHttpRequest 객체

01	XMLHttpRequest	58
	1.1 HTTP 요청 처리	59
	1.1.1 요청 초기화 : open()	59
	1.1.2 요청 : send()	60

1.2 　HTTP 응답 처리 　　　　　　　　　　　　　　　　　　　　　61

　　1.2.1 onreadystatechange 프로퍼티 　　　　　　　　　61

　　1.2.2 responseText 및 responseXML 프로퍼티 　　　　61

02 　크로스 도메인(Cross Domain) 요청 처리 　　　　　　　77

CHAPTER 04 DOM 개요

01 　DOM 개요 　　　　　　　　　　　　　　　　　　　　　　　84

1.1 　노드 속성 및 메서드 　　　　　　　　　　　　　　　　　85

1.2 　노드 생성 및 추가 　　　　　　　　　　　　　　　　　　87

1.3 　노드 조회 　　　　　　　　　　　　　　　　　　　　　　94

　　1.3.1 document.getElementById(id) 메서드 　　　　　94

　　1.3.2 document.getElementsByTagName(tag) 메서드 　96

　　1.3.3　querySelector(선택자) 및 querySelectorAll(선택자) 메서드 　99

1.4 　노드 삭제 　　　　　　　　　　　　　　　　　　　　　　100

02 　DOM과 Ajax를 활용하는 상황별 예제 　　　　　　　　101

2.1 　동적으로 연동하는 Combo 박스 예 　　　　　　　　　102

2.2 　검색어 자동완성 기능 　　　　　　　　　　　　　　　105

PART 02 jQuery 프로그래밍

CHAPTER 05 jQuery 개요

01 　jQuery 개요 　　　　　　　　　　　　　　　　　　　　　112

1.1 　jQuery 설치 　　　　　　　　　　　　　　　　　　　　　112

1.2 　jQuery 문법 　　　　　　　　　　　　　　　　　　　　　117

1.3 　$(document).ready() 함수 　　　　　　　　　　　　118

02 　jQuery 기본(Core) 선택자 　　　　　　　　　　　　　　120

2.1 　All Selector(모든 요소 선택자) 　　　　　　　　　　　120

2.2 　Element Selector(특정 요소 선택자) 　　　　　　　　122

2.3 　ID Selector(특정 ID 선택자) 　　　　　　　　　　　　123

2.4 　Class Selector(클래스 선택자) 　　　　　　　　　　　125

2.5 　Multiple Selector(다중 선택자) 　　　　　　　　　　128

03 　jQuery 계층(Hierarchy) 선택자 　　　　　　　　　　　130

3.1 　Child Selector(자식 선택자) 　　　　　　　　　　　　130

3.2 　Descendant Selector(자손 선택자) 　　　　　　　　132

3.3 Next Adjacent Selector(인접한 형제 선택자)   134

3.4 Next Siblings Selector(다중 형제 선택자)   136

04 jQuery 속성 선택자   138

4.1 Has Attribute Selector   139

4.2 Attribute Equals Selector   140

4.3 Attribute Starts / Ends With Selector   142

4.4 Attribute Contains Selector   144

4.5 Multiple Attribute / Attribute Contains Prefix Selector   145

05 jQuery 필터 선택자   147

5.1 Basic Filter(기본 필터)   147

    5.1.1 :animated 필터 선택자   148

    5.1.2 :eq(index) 필터 선택자   151

    5.1.3 :even과 :odd 필터 선택자   152

    5.1.4 :first와 :last 필터 선택자   154

    5.1.5 :gt(index)와 :lt(index) 필터 선택자   156

    5.1.6 :not(selector) 필터 신택자   157

    5.1.7 :focus 필터 선택자   159

5.2 Child Filter   162

    5.2.1 :first-child와 :last-child 필터 선택자   162

    5.2.2 :nth-child(index) 필터 선택자   164

    5.2.3 :nth-child(even) 필터와 :nth-child(odd) 필터 선택자   166

    5.2.4 :nth-child(2n) 필터 선택자   168

    5.2.5 :only-child 필터 선택자   170

5.3 Form Filter(폼 필터)   172

    5.3.1 :button, :enable, :disable 필터 선택자   173

    5.3.2 :checkbox와 :checked 필터 선택자   176

    5.3.3 :selected 필터 선택자   178

5.4 Content Filter(내용 필터)   180

    5.4.1 :contains(text) 필터 선택자   180

    5.4.2 :empty 필터 선택자   182

    5.4.3 :has(selector) 필터 선택자   183

    5.4.4 :parent 필터 선택자   185

CHAPTER 06 jQuery Traversing

01 Filtering   188

1.1 .eq(index) 메서드   189

1.2 .filter(expr) 메서드   192

1.3	.filter(fn) 메서드	194
1.4	.not(expr) 메서드와 .not(fn) 메시드	196
1.5	.is(expr)와 .is(fn) 메서드	198
1.6	.has(selector) 메서드	200
1.7	.first()와 .last() 메서드	202
1.8	.map(fn) 메서드	203
1.9	.slice(start[,end])) 메서드	205

02 기타 Traversing — 206

2.1	.add(expr) 메서드	207
2.2	.addBack([selector]) 메서드	209
2.3	.contents() 메서드	210
2.4	.end() 메서드	212

03 Tree Traversal — 214

3.1	.children([selector]) 메서드	215
3.2	.closest(selector) 메서드	216
3.3	.find(selector) 메서드	218
3.4	.next([selector]) 메서드	220
3.5	.nextAll([selector]) 메서드	222
3.6	.offsetParent()메서드	224
3.7	.parent([selector]) 메서드	226
3.8	.parents([selector]) 메서드	228
3.9	.prev([selector]) 메서드	229
3.10	.prevAll([selector]) 메서드	231
3.11	.siblings([selector]) 메서드	232

CHAPTER 07 jQuery Attributes

01	.attr(속성명)와 .attr(속성명, 속성값) 메서드	237
02	.removeAttr(속성명) 메서드	240
03	.val() 메서드와 .val(값) 메서드	242
04	.text()와 .text(값) 메서드	244
05	.html() 메서드와 .html(값) 메서드	246
06	.addClass(className) 메서드	247
07	.removeClass(className) 메서드	249
08	.toggleClass(className) 메서드	251

CHAPTER 08 jQuery Manipulation

01	.append(content) 메서드	257
02	.appendTo(target) 메서드	259
03	.prepend(content) 메서드	261
04	.prependTo(target) 메서드	264
05	.after(content) 메서드	266
06	.insertAfter(target) 메서드	269
07	.before(content) 메서드	271
08	.insertBefore(target) 메서드	274
09	.wrap(html) 메서드	276
10	.wrapAll(html) 메서드	279
11	.wrapInner(html) 메서드	283
12	.unwrap() 메서드	284
13	.replaceWith(content) 메서드	287
14	.replaceAll(target) 메서드	289
15	.empty() 메서드	291
16	.remove([selector]) 메서드	292
17	.clone() 메서드	294
18	.clone(true) 메서드	295

CHAPTER 09 jQuery Utilities

01	jQuery.each(object, function) 메서드	301
02	jQuery.grep(array, function[, inverter]) 메서드	304
03	jQuery.map(array, function) 메서드	306
04	jQuery.merge(arr1, arr2) 메서드	308
05	jQuery.extend(target, obj1[, objN]) 메서드	309
06	jQuery.makeArray(obj) 메서드	311
07	jQuery.inArray(value, array) 메서드	312
08	jQuery.trim(str) 메서드	314
09	jQuery.isArray(obj) 메서드	315
10	jQuery.isEmptyObject(obj) 메서드	316
11	jQuery.isNumeric(value) 메서드	318
12	jQuery.isPlainObject(obj) 메서드	320
13	jQuery.parseXML(data) 메서드	321

14   jQuery.parseJSON(json) 메서드   323

15   jQuery.type(obj) 메서드   324

16   jQuery.uniqueSort(domArray) 메서드   326

17   jQuery.data(element, key, value)와   328
         jQuery.data(element, key) 메서드

18   .each(function) 메서드   330

19   .get([index]) 메서드   331

CHAPTER 10 jQuery Events

01   Event 설정 및 해제 관련 메서드   336

    1.1   .ready(function) 메서드   337

    1.2   .bind(eventType[, eventData], function(eventObject)) 메서드   339

    1.3   .on(events[,selector][,data],function) 메서드   344

    1.4   .one(events[, selector][, data], function) 메서드   348

    1.5   .trigger(eventType[, extraParameters]) 메서드   350

    1.6   .unbind(eventType[, function]) 메서드   354

    1.7   .off(events[,selector][,function]) 메서드   357

02   Form 관련 Event 메서드   359

    2.1   .focus([function]) 메서드 및 .blur([function]) 메서드   359

    2.2   .change([function]) 메서드   363

    2.3   .select([function]) 메서드   366

    2.4   .submit([function]) 메서드   368

    2.5   .keydown([function]) 메서드   371

    2.6   .keyup([function]) 메서드   373

03   마우스 관련 Event 메서드   375

    3.1   .click([function]) 메서드   376

    3.2   .dblclick([function]) 메서드   378

    3.3   .mouseenter([function]) 메서드   380

    3.4   .mouseleave([function]) 메서드   383

    3.5   .mousemove([function]) 메서드   385

    3.6   .hover(functionIn, functionOut) 메서드   388

CHAPTER 11 jQuery Effects

01 Effects 관련 메서드   392

　　1.1 .hide([duration][, easing][, callback])와   393
　　　　　.show([duration][, easing][, callback]) 메서드

　　1.2 .toggle([duration][, easing][, callback]) 메서드   395

　　1.3 .fadeIn([duration][, easing][, callback]) 메서드   398

　　1.4 .fadeOut([duration][, easing][, callback]) 메서드   400

　　1.5 .fadeToggle([duration][, easing][, callback]) 메서드   402

　　1.6 .fadeTo(duration, opacity [, easing][, callback]) 메서드   404

　　1.7 .slideUp([duration][, easing][, callback]) 메서드   406

　　1.8 .slideDown([duration][, easing][, callback]) 메서드   408

　　1.9 .slideToggle([duration][, easing][, callback]) 메서드   410

02 Custom Effects 관련 메서드   411

　　2.1 .animate(properties[, duration][, easing][, callback]) 메서드   412

　　2.2 애니메이션 큐(Queue)   416

　　2.3 .queue([queueName]) 메서드   419

　　2.4 .queue(function) 메서드   421

　　2.5 .dequeue([queueName]) 메서드   423

　　2.6 .clearQueue([queueName]) 메서드   425

　　2.7 .stop([clearQueue][, jumpToEnd]) 메서드   428

　　2.8 .delay(duration[, queueName]) 메서드   430

　　2.9 jQuery.fx.off   432

CHAPTER 12 jQuery의 Ajax 관련 기능

01 jQuery.ajax(url[, settings]) 메서드   436

02 .load(url[, data][, callback]) 메서드   443

03 jQuery.get(url[, data][, callback][, dataType]) 메서드   446

04 jQuery.post(url[, data][, callback][, dataType]) 메서드   449

05 jQuery.getJSON(url[, data][, callback]) 메서드   449

06 .ajaxComplete(function) 메서드   452

07 .ajaxSetup(options) 메서드   454

08 .serialize() 메서드   456

PART

01

Ajax 프로그래밍

CHAPTER 01 Ajax 개요
CHAPTER 02 개발 환경 구축
CHAPTER 03 XMLHttpRequest 객체
CHAPTER 04 DOM 개요

Ajax 개요

[학습 목표]

- Ajax 기본 개요에 관하여 학습한다.
- Ajax가 반드시 필요한 이유에 관하여 학습한다.
- Ajax 기본 구성요소에 관하여 학습한다.
- 전통적인 개발방식과 Ajax를 이용한 개발방식을 비교하여 학습한다.
- Ajax 어플리케이션의 대표적인 사례에 관하여 학습한다.

01 Ajax 개요

Ajax(에이잭스 : Asynchronous JavaScript and XML)란 용어는 2005년 2월 제시 제임스 카렛(Jesse James Garrett)이 처음 사용하면서 알려지게 되었다.

일반적으로 웹 어플리케이션 사용자들은 점점 화려하고 멋진 서비스를 원하기 때문에 이를 위해 다양한 종류의 기술이 계속해서 개발되고 있다. Ajax 역시 일반적인 컴퓨터에 설치된 기능만으로도 고객이 원하는 훌륭하고 멋진, 지능적인 기능을 제공할 수 있는 기술이라고 할 수 있다.

새로운 기술이 발표되면 개발자들은 새로운 기술을 새로 배워야 한다는 부담감이 커지게 된다. 하지만, Ajax는 전혀 새로운 기술이 아니다. 즉, 기존에 알고 있던 기술을 활용할 수 있으며 부족한 기술조차 어렵지 않게 배울 수 있다. Ajax를 활용한다는 것은 이미 만들어져 있는 여러 가지 기능을 조합하여 원래 기능보다 향상된 효과를 얻을 수 있음을 의미한다.

초창기에 Ajax 기술을 활용한 웹 어플리케이션(gmail, 구글맵 등)이 개발되었을 때 사용자들은 매우 열광하였으며 10여 년이 지난 현재에도 웹 어플리케이션을 개발할 때 반드시 필요한 기술 중 하나이다.

02 Ajax가 반드시 필요한 이유

2.1 사용자 인터페이스 측면

웹 브라우저에서 실행되는 웹 어플리케이션이 아닌 일반적인 데스크톱 어플리케이션(워드, 엑셀 등) 프로그램을 한 번이라도 사용한 경험이 있는 사용자들은 웹 어플리케이션과 일반 데스크톱 어플리케이션을 비교할 때 UI/UX를 데스크톱 어플리케이션의 가장 큰 장점으로 꼽는다.

데스크톱 어플리케이션은 특정 위치의 자료를 수정하거나, 키보드와 마우스를 이용해서 이동하거나, 드래그 앤 드롭을 이용해서 데이터를 손쉽게 처리할 수도 있다. 이러한 기능이 제한되었던 웹 어플리케이션에서도 Ajax를 활용하여 데스크톱 어플리케이션만큼 사용자에게 효율적인 UI/UX를 제공할 수 있다.

2.2 비동기 상호작용

사용자 편의 위주로 만들어진 인터페이스는 사용자가 원하는 즉각적인 반응을 한다. 원활한 상호작용을 위해서는 사용자가 특정 행동을 취했을 때 그에 대한 반응이 즉시 나타나야 한다는 것이다. 사용자 액션에 대한 반응이 조금씩 느려질수록 사용자는 점점 흥미를 잃게 되고 본연의 업무보다는 사용자 인터페이스에 더 신경을 쓰게 된다.

웹 어플리케이션을 이용한 모든 데이터 처리 작업은 특정 액션에 대한 반응이 나타날 때, 사용자가 느끼는 감정이 지연된 것처럼 느낄 정도로 많은 시간이 소요되는 작업이다. 즉, 즉각적인 반응이 어려운 것이 웹 어플리케이션의 단점이다.

Ajax의 첫 글자인 'A'는 'Asynchronous' 즉, '비동기'를 의미한다. 클라이언트가 서버 처리를 기다리지 않고, '비동기' 요청이 가능하다는 것이다. Ajax의 비동기 통신을 이용하면 사용자 액션에 즉각적으로 반응한다는 느낌을 받을 수 있다.

2.3 접근 용이성

앞에서도 언급했지만, 새로운 기술은 개발자들을 매우 힘들게 한다. 하지만, Ajax는 전혀 그렇지 않다. Ajax의 기본 기술은 JavaScript, HTML, CSS, DOM 처리와 같이 웹 어플리케이션을 개발한 경험이 있는 개발자라면 누구라도 쉽게 이해하고 접근 가능한 기술이다.

Ajax에서 핵심 객체인 XMLHttpRequest도 쉽게 사용할 수 있다. 물론 처음에는 익숙하지 않은 관계로 이해하기 어렵다고 느낄 수도 있지만, 반복적인 패턴 규칙이 있기 때문에 적용하기가 쉽다.

03 Ajax의 기본 구성 요소

앞서 계속 언급했듯이 Ajax는 특정 기술 하나를 의미하는 것이 아니고, 사용자의 특정 행위에 만족할 수 있도록 기본적으로 4가지 기술(JavaScript, HTML, CSS, DOM)을 모아 사용한다.

어플리케이션 사용자의 요청 흐름과 비즈니스 로직을 구현하는 작업은 JavaScript가 처리한다. 즉, JavaScript를 이용하여 마우스나 키보드를 이용한 사용자의 입력 데이터를 처리하고, DOM을 이용하여 사용자의 화면을 동적으로 표시하는 중요한 기능을 담당한다. CSS는 JavaScript가 DOM으로 만들어낸 웹 페이지를 화려하고 보기 좋게 꾸미는 역할을 담당한다.

마지막으로 XMLHttpRequest 객체는 서버와 비동기적으로 통신하면서 사용자의 요청을 서버에 전달하고, 사용자가 웹 브라우저에서 작업하는 동안에도 화면에 동적으로 표시하는 데 필요한 최신 데이터를 서버에서 가져오는 기능을 담당한다. 웹 어플리케이션을 개발할 때 이러한 필수적인 기술들이 모여서 Ajax 어플리케이션을 구성하고 있다.

다음은 Ajax 어플리케이션의 기본 기술을 표로 나타낸 것이다.

[표 1.1] Ajax 핵심 기술 정리

JavaScript	웹 브라우저에 내장된 스크립트를 사용하여 폼 데이터의 유효성 처리 및 DOM을 이용한 동적인 화면 갱신을 구현하는 등 여러 가지 기능을 직접 제어할 수 있는 범용 스크립트 언어이다. Ajax 어플리케이션은 모두 JavaScript로 작성한다.
CSS	웹 페이지의 화면 스타일을 관리할 수 있는 기술이다.
DOM	웹 페이지의 모든 태그를 객체로 관리하여 처리하는 방법으로 JavaScript로 DOM을 제어하면 화면을 '새로 고침'할 필요 없이 동적으로 화면을 갱신할 수 있다.
XMLHttpRequest	사용자가 웹 브라우저에서 특정 작업을 수행하는 동안에도 동적으로 서버와 비동기 통신할 수 있는 JavaScript 객체이다. 서버에서 응답하는 데이터(text 및 xml)를 백그라운드 형식으로 동작하는 콜백(callback)으로 처리하여 화면을 갱신할 수 있다.

위의 4가지 기술 가운데 CSS와 DOM 그리고 JavaScrpt의 3가지 기술은 과거에도 DHTML이라는 이름으로 널리 사용되었던 기술이다. DHTML을 사용하면 다양하고 동적인 웹 어플리케이션을 구현할 수 있었으나, 필요한 경우 페이지 전체를 다시 '새로 고침'해야 한다는 문제가 있었다.

서버에서 지속적으로 데이터를 가져오지 못하는 이상 웹 어플리케이션이 할 수 있는 작업은 한정적이었다. 웹 브라우저의 사용자 화면에서 사용자가 작업하는 동안 백그라운드로 웹 서버와 통신할 수 있다는 장점만으로도 Ajax는 매우 큰 장점을 가질 수 있다. 또한, 더욱 큰 장점은 Ajax와 관련된 기술 대부분이 일반적으로 많이 사용됐던 기술들이라는 것이다.

 잠깐만

DOM(Document Object Model)과 관련된 내용은 4장을 참고한다.

04 전통적인(Non Ajax) 개발방식과 Ajax 개발방식 비교

전통적인 웹 어플리케이션 개발방식과 Ajax 어플리케이션 개발방식의 차이점을 알아보자. 전통적인 웹 어플리케이션과 Ajax 어플리케이션 모두 특정 이벤트가 발생해야 계획된 다음 처리를 수행할 수 있다. 일반적으로 전통적인 웹 어플리케이션에서는 사용자가 직접 마우스 또는 키보드를 사용하여 화면에 있는 버튼 같은 위젯을 클릭하여 명시적으로 이벤트를 발생시키지만, Ajax는 사용자가 아닌 어플리케이션이 묵시적 방법으로 이벤트를 발생시킬 수 있다.

예를 들어, 회원가입 화면에서 아이디를 입력할 때 [중복체크] 버튼을 마우스로 직접 클릭하여 아이디 중복검사를 서버에게 요청하는 방식은 전통적인 웹 어플리케이션 방식이다. 전통적인 방식에서는 서버에서 클라이언트인 웹 브라우저에게 결과를 보내줄 때까지 사용자는 아무 작업도 못하고 기다려야 하며, 서버의 응답 결과는 HTML 문서이기 때문에 매번 화면을 새롭게 갱신해야 한다.

하지만, Ajax 어플리케이션 방식은 사용자가 아이디 입력 폼에 키보드로 아이디 값을 입력하는 도중에 백그라운드로 입력 값을 서버에 보내서 아이디 중복체크를 동적으로 처리할 수 있다. 또한, 비동기 처리방식이기 때문에 서버가 웹 브라우저에 결과를 보내줄 때까지 기다리지 않고 사용자는 특정 작업을 계속할 수 있으며 서버 처리가 모두 끝났으면 Ajax는 콜백(callback) 함수를 사용하여 서버에서 보낸 응답 메시지를 처리한다.

> 👁 **잠깐만**
>
> 콜백(callback) 함수는 사용자가 명시적으로 호출한 함수가 아닌, 특정 이벤트가 발생했을 때 시스템에 의해서 자동으로 호출되는 함수를 의미한다.

이때 서버에서 보낸 응답 결과는 HTML 문서가 아닌 특정 데이터(Text, XML, JSON) 형식이기 때문에 매번 새로운 화면으로 갱신되지 않고 이전 화면에서 특정 부분만 동적으로 변경할 수 있다.

다음은 전통적인 웹 어플리케이션이 수행되는 흐름으로 사용자가 입력 폼에 값을 입력하고 [전송] 버튼을 클릭하면 이벤트가 발생하여 웹 서버로 입력 데이터가 전송되어 서버에서 입력 데이터를 검증한다. 서버에서 검증이 완료된 후에 처리 결과를 HTML 형식으로 생성하고 웹 브라우저에 응답으로 보내진다. 따라서 웹 브라우저에서는 서버에서 응답처리된 HTML을 다시 보여주기 위하여 웹 페이지가 변경되며, 사용자는 생성된 HTML을 응답받기 전까지 아무 작업도 못하고 기다리게 된다. 이렇게 [그림 1.1]에서와 같이 하나하나 특정 순서(①②③④)대로 작업하는 방식을 동기 방식이라고 한다.

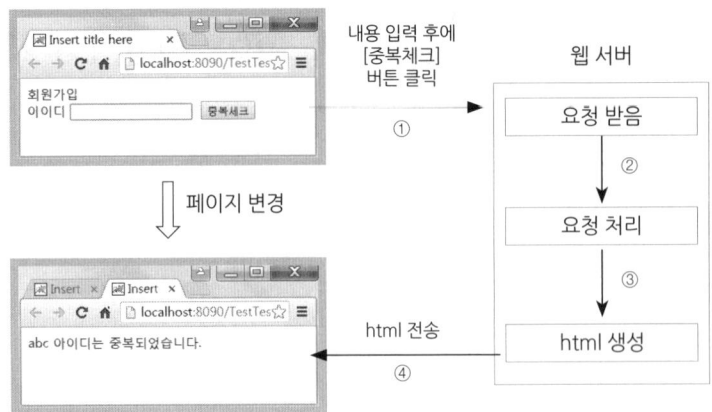

[그림 1.1] 전통적인 웹 어플리케이션 구조

다음은 Ajax 애플리케이션이 수행되는 흐름으로서 사용자가 입력 폼에 값을 입력하는 동시에 XMLHttpRequest 객체가 백그라운드로 입력 데이터를 웹 서버로 전송하여 검증한다.

서버에서 검증이 완료된 후에 처리 결과는 Text 및 XML, JSON 형태로 응답 처리 된다. JavaScript와 DOM을 이용하여 응답받은 데이터(Text, XML, JSON)를 동적으로 화면에 보여줄 수 있다. 응답받은 데이터가 HTML 형식이 아니기 때문에 전체적인 웹 페이지 변경이 아니며 특정 위치의 화면만 갱신이 이루어진다.

사용자의 직접적인 이벤트 작업이 없기 때문에 사용자 입장에서는 즉각적인 반응이 이루어졌다고 느낄 수 있으며 웹 페이지 전체가 바뀌는 화면 깜빡거림도 방지할 수 있다. 이렇게 지정된 순서가 아닌 특정 이벤트를 이용하여 웹 서버와 통신하는 방식을 비동기 방식이라고 한다. [그림 1.2]와 같이 비동기 방식인 Ajax는 서버의 응답결과(④)가 도착할 때까지 기다리지 않고 서버로 요청(①)과 동시에 클라이언트가 나름대로 추가 작업(②)을 할 수 있다. 결국 웹 서버의 ②와 클라이언트의 ②가 각각 동시에 실행이 될 수 있다.

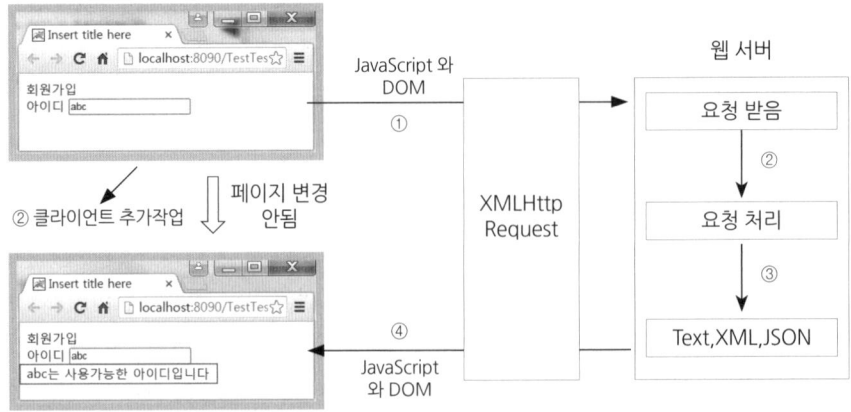

[그림 1.2] Ajax 웹 어플리케이션 구조

05 Ajax 어플리케이션 대표적인 예

다음은 Ajax 기술을 활용한 웹 어플리케이션 중에서 가장 익숙한 대표적인 예를 몇 가지 살펴보자.

5.1 구글 Gmail

구글의 Gmail은 2004년 초반부터 Ajax 기술을 이용하여 서비스되고 있다. 사용자는 여러 개의 메시지를 한꺼번에 열어볼 수 있고, 메일을 작성하는 도중에도 '받은 편지함'의 목록이 자동으로 업데이트가 되어 '새로 고침'을 하지 않고도 메일이 도착했음을 손쉽게 알 수 있다.

5.2 구글맵

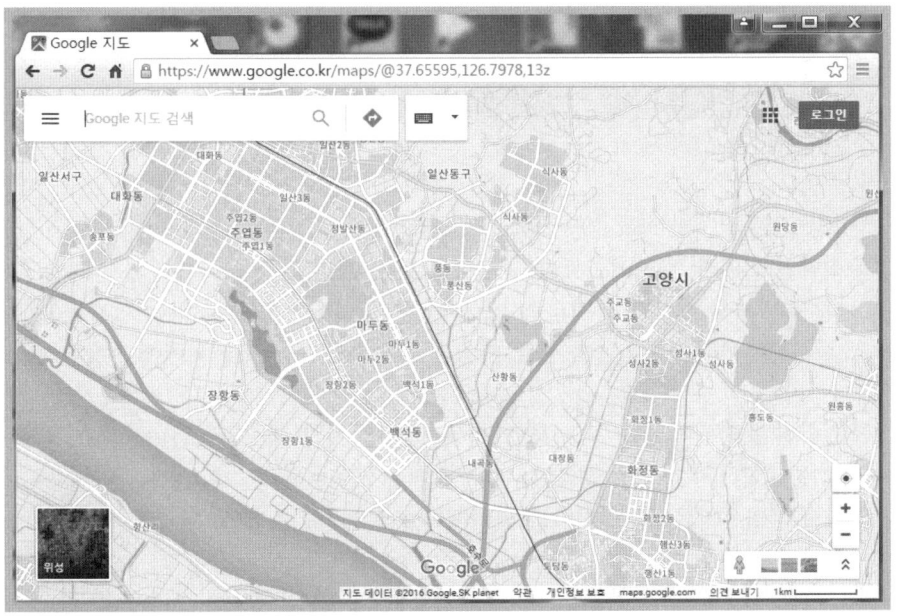

[그림 1.3] 구글맵

웹 브라우저에서 http://maps.google.com을 입력하면 자동으로 사용자의 현재 위치가 구글맵에 보이는 것을 확인할 수 있다. 또한, 마우스를 이용하여 지도를 상/하/좌/우로 드래그하면 즉각적으로 지도가 이동하는 것을 볼 수 있다. 또한, 특정위치를 검색하기 위하여 주소를 입력하거나 지도의 확대/축소 버튼을 선택할 때 바로바로 결과가 표시되는 것을 확인할 수 있다.

사용자는 언제나 원하는 곳으로 이동할 수 있고, 이동하는 동안에도 새로운 부분의 지도 타일 이미지를 Ajax 기술을 사용하여 계속해서 다운로드 받는다. 지도의 각 부분에 대한 타일 이미지는 사용자의 세션이 살아 있는 동안 웹 브라우저가 캐시(cache)하기 때문에, 한 번 방문했던 위치에 다시 돌아오면 지도가 훨씬 빨리 나타나게 된다. 서버에 대한 요청이 비동기로 처리되기 때문에 지도를 다운로드 받는 동안에도 사용자는 확대/축소 등 다양한 기능을 모두 활용할 수 있게 된다.

5.3 구글 검색(네이버 검색)

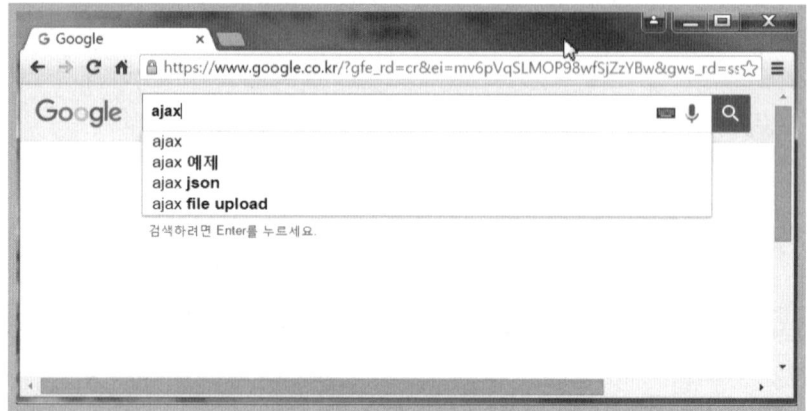

[그림 1.4] 구글 서제스트

웹 브라우저에서 http://www.google.com을 입력하고 검색 창에서 'ajax' 문자열을 입력하면 입력한 'ajax' 문자열과 관련된 키워드들이 자동으로 제공되는 것을 확인할 수 있다. 특별하게 사용자가 명시적으로 버튼을 클릭하는 액션이 없어도 자동으로 Ajax 기술을 사용하여 사용자가 입력한 문자열을 비동기적으로 구글 서버에 전송한다.

입력된 문자열과 관련된 정보를 검색하고, 검색된 데이터를 Text 또는 XML, JSON과 같은 데이터 형식으로 웹 브라우저에 응답하면 동적으로 화면에 나타내준다. 이러한 서비스는 사용자로서 좀 더 나은 인터페이스를 제공받는 것이다.

구글을 비롯한 여러 온라인 포털 사이트에서는 한 번 방문한 사용자가 다시 찾아오게 하기 위해서는 사용자에게 편리한 인터페이스를 제공해야 한다. 이처럼 Ajax의 유연함을 활용하여 사용자 인터페이스의 편의성을 높여 사용자 만족감을 극대화할 수 있다.

결론적으로 기존 웹 어플리케이션에서는 사용자 요청에 대한 처리가 모두 서버에서 이루어지기 때문에 사용자는 페이지에서 페이지로 이동되어 각 페이지를 새로 읽어들이느라 사용자의 작업 흐름이 중단된다. 페이지 전체를 새로 읽어들이는 동안 사용자는 아무런 작업을 할 수 없기 때문이다. 하지만, Ajax 어플리케이션의 데이터 처리는 일정 분량 이상을 클라이언트에서 전담해 실행하기 때문에 사용자는 Ajax 어플리케이션을 계속적으로 사용할 수 있고, 서버에 요청을 전송해야 할 경우에도 백그라운드로 요청을 보내고 응답을 받을 수 있다.

개발 환경 구축

CHAPTER 02

[학습 목표]

- Ajax 개발을 위한 개발 환경 구축에 관하여 학습한다.
- JDK 설치 방법에 관하여 학습한다.
- Eclipse 설치 방법에 관하여 학습한다.
- Tomcat 서버 설치 방법에 관하여 학습한다.
- Eclipse와 Tomcat의 연동 방법에 관하여 학습한다.

Ajax 및 jQuery를 사용하는 어플리케이션을 개발하기 위한 개발 환경 구축은 3단계로
나누어 설명한다. 1단계는 JDK를 설치하고, 2단계는 통합 개발 툴인 이클립스(eclipse)
를 설치하고 마지막으로 웹 서버인 톰캣을 설치한다.

01 JDK(Java Development Kit) 설치

JDK는 자바프로그램을 개발하기 위한 개발 툴킷이다. 'http://java.oracle.com'에 접속
하여 무료로 다운로드할 수 있다.

[그림 2.1]과 같이 "Java SE 8 Update 71 and 8 Update72" 링크를 클릭하여 선택한다.
주기적으로 업데이트가 진행되기 때문에 사용자는 해당 사이트에 표시되는 최신 버전을
사용하면 된다.

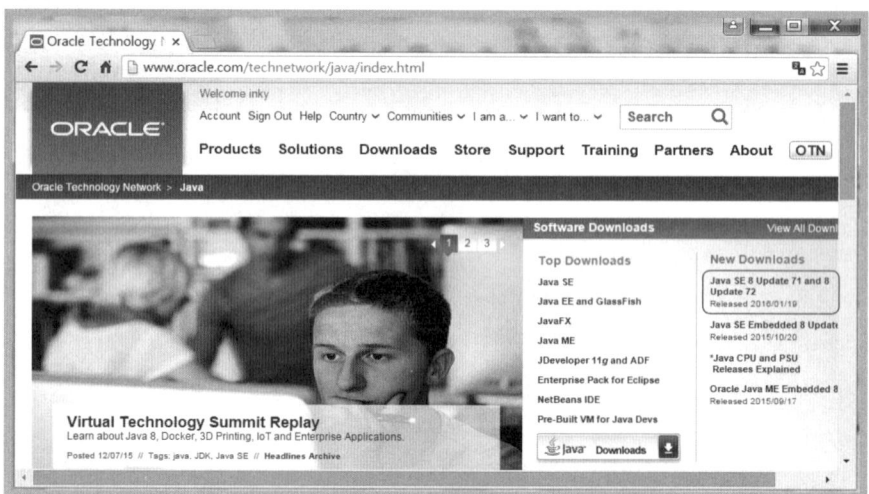

[그림 2.1] JDK 다운로드 사이트

[그림 2.2]의 화면에서 JDK의 [Download] 버튼을 클릭한다.

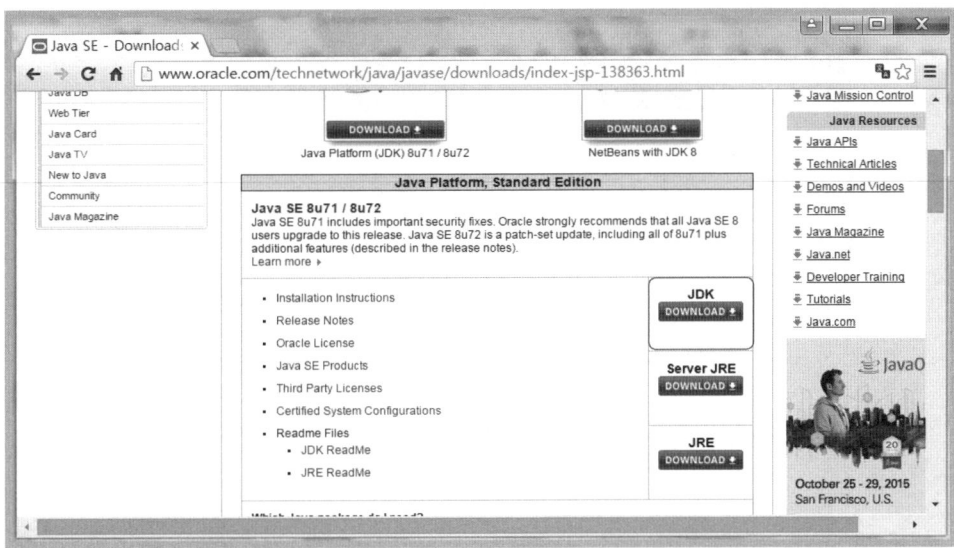

[그림 2.2] JDK 다운로드 페이지

[그림 2.3]의 화면에서 "Accept License Agreement" 항목을 클릭하여 라이선스에 동의하고, 사용하는 컴퓨터의 운영체제에 맞는 JDK를 선택한다. 이 과정에서는 Windows x86 시스템에서 사용 가능한 'jdk-8u71-windows-i586.exe'를 선택하여 다운로드한다. 참고로 이 책에서는 Windows 7 32비트 데스크톱 시스템을 사용하여 실습을 진행한다. 하지만, 사용자는 그 이상의 시스템을 사용할 수도 있다.

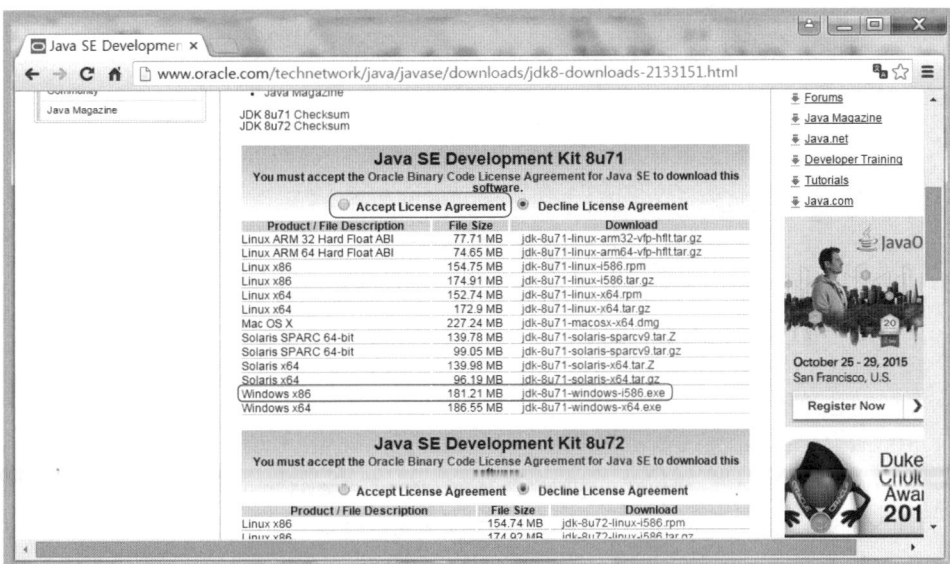

[그림 2.3] JDK 다운로드 항목 선택

다운로드가 완료되었으면 파일 탐색기를 이용해서 다운로드한 파일을 찾고, 해당 파일을 더블클릭하여 실행한다. [그림 2.4]와 같은 설치 화면에서 [Next] 버튼을 클릭한다.

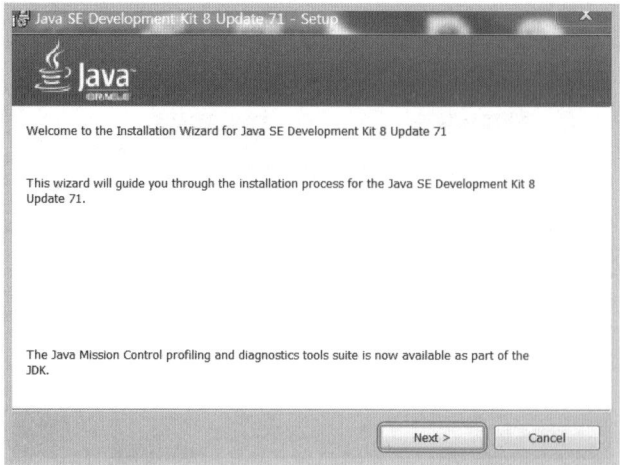

[그림 2.4] JDK 설치

JDK를 설치할 경로를 사용자가 변경할 수 있지만, 기본 경로로 이용하여 설치한다. 기본 경로는 'C:\Program Files (x86)\Java'이며, 이 경로가 JDK의 홈 디렉토리이다. 설치를 진행하기 위하여 [Next] 버튼을 클릭한다.

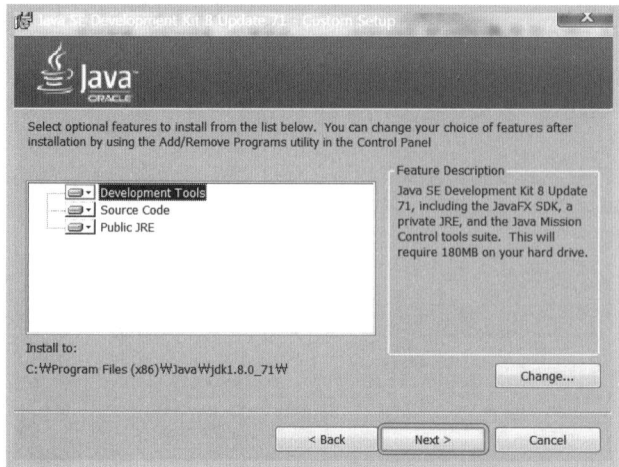

[그림 2.5] JDK 설치 경로 선택

잠깐만

바탕화면의 [내 컴퓨터] 또는 [내 PC] 아이콘을 마우스 오른쪽 버튼으로 클릭하여 표시되는 단축 메뉴에서 [속성]을 선택한다. 표시되는 정보에서 [시스템의 종류] 항목을 확인하면 "32비트 운영 체제" 또는 "64비트 운영 체제"가 사용되고 있음을 확인할 수 있다. 사용 중인 컴퓨터 시스템이 "32비트 운영 체제"이면 x86 또는 32비트 버전으로 표시된 소프트웨어를 사용할 수 있고, "64비트 운영 체제"이면 x64 또는 64비트 소프트웨어는 물론 32비트 소프트웨어까지 사용할 수 있다.

JDK를 설치 중임을 진행 바가 알려준다.

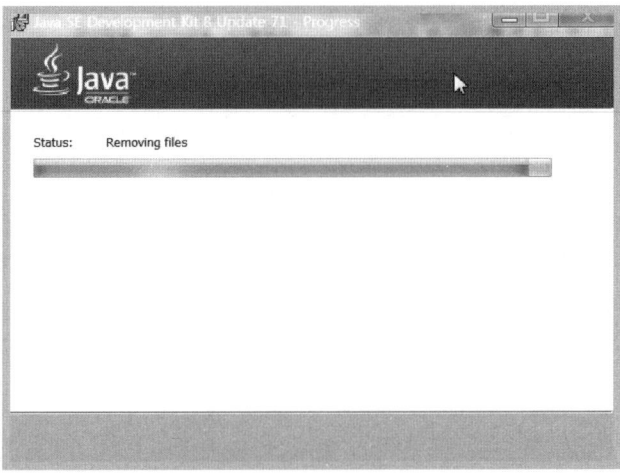

[그림 2.6] JDK 설치 진행

JDK의 설치가 완료되면, 다음 단계는 JRE 설치 단계이다. JRE 설치 경로도 기본 경로로 지정하고 [다음] 버튼을 클릭한다.

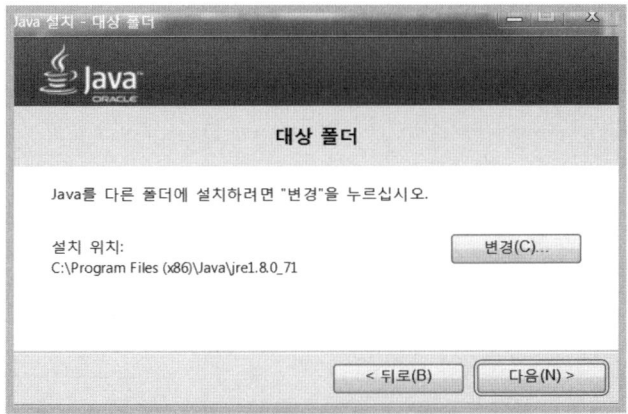

[그림 2.7] JRE 설치 경로 선택

JRE를 설치 중임을 진행 바가 알려준다.

[그림 2.8] JRE 설치 진행

JDK 및 JRE 설치가 완료되면 다음 화면과 같이 "Successfuly Installed" 문구를 확인할 수 있다. [Close] 버튼을 클릭하여 창을 닫는다.

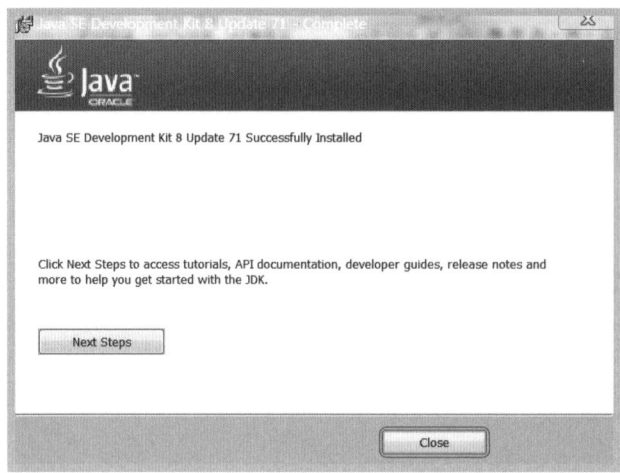

[그림 2.9] JDK 설치 종료

02 이클립스 개발 툴 설치

다음의 [그림 2.10]과 같이 'http://www.eclipse.org'에 접속하여 [Download] 버튼을 클릭한다.

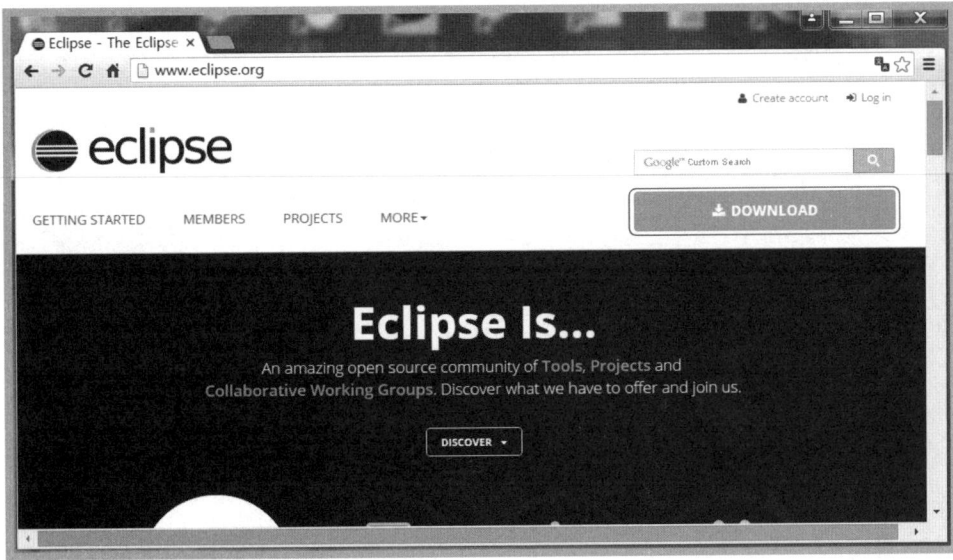

[그림 2.10] 이클립스(Eclipse) 사이트

자바 개발자가 사용하는 이클립스의 종류는 두 가지가 있다. 하나는 'Eclipse IDE for Java Developers'이고 다른 하나는 'Eclipse IDE for Java EE Developers'이다. Ajax와 jQuery 기술을 사용하는 웹 어플리케이션 개발에 적합한 버전은 'Eclipse IDE for Java EE Developers' 버전이다. 따라서 이클립스 다운로드 페이지에서 'Eclipse IDE for Java EE Developers'를 선택하여 다운로드 한다. 이 책에서는 Windows 32 bit를 다운로드 한다. 사용 중인 컴퓨터 운영 체제가 64비트라면 Windows 32 bit 또는 64 bit 모두 사용할 수 있다.

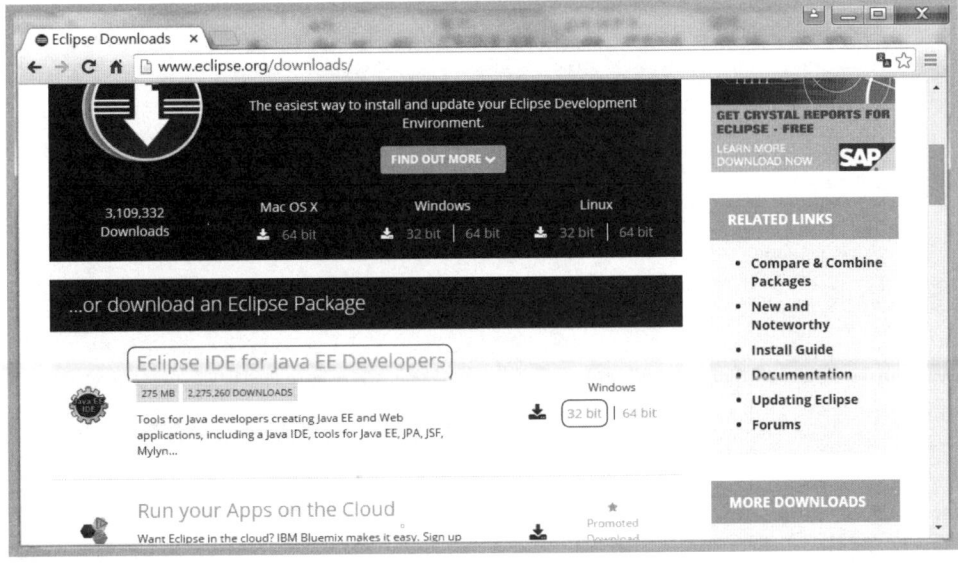

[그림 2.11] 이클립스(Eclipse) 다운로드

다음 화면은 이클립스를 다운로드할 수 있는 미러링 서버들의 목록이다. 우리는 KAIST 에서 제공하는 미러링 사이트를 선택한다.

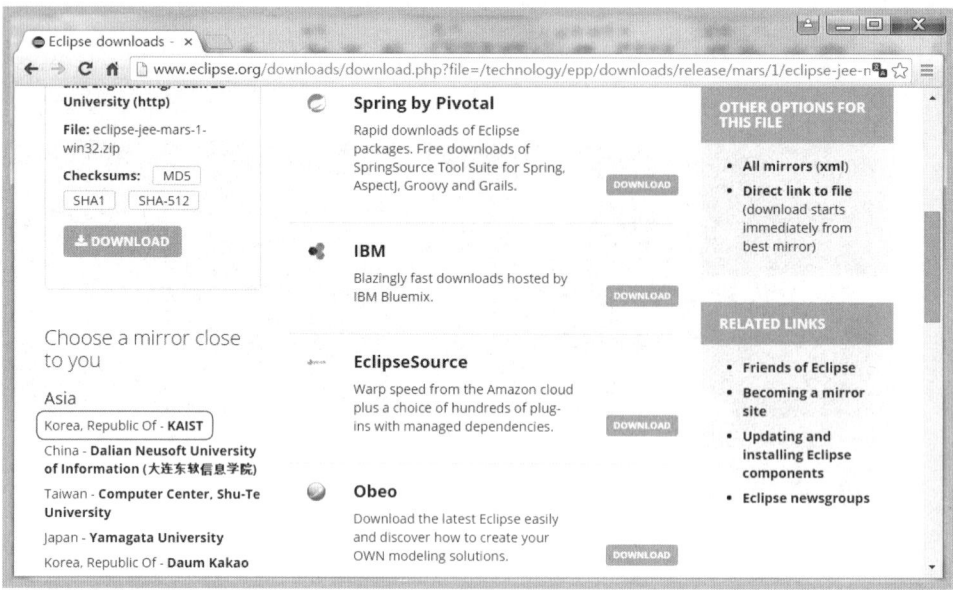

[그림 2.12] 이클립스 다운로드를 위한 미러링 사이트 선택

임의의 디렉터리에 저장해도 상관없지만 원활한 실습을 위해서 'C:\jQuery' 폴더를 생성 하고, 이 디렉터리에 다운로드한다. 다운로드가 완료되었으면 압축을 해제하고 eclipse 폴더로 이동하여 'eclipse.exe' 파일을 더블클릭하여 실행한다.

[그림 2.13] eclipse 폴더 내용

이클립스는 'workspace'라고 하는 특별한 작업 공간을 지정해야 한다. 임의의 디렉터리도 관계없지만, Workspace 항목의 입력란에 다음과 같이 'C:\jQuery\eclipse\workspace' 경로를 지정하고 [OK] 버튼을 클릭한다.

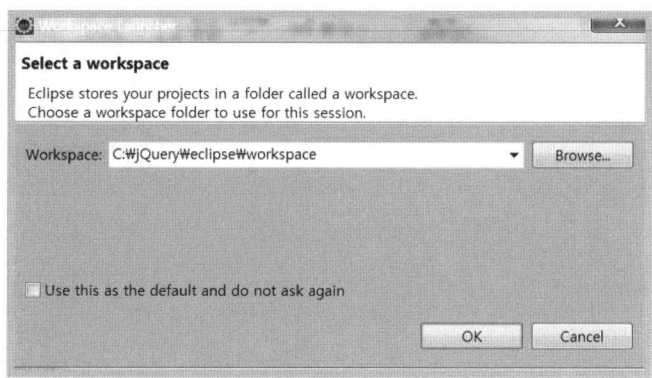

[그림 2.14] 이클립스의 workspace 경로 설정

이클립스 사용법 및 여러 가지 정보를 제공하는 아이콘이 제공된다. 확인 후에 [Welcome] 탭을 선택하여 창을 닫는다.

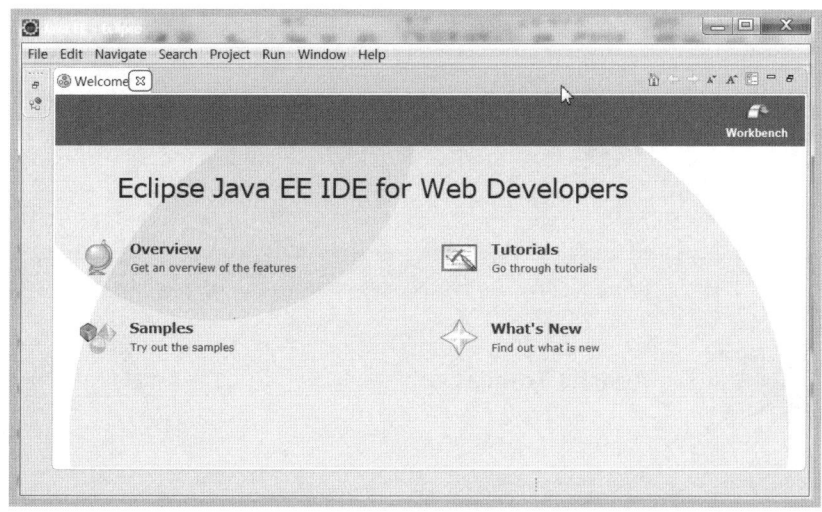

[그림 2.15] 이클립스 초기 화면

다음은 이클립스의 개발 환경이다. 화면 구성 및 사용법은 실습을 진행하면서 설명하도록 한다.

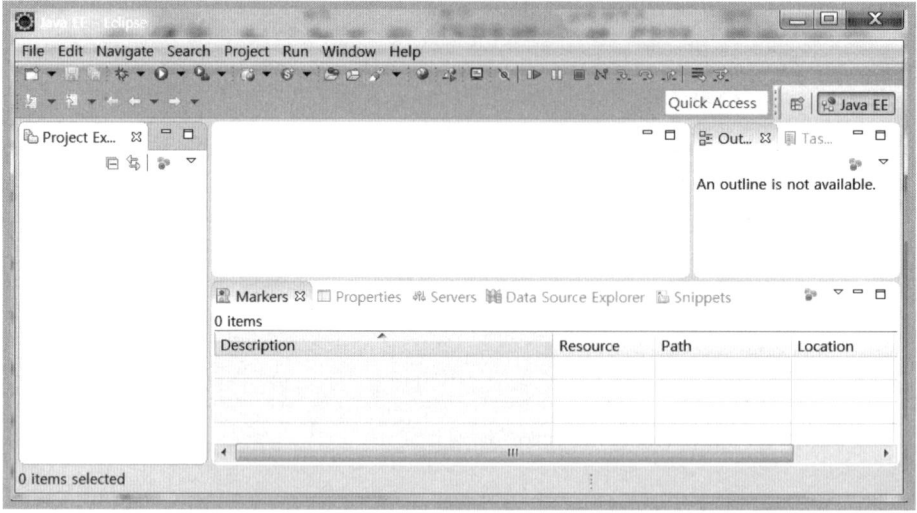

[그림 2.16] 이클립스의 개발 환경

03 톰캣(웹 서버) 설치

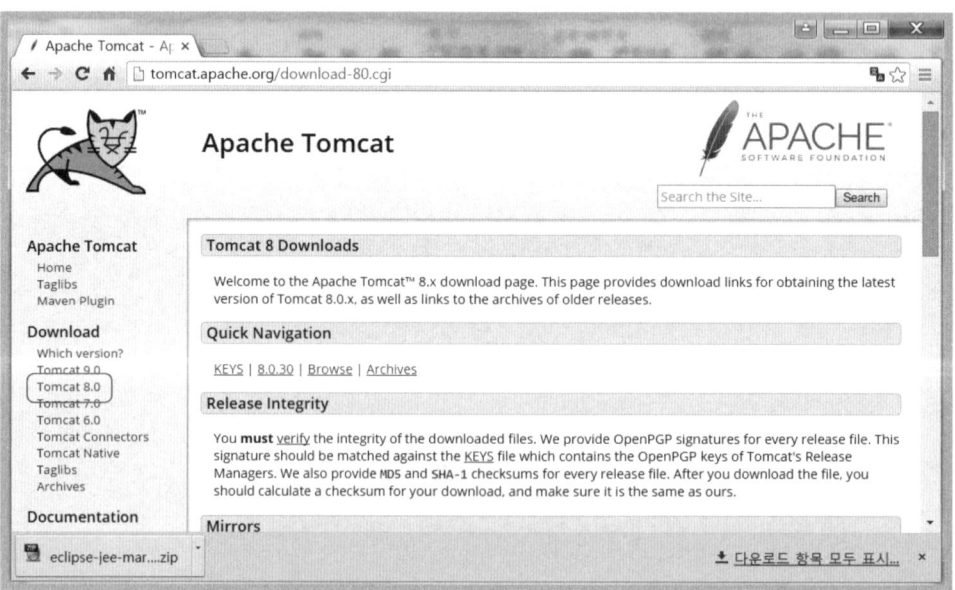

[그림 2.17] 톰캣 다운로드 페이지

[그림 2.17]의 화면에서 아래로 스크롤하여 '.zip' 확장자를 가진 파일을 선택하여 다운로드한다.

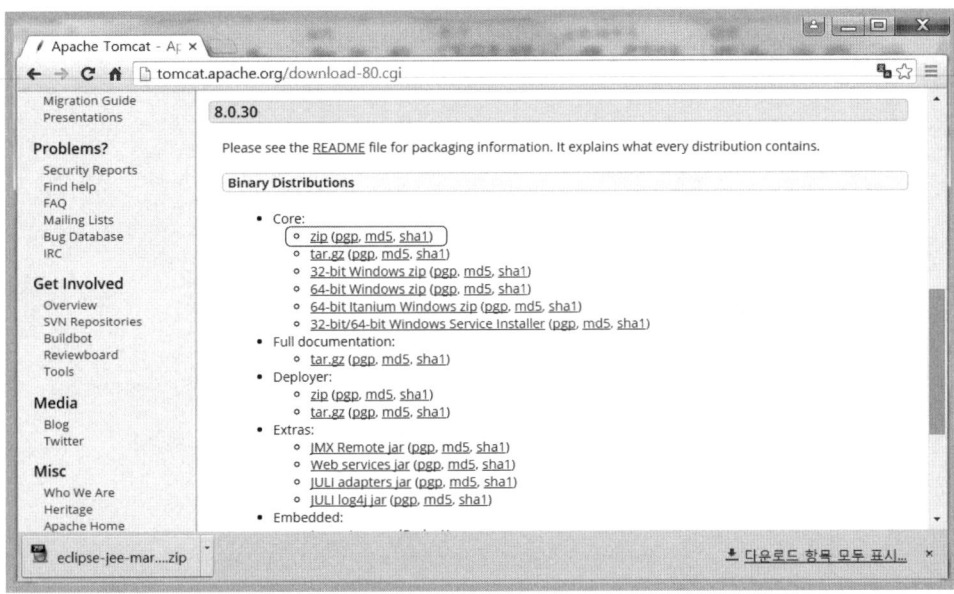

[그림 2.18] 톰캣 다운로드 목록

'32-bit Windows.zip'과 '64-bit Windows.zip' 파일은 Windows 운영체제 전용이므로 이를 사용해도 된다. 32-bit/64-bit Windows Service Installer는 Windows 운영체제에서 사용하는 설치형 프로그램이다. 이 과정에서는 개발 툴인 이클립스와 톰캣을 연동하여 사용해야 하기 때문에 설치형 파일이 아닌 zip 파일을 다운로드하여 사용한다.

다운로드 경로는 'C:\jQuery'로 한다.

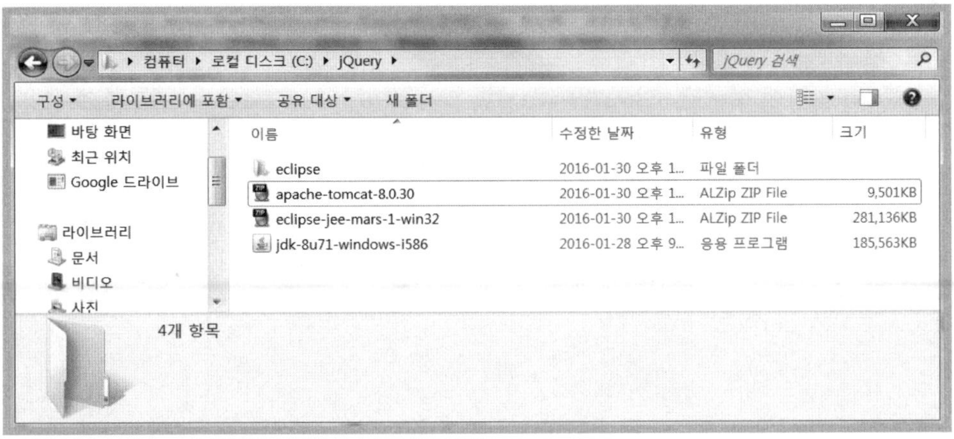

[그림 2.19] 다운로드한 톰캣 파일

다운로드한 톰캣 파일의 압축을 해제하면 [그림 2.20]과 같은 목록을 확인할 수 있다.

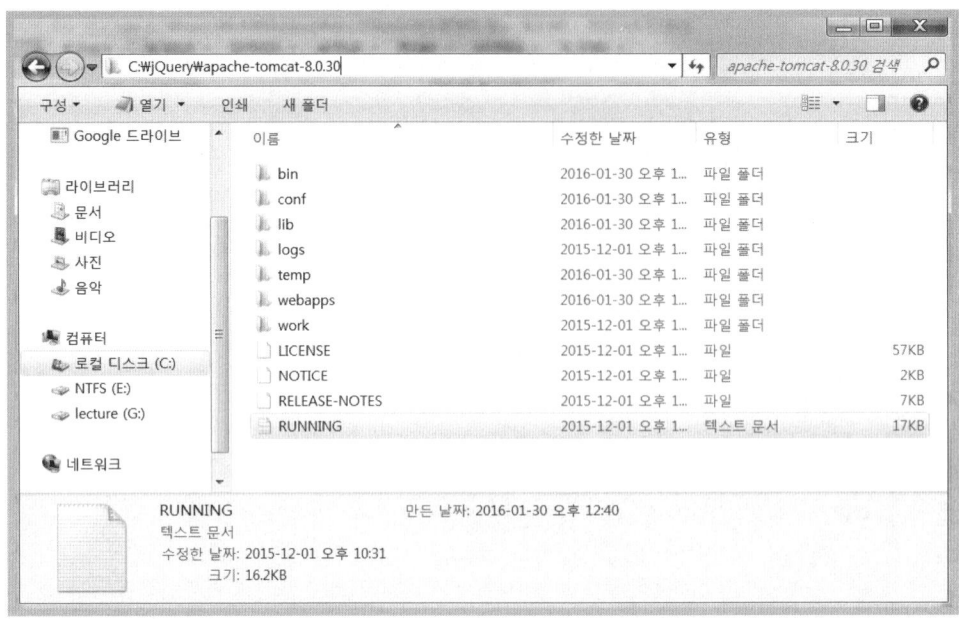

[그림 2.20] 톰캣 파일 목록

zip 형식의 톰캣 파일은 특정 디렉터리에 다운로드하여 압축을 해제하는 것만으로 설치가 완료된다. 톰캣의 홈 디렉터리의 경로는 'C:\jQuery\apache-tomcat-8.0.30'이다.

04 이클립스와 톰캣 연동

개발 도구인 이클립스와 톰캣의 설치를 완료하였다. 이제부터는 이클립스와 톰캣을 연동하는 과정을 살펴보기로 한다.

이클립스를 실행하여 [그림 2.21]의 화면 하단에 있는 [Servers] 탭을 선택한 후 사용할 서버를 생성하기 위해서 'No servers are available. Click this link to create a new server...' 링크를 선택한다.

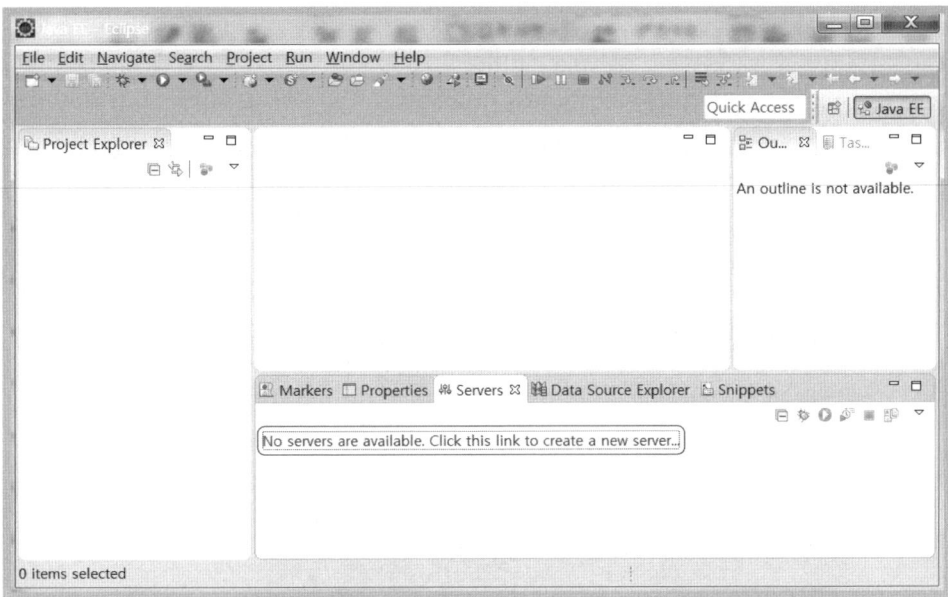

[그림 2.21] 이클립스에서 서버 정의 1 - 정의된 서버가 없는 상태

다음 [그림 2.22]는 사용할 서버를 지정하는 화면으로, Apache의 'Tomcat v8.0 Server' 를 선택하고 [Next] 버튼을 클릭한다.

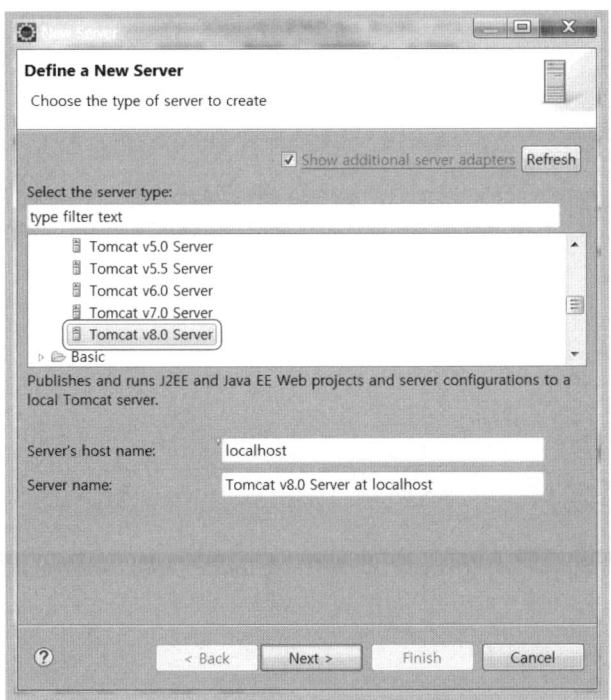

[그림 2.22] 이클립스에서 서버 정의 2 - 호스트 이름과 서버 이름 설정

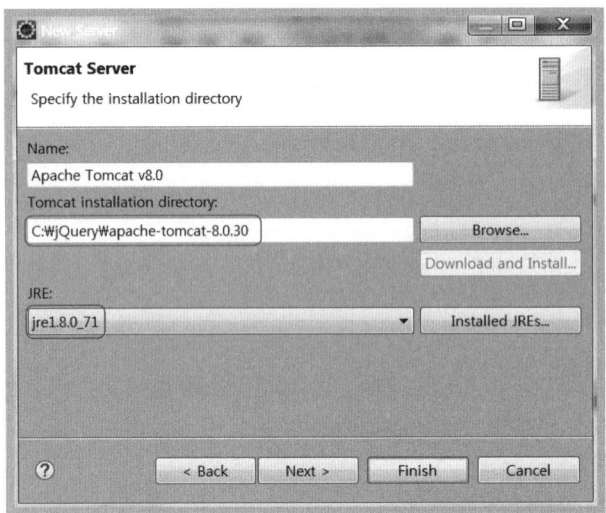

다음 [그림 2.23]은 이클립스에서 톰캣 관련 파일의 위치를 확인할 수 있도록 톰캣의 홈 디렉터리를 설정한다. [Browse...] 버튼을 클릭하고 톰캣의 홈 디렉터리인 'C:\jQuery\apache-tomcat-8.0.30' 경로를 지정한다. 또한, JRE 설정은 JDK와 함께 설치했던 jre 1.8.0_71을 선택한다. 모든 설정을 마치기 위해서 [Finish] 버튼을 클릭한다.

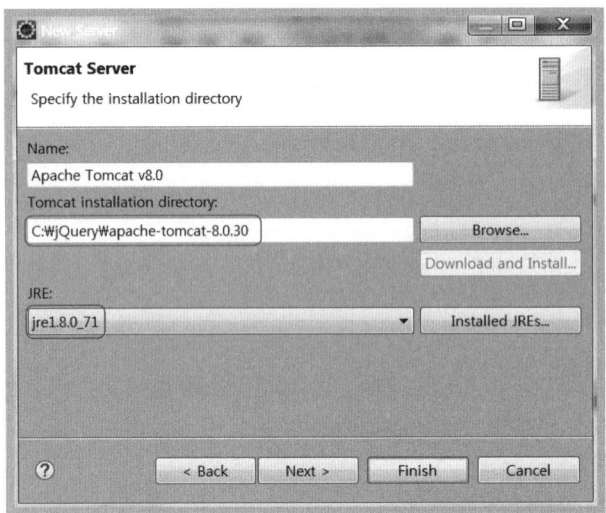

[그림 2.23] 이클립스에서 톰캣 서버 정의 3 - 톰캣 홈 디렉터리와 JRE 설정

다음의 [그림 2.24]와 같이 Tomcat 8.0 버전의 서버가 생성되었으며 추가 환경을 설정하기 위해서 새롭게 정의된 Tomcat 서버를 더블클릭한다.

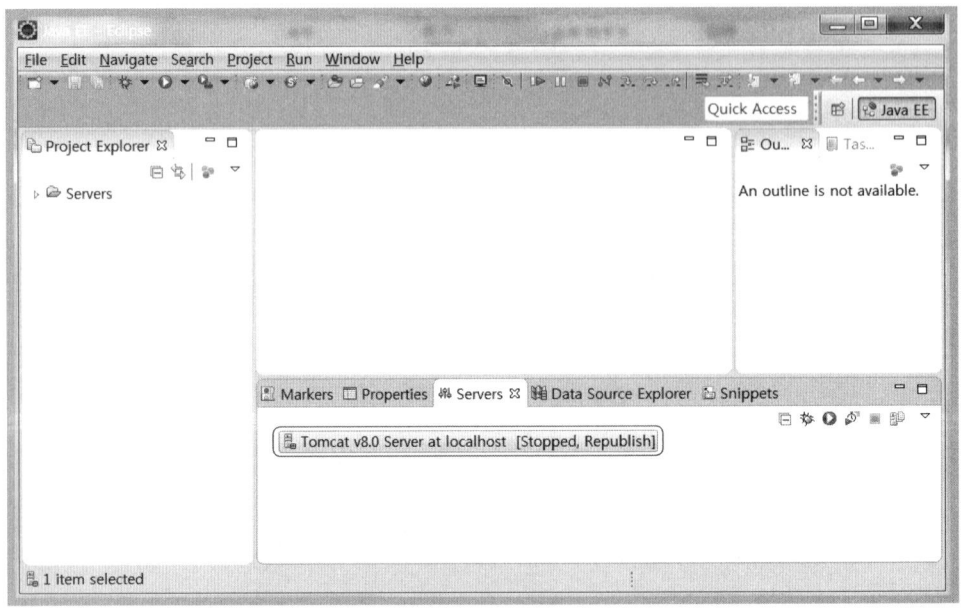

[그림 2.24] 이클립스에서 톰캣 서버 설정 4 - 등록된 서버 목록

다음의 [그림 2.25]는 톰캣 컨테이너의 환경 설정 파일의 내용이다. 이곳에서 네 가지 추가 작업을 해야 한다.

① Server Locations에서 'Use Tomcat installation' 라디오 버튼을 선택한다.
② Server Path 경로에 'C:\jQuery\apache-tomcat-8.0.30' 경로가 자동으로 지정된다.
③ Deploy Path의 [Browse...] 버튼을 클릭하여 'C:\jQuery\apache-tomcat-8.0.30\ webapps' 경로를 지정한다. webapps 경로는 개발자가 작성한 웹 컴포넌트 파일(예 : *.html, *.jsp 등)들을 저장할 디렉터리이다.
④ 톰캣 서버가 기본으로 사용하는 Port는 '8080'인데, 이 Port 번호를 그대로 사용하는 경우에 다른 프로그램(예: 오라클의 내장 웹 서버)과 충돌할 수도 있다. 이러한 포트 번호의 충돌을 방지하기 위해서 HTTP/1.1 항목의 포트 번호를 '8090'으로 변경한다.

마지막으로 변경된 파일을 저장하기 위해 메뉴 [File]-[Save]를 선택하여 수정된 내용을 저장하고 창을 닫는다.

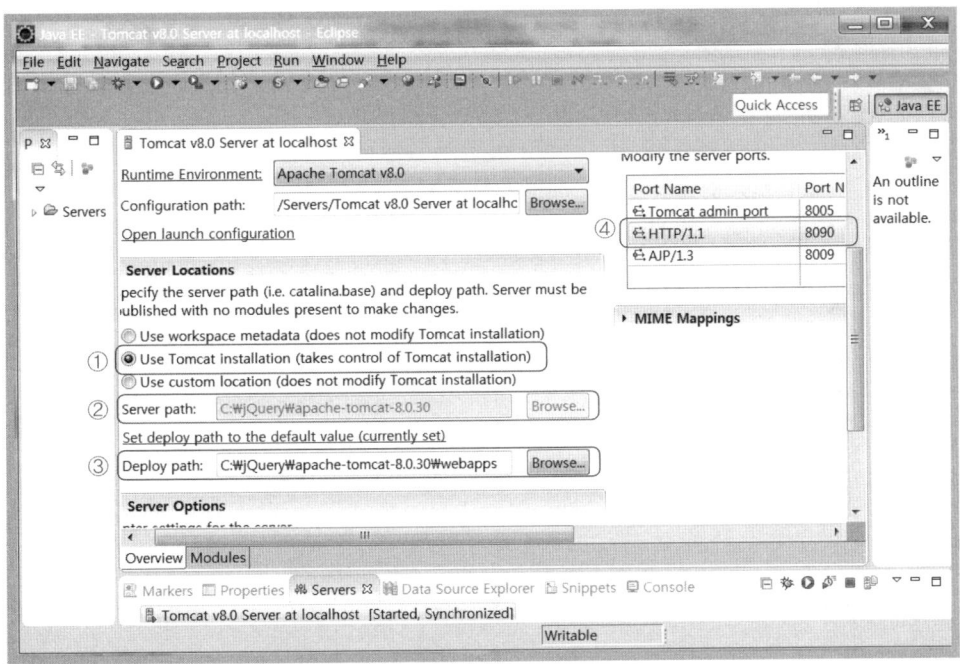

[그림 2.25] 이클립스에서 톰캣 서버 설정 5 - 톰캣 서버의 설정 변경

서버를 구동하기 위해서 다음과 같이 정의된 Tomcat 서버의 [Start] 아이콘을 클릭한다.

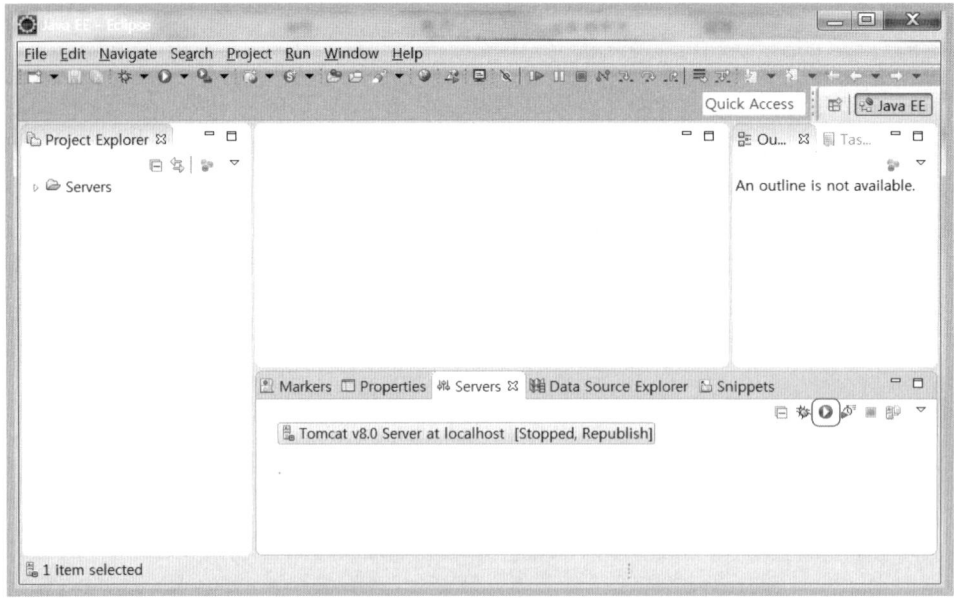

[그림 2.26] 이클립스에서 톰캣 서버 설정 6 - 톰캣 서버 실행

웹 서버인 톰캣 컨테이너가 문제없이 실행되면 다음 그림과 같이 콘솔(Console) 창에 붉은 글씨로 된 로그를 보여준다.

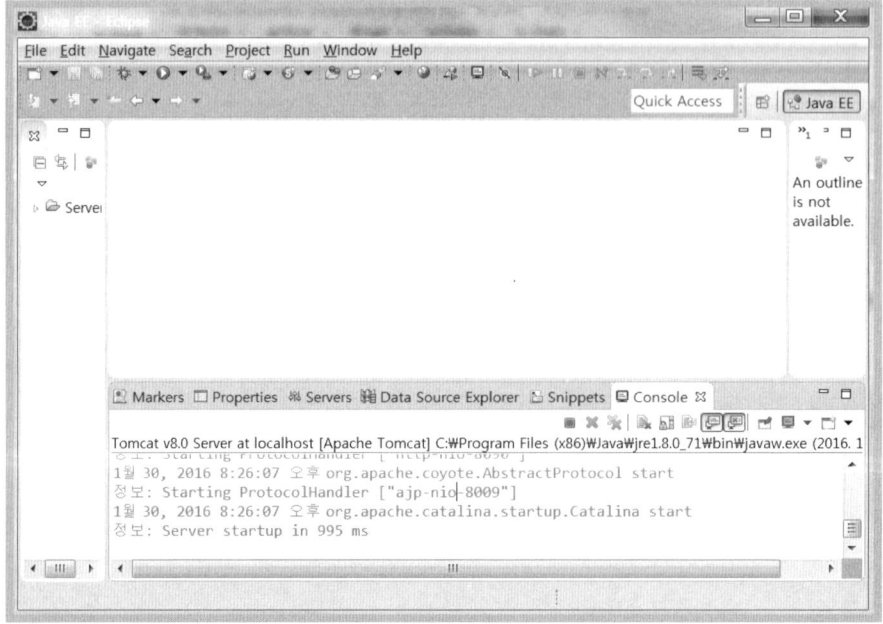

[그림 2.27] 톰캣 서버의 실행 로그

웹 브라우저를 열고 서버에 URL을 요청해 보자. 이때 웹 브라우저는 이클립스의 내장 웹 브라우저를 사용해도 되고 외부 웹 브라우저를 사용해도 관계없다. 웹 브라우저의 URL 입력창에 'http://localhost:8090'을 입력한다. 성공하면 웹 브라우저에 [그림 2.28]과 같은 화면이 보인다.

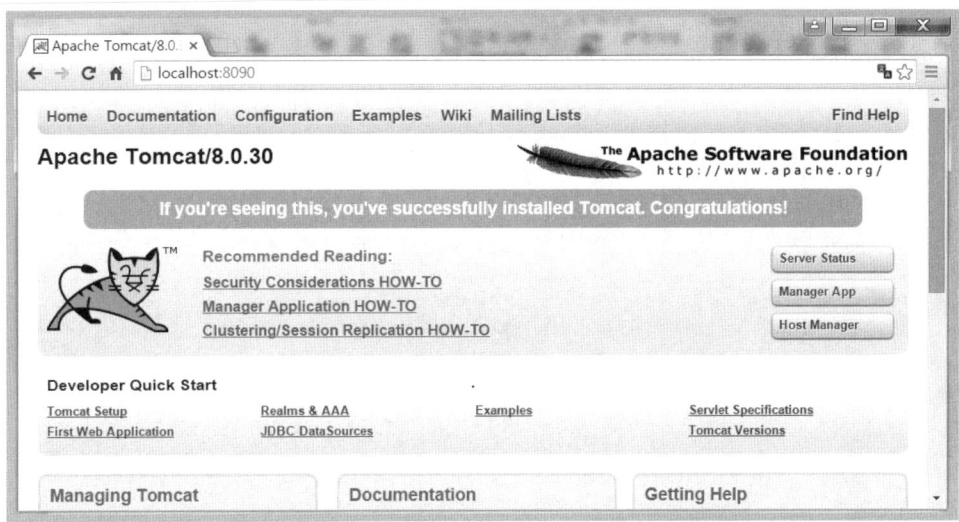

[그림 2.28] 웹 브라우저를 이용한 톰캣 서버 연결

톰캣 서버를 중지하려고 할 때는 다음 [그림 2.29]에서와 같이 붉은색 사각형 모양의 [Stop] 아이콘을 클릭한다.

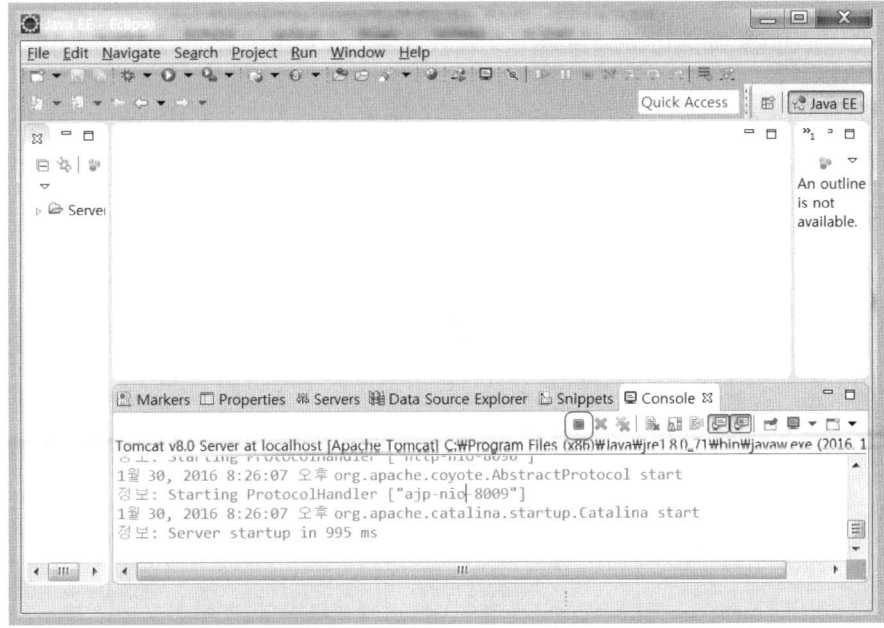

[그림 2.29] 이클립스에서 톰캣 서버 중지

05 이클립스에서 글꼴 변경 및 인코딩 변경

다음은 이클립스 개발 툴의 코드 편집기에서 사용하는 글꼴을 변경하는 방법을 알아본다. 이클립스의 모든 환경 설정은 이클립스 메뉴의 [Window]-[Preferences]에서 설정한다.

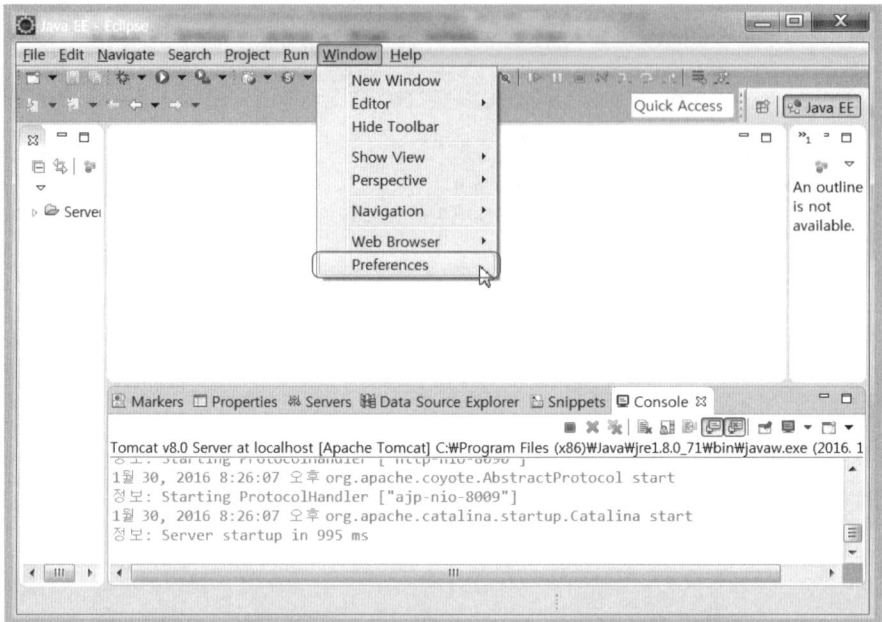

[그림 2.30] 이클립스의 환경 설정

이클립스의 [Preferences] 창에서 [General]-[Appearance]-[Colors and Fonts]를 선택한다.

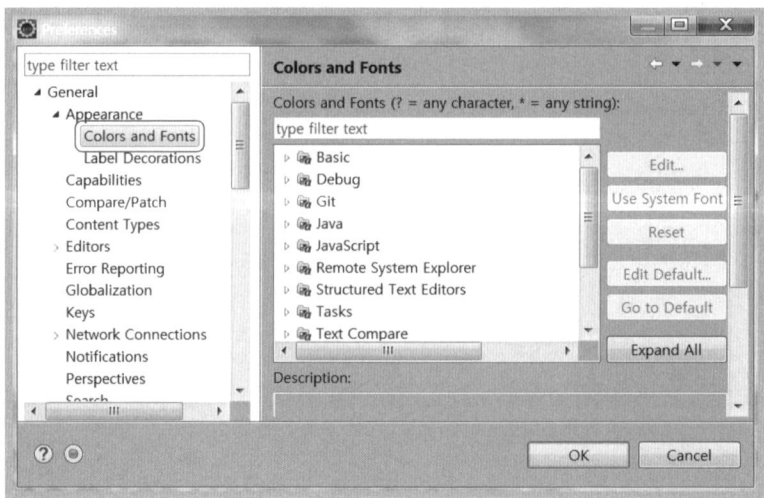

[그림 2.31] 이클립스 Preferences

[Basic]-[Text Font]를 선택하고 오른쪽 상단의 [Edit] 버튼을 클릭하면 글꼴 창이 열린다. 원하는 글꼴로 변경한다.

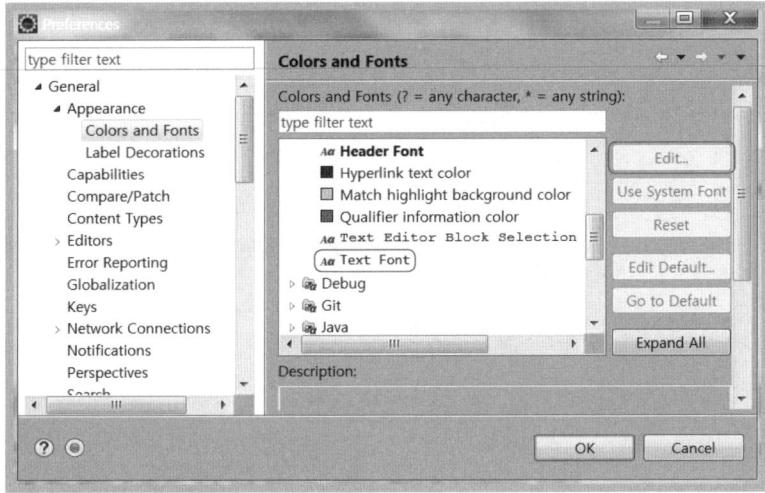

[그림 2.32] 이클립스의 글꼴 변경

UTF-8로 인코딩 처리하기 위하여 Preferences 창의 왼쪽 메뉴에서 [General]-[Workspace]를 선택하고 오른쪽 화면의 Text file encoding에서는 [Other]를 체크한 후에 UTF-8을 선택하고 [Apply] 버튼을 클릭한다.

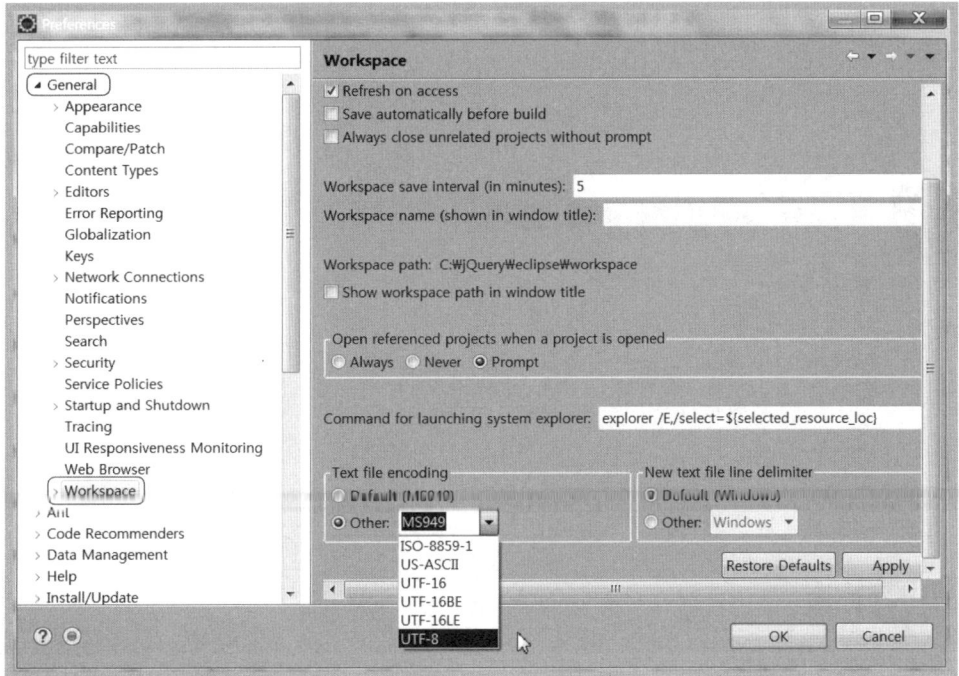

[그림 2.33] 이클립스의 텍스트 인코딩 선택

마지막으로 실습에 필요한 HTML 파일의 인코딩을 UTF-8로 처리하기 위하여 Preferences 창의 왼쪽 메뉴에서 [Web]-[HTML Files]를 선택하고 화면 오른쪽의 Encoding 항목에서는 ISO 10646/Unicode(UTF-8)를 선택하고 [OK] 버튼을 클릭한다.

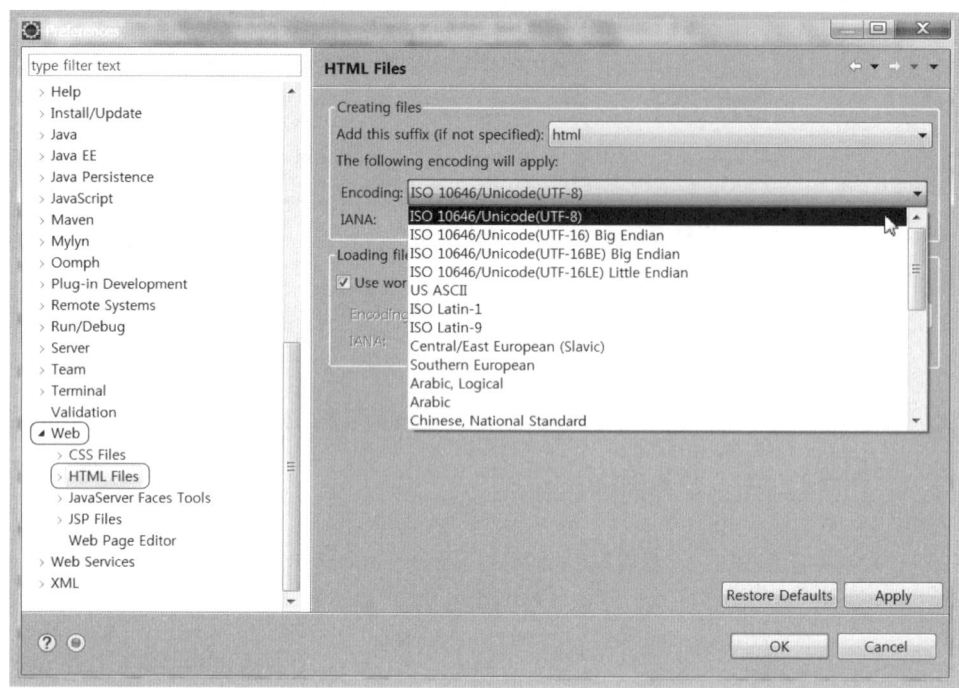

[그림 2.34] 이클립스의 HTML 파일 인코딩 설정

06 HTML 파일 작성해 보기

다음은 간단한 실습으로 HTML 파일을 작성하고, 앞서 설치한 웹 서버인 톰캣에 클라이언트가 요청하는 방법이다.

이클립스를 실행하고 이클립스의 오른쪽 상단에서 'Java EE' 퍼스펙티브를 선택한다. 웹 어플리케이션 개발은 반드시 Java EE 퍼스펙티브를 사용해야 한다.

🔍 잠깐만

퍼스펙티브(Perspective)는 이클립스를 사용하여 개발하려는 어플리케이션의 종류에 따라 해당 어플리케이션 개발의 편의를 위한 기본적인 환경 설정을 정의한 것이다. Java EE 퍼스펙티브는 웹 어플리케이션 개발을 위한 이클립스의 기본 환경 설정이 된다.

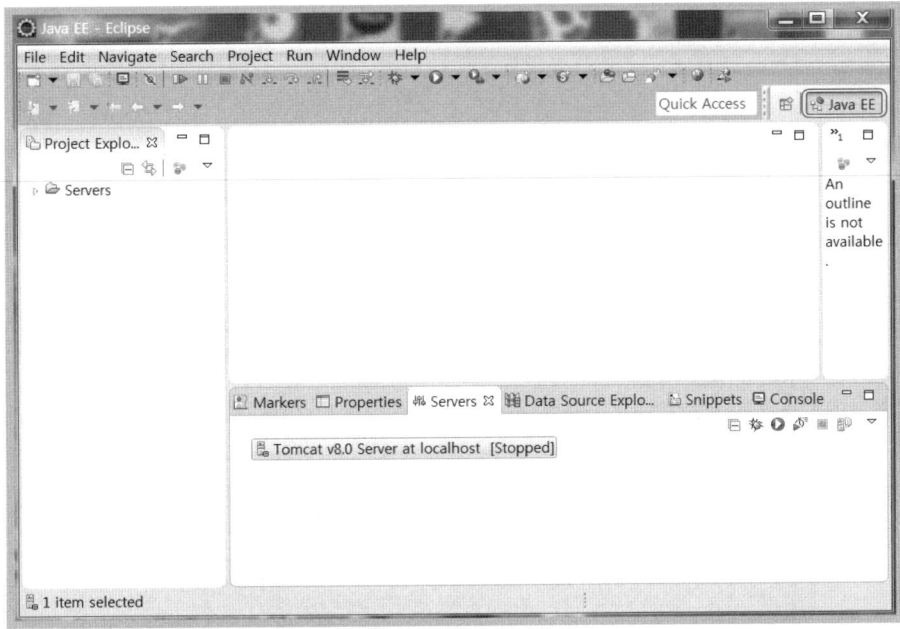

[그림 2.35] 이클립스의 Java EE 퍼스펙티브 선택

이클립스의 메뉴 [File]-[New]-[Dynamic Web Project]를 선택한다.

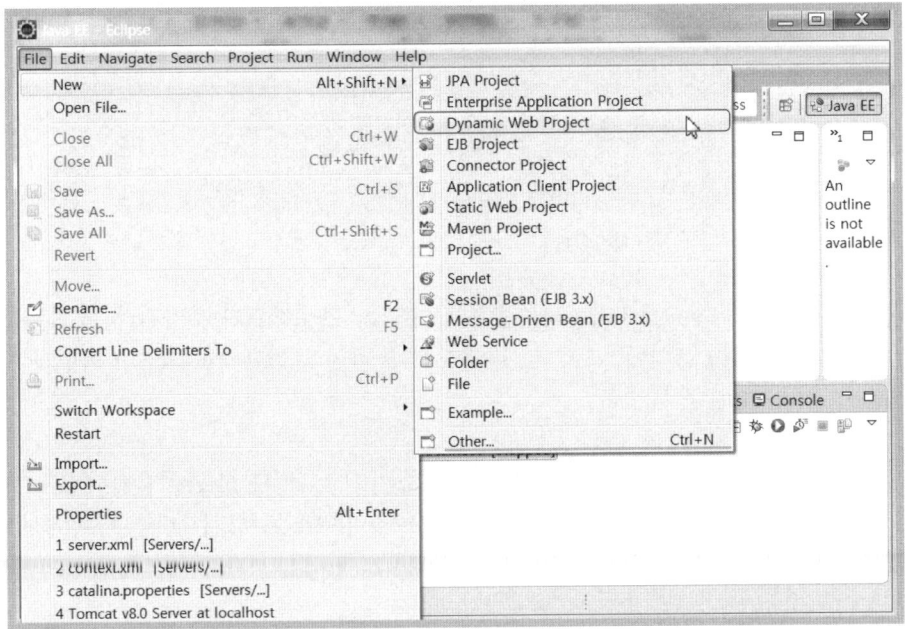

[그림 2.36] 새 프로젝트 유형 선택

Ajax 및 jQuery를 사용하는 웹 어플리케이션을 개발하기 위해서는 항상 Dynamic Web Project 유형을 사용한다.

다음의 [그림 2.37]은 새로운 웹 어플리케이션을 생성하는 화면으로서 아래와 같은 값으로 설정하고 [Finish] 버튼을 클릭한다.

▶ Project name에는 'AjaxTest' 문자열을 입력한다. 임의의 값 지정이 가능하다.
▶ Target runtime에는 'Apache Tomcat v8.0'으로 지정한다. 이 값은 톰캣 서버가 이클립스에 등록되어 있으면 자동으로 지정된다.
▶ Dynamic web module version은 '3.1'로 지정한다.

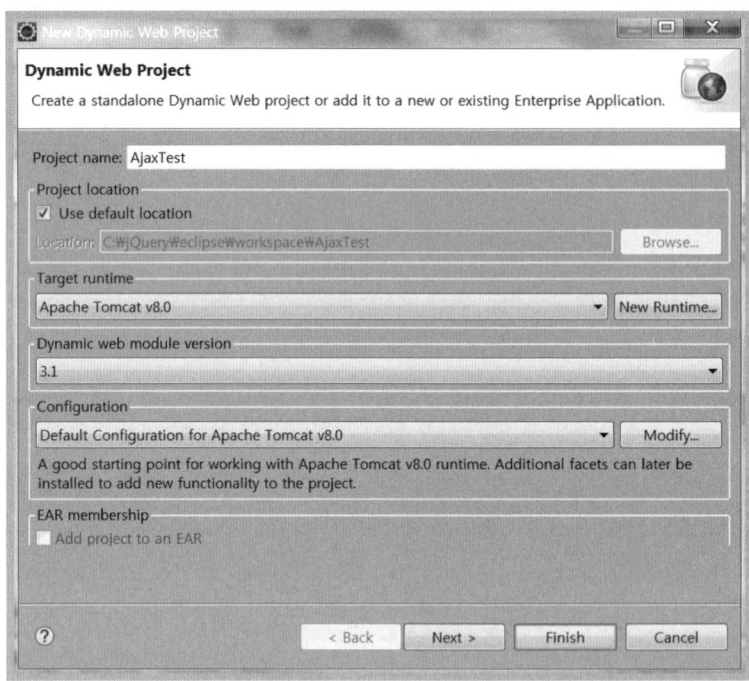

[그림 2.37] 프로젝트 정보 설정

이클립스의 Project Explorer 창에 'AjaxTest' 프로젝트가 추가된다. 추가된 프로젝트의 WebContent 폴더에는 HTML 파일과 CSS 파일 그리고 JavaScript 파일과 이미지 파일이 저장된다.

HTML 파일을 작성하기 위해서 이클립스의 Project Explorer 창에서 AjaxTest 프로젝트를 선택한 후에 마우스 오른쪽 버튼을 클릭하고 표시되는 단축 메뉴에서 다음 [그림 2.38]과 같이 [New]−[HTML File] 메뉴를 선택한다.

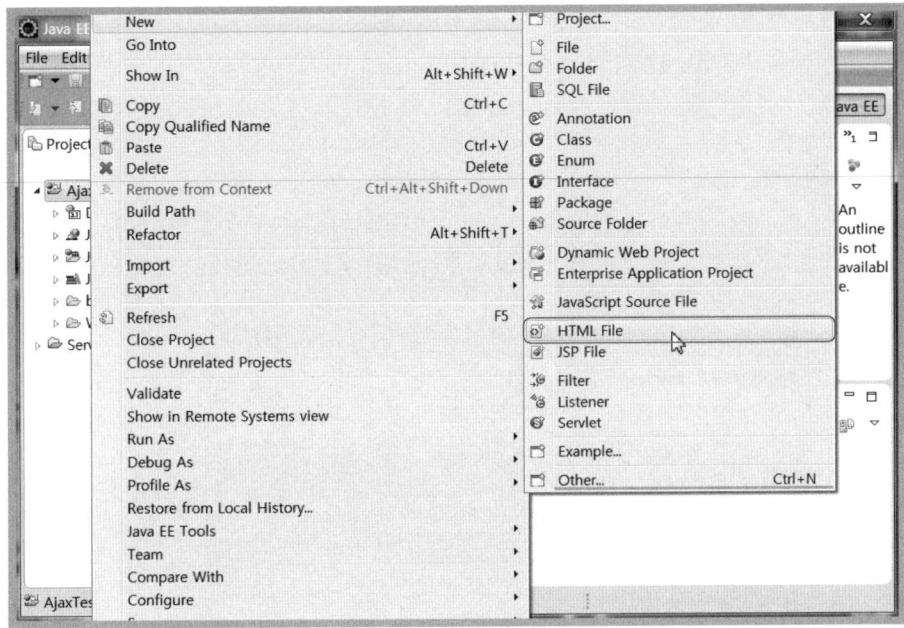

[그림 2.38] HTML 파일 생성

새로운 HTML 파일 작성을 위한 [그림 2.39]의 대화 창에서 새로운 HTML 파일을 저장할 위치로 WebContent를 선택하고, File name에는 저장할 HTML 파일의 파일명을 입력한다. 실습에서는 'ajax.html'로 지정한다. 파일명을 입력할 때 '.html' 확장자는 생략할 수 있다. [Next] 버튼을 클릭하여 새로운 HTML 파일 생성을 시작한다.

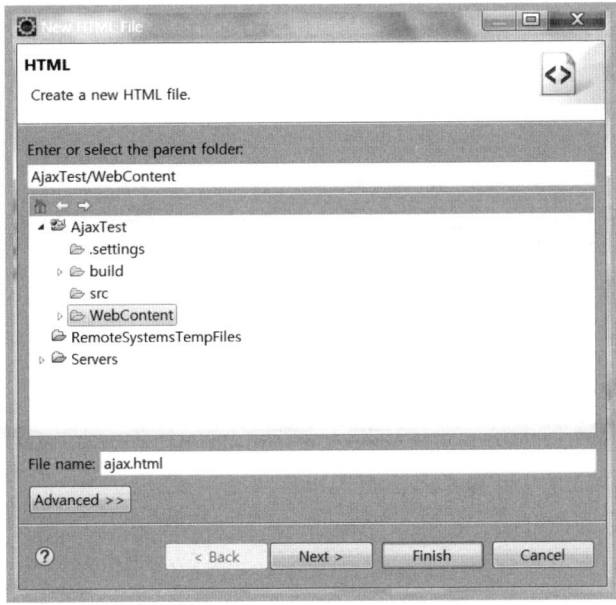

[그림 2.39] 새 HTML 파일의 저장 위치와 파일명 설정

[그림 2.40]과 같은 HTML 템플릿 선택 대화 상자에서 HTML 5 버전을 사용하기 위하여 'New HTML File (5)'를 선택하고 [Finish] 버튼을 클릭한다.

 **잠깐만**

템플릿(Template)
이클립스에서 작성하는 대다수 파일은 파일 성격에 따른 기본 구성을 제공한다. 파일의 기본 구성 정보를 담고 있는 템플릿을 이용하면 편리하게 파일을 생성할 수 있다.

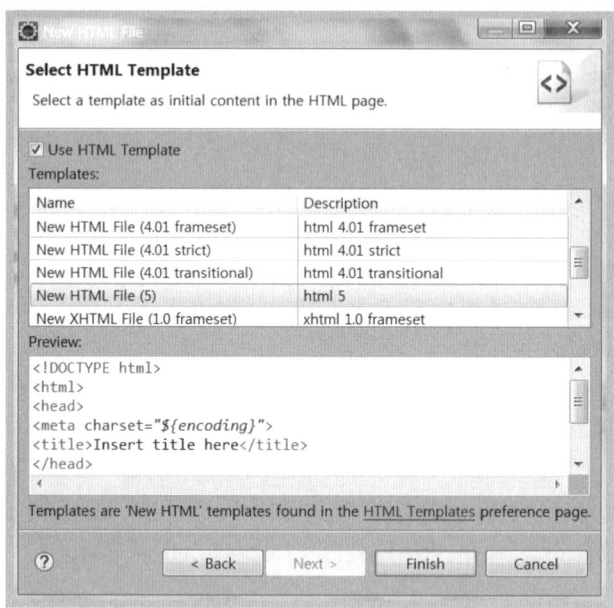

[그림 2.40] HTML 템플릿 선택

이제 새로운 HTML 파일이 생성되었다. 생성된 ajax.html 파일의 편집기 영역에 다음과 같은 JavaScript 내용을 추가하고, 메뉴 [File]-[Save]를 선택하여 저장한다.

[예제 2-1] ajax.html

```
01:  <!DOCTYPE html>
02:  <html>
03:  <head>
04:  <meta charset="UTF-8">
05:  <title>Ajax 실습</title>
06:  <script type="text/javascript">
07:     alert("ajax 실습을 위한 자바스크립트 실행");
08:  </script>
09:  </head>
10:  <body>
11:  </body>
12:  </html>
```

작성한 ajax.html 파일을 실행하기 위하여 이클립스의 Project Explorer에서 ajax.html 파일을 마우스 오른쪽 버튼으로 클릭하여 표시되는 단축 메뉴에서 [Run As]-[1 Run on Server]를 클릭한다.

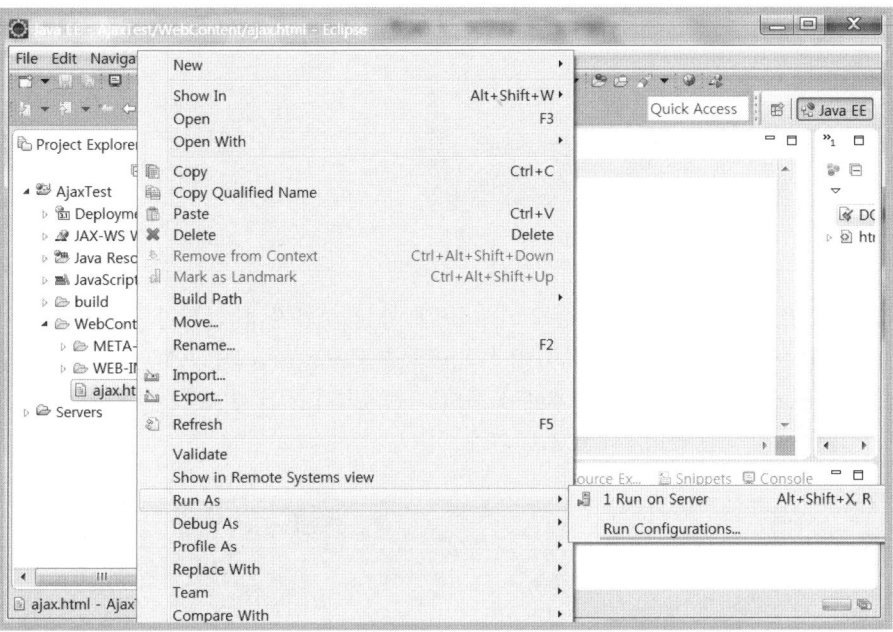

[그림 2.41] HTML 파일의 실행

HTML 파일을 실행할 서버로 'Tomcat v8.0' 서버를 선택하고 [Finish] 버튼을 클릭한다.

[그림 2.42] HTML 파일 실행을 위한 서버 선택

Tomcat 서버가 자동으로 시작되고, 이클립스 내에 포함된 내장 웹 브라우저가 실행된다. 실행 결과는 다음과 같이 Alert 경고창이 출력된다. 경고창을 닫기 위하여 [확인] 버튼을 클릭한다.

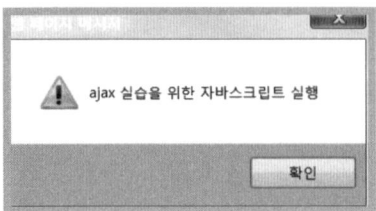

[그림 2.43] HTML 실행 결과

만약 이클립스 내의 내장 브라우저가 아닌 사용자가 설정한 기본 웹 브라우저를 사용하기 위해서는 다음과 같이 [Window]-[Web Browser]에서 'Default system web browser'를 선택한다. 이후에 실행되는 웹 브라우저는 윈도우 운영체제에 기본값으로 설정된 기본 웹 브라우저가 실행된다.

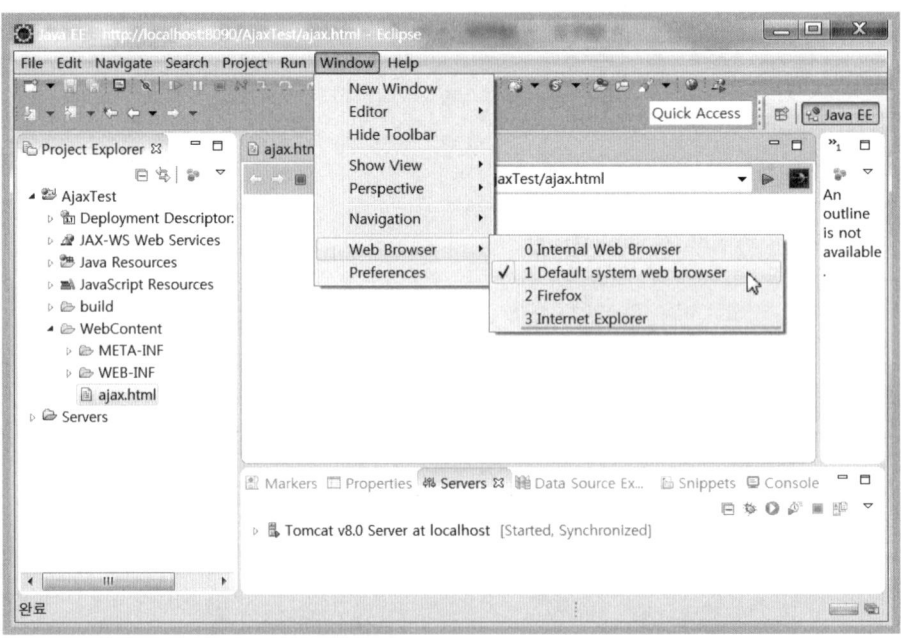

[그림 2.44] 이클립스가 사용하는 웹 브라우저 변경

🔍 **잠깐만**

이 책에서는 구글의 **크롬(chrome) 브라우저**를 기본 웹 브라우저로 설정하여 실습한다. 크롬 브라우저가 설치되어 있지 않다면, 이를 설치하고 기본 웹 브라우저로 설정하는 작업이 필요하다. 크롬 브라우저는 http://www.google.co.kr/chrome/browser/desktop/index.html에서 다운로드할 수 있다.

07 이클립스에서 소스 코드 import하기

참고로 이 책의 소스 코드를 이클립스에 Improt하여 사용하는 방법을 설명한다. 이 책의 소스 코드는 가메출판사 홈페이지(http://www.kame.co.kr/)의 자료실에서 다운로드 할 수 있다.

다운로드한 파일을 임의의 디렉토리(예 : C:\Temp)에 압축을 풀면 AjaxTest\ WebContent 디렉토리에 해당 chapter에서 사용할 예제의 소스 코드가 포함된 chap03, chap04 등의 하위 디렉토리를 볼 수 있다. 교재에서 사용하는 예제 파일을 직접 작성하지 않아도 이 소스 코드를 이클립스에 임포트하여 해당 파일을 실행할 수 있다.

다음과 같이 이클립스에서 [File]-[Import...] 메뉴를 선택한다.

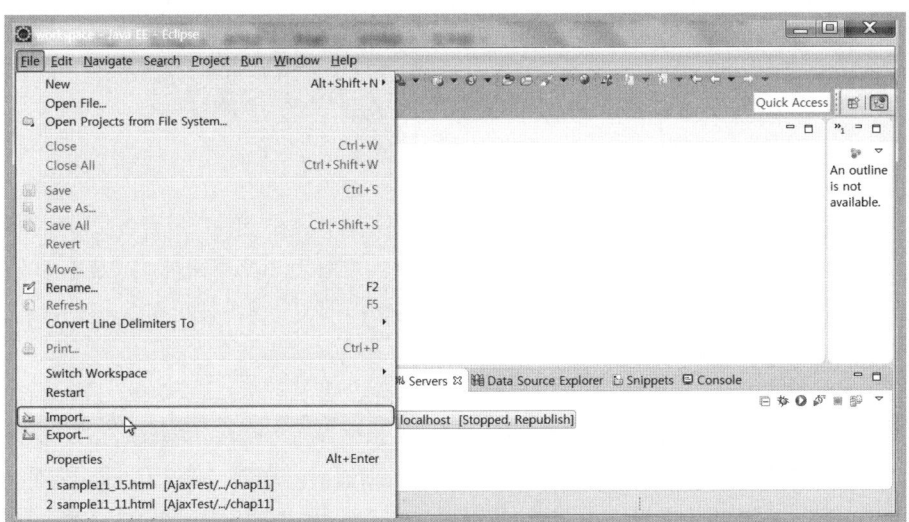

[그림 2.45] 이클립스의 [Import] 메뉴

[Import] 대화상자에서 [General]-〉[Existing Projects into Workspace] 항목을 선택하고 [Next] 버튼을 선택한다.

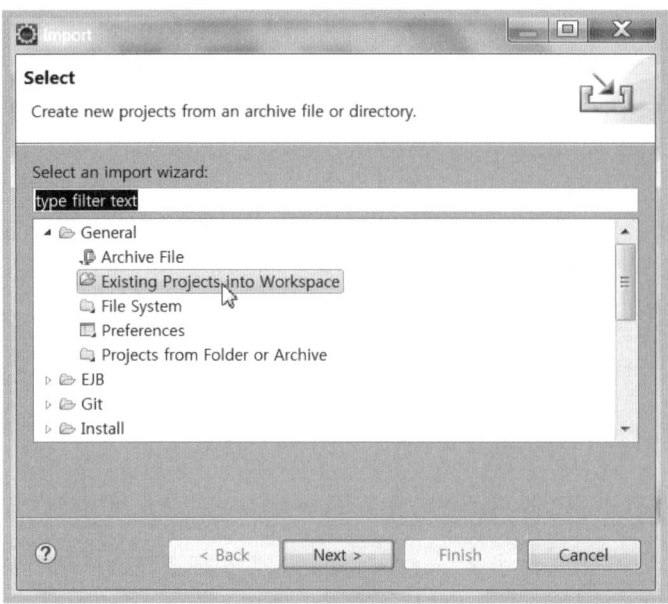

[그림 2.46] Import 유형 선택

[Import] 대화상자의 세부 설정에서 "Select root directory" 항목의 라디오 버튼을 선택하고 오른쪽의 [Browse...] 버튼을 클릭하여 파일 브라우저에서 다운로드한 소스 파일이 있는 AjaxTest 디렉토리를 선택하고 [Finish] 버튼을 클릭한다.(C:\Temp 디렉토리에 압축을 해제했다고 가정한다.)

이때 "Options" 항목에서 "Copy projects into Workspace" 체크박스를 선택하여 원본 소스 파일을 이클립스로 복사하는 방법으로 import한다. 체크박스를 선택하지 않으면 원본 소스 파일과 링크가 되기 때문에, 파일의 내용을 수정하면 원본 소스 파일까지 수정되는 상황일 발생할 수 있다.

CHAPTER 02 개발 환경 구축 · **53**

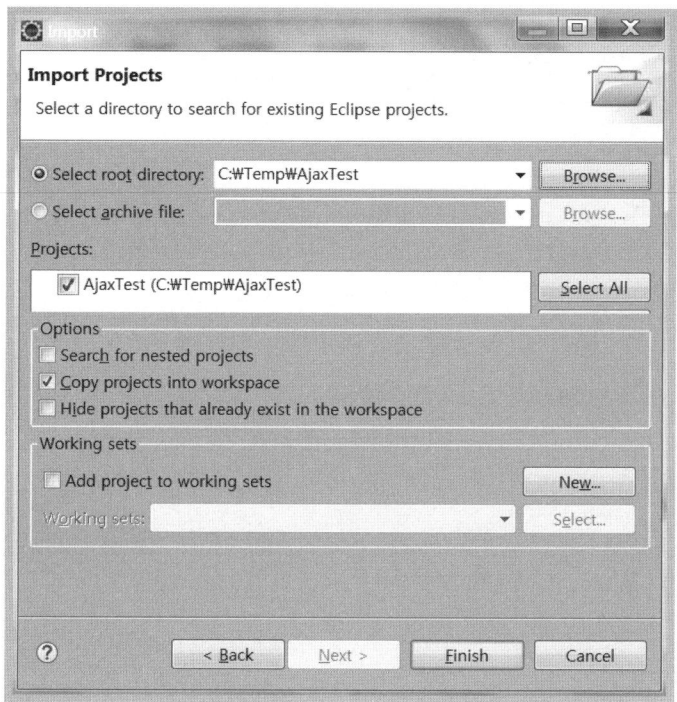

[그림 2.47] Import하는 디렉토리 지정

문제없이 import가 완료되면 다음 그림과 같은 화면을 확인할 수 있다. 이제 이클립스의 프로젝트 탐색기(Project Explorer)에서 WebContent 내의 chap03 등과 같은 디렉토리 내의 소스 파일을 실행할 수 있다.

잠깐만

앞서 1.6절에서 AjaxTest 프로젝트를 만들었다면, 임포트하는 프로젝트와 프로젝트의 이름이 같아 오류가 발생할 수 있다. 임포트 과정에서 프로젝트 이름이 같아 오류가 발생한다면 앞서 작성한 AjaxTest 프로젝트의 이름을 변경한 뒤에 다시 임포트한다. 프로젝트의 이름 변경하는 방법은 프로젝트 이름에서 마우스 오른쪽 버튼을 클릭하여 표시되는 단축 메뉴에서 [Refactor]-[Rename]을 선택하여 열리는 [Resource Rename] 창에서 새로운 이름을 입력한 뒤에 [OK] 버튼을 클릭하면 이클립스 프로젝트의 이름이 변경된다.

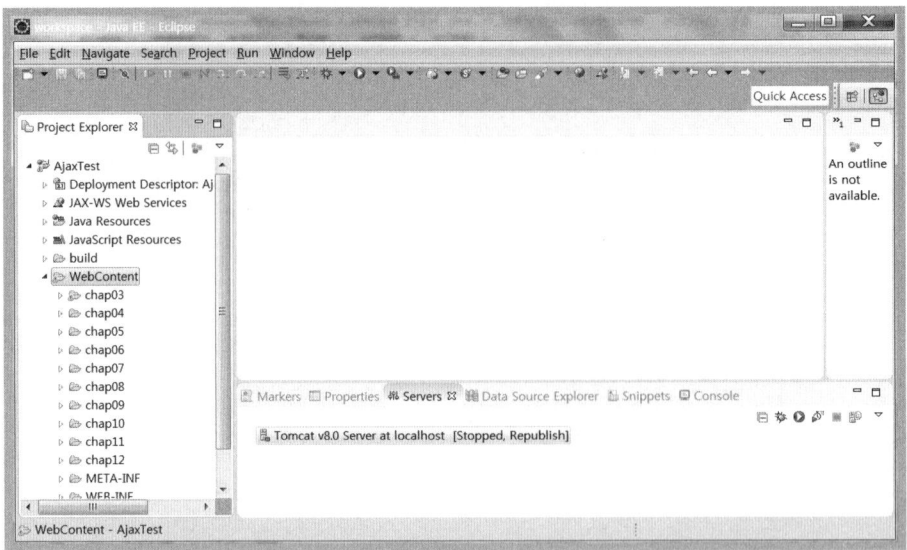

[그림 2.48] 소스 코드를 Import한 뒤의 프로젝트 탐색기

👁 잠깐만

만약 2장에서 설치한 jre 또는 tomcat 버전과 환경이 일치하지 않으면 다음 그림에서와 같이 프로젝트 이름(AjaxTest) 앞에 빨간색의 [X] 표시가 표시된다.

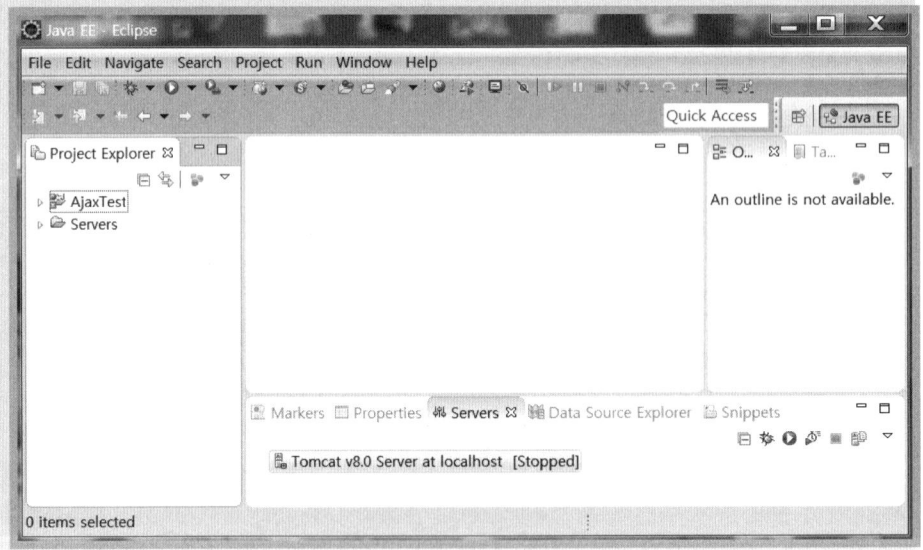

문제를 해결하려면, 프로젝트 이름에서 마우스 오른쪽 버튼을 클릭한 후에 표시되는 단축 메뉴에서 [Build Path]-[Configure Build Path] 항목을 선택한다.

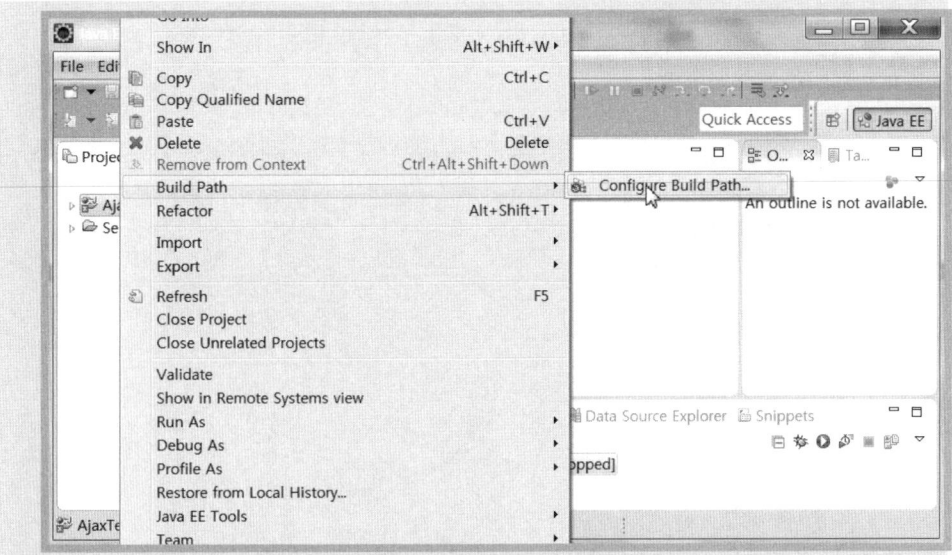

[Libraries] 탭을 선택하고, 문제 있는 항목을 선택한 후 오른쪽 하단의 [Edit] 버튼을 선택하여 사용
자에 알맞은 환경으로 변경하면 된다.

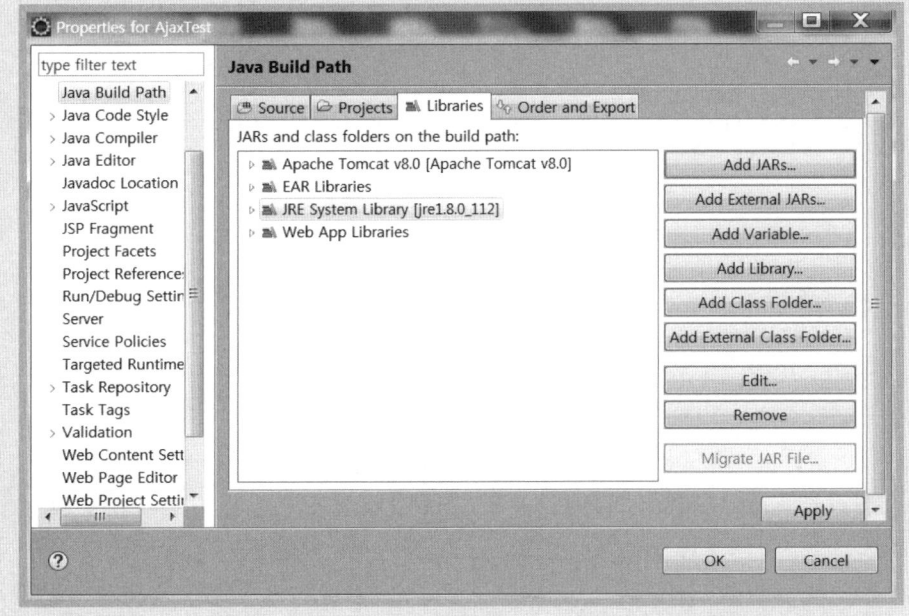

예를 들어 JRE 버전이 달라서 문제가 발생한 경우에는 다음과 같이 사용자에 알맞은 JRE를 설정해
주면 된다.

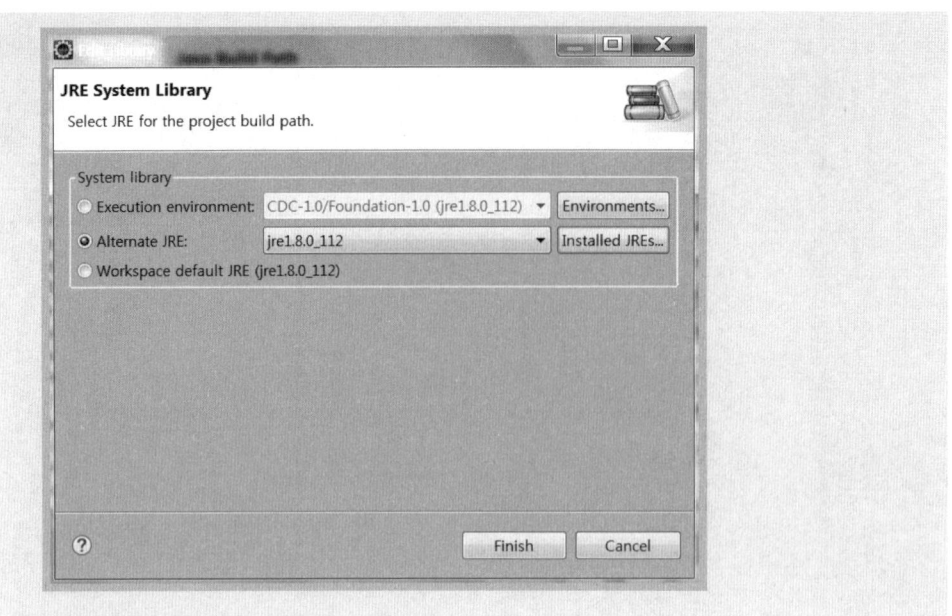

원활한 실습을 하기 위해서는 2장에서 살펴보는 버전으로 구축하는 것이 여러 가지 문제 발생 위험 (버전 에러)을 최소화하는 방법이다.

XMLHttpRequest 객체

CHAPTER 03

[학습 목표]

- XMLHttpRequest 객체 개요에 관하여 학습한다.
- HTTP 요청 처리 방법에 관하여 학습한다.
- HTTP 응답 처리 방법에 관하여 학습한다.
- 크로스 도메인(Cross Domain) 개요에 관하여 학습한다.
- CORS(Cross-Origin Resource Sharing) 개요에 관하여 학습한다.

01 XMLHttpRequest

XMLHttpRequest 객체는 백그라운드에서 비동기적으로 데이터를 전송하거나 읽어오는 기능을 제공한다. 이를 활용하면 비동기 데이터 통신이 필요할 때 아주 간단하고 명료하게 프로그램을 작성할 수 있다. Ajax에서 통신을 담당하고 데이터를 송수신할 수 있는 핵심 객체가 XMLHttpRequest이다.

현재 Chrome, IE 7+, Firefox, Safari, Opera 등 거의 모든 웹 브라우저에서 XMLHttpRequest 객체를 지원한다.

XMLHttpRequest 객체를 얻는 방법으로서 다음과 같은 createHttpRequest() 함수를 이용할 수 있다.

```
var xhttp;
function createHttpRequest() {
    xhttp = new XMLHttpRequest();
}
```

다음은 XMLHttpRequest 객체의 핵심 메서드 및 프로퍼티이다.

[표 3.1] XMLHttpRequest 객체의 메서드 및 프로퍼티

분류	멤버	설명
프로퍼티	onreadystatechange	통신 상태가 변화될 때마다 호출되는 이벤트 핸들러
	readyState	HTTP 통신 상태 값
	status	HTTP 상태 코드 값
	statusText	HTTP 상태의 상세 메시지 값
	responseText	서버 응답 값(plainText 형식)
	responseXML	서버 응답 값(xml 형식)
메서드	abort()	현재의 비동기 통신 중단
	getAllResponseHeaders()	모든 HTTP 응답 헤더 값
	getResponseHeader(header)	지정된 HTTP 응답 헤더 값
	open(...)	HTTP 요청 초기화
	setRequestHeader(header, value)	요청 헤더 설정
	send(본문)	HTTP 실제 요청

다음은 readyState 프로퍼티가 가질 수 있는 반환값이다. HTTP 통신 상태에 따라서 다음과 같이 5가지 반환값을 가질 수 있다. 반환값이 4인 경우는 모든 통신이 완료되었음

을 의미한다.

[표 3.2] readyState 프로퍼티의 값

반환값	설명
0	미 초기화(아직 open 메서드가 호출되지 않음)
1	로드 중(open 메서드는 호출되었으나, send 메서드는 미호출)
2	로드 완료(send 메서드는 호출되었으나, 응답 status/header 미처리)
3	일부 응답 처리 완료(응답 status/header 처리되었으나, 본문은 미처리)
4	모든 응답 처리 완료

다음은 status 프로퍼티가 가질 수 있는 반환값의 일부로서 반환값이 200인 경우가 정상적으로 모든 요청이 처리된 것이다.

[표 3.3] status 프로퍼티의 값

반환값	설명
200	OK(정상 처리)
401	Unauthorized(인증 필요)
403	Forbidden(액세스 거부)
404	Not Found(요청 자원 없음)
500	Internal Server Error(서버 내부 에러)
503	Service Unavailable(요청 서버 사용 불가)

기본적으로 Ajax 어플리케이션을 구현할 때는 readyState(값 : 4)와 status(값 : 200) 프로퍼티를 비교하여 요청이 모두 정상적으로 완료된 것을 확인한 후에 다음 작업을 진행해야 한다. 따라서 일반적으로 사용하는 조건 검사 방법은 다음과 같다.

```
...
if( xhttp.readyState == 4 ) {
   if(xhttp.status == 200 ) {
      // 정상 처리 작업
   } else {
      // 에러 처리 작업
   }
}
...
```

1.1 HTTP 요청 처리

1.1.1 요청 초기화 : open()

XMLHttpRequest 객체의 open() 메서드는 요청을 초기화하는 역할을 담당한다. HTTP 요청 메서드(GET, POST 등)와 URL 값 그리고 요청 처리 방식을 동기(false) 및 비동기

(true)로 처리할지를 설정한다.

```
var xhttp = createHttpRequest();
xhttp.open("GET", "index.html", true);
```

open() 메서드의 첫 번째 인자는 요청 메서드 방법인 GET 또는 POST 값을 설정하고, 두 번째 인자는 요청 URL 값을 설정한다. 세 번째 인자는 생략 가능한 옵션으로 true로 설정하면 비동기로 처리하고, false로 설정하면 동기로 처리한다. 기본값은 true로 비동기로 처리한다.

1.1.2 요청 : send()

open() 메서드로 요청을 초기화한 후에 send() 메서드를 이용하여 실제로 요청한다. GET 또는 POST 방식에 따라서 사용하는 send() 메서드 형태는 다음 두 가지가 있다.

```
xhttp.send(null);   // GET 방식
xhttp.send(값);     // POST 방식
```

GET 방식에서는 send() 메서드의 인자값으로 null을 지정한다. 서버로 넘겨줄 파라미터는 다음과 같이 open() 메서드에서 요청 URL 뒤에 '?'와 '&'를 사용하는 쿼리스트링(query string)을 이용하여 설정한다.

```
xhttp.open("GET", "index.jsp?name=test&age=20", true );
xhttp.send(null);
```

POST 방식인 경우 요청 URL 값은 open() 메서드에서 지정하고, 서버로 넘겨줄 파라미터는 send() 메서드에서 지정한다.

```
xhttp.open("POST", "index.jsp", true );
var sendString = "name=test&age=20";
xhttp.setRequestHeader("Content-Type", "application/x-www-form-urlencoded");
xhttp.send(sendString);
```

특히 POST 방식은 한글을 제대로 전송하기 위해서 setRequestHeader() 메서드를 이용하여 Content-Type 프로퍼티의 값을 반드시 "application/x-www-form-urlencoded"로 설정해야 한다. 하지만 GET 방식은 기본적으로 한글 처리가 가능하다.

1.2 HTTP 응답 처리

1.2.1 onreadystatechange 프로퍼티

서버는 클라이언트의 요청을 모두 처리하고 실행 결과를 응답한다. 비동기 방식으로 처리되는 경우에는 클라이언트의 입장에서 서버의 응답이 언제 도착할지 모르기 때문에 서버 응답에 대한 이벤트 처리를 담당하는 onreadystatechange 프로퍼티가 제공된다.

onreadystatechange는 요청의 처리 상태를 나타내는 readyState 프로퍼티 값이 변경될 때마다 이벤트가 자동으로 발생한다.

다음은 onreadystatechange를 사용하는 간단한 에이다.

```
xhttp.onreadystatechange = callFunction;
...
function callFunction() {
    if( xhttp.readyState == 4 ) {
        if(xhttp.status == 200 ) {
        // 정상적인 응답 처리 코드
    }
}
```

callFunction() 함수는 readyState 상태값의 변화에 따라서 자동으로 호출되는 콜백 함수이다. 클라이언트와 서버 간 통신이 제대로 이루어지면 readyState 반환값이 4이고 status 반환값이 200인 경우에 정상적인 응답 처리 작업을 할 수 있다.

1.2.2 responseText 및 responseXML 프로퍼티

서버로부터 데이터의 내용을 응답받는 방법으로는 2가지 방법을 제공한다. responseText에 의해 일반적인 텍스트 형식으로 받는 방법과 responseXML에 의해 XML 형식으로 받는 방법이다. responseXML로 반환받으면 자동으로 DOM의 Document 객체가 생성되어 직접 XML 파싱 처리를 할 수 있다.

다음은 CSV 형식의 일반 텍스트 데이터를 처리하는 예이다. CSV(Comma Separated Values)는 여러 데이터를 쉼표로 구분해서 표현하는 방법으로 데이터를 쉽고 간편하게 표현할 수 있는 것이 장점이나 가독성이 떨어진다는 단점이 있다.

우선 응답받은 CSV 데이터는 다음과 같다고 가정한다.

```
홍길동,20,서울
이순신,44,전주
```

위의 데이터 중에서 첫 번째 행을 추출하기 위한 Ajax 처리 방법은 다음과 같다.

```
var responseData = xhttp.responseText;
var rows = responseData.split("\n");    // 개행문자로 행을 구분
var cols = rows[0].split(",");          // 쉼표(,)로 열을 구분
var rowData = cols[0] + "\t" + cols[1] + "\t" + cols[2];
alert(rowData);
```

CSV는 데이터가 쉼표로 구분된 형태이기 때문에 각각의 데이터가 무엇을 나타내는지 쉽게 알기 어렵지만, XML은 태그명를 사용하여 각 데이터가 어떤 데이터인지를 쉽게 알수 있다. 또한, XML 형식은 최근 가장 많이 사용되고 있는 데이터 표현방식으로 일반적인 정보 제공 사이트에서 제공하는 RSS도 XML 형식을 기반으로 만든 것이다.

XML 형식의 데이터를 처리하는 방법으로는 DOM API를 사용해야 한다. 예를 들어, 다음과 같은 XML을 요청했다고 가정한다.

```
<?xml version="1.0" encoding="UTF-8" ?>
<song>
    <title>파랑새</title>
    <artist>이문세</artist>
    <album>1집</album>
    <year>1995</year>
</song>
```

이 경우 <title> 태그의 '파랑새' 값을 가져오는 방법은 다음과 같다.

```
var responseData = xhttp.responseXML;
var titles = responseData.getElementsByTagName("title");
var title = titles[0].firstChild.nodeValue;
alert(title);
```

responseXML 프로퍼티로 응답을 받고 DOM API 메서드 중에서 getElements ByTagName(태그명) 메서드를 사용하여 지정된 태그명에 해당하는 값들을 배열로 반환받는다. 배열 데이터 중에서 첫 번째 <title> 값을 얻기 위하여 titles[0].firstChild. nodeValue를 사용한다.

 잠깐만

DOM API 관련 내용은 4장을 참고하기 바란다.

일반 텍스트 데이터 및 XML로 처리하지 않고 다음과 같은 JSON(JavaScript Object Notation) 형식의 객체 표현방식을 이용한다면 더 쉽게 데이터를 처리할 수 있다.

```
{
  "username":"홍길동",
  "age":"20"
}
```

JSON 데이터를 추출하기 위한 Ajax 처리 방법은 다음과 같다. 주의할 점은 일반 텍스트 데이터를 JSON 객체로 변환하려면 eval 함수를 이용해야 한다. JSON 객체로 변환한 후에는 .(dot)를 사용하여 값에 접근할 수 있다.

```
var responseData = xhttp.responseText;
var jsonObject = eval('('+responseData+')');   // JSON 객체로 변환
var name = jsonObject.username;
var age = jsonObject.age;
alert(name +"\t" + age);
```

잠깐만

JSON(JavaScript Object Notation) 이란?

JSON는 경량의 데이터 교환형식으로서, 이 형식은 사람이 읽고 쓰기에 쉽고 컴퓨터가 분석하고 생성함에도 용이하다. 또한, JSON는 프로그램 언어에 독립적이기 때문에 C, C++, Java, Python, Perl, JavaScript 등 어떤 언어에서도 사용할 수 있다.

JSON의 기본 자료형은 다음과 같다.
- 수(number)
- 문자열(String)
- 참/거짓(Boolean)
- 배열(Array)
- 객체(Object)
- null

JSON은 두 개의 구조를 기본으로 사용하는데 하나는 배열이고 다른 하나는 객체이다. 배열은 [value, value2, ...] 표현을 사용하고 객체는 {name:value, name2:value2, ...} 표현식을 사용한다. Ajax 사용시 XML을 대신해서 사용되는 대표적 데이터 표현 방식이다.

클라이언트가 서버에서 파일을 수신한다는 것은 서버에 있는 파일을 클라이언트로 가져오는 것을 의미한다. 즉 서버의 파일을 읽어서 클라이언트의 웹 브라우저에 출력하는 것이다. 이때 서버에 있는 데이터 파일 형태는 정적 데이터 형식과 동적 데이터 형식이 있다. 정적 데이터 형식은 고정된 데이터를 저장하고 있는 형태이고 동적 데이터 형식은 JSP와 같은 서버 프로그램이 실행하면서 생성하는 동적 결과를 포함하는 형태이다.

이번 실습은 정적 데이터 형식으로 된 sample.txt 파일을 읽어서 웹 브라우저에 출력하는 내용이다. sample.txt 파일의 내용은 다음과 같이 기본 텍스트 문장이 입력되어 있다.

> **sample.txt**
>
> 정적 데이터를 활용한 Ajax 실습입니다.

sample.txt 파일을 비동기로 처리하기 위한 sample03_1.html 파일을 작성한다.

[예제 3.1] sample03_1.html

```
01:  <!DOCTYPE html>
02:  <html>
03:    <head>
04:      <meta charset="UTF-8">
05:      <title>Ajax 실습</title>
06:      <script type="text/javascript">
07:
08:        var xhttp;
09:        function createHttpRequest() {
10:          xhttp = new XMLHttpRequest();
11:        }
12:
13:        function mySend() {
14:          createHttpRequest();
15:          xhttp.onreadystatechange = callFunction;
16:          xhttp.open("GET", "sample.txt", true);
17:          xhttp.send(null);
18:        }
19:
20:        function callFunction() {
21:          if(xhttp.readyState == 4 ) {
22:            if(xhttp.status == 200 ) {
23:              var responseData = xhttp.responseText;
24:              document.getElementById("result").innerHTML = responseData;
25:            }
26:          }
27:        }
28:      </script>
29:    </head>
30:    <body>
31:      일반 텍스트 파일 실습입니다.<br>
32:      <button onclick="mySend()">파일 수신</button>
33:      <div id="result"></div>
34:    </body>
35:  </html>
```

08행   XMLHttpRequest 객체를 저장할 JavaScript 변수 xhttp를 선언한다.

09-11행 XMLHttpRequest 객체를 생성하여 xhttp 변수에 저장한다.

13-18행 createHttpRequest() 함수를 호출하여 XMLHttpRequest 객체를 생성하고 GET 방식으로 서버에 sample.txt 파일을 비동기로 요청한다. 서버의 응답을 처리하기 위해서 onreadystatechange 프로퍼티에서는 readyState 반환값에 따라 자동으로 호출하는 callFunction 함수를 설정한다.

20-27행 서버와 클라이언트 간의 통신이 모두 성공적으로 완료된 시점이 readyState는 4이고, status는 200이다. 따라서 2개의 값으로 조건 검사를 하고 응답 데이터 형식은 responseText 프로퍼티를 이용한 일반 텍스트 형식으로 데이터를 받는다. id 값이 result인 div 태그를 참조하여 innerHTML로 응답 데이터를 화면에 출력한다.

32행   [파일 수신] 버튼을 클릭할 때 mySend() 함수를 호출하는 이벤트 핸들러를 〈button〉 태그에 설정한다.

33행   id 값이 result인 〈div〉 태그를 설정한다.

실행 결과

sample03_1.html 파일을 실행한다. 처음 실행된 결과는 [그림 3.1]과 같다.

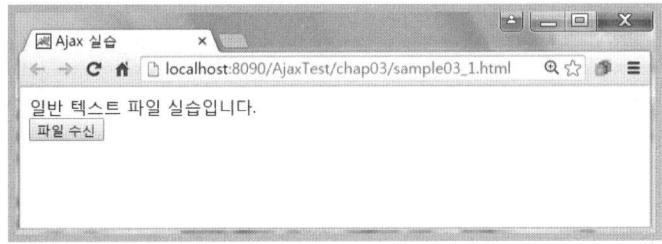

[그림 3.1] sample03_1.html 예제 실행 결과

[파일 수신] 버튼을 클릭하면 Ajax 통신을 이용하여 서버에 sample.txt 파일을 요청한다. 서버는 sample.txt 파일의 내용을 읽어 클라이언트에 응답하고 클라이언트는 응답 데이터를 DOM API를 활용하여 〈div〉 태그에 출력한다. 따라서 [그림 3.2]와 같이 sample.txt 파일 내에 저장된 문자열 "정적 데이터를 활용한 Ajax 실습입니다."를 화면 전환 없이 동적으로 사용자의 웹 브라우저에 출력할 수 있다.

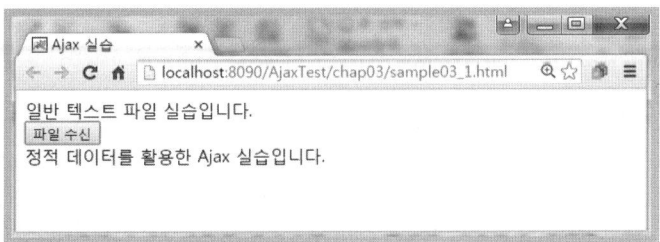

[그림 3.2] sample03_1.html 예제 실행 결과 : [파일 수신] 버튼을 클릭한 뒤의 결과

다음의 [예제 3.2]는 XML 형식의 정적 데이터인 sample.xml 파일을 읽어 웹 브라우저에 출력하는 예제이다. 앞서 실습한 [예제 3.1]과 내부적인 동작 방식은 같다. 두 가지 예제의 차이점으로 하나는 기본 텍스트 파일을 읽어오고, 다른 하나는 XML 형식의 파일을 읽어 온다. 따라서 이번 예제에서는 XML 파싱 작업을 추가해야 한다.

다음과 같이 sample.xml 파일에는 다양한 태그들이 있지만 간단한 코드를 위해서 〈title〉과 〈artist〉 태그의 값만 출력하도록 한다.

```
sample.xml
```

```
〈?xml version="1.0" encoding="UTF-8" ?〉
  〈song〉
    〈title〉파랑새〈/title〉
    〈artist〉이문세〈/artist〉
    〈album〉1집〈/album〉
    〈year〉1995〈/year〉
  〈/song〉
```

XML 형식으로 응답받기 위하여 responseXML 프러퍼티를 사용해야 한다.

```
[예제 3.2] sample03_2.html
```

```
01:  〈!DOCTYPE html〉
02:  〈html〉
03:   〈head〉
04:    〈meta charset="UTF-8"〉
05:    〈title〉Ajax 실습〈/title〉
06:    〈script type="text/javascript"〉
07:
08:     var xhttp;
09:     function createHttpRequest() {
10:       xhttp = new XMLHttpRequest();
11:     }
12:
13:     function mySend() {
14:
15:       createHttpRequest();
16:       xhttp.onreadystatechange = callFunction;
17:       xhttp.open("GET", "sample.xml", true);
18:       xhttp.send(null);
19:     }
20:
21:     function callFunction() {
22:       if(xhttp.readyState == 4 ) {
23:         if(xhttp.status == 200 ) {
```

```
24:                var responseData = xhttp.responseXML;
25:                var titles = responseData.getElementsByTagName("title");
26:                var title = titles[0].firstChild.nodeValue;
27:                var artists = responseData.getElementsByTagName("artist");
28:                var artist = artists[0].firstChild.nodeValue;
29:                document.getElementById("result").innerHTML = title + "\t" + artist;
30:            }
31:          }
32:        }
33:      </script>
34:    </head>
35:    <body>
36:      XML 파일 실습입니다.<br>
37:      <button onclick="mySend()">파일수신</button>
38:      <div id="result"></div>
39:    </body>
40:  </html>
```

13-19행 createHttpRequest() 함수를 호출하여 XMLHttpRequest 객체를 생성하고 GET 방식으로 서버에 sample.xml 파일을 비동기로 요청한다. 서버의 응답을 처리하기 위해서 onreadystatechange 프로퍼티에서는 readyState 반환값에 따라서 자동으로 호출하는 callFunction 함수를 설정한다.

24행 XML 형식으로 응답 데이터 처리를 위하여 responseXML 프로퍼티를 사용한다.

25-26행 DOM API 중에서 태그명으로 참조하기 위한 getElementsByTagName("title") 메서드를 사용하여 지정된 <title> 태그에 해당하는 반환값을 배열로 받는다. 반환된 배열의 첫 번째 값을 title 변수에 저장한다.

27-28행 25행과 마찬가지로 DOM API 메서드와 태그명을 사용하여 <artist> 태그에 지정된 내용을 배열로 반환받는다. 반환된 배열의 첫 번째 값을 atrist 변수에 저장한다.

29행 id가 result인 <div> 태그에 innerHTML 속성을 사용하여 title 변수의 값과 artist 변수의 값을 출력한다.

실행 결과

sample03_2.html 파일을 실행했을 때 처음 화면은 [그림 3.3]과 같다.

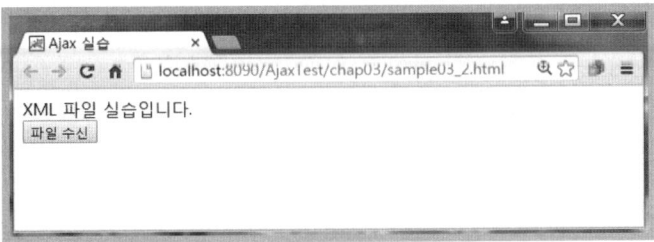

[그림 3.3] sample03_2.html 예제 실행 결과

[그림 3.3]의 화면에서 [파일 수신] 버튼을 클릭하면 Ajax 통신을 이용하여 서버에 sample.xml 파일을 요청한다. 내부적인 동작 방식은 [예제 3.1]과 같다. 다만, 서버로부터 읽어오는 파일이 XML 형식이기 때문에 XML 파싱 처리 작업이 추가되며, Ajax를 이용한 비동기 통신으로서 화면 전환 없이 "파랑새 이문세" 값이 출력된다.

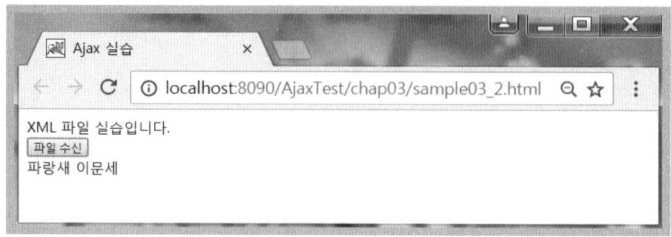

[그림 3.4] sample03_2.html의 예제 실행 결과 : [파일 수신] 버튼을 클릭한 뒤의 결과

다음 실습으로 [예제 3.3]은 JSON 형식의 정적 데이터 파일을 읽어서 웹 브라우저에 출력하는 예제이다.

JSON 객체 표현식을 이용하여 다음과 같이 json.json 파일을 작성한다.

```
json.json

{
  "username":"홍길동",
  "age":"20",
  "address":"서울"
}
```

JSON 데이터도 텍스트 형식이기 때문에 responseText 프로퍼티를 사용하면 되고, 텍스트 형식의 응답 데이터를 JSON 객체로 변환하기 위하여 eval() 함수를 사용한다.

```
[예제 3.3] sample03_3.html

01:  <!DOCTYPE html>
02:  <html>
03:    <head>
04:      <meta charset="UTF-8">
05:      <title>Ajax 실습</title>
06:      <script type="text/javascript">
07:
08:        var xhttp;
09:        function createHttpRequest() {
10:          xhttp = new XMLHttpRequest();
11:        }
12:
13:        function mySend() {
```

```
14:        createHttpRequest();
15:        xhttp.onreadystatechange = callFunction;
16:        xhttp.open("GET", "json.json", true);
17:        xhttp.send(null);
18:      }
19:
20:      function callFunction(){
21:        if(xhttp.readyState == 4 ){
22:          if(xhttp.status == 200 ){
23:            var responseData = xhttp.responseText;
24:            var jsonObject = eval('(' + responseData + ')');
25:            var name = jsonObject.username;
26:            var age = jsonObject.age;
27:            var address = jsonObject.address;
28:            document.getElementById('result').innerHTML = name + "\t" + age + "\t" + address;
29:          }
30:        }
31:      }
32:    </script>
33:  </head>
34:  <body>
35:    JSON 텍스트 파일 실습입니다.<br>
36:    <button onclick="mySend()">파일수신</button>
37:    <div id="result"></div>
38:  </body>
39: </html>
```

14-17행 createHttpRequest() 함수를 호출하여 XMLHttpRequest 객체를 생성하고 GET 방식으로 서버에 json.json 파일을 비동기로 요청한다. 서버의 응답을 처리하기 위해서 onreadystatechange 프로퍼티에서는 readyState 반환값에 따라서 자동으로 호출하는 callFuction 함수를 설정한다.

23행 JSON 데이터를 응답받기 위하여 responseText 프로퍼티를 사용한다.

24행 eval 함수를 이용하여 응답 데이터인 텍스트를 JSON 객체로 변환한다.

25-27행 .(dot)를 사용하여 JSON 객체의 name, age, address에 접근하여 value 값을 얻는다.

실행 결과

sample03_3.html 파일을 실행하면 첫 번째 화면은 [그림 3.5]와 같다.

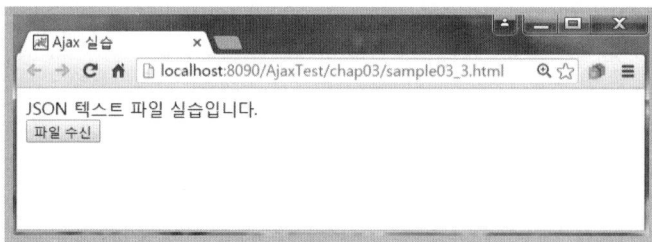

[그림 3.5] sample03_3.html 예제 실행 결과

[그림 3.5]의 실행 결과에서 [파일 수신] 버튼을 클릭하면 Ajax 통신을 이용하여 서버에 json.json 파일을 요청한다. 내부적인 동작 방식은 [예제 3.1] 그리고 [예제 3.2]와 모두 같다. 다만, [예제 3.3]에서는 JSON 형식의 텍스트 파일을 읽어와 JSON 객체로 변환하기 위해 eval() 함수를 사용해야 한다.

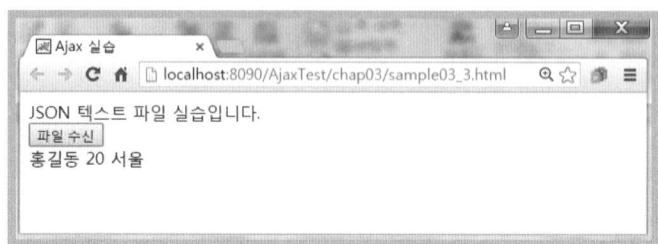

[그림 3.6] sample03_3.html 예제 실행 결과 : [파일 수신] 버튼을 클릭한 뒤의 결과

지금까지의 실습은 모두 고정된 데이터를 가진 정적 파일(Text, XML, JSON 형식)들만을 이용하여 Ajax 개념을 파악해 보았다. 하지만, 실제로 서비스되는 Ajax 어플리케이션은 정적 파일이 아닌 동적 데이터를 생성할 수 있는 서버 사이드(Server Side) 프로그래밍을 이용한다. 이 책의 예제에서는 동적 데이터를 생성하기 위해 JSP 프로그램을 사용한다.

다음의 [예제 3.4]는 HTML 파일에서 파라미터 값을 가지고 서버 측의 JSP에 요청한다. 요청받은 JSP에서는 파라미터 값을 가지고 동적인 응답 데이터를 작성하여 클라이언트로 반환하는 예제이다. 이때 서버가 응답하는 데이터는 JSP가 실행하면서 동적으로 생성된 일반 텍스트 데이터이다.

[예제 3.4] sample03_4.html

```
01:  <!DOCTYPE html>
02:  <html>
03:    <head>
04:     <meta charset="UTF-8">
05:     <title>Ajax 실습</title>
06:     <script type="text/javascript">
07:
08:       var xhttp;
```

```
09:     function createHttpRequest() {
10:        xhttp = new XMLHttpRequest();
11:     }
12:
13:     function mySend() {
14:        createHttpRequest();
15:        xhttp.onreadystatechange = callFunction;
16:        xhttp.open("GET", "sampleText.jsp?userid=홍길동&passwd=test", true);
17:        xhttp.send(null);
18:     }
19:
20:     function callFunction(){
21:        if(xhttp.readyState == 4 ){
22:          if(xhttp.status == 200 ){
23:            var responseData = xhttp.responseText;
24:            document.getElementById("result").innerHTML = responseData;
25:          }
26:        }
27:     }
28:   </script>
29:  </head>
30:  <body>
31:    JSP 파라미터 파일 실습입니다.<br>
32:    <button onclick="mySend()">파일수신</button>
33:    <div id="result"></div>
34:  </body>
35: </html>
```

16행 파라미터를 GET 방식으로 요청하기 위하여, sampleText.jsp 파일에 'userid=홍길동&passwd=test' 쿼리스트링을 추가한다.

17행 GET 방식에서의 send() 메서드는 파라미터로 null 값을 지정한다.

23행 sampleText.jsp에서 응답하는 데이터는 일반 텍스트 문자열이기 때문에 responseText 프로퍼티로 받아서 처리한다.

다음은 동적인 데이터를 작성할 sampleText.jsp 파일이다.

sampleText.jsp

```
01: <%@ page language="java" contentType="text/html; charset=UTF-8"
             pageEncoding="UTF-8"%>
02: <%
03:   String userid = request.getParameter("userid");
04:   String passwd = request.getParameter("passwd");
05:   out.print(userid + "\t" + passwd);
06: %>
```

03-05행 sample03_4.html에서 쿼리스트링으로 요청한 파라미터값을 구하고 out.print() 메서드를 사
용하여 클라이언트에게 일반 텍스트 형식으로 응답한다.

실행 결과

sample03_4.html 파일을 처음 실행했을 때 결과는 [그림 3.7]과 같다.

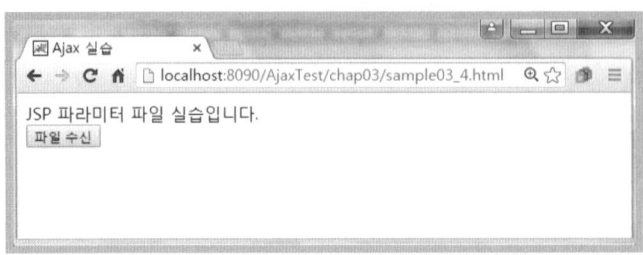

[그림 3.7] sample03_4.html 예제 실행 결과

[그림 3.7]의 결과에서 [파일 수신] 버튼을 클릭하면 sample03_4.html은 지정된 파라미
터를 가지고 Ajax 통신을 이용하여 서버에 sampleText.jsp 파일을 요청한다. 내부적인
동작 방식은 앞의 실습과 모두 같으며, JSP로 요청했기 때문에 서버에서는 동적인 데이
터를 클라이언트로 반환되는 것이 다르다.

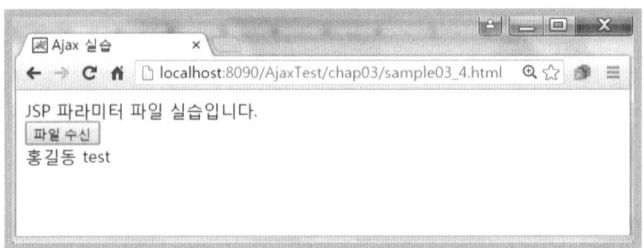

[그림 3.8] sample03_4.html 예제 실행 결과 : [파일 수신] 버튼을 클릭한 뒤의 결과

[예제 3.5]는 앞의 sample03_4.html 실습 내용과 비슷하다. 차이점은 JSP가 만든 데이
터 형식이 JSON 형태이기 때문에 eval() 함수를 추가로 사용하여 JSON 객체로 변경 후
에 사용해야 한다.

[예제 3.5] sample03_5.html

```
01: 〈!DOCTYPE html〉
02: 〈html〉
03:   〈head〉
04:     〈meta charset="UTF-8"〉
05:     〈title〉Ajax 실습〈/title〉
06:     〈script type="text/javascript"〉
07:       var xhttp;
08:       function createHttpRequest() {
09:         xhttp = new XMLHttpRequest();
```

```
10:     }
11:
12:     function mySend() {
13:       createHttpRequest();
14:       xhttp.onreadystatechange = callFunction;
15:       xhttp.open("GET", "sampleJSON.jsp?userid=홍길동&passwd=json", true);
16:       xhttp.send(null);
17:     }
18:
19:     function callFunction(){
20:       if(xhttp.readyState == 4 ) {
21:         if(xhttp.status == 200 ) {
22:           var responseData = xhttp.responseText;
23:           var jsonObject = eval('(' + responseData + ')');
24:           var userid = jsonObject.userid;
25:           var passwd = jsonObject.passwd;
26:
27:           document.getElementById("result").innerHTML =
28:               userid + "\t" + passwd;
29:         }
30:       }
31:     }
32:   </script>
33: </head>
34: <body>
35:   JSON 텍스트 파일 실습입니다.<br>
36:   <button onclick="mySend()">파일수신</button>
37:   <div id="result"></div>
38: </body>
39: </html>
```

15행   GET 방식으로 쿼리스트링을 sampleJSON.jsp로 요청한다.

22-23행   sampleJSON.jsp가 처리한 응답 결과를 responseText로 받고 JSON 객체로 변경하기 위하여 eval() 함수를 사용한다.

24-25행   JSON 객체로부터 .(dot)를 사용하여 값을 참조한다.

27-28행   id가 result인 <div> 태그에 innerHTML 속성을 이용하여 데이터를 웹 브라우저에 출력한다.

다음은 동적인 JSON 데이터를 만드는 sampleJSON.jsp 파일이다. 실제로는 데이터베이스와 연동하여 아이디와 비밀번호를 검증해야 하지만 간단한 코드를 위하여 생략하기로 한다.

---

sampleJSON.jsp

```
01:  <%@ page language="java" contentType="text/html; charset=UTF-8"
                 pageEncoding="UTF-8"%>
02:  <%
03:    String userid = request.getParameter("userid");
04:    String passwd = request.getParameter("passwd");
05:    String jsonData = "{'userid':'" + userid + "','passwd':'" + passwd+ "'}";
06:    out.print(jsonData);
07:  %>
```

03-04행 sample03_5.html로부터 넘어온 파라미터를 얻는다.

05-06행 JSON 객체 형식으로 문자열을 작성하고 클라이언트로 응답한다.

실행 결과

sample03_5.html 파일을 처음 실행했을 때 초기 화면의 결과는 [그림 3.9]와 같다.

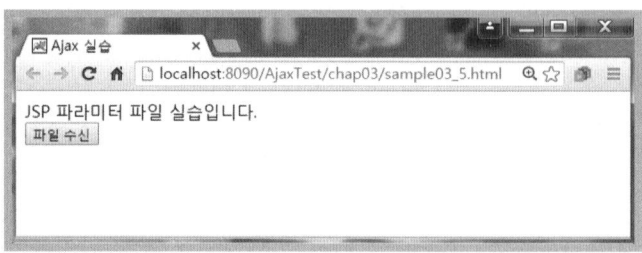

[그림 3.9] sample03_5.html 예제 실행 결과

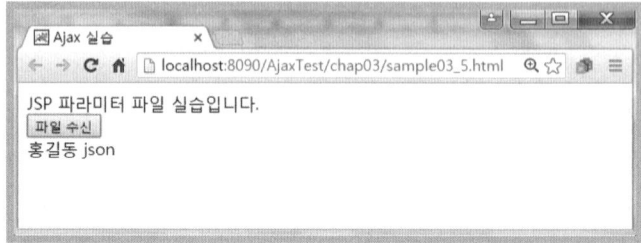

[그림 3.10] sample03_5.html 예제 실행 결과 : [파일 수신] 버튼을 클릭한 뒤의 결과

GET 방식을 이용한 파라미터 전송 방법은 open() 메서드에서 쿼리스트링을 이용하여 파라미터를 전달하고, send() 메서드에는 파라미터로 null 값을 지정해야 한다.

다음은 Post 방식은 어떤 차이가 있는지 예제를 통해 비교해 보자.

잠깐만

쿼리스트링(query string)은 클라이언트에서 서버로 파라미터를 전송할 때 name=value&name2=value2 형식으로 전달하는 표현식을 의미한다.

다음의 [예제 3.6]은 클라이언트의 HTML 파일에서 서버의 JSP에 POST 방식으로 파라미터를 전달하고, 서버는 동적 데이터를 생성하여 응답 처리하는 예제로 내부적인 동작 방식은 GET 방식과 같다. POST 방식으로 요청할 때에는 Content-Type 헤더에 "application/x-www-form-urlencoded" 값을 설정해야 한글 처리가 가능하다. 또한 send() 메서드에는 null 값 대신에 쿼리스트링을 설정해야 한다. 헤더 정보를 설정하는 방법은 다음과 같다.

```
xhttp.setRequestHeader("Content-Type", "application/x-www-form-urlencoded");
```

[예제 3.6] sample03_6.html

```
01:  <!DOCTYPE html>
02:  <html>
03:  <head>
04:    <meta charset="UTF-8">
05:    <title>Ajax 실습</title>
06:    <script type="text/javascript">
07:      var xhttp;
08:      function createHttpRequest() {
09:        xhttp = new XMLHttpRequest();
10:      }
11:
12:      function mySend() {
13:        createHttpRequest();
14:        xhttp.onreadystatechange = callFunction;
15:        xhttp.open("POST", "samplePost.jsp", true);
16:        var sendString = "userid=홍길동&passwd=post";
17:        xhttp.setRequestHeader("Content-Type",
18:                "application/x-www-form-urlencoded");
19:        xhttp.send(sendString);
20:      }
21:      function callFunction() {
22:        if(xhttp.readyState == 4 ) {
23:          if(xhttp.status == 200 ) {
24:            var responseData = xhttp.responseText;
25:            document.getElementById("result").innerHTML = responseData;
26:          }
27:        }
28:      }
29:    </script>
30:  </head>
31:  <body>
32:    POST 파라미터 파일 실습입니다.<br>
33:    <button onclick="mySend()">파일수신</button>
34:    <div id="result"></div>
```

```
35:    </body>
36:    </html>
```

15행 POST 방식으로 서버의 samplePost.jsp에 요청한다.

17-18행 한글 처리를 위하여 Content-Type을 application/x-www-form-urlencoded 값으로
설정한다.

19행 send() 메서드 인자에 파라미터로 전달할 쿼리스트링을 지정한다.

다음은 클라이언트에서 전달된 POST 파라미터를 처리할 samplePost.jsp 파일이다. 한
글 처리를 하기 위하여 request.setCharacterEncoding("UTF-8") 메서드로 설정한다.

```
samplePost.jsp

01: <%@ page language="java" contentType="text/html; charset=UTF-8"
02:              pageEncoding="UTF-8"%>
03: <%
04:   request.setCharacterEncoding("UTF-8");
05:   String userid = request.getParameter("userid");
06:   String passwd = request.getParameter("passwd");
07:   out.println(userid + "\t" + passwd);
08: %>
```

03행 POST로 넘어온 파라미터 한글 처리를 위하여 UTF-8로 인코딩 처리한다.

실행 결과

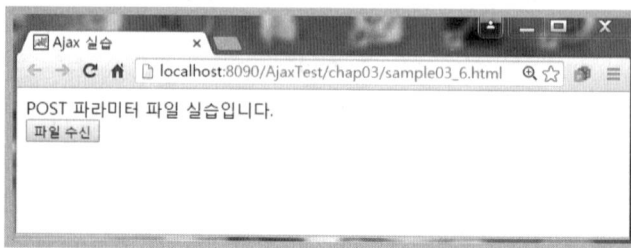

[그림 3.11] sample03_6.html의 예제 실행 결과

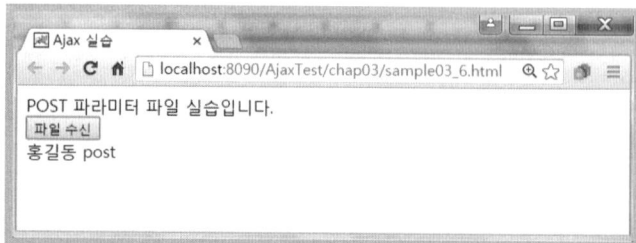

[그림 3.12] sample03_6.html 예제 실행 결과 : [파일 수신] 버튼을 클릭한 뒤의 결과

02 크로스 도메인(Cross Domain) 요청 처리

Ajax에서는 Same Origin Policy(SOP)라는 특별한 보안 정책이 있다. SOP는 현재 브라우저에서 보이는 웹 페이지와 같은 도메인에만 Ajax 요청을 할 수 있다는 것이다. 자바스크립트 코드가 있는 서버가 아닌 다른 서버로 마음대로 요청한다면 보안에 취약할 수 있기 때문이다. XMLHttpRequest 객체를 처음 만들 때에는 이러한 제약이 보안 강화를 위해서 당연하게 생각되었으나, 지금에 와서는 Ajax 어플리케이션을 개발할 때 항상 고민해야 하는 문제가 되었다. Open API를 이용한 매시업(Mashup)을 활용하거나 여러 개의 도메인을 사용하는 웹 사이트 개발 및 REST API를 활용한 외부 호출이 많아지는 어플리케이션을 개발할 때 큰 어려움이 될 수 있기 때문이다. 이렇게 다수의 도메인 서버에 접근하는 것을 '크로스 도메인(Cross Domain)' 이라고 한다.

다음과 같이 기본적으로 같은 도메인(http://domain1)에서는 Ajax 요청이 가능하지만 다른 도메인(http://domain2) 요청은 불가능하다.

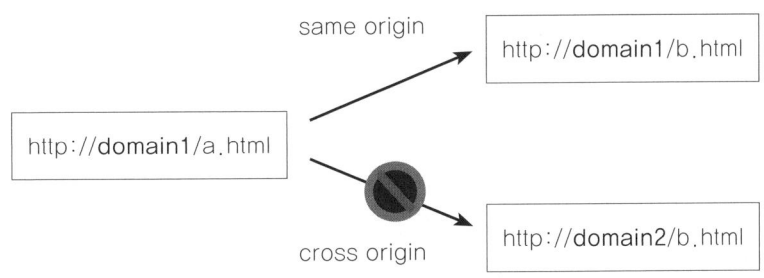

Same Origin Policy 정책을 우회하는 방법으로 JSONP, Cross Domain Proxy 등 여러 방법이 등장하였으나 보안에 취약한 점이 있거나 또는 특정 데이터 형식만 사용할 수 있거나 하는 제약 때문에 표준화가 되지 못했다. W3C에서 크로스 도메인에서도 Ajax를 사용할 방법을 표준화하였는데 이것을 CORS(Cross-Origin Resource Sharing)라고 부른다. CORS는 서버에서 외부 요청을 허용하는 경우에 Ajax 요청이 가능하게 한다.

> 🔍 **잠깐만**
> CORS와 관련된 스펙은 다음 URL을 참고한다.
> http://www.w3.org/Security/wiki/Same_Origin_Policy

다음 예는 크로스 도메인 표준 방식인 CORS 방식과 관련된 예제이다. 현재 사용 중인 Port 번호가 8090인 도메인(http://localhost:8090)과 Port 번호가 9000인 새로운 도메인(http://localhost:9000)을 구축하기 위하여 2장에서 설정한 톰캣 서버를 하나 더 추가하고 기존 서버와 다른 Port 값인 9000으로 설정한다. 같은 IP 일지라도 Port 번호가 다르면 다른 도메인으로 처리된다.

다음의 [그림 3.13]은 기존 Tomcat 서버 Port 설정 값이고, [그림 3.14]는 새로 추가하는 Tomcat 서버 Port 설정 값이다. 주의할 점으로 하나의 PC에서 실습하기 위해서는 HTTP/1.1 포트 번호 뿐만 아니라 Tomcat admin port와 AJP/1.3 포트 번호도 다르게 설정해야 한다. 따라서 [그림 3.13]의 설정값과 [그림 3.14]의 설정값을 서로 다르게 설정한다.

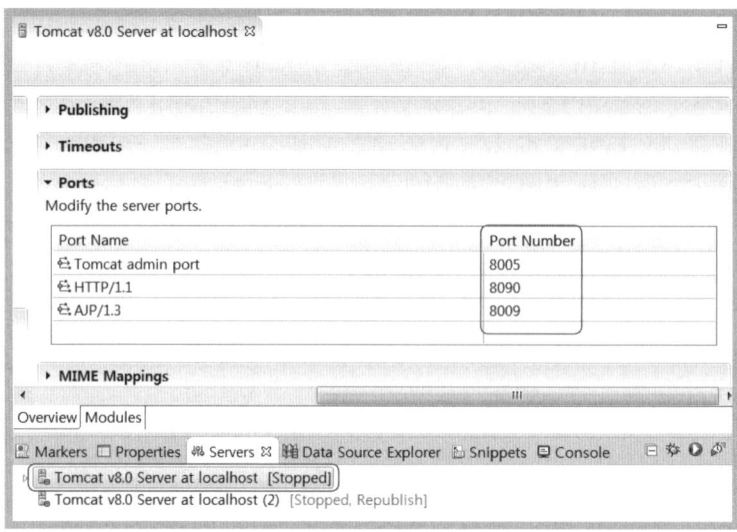

[그림 3.13] 이전 Tomcat 서버의 Port 번호 설정

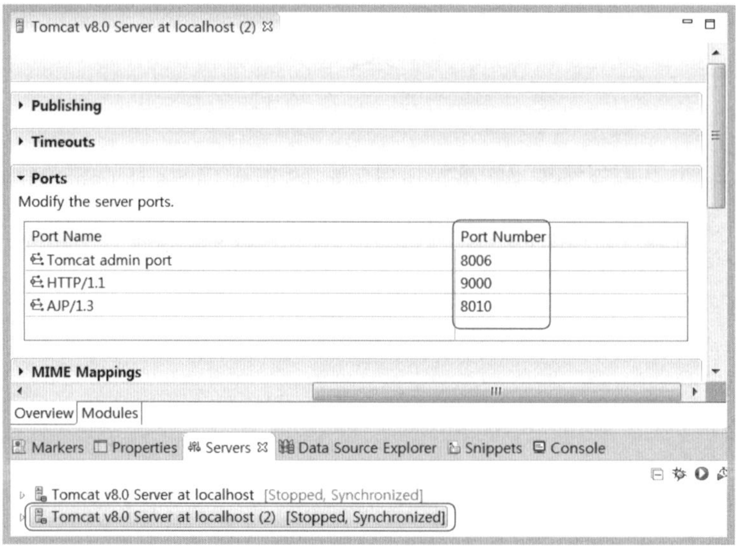

[그림 3.14] 새로운 Tomcat 서버 Port 번호 설정

실습과 관련된 구조는 다음과 같다.

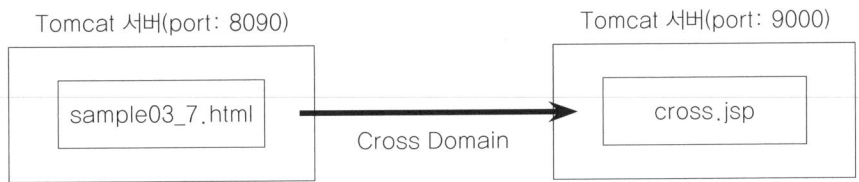

sample03_7.html 파일은 port 번호가 8090인 톰캣 서버에서 실행하고, cross.jsp 파일은 port 번호가 9000인 톰캣 서버에서 각각 실행한다.

포트 번호가 서로 다르기 때문에 sample03_7.html에서 cross.jsp로 요청하는 것은 크로스 도메인(Cross Domain)이다.

앞에서 언급했던 것처럼 CORS는 웹 브라우저에서 외부 도메인 서버와 통신하기 위한 표준 스펙으로 클라이언트와 서버가 정해진 헤더 정보를 이용하여 서로 간의 요청에 반응할지를 결정하는 방식이다. 동작 방식은 요청을 받은 웹 서버가 허용할 경우에는 다른 도메인의 웹 페이지 스크립트에서도 자원을 주거나 받을 수 있게 해준다.

서버에서 설정해야 할 헤더 정보는 다음과 같다.

[표 3.4] 톰캣 서버의 헤더 정보

헤더 정보	설정값
Access-Control-Allow-Origin	*
Access-Control-Allow-Methods	GET, POST, PUT, DELETE, OPTIONS

Access-Control-Allow-Origin 헤더에 *을 설정하면 모든 도메인에서의 요청을 허용함을 의미하고, Access-Control-Allow-Methods 헤더는 허용할 요청 메서드를 설정한다. 만약 헤더 정보를 설정하지 않고 크로스 도메인(Cross Domain)으로 요청하면 [그림 3.15]와 같이 "No 'Access-Control-Allow-Origin'" 에러가 발생한다.

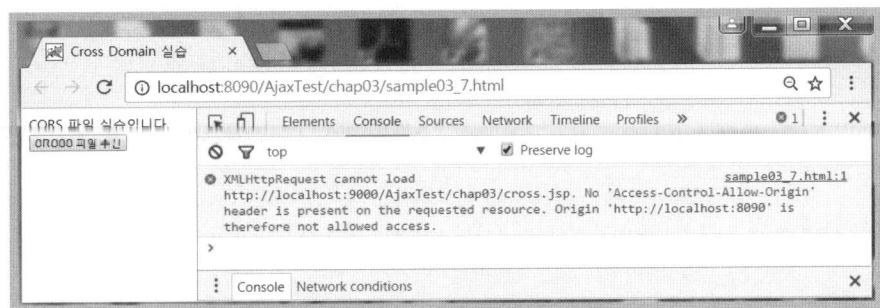

[그림 3.15] Cross Domain 에러

다음의 [예제 3.7]은 Port 번호가 8090인 톰캣 서버에서 실행되는 sample03_7.html 파일이다.

[예제 3.7] sample03_7.html

```
01:  <!DOCTYPE html>
02:  <html>
03:   <head>
04:    <meta charset="UTF-8">
05:    <title>Cross Domain 실습</title>
06:    <script type="text/javascript">

07:       var xhttp;
08:       function createHttpRequest() {
09:         xhttp = new XMLHttpRequest();
10:       }
11:
12:       function mySend() {
13:         createHttpRequest();
14:         xhttp.onreadystatechange = callFunction;
15:         xhttp.open("GET", "http://localhost:9000/AjaxTest/chap03/cross.jsp", true);
16:         xhttp.send(null);
17:       }
18:
19:       function callFunction() {
20:         if(xhttp.readyState == 4 ) {
21:          if(xhttp.status == 200 ) {
22:            var responseData = xhttp.responseText;
23:            document.getElementById("result").innerHTML = responseData;
24:          }
25:         }
26:       }
27:    </script>
28:   </head>
29:   <body>
30:    CORS 파일 실습입니다.<br>
31:    <button onclick="mySend()">CROSS 파일 수신</button>
32:    <div id="result"></div>
33:   </body>
34:  </html>
```

15행   크로스 도메인 요청을 위하여 port 번호가 9000인 Tomcat 서버에 cross.jsp를 요청한다.

다음은 Port 번호가 9000에서 실행되는 cross.jsp 파일이다.

```
cross.jsp
01: <%@ page language="java" contentType="text/html; charset=UTF-8"
02:             pageEncoding="UTF-8"%>
03: <!DOCTYPE html PUBLIC "-//W3C//DTD HTML 4.01 Transitional//EN"
04:             "http://www.w3.org/TR/html4/loose.dtd">
05: <html>
06:   <head>
07:     <meta http-equiv="Content-Type" content="text/html; charset=UTF-8">
08:     <title>Insert title here</title>
09:   </head>
10:   <body>
11:     <%
12:       response.setHeader("Access-Control-Allow-Origin", "*");
13:       out.print("Hello World");
14:     %>
15:   </body>
16: </html>
```

12행   크로스 도메인 요청을 허용하기 위하여 Access-Control-Allow-Origin 헤더에 * 값을 설정
한다. 서로 다른 모든 도메인에서 요청이 허용된다.

실행 결과

먼저 cross.jsp에서 12행의 헤더 설정 문장을 주석으로 처리한 뒤에 sample03_7.html
파일을 실행한다.

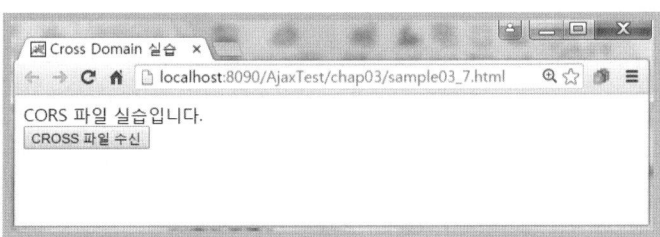

[그림 3.16] sample03_7.html 예제 실행 결과

크롬 웹브라우저의 [설정] 버튼을 클릭하여 [도구 더보기]-[개발자 도구] 메뉴를 선택
(F12)하여 크롬 웹 브라우저의 개발자 도구 창을 연다. 이제 [그림 3.16]의 예제 실행 결
과에서 [CROSS 파일 수신] 버튼을 클릭하면 [그림 3.15]와 같은 'No Access-Control-
Allow-Origin' 에러가 발생한다. cross.jsp 파일에서 12행의 헤더 설정 문장을 원래대로
복구한 뒤에 sample03_7.html 파일 다시 실행하여 [CROSS 파일 수신] 버튼을 클릭하
면 [그림 3.17]과 같은 결과를 얻을 수 있다.

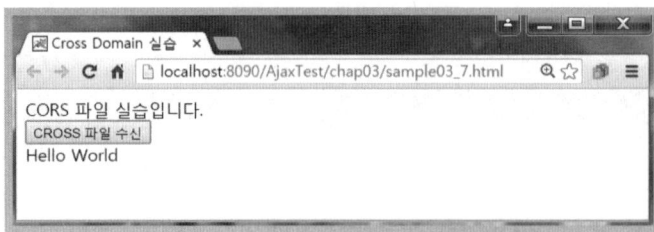

[그림 3.17] sample03_7.html 예제 실행 결과 : [CROSS 파일 수신] 버튼을 클릭한 결과

DOM 개요

CHAPTER 04

[학습 목표]

- DOM(Document Object Model)에 관하여 학습한다.
- DOM 생성, 수정, 삭제, 조회에 관하여 학습한다.
- DOM과 Ajax를 활용한 상황별 예제 구현에 관하여 학습한다.
- 동적으로 연동하는 Combo 박스와 검색어 자동 완성 기능 예제 구현에 관하여 학습한다.

01 DOM 개요

HTML DOM을 이용하면 HTML 문서 내의 모든 요소(노드, 태그)들에 접근하여 설정된 값을 얻거나 또는 새로운 값으로 변경할 수 있다. 또한, 기존에 존재하는 요소들을 제거하거나 새로운 요소를 추가할 수도 있으며 요소들의 속성 변경도 가능하다. 이렇게 요소 및 속성의 수정, 삭제 및 조회 기능뿐만 아니라 스타일 변경도 가능하다.

DOM은 Document Object Model의 약어로, 웹 페이지의 HTML 문서 구조를 객체로 표현해서 웹 브라우저가 쉽게 처리 가능하도록 하는 방법이다. 웹 페이지가 로드될 때 웹 브라우저는 웹 페이지의 DOM을 생성한다. DOM은 내부적으로 객체들의 계층구조(tree) 형태로 관리되며 최상위 객체는 Document 객체이다. 생성된 객체 각각을 노드(node)라고 하고, 노드의 종류는 존재 형태에 따라서 Element 노드, Text 노드, Attribute 노드가 있다.

DOM은 플랫폼/언어 중립적으로 구조화된 문서를 표현하는 W3C의 공식 표준안으로서 자바스크립트 및 jQuery를 사용해서 동적인 웹 페이지를 작성하기 위해서 반드시 알고 있어야 하는 중요한 개념이다.

다음의 [코드 4.1]은 기본적인 HTML 문서이고, [그림 4.1]은 [코드 4.1]의 HTML 페이지를 트리구조로 표현한 DOM이다.

[코드 4.1] 기본적인 HTML 페이지

```
<!DOCTYPE html>
<html>
  <head>
    <title>DOM 개요</title>
  </head>
  <body>
    <h1>DOM이란</h1>
    <a href="#">링크</a>
  </body>
</html>
```

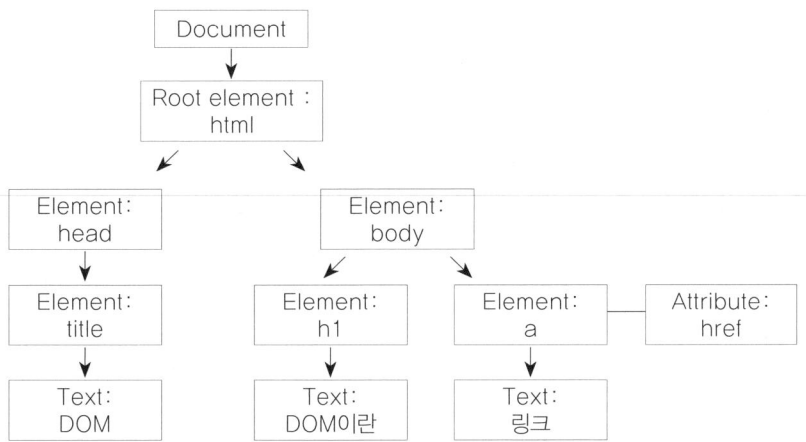

[그림 4.1] [코드 4.1]의 DOM 표현

사각형으로 감싼 각 요소를 노드(node)라고 부르며 DOM에서의 최상위 노드는 Document 객체이다. HTML 문서에서 정의된 형태에 따라서 Element 노드, Attribute 노드, Text 노드라고 부른다.

DOM은 트리구조이기 때문에 상속 관계로 설명할 수 있다. 직계 관계에서 특정 노드의 바로 아래 계층에 있으면 자식 노드라 부르고, 직접적인 직계 관계가 아닌 즉, 바로 아래 계층 이후의 노드를 자손 노드라고 부른다. 따라서 html 노드에 대해서 head 및 body 노드는 자식 노드이고 title 노드는 자손 노드이다, head 노드가 첫 번째 자손 노드이며 body 노드는 마지막 자식 노드이다. 만약 DOM 구조에서 같은 레벨에 있으면 형제 노드라고 한다. 따라서 head와 body는 Element 노드이면서 형제 노드이다. 마찬가지로 head 노드의 자식 노드는 title 노드(Element 노드)이고, 자손 노드는 Text 노드인 "DOM 개요"이다. a 노드는 Attribute 노드인 href 를 가지고 자식 노드로 Text 노드인 "링크"를 갖는다.

DOM API에서 제공된 노드의 속성 및 메서드를 이용하면 DOM을 순회(접근)하면서 원하는 노드의 값을 조회하거나 수정, 추가 또는 삭제할 수 있다.

1.1 노드 속성 및 메서드

다음은 DOM 구조에서 특정 노드를 순회할 때 사용 가능한 노드 속성이다.

[표 4.1] 노드 속성

속성	설명
firstChild	첫 번째 자식 노드의 요소를 반환한다.
lastChild	마지막 자식 노드의 요소를 반환한다.
nextSibling	현재 자식 노드와 같은 레벨의 다음 자식 요소를 반환한다.

previousSibling	현재 자식 노드와 같은 레벨의 이전 자식 요소를 반환한다.
nodeName	노드의 이름을 반환한다.
nodeValue	노드가 가지고 있는 값을 반환/지정한다.
parentNode	현재 노드의 부모 요소를 반환한다.
childNodes	현재 노드의 자식 노드들을 배열(NodeList) 형태로 반환한다.

다음은 DOM 구조에서 사용 가능한 메서드 이다.

[표 4.2] 노드 메서드

메서드	설명
appendChild(새로운 노드)	자식 노드의 리스트 끝에 새 노드를 추가한다.
cloneNode()	노드를 복사한다.
hasChildNodes()	특정 노드에 자식 노드 존재 여부 확인 (boolean)
getAttribute(속성명)	현재 노드 속성값을 반환한다.
setAttribute(속성, 값)	현재 노드 속성을 생성하거나 설정한다.
hasAttributes()	특정 노드에 속성 노드 존재 여부 확인 (boolean)
insertBefore(새로운 노드,현재 노드)	자식 목록에 새로운 노드를 삽입한다.
removeChild(자식 노드)	자식 목록에 현재 노드를 삭제한다.
createElement(노드)	Element 노드를 생성한다.
createTextNode(노드)	Text 노드를 생성한다.
createAtttibute(노드)	Attribute 노드를 생성한다.
getElementById(id값)	지정된 id 값과 일치하는 Element 노드를 반환한다.
getElementsByTagName(태그명)	지정된 태그명과 일치하는 Element 노드를 배열 형태로 반환한다.
querySelector(셀렉터)	지정된 셀렉터와 일치하는 노드들 중에서 첫 번째 노드를 반환한다.
querySelectorAll(셀렉터)	지정된 셀렉터와 일치하는 모든 노드들을 배열 형태로 반환한다.

[표 4.1]에서 설명한 노드 속성을 사용하여 각 노드에 접근하는 방법은 다음과 같다.

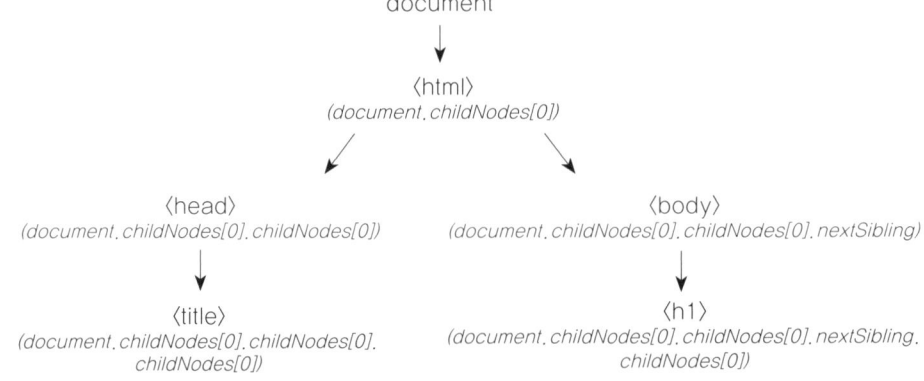

[그림 4.2] childNodes 속성을 이용한 접근

html 노드는 document 객체의 첫 번째 자식이기 때문에 document.firstChild 및 document.childeNodes[0]의 방법으로 접근할 수 있다. head 노드는 html 노드의 첫 번째 자식이기 때문에 document.childeNodes[0].childeNodes[0]의 방법으로 접근할 수 있으며, 또한 document.childNodes[0].firstChild의 방법으로도 접근할 수 있다. 만약 body 노드에 접근한다면 document.childNodes[0].lastChild 및 document.childeNodes[0].childeNodes[0].nextSibling의 방법으로 접근할 수 있다. 이렇게 DOM API의 속성 및 메서드를 활용하면 DOM 트리구조에서 원하는 노드에 다양한 방법으로 참조할 수 있다.

1.2 노드 생성 및 추가

다음 실습은 빈 〈body〉 태그에 Text 노드를 갖는 〈h1〉 태그를 새로 생성하여 추가하는 예제이다. 먼저 [코드 4.2]와 같이 빈 〈body〉 태그를 포함하는 HTML 문서를 작성한다.

[코드 4.2] body 태그 구성

```
〈!DOCTYPE html〉
〈html〉
 〈head〉
  〈meta charset="UTF-8"〉
  〈title〉DOM 개요〈/title〉
 〈/head〉
 〈body〉


 〈/body〉
〈/html〉
```

현재 〈body〉 태그에는 아무런 내용이 없기 때문에 웹 브라우저에서 확인하면 비어 있는 화면으로 출력된다. 따라서 새로운 태그를 생성하여 〈body〉 태그에 추가해야 한다.

다음은 태그 및 텍스트를 생성 또는 추가할 때 사용할 수 있는 메서드이다.

[표 4.3] 노드 생성 메서드

메서드	설명
document.createElement(태그명)	Element 노드인 태그를 생성한다.
document.createTextNode(텍스트)	Text 노드인 텍스트를 생성한다.
타깃노드.appendChild(노드)	타깃 노드에 노드를 추가한다.

createElement() 메서드를 사용하여 〈h1〉 태그를 생성하고, createTextNode() 메서드를 사용하여 텍스트를 생성한다. 〈h1〉 태그에 텍스트를 추가하기 위하여 appendChild() 메서드를 사용한다.

[코드 4.3] Element 노드와 Text 노드 생성 및 추가

```
<!DOCTYPE html>
<html>
  <head>
    <meta charset="UTF-8">
    <title>DOM 개요</title>
  </head>
  <body>

    <script type="text/javascript">
      var header = document.createElement("h1");
      var headerText =  document.createTextNode("DOM 생성");
      header.appendChild(headerText);
    </script>

  </body>
</html>
```

[코드 4.3]을 실행했을 때의 DOM 트리구조는 [그림 4.3]과 같다. h1 Element 노드와 "DOM 생성" Text 노드가 생성되어 있으나 화면에는 출력되지 않는다. 이유는 body 노드와 h1 노드가 연결되어 있지 않기 때문이다. 화면에 출력하기 위해서는 반드시 〈body〉 태그에 새로 생성된 Element 노드를 추가하여 연결해야 한다.

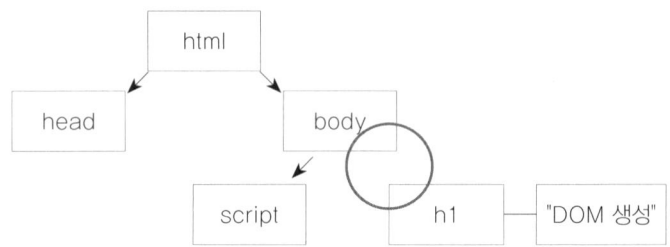

[그림 4.3] body 태그에 추가되지 않은 DOM 상태

document.body.appendChild(header) 메서드를 사용하여 body 노드에 h1 노드를 연결한다. 화면에 추가된 내용을 출력하기 위해서 마지막으로 〈body〉 태그에 추가한 최종 완성된 코드는 [예제 4.1]과 같다.

[예제 4.1] sample04_1.html

```
01: <!DOCTYPE html>
02: <html>
03:   <head>
04:     <meta charset="UTF-8">
05:     <title>DOM 생성</title>
06:   </head>
```

```
07:    <body>
08:
09:    <script type="text/javascript">
10:       var header = document.createElement("h1");
11:       var headerText = document.createTextNode("DOM 생성");
12:       header.appendChild(headerText);
13:       document.body.appendChild(header);
14:    </script>
15:
16:    </body>
17: </html>
```

10행   createElement("h1") 메서드를 사용하여 지정된 <h1> 태그에 해당하는 Element 노드를 생성
         한다.

11행   createTextNode("DOM 생성") 메서드를 사용하여 "DOM 생성" 문자열 값을 갖는 Text 노드
         를 생성한다.

12행   appendChild() 메서드를 사용하여 10행에서 생성한 h1 Element 노드에 Text 노드를 추가
         한다.

13행   마지막으로 <body> 태그에 10행에서 생성한 h1 Element 노드를 추가한다.

[예제 4.1]에 해당하는 HTML 문서의 최종 DOM 구조는 [그림 4.4]와 같다. <body> 태
그에 <h1> 태그가 연결된 것을 확인할 수 있다.

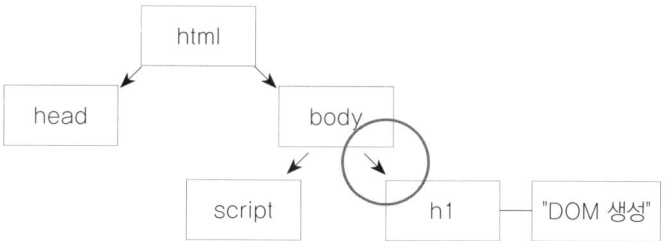

[그림 4.4] body 엘리먼트에 h1 엘리먼트 노드를 추가한 DOM 상태

실행 결과

크롬 웹 브라우저를 실행하고 F12 버튼을 클릭하면 개발자 도구 화면이 보인다. 개발자
도구 화면에서 [Elements] 탭을 선택하면 DOM에 의해서 생성된 동적인 HTML을 확인
할 수 있다.

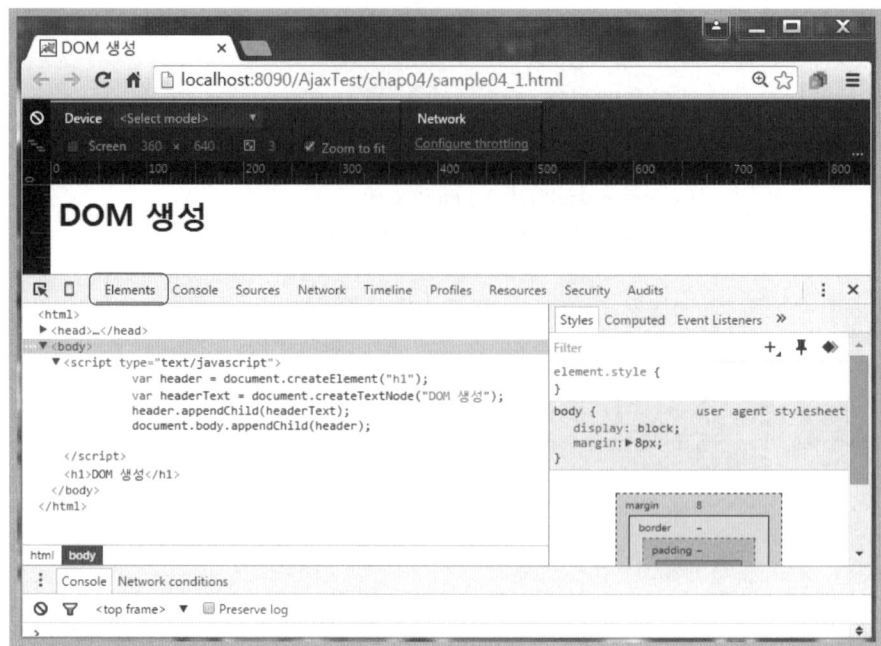

[그림 4.5] sample04_1.html 예제 실행 결과와 개발자 도구

다음 실습은 빈 〈body〉 태그에 Text 노드를 갖지 않는 〈img〉 태그를 추가하는 실습이다. 〈img〉 태그는 Text 노드를 갖지 않는 대표적인 태그로서 src, width, height 같은 기본 속성을 갖는다.

[그림 4.6]은 실습에서 구현할 DOM 구조이다. 먼저 img Element 노드를 작성하고 "korea.png" 속성값을 가진 src 속성을 생성하여 img 노드에 추가한다. 이후에 차례대로 "200" 속성값을 갖는 width 속성과 "200" 속성값을 갖는 height 속성을 생성하여 〈img〉 태그에 추가한다. 마지막으로 img 노드를 body 노드에 추가한다.

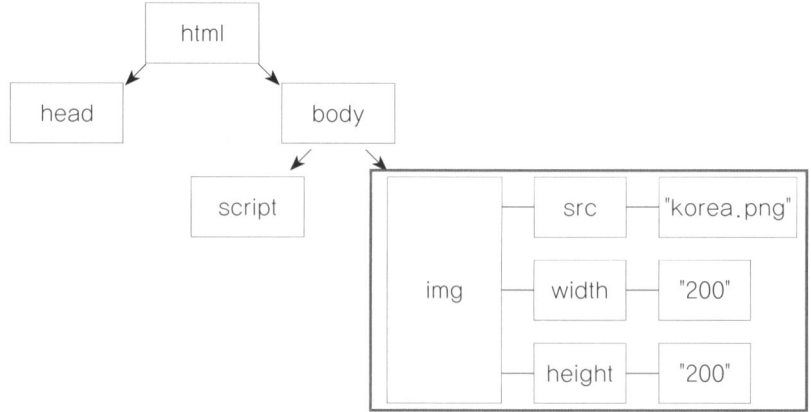

[그림 4.6] 〈img〉 태그 생성

 잠깐만

실습에서 사용된 korea.png 파일은 제공된 소스에서 복사하거나 임의의 이미지 파일을 사용할 수 있다.

[표 4.4]는 태그에 속성을 추가하거나 조회하기 위한 메서드이다.

[표 4.4] 속성 관련 메서드

메서드	설명
노드.setAttribute(속성명, 속성값)	특정 노드에 속성을 설정한다.
노드.getAttribute(속성명)	특정 노드의 속성값을 얻는다.

⟨body⟩ 태그에 ⟨img src="korea.png" width="200" height="200" /⟩ 태그를 추가하는 완성된 코드는 [예제 4.2]와 같다.

[예제 4.2] sample04_2.html

```
01:  <!DOCTYPE html>
02:  <html>
03:   <head>
04:    <meta charset="UTF-8">
05:    <title>DOM 생성</title>
06:   </head>
07:   <body>
08:
09:    <script type="text/javascript">
10:     var img = document.createElement("img");
11:     img.setAttribute("src", "korea.png");
12:     img.setAttribute("width", "200");
13:     img.setAttribute("height", "200");
14:
15:     document.body.appendChild(img);
16:    </script>
17:   </body>
18:  </html>
```

10행   createElement("img") 메서드를 사용하여 img Element 노드를 생성한다.

11-13행 setAttribute(속성명, 속성값) 메서드를 사용하여 ⟨img⟩ 태그에 속성을 설정한다.

15행   마지막으로 ⟨body⟩ 태그에 생성된 img 엘리먼트 즉, ⟨img⟩ 태그를 추가한다.

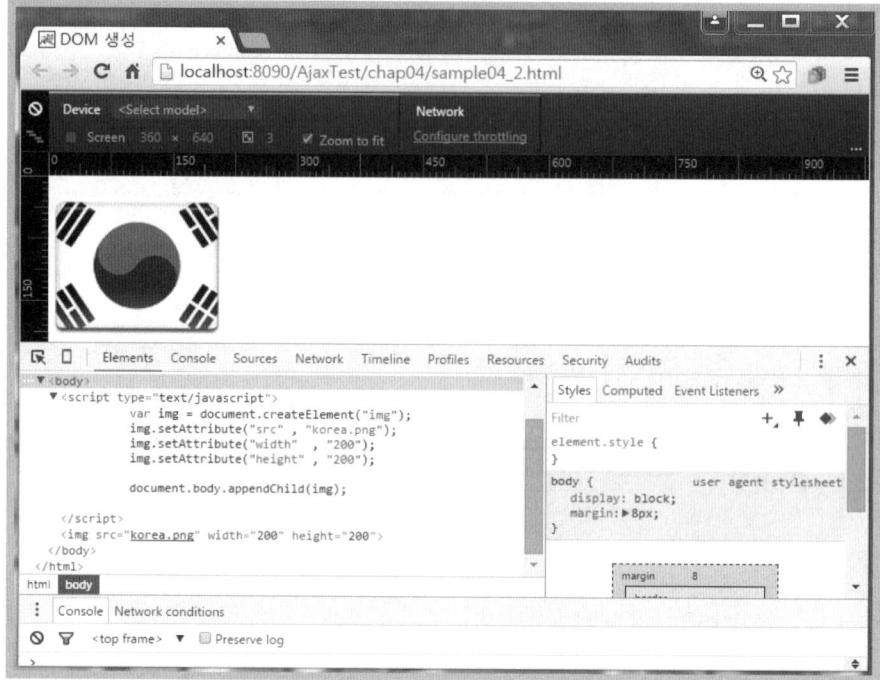

[그림 4.7] sample04_2.html 예제 실행 결과와 개발자 도구

다음 실습은 빈 〈body〉 태그에 〈ul〉 태그를 이용하여 리스트를 작성하는 방법이다. 앞서 배웠던 방법을 이용하면 〈li〉 태그를 생성하기 위한 createElement() 메서드와 〈ul〉 태그에 추가하기 위한 appendChild() 메서드를 반복한다. 하지만, 이번 예제는 메서드를 반복적으로 사용하지 않고 간편한 문자열을 이용해서 구현하는 방법이다. 태그의 innerHTML 속성을 사용하면 복잡한 형태의 HTML 태그를 쉽게 생성할 수 있다.

innerHTML 속성은 특정 노드의 내용(몸체)에 HTML 태그를 삽입하는 방법으로서 일반적인 innerHTML 속성을 사용하는 형식은 [코드 4.4]와 같다.

[코드 4.4] innerHTML 속성의 기본 형식

```
<script type="text/javascript">
  var content = "<h1>내용</h1>";      // 복잡한 형태의 HTML 태그
  document.body.innerHTML = content;
</script>
```

[그림 4.8]은 실습에서 구현할 DOM 구조이다.

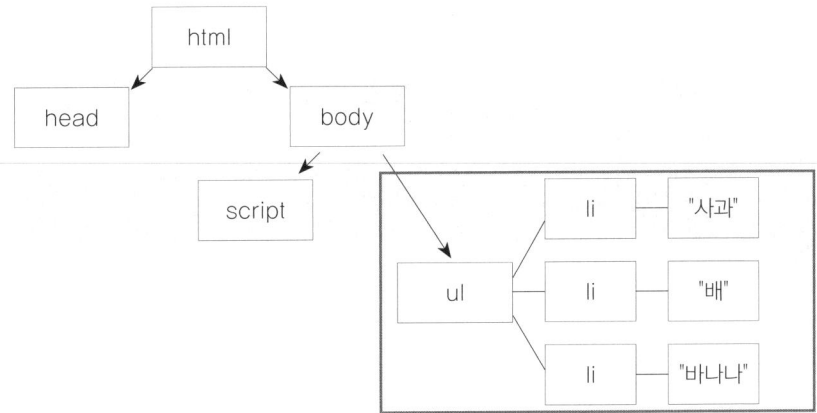

[그림 4.8] 〈ul〉 태그를 추가한 DOM 구조

innerHTML을 이용하여 〈ul〉 태그를 완성한 코드는 [예제 4.3]과 같다.

[예제 4.3] sample04_3.html

```
01:  <!DOCTYPE html>
02:  <html>
03:    <head>
04:      <meta charset="UTF-8">
05:      <title>DOM 생성</title>
06:    </head>
07:    <body>
08:
09:      <script type="text/javascript">
10:        var content = "<ul> <li>사과</li> <li>배</li> <li>바나나</li> </ul>";
11:        document.body.innerHTML = content;
12:      </script>
13:    </body>
14:  </html>
```

10행 JavaScript 변수 content에 새로 생성할 〈ul〉 태그를 포함하는 문자열을 저장한다.

11행 변수 content를 〈body〉 태그의 innerHTML 속성에 저장한다. 결과적으로 변수에 저장된 태 그들이 〈body〉 태그에 추가된다.

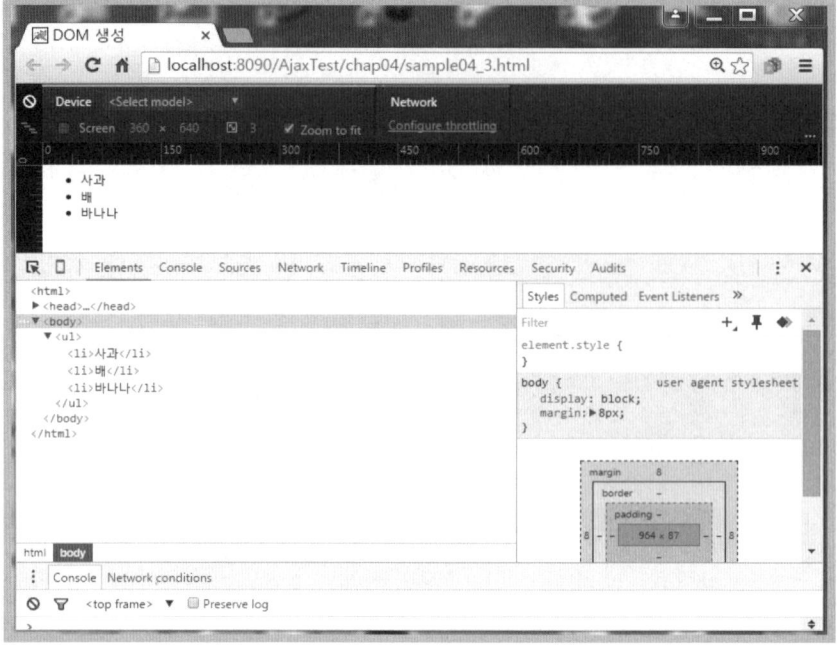

[그림 4.9] sample04_3.html 예제 실행 결과

1.3 노드 조회

앞서 실습했던 내용은 DOM에 없던 요소 및 속성을 메서드 또는 innerHTML을 사용하여 새롭게 추가하는 방법이다. 이번 절에서는 웹 페이지에 이미 존재하는 요소에 접근하는 방법으로서 Document 객체에서 제공하는 [표 4.5]의 Document 객체 메서드를 사용한다.

[표 4.5] Document 객체 메서드

메서드	설명
document.getElementById("아이디값")	태그의 id 속성값과 지정한 "아이디값"이 일치하는 노드를 리턴한다.
document.getElementsByName("이름")	태그의 name 속성값과 지정한 "이름"이 일치하는 노드를 배열로 리턴한다.
document.getElementsByTagName("태그명")	"태그명"과 일치하는 노드를 배열로 리턴한다.
document.querySelector(선택자)	지정한 선택자와 일치하는 첫 노드를 리턴한다.
document.querySelectorAll(선택자)	지정한 선택자와 일치하는 노드를 배열로 리턴한다.

1.3.1 document.getElementById(id) 메서드

getElementById() 메서드의 사용법에 관하여 살펴보자. 이 메서드는 HTML에서 지정된 id 값과 일치하는 태그를 선택하여 반환한다. 자세한 설명을 위해서 [코드 4.5]와 같이 〈h1〉과 〈p〉 태그를 작성하고 각각 id 값을 설정했다고 가정하자.

[코드 4.5] id 속성 설정

```
<!DOCTYPE html>
<html>
  <head>
    <meta charset="UTF-8">
    <title>getElementById 메서드 조회</title>

  </head>
  <body>
    <h1 id="header1">헤더입니다.</h1>
    <p id="p1">p1입니다.</p>
    <p id="p2">p2입니다.</p>
  </body>
</html>
```

JavaScript에서는 [코드 4.6] 같이 document.getElementById(아이디값) 메서드를 사용하여 지정된 id 값에 해당되는 요소를 반환받는다. 지정된 id 값은 모든 HTML 문서 내에서 유일한 값으로 지정해야 하고, 만약 id 값과 일치하는 요소가 없다면 null 값을 리턴 한다.

[코드 4.6] getElementById() 메서드 사용

```
<script type="text/javascript">
  var h1 = document.getElementById("header1");
  var p1 = document.getElementById("p1");
  var p2 = document.getElementById("p2");

  console.log(h1.innerHTML + "\t" + p1.innerHTML + "\t" + p2.innerHTML );
</script>
```

id 값을 이용하여 특정 요소를 검색하는 완성된 코드는 [예제 4.4]와 같다.

잠깐만

console.log() 함수는 웹 브라우저에서 Console 창에 데이터를 출력하는 방법으로서 디버깅용으로 자주 사용한다. 과거에는 alert() 함수를 사용하였으나 근래에는 console.log() 함수를 많이 사용한다.

[예제 4.4] sample04_4.html

```
01:  <!DOCTYPE html>
02:  <html>
03:    <head>
04:      <meta charset="UTF-8">
05:      <title>DOM 조회</title>
```

```
06:    </head>
07:    <body>
08:      <h1 id="header1">헤더입니다.</h1>
09:      <p id="p1">p1입니다.</p>
10:      <p id="p2">p2입니다.</p>
11:
12:      <script type="text/javascript">
13:        var h1 = document.getElementById("header1");
14:        var p1 = document.getElementById("p1");
15:        var p2 = document.getElementById("p2");
16:
17:        console.log( h1.innerHTML + "\t" + p1.innerHTML + "\t" + p2..firstChild.nodeValue );
18:
19:      </script>
20:    </body>
21:  </html>
```

08-10행 유일한 id 값을 가진 〈h1〉 태그와 〈p〉 태그를 설정한다.

13-15행 document.getElementById(id) 메서드를 사용하여 지정된 id 값에 해당하는 요소를 반환받는다.

17행 innerHTML 또는 firstChild.nodeValue 속성을 이용하여 요소의 내용을 콘솔에 출력한다.

실행 결과

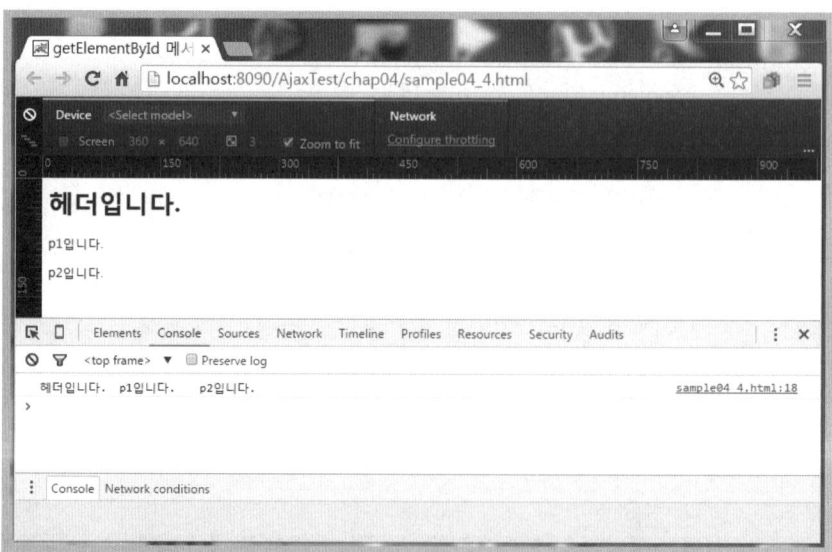

[그림 4.10] sample04_4.html 예제 실행 결과

1.3.2 document.getElementsByTagName(tag) 메서드

앞서 실습했던 getElementById() 메서드는 중복되지 않은 유일한 id 값을 가진 요소를 선택하는 방법으로서 하나의 요소만 반환받을 수 있다. 하지만, document.

getElementsByTagName("태그명") 메서드를 사용하면 지정한 "태그명"과 일치하는 모든 요소들을 배열로 반환받을 수 있다.

자세한 설명을 위해서 [코드 4.7] 같이 두 개의 〈p〉 태그를 설정했다고 가정한다.

[코드 4.7] <p> 태그 설정

```
<!DOCTYPE html>
<html>
  <head>
    <meta charset="UTF-8">
    <title>DOM 조회</title>

  </head>
  <body>
    <p>p1입니다.</p>
    <p>p2입니다.</p>
  </body>
</html>
```

JavaScript에서는 [코드 4.8]과 같이 document.getElementsByTagName("p")를 사용하여 모든 〈p〉 태그를 배열로 반환받는다. 배열의 각 요소는 0부터 시작하는 인덱스(첨자)를 사용하여 접근한다.

[코드 4.8] getElementsByTagName() 메서드 사용

```
<script type="text/javascript">
  var p = document.getElementsByTagName("p");
  console.log( p[0].innerHTML + "\t" + p[1].innerHTML);

  // for 문 이용
  for(var i=0; i < p.length; i++ ) {
    console.log(p[i].innerHTML);
  }
</script>
```

"태그명"을 이용하여 요소를 검색하는 완성된 코드는 [예제 4.5]와 같다.

[예제 4.5] sample04_5.html

```
01:  <!DOCTYPE html>
02:  <html>
03:    <head>
04:      <meta charset="UTF-8">
05:      <title>DOM 조회</title>
06:    </head>
```

```
07:    <body>
08:      <p>p1입니다.</p>
09:      <p>p2입니다.</p>
10:
11:      <script type="text/javascript">
12:        var p = document.getElementsByTagName("p");
13:        console.log( p[0].innerHTML + "\t" + p[1].innerHTML);
14:
15:        for(var i = 0; i < p.length; i++ ) {
16:          console.log(i + "> " + p[i].innerHTML);
17:        }
18:      </script>
19:    </body>
20: </html>
```

08-09행 두 개의 〈p〉 태그를 작성한다.

12행 모든 〈p〉 태그를 조회하기 위하여 document.getElementsByTagName("p") 메서드를 사용하여 배열로 반환받는다.

13행 인덱스(첨자)를 사용하여 배열에 저장된 〈p〉 태그를 참조하고 innerHTML 속성으로 내용을 해당 태그의 내용을 콘솔에 출력한다.

15-17행 12행에서 결과를 배열로 반환받았기 때문에 javaScript의 반복문 사용이 가능하다.

실행 결과

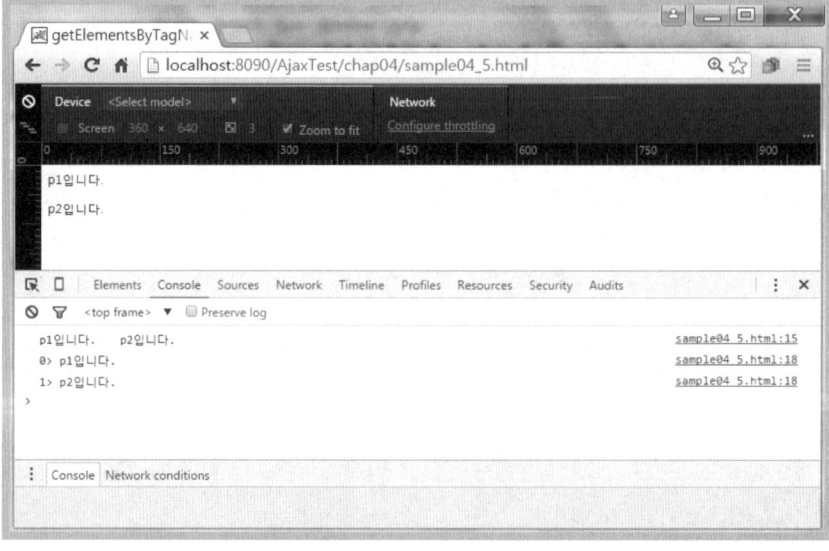

[그림 4.11] sample04_5.html 예제 실행 결과

1.3.3 querySelector(선택자) 및 querySelectorAll(선택자) 메서드

이 절에서 살펴볼 내용은 document.querySelector(선택자) 메서드와 query
SelectorAll(선택자) 메서드이다. 두 개의 메서드는 모두 CSS(Cascading Style Sheets)
선택자를 사용하여 특정 노드를 참조하는 방법이다. 앞서 살펴봤던 id 값 또는 태그명을
사용하는 방법에 비하여 CSS 선택자를 이용하면 더욱 효율적으로 DOM을 선택할 수 있
다. querySelector(선택자) 메서드는 선택자와 일치하는 노드 중에서 첫 번째 노드를 반
환하고 querySelectorAll(선택자) 메서드는 선택자와 일치하는 모든 노드를 배열로 반환
한다.

> **잠깐만**
>
> CSS 선택자에 관하여 자세히 알고자 한다면 다음 URL를 참고한다.
> http://www.w3schools.com/cssref/css_selectors.asp

다음의 [예제 4.6]은 두 개의 h1 태그를 작성하고 querySelector() 메서드와 query
SelectorAll() 메서드를 사용하여 원하는 〈h1〉 태그를 검색하는 예제이다.

[예제 4.6] sample04_6.html

```
01: <!DOCTYPE html>
02: <html>
03:   <head>
04:     <meta charset="UTF-8">
05:     <title>DOM 조회</title>
06:   </head>
07:   <body>
08:     <h1 id="header1">header1입니다.</h1>
09:     <h1 id="header2">header2입니다.</h1>
10:
11:     <script type="text/javascript">
12:       var h = document.querySelector("#header1");
13:       console.log( h.innerHTML);
14:
15:       var headers = document.querySelectorAll("h1");
16:       for(var i=0 ; i < headers.length; i++ ) {
17:         console.log(i + "> " + headers[i].innerHTML);
18:       }
19:     </script>
20:   </body>
21: </html>
```

08-09행 id="header1"과 id="header2"인 〈h1〉 태그를 정의한다.

12-13행 id 속성을 이용하는 CSS 선택자 표현방법은 "#id값"이다. 따라서 12행은 id 값이 header1을
가진 요소를 반환하고, 13행에서는 반환된 결과를 콘솔에 출력한다.

15~18행　〈h1〉 태그를 모두 선택하기 위하여 querySelectorAll("h1") 메서드를 사용하여 배열로 반환받
고, 반복문을 사용하여 콘솔에 출력한다.

실행 결과

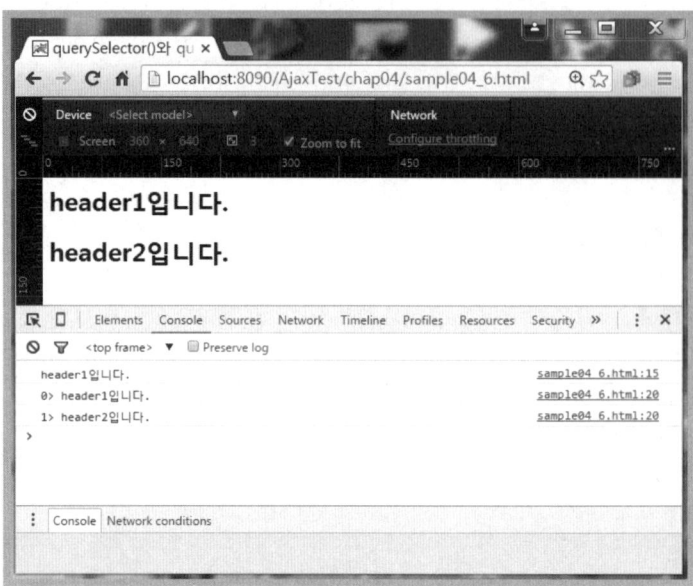

[그림 4.12] sample04_6.html 예제 실행 결과

1.4 노드 삭제

이 절에서 살펴볼 내용은 웹 페이지에 이미 존재하는 노드를 찾아 삭제하는 방법이다.
[표 4.6]에서 제공하는 메서드를 사용하여 자식 노드를 삭제할 수 있다.

[표 4.6] 노드 삭제 메서드

메서드	설명
노드.removeChild(자식 노드)	지정된 노드의 자식 노드를 삭제한다.

다음의 [예제 4.7]은 두 개의 〈h1〉 태그를 작성하고, removeChild() 메서드를 사용하여
하나의 〈h1〉 태그를 DOM에서 삭제하는 예제이다.

[예제 4.7] sample04_7.html

```
01: 〈!DOCTYPE html〉
02: 〈html〉
03:   〈head〉
04:     〈meta charset="UTF-8"〉
05:     〈title〉DOM 조회〈/title〉
06:   〈/head〉
```

```
07:     <body>
08:       <h1 id="header1">header1입니다.</h1>     // 삭제할 노드
09:       <h1 id="header2">header2입니다.</h1>
10:
11:       <script type="text/javascript">
12:         var del = document.getElementById("header1");
13:         document.body.removeChild(del);
14:       </script>
15:     </body>
16:  </html>
```

08-09행 id="header1"과 id="header2"인 두 개의 〈h1〉 태그를 정의한다.

12행 삭제할 〈h1〉 태그를 찾기 위하여 getElementById() 메서드를 사용한다.

13행 〈body〉 태그로부터 삭제하기 위하여 removeChild(삭제 노드) 메서드를 호출한다.

실행 결과

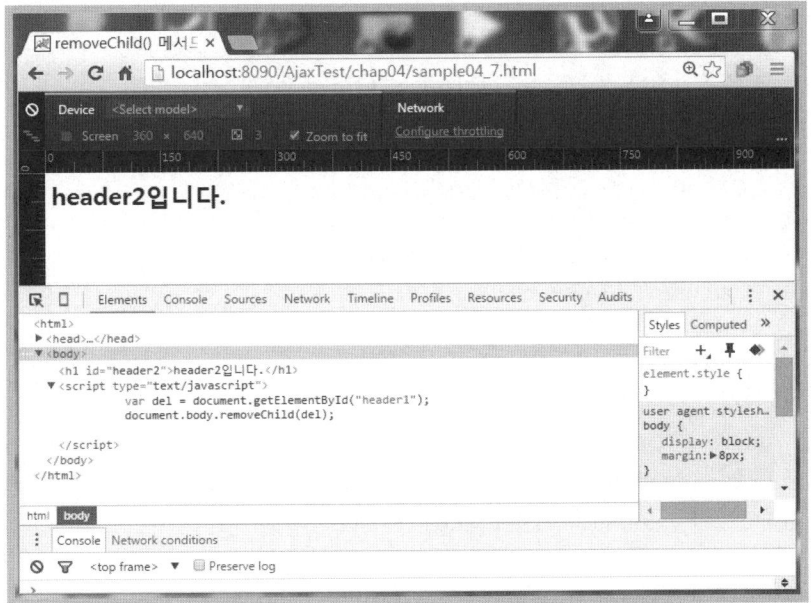

[그림 4.13] sample04_7.html 예제 실행 결과

02 | DOM과 Ajax를 활용하는 상황별 예제

Ajax 어플리케이션을 개발할 때 응용 가능한 상황별 예제를 통하여 어떤 상황에서 Ajax 를 적극적으로 활용할 수 있는지 이해한다.

2.1 동적으로 연동하는 Combo 박스 예

이번 실습은 서로 연결된 두 개의 드롭다운 리스트인 Combo 박스를 구현한다. 첫 번째 Combo 박스를 선택하면 동적으로 두 번째 Combo 박스의 내용이 변경되어 자연스럽게 사용자에게 쉽고 편리한 인터페이스를 제공할 수 있다.

먼저 [코드 4.9]와 같이 두 개의 ⟨select⟩ 태그가 있는 HTML을 작성한다. 동작 방식은 첫 번째 Combo 박스에서 지역을 선택하면 선택된 지역 내 위치한 구/동을 두 번째 Combo 박스에 보인다. 예를 들어 첫 번째 Combo 박스에서 "서울"을 선택하면 두 번째 Combo 박스에는 '강남구', '서초구' 등의 값들이 보이게 되고, 첫 번째 Combo 박스에서 "제주"를 선택하면 두 번째 Combo 박스에는 "제주시", "서귀포시" 등의 값들이 동적으로 변경되어 보이게 된다. onchange 이벤트로 처리하여 Combo 박스를 선택했을 때 JavaScript의 mySend(this) 함수가 호출되도록 구현한다.

[코드 4.9] Combo 박스를 위한 HTML

```
⟨body⟩
  ⟨form⟩
    ⟨select name="address1" onchange="mySend(this)"⟩
      ⟨option value="서울"⟩서울⟨/option⟩
      ⟨option value="경기"⟩경기⟨/option⟩
      ⟨option value="제주"⟩제주⟨/option⟩
    ⟨/select⟩
    ⟨select name="address2" id="result"⟩
      ⟨option⟩구/동⟨/option⟩
    ⟨/select⟩
  ⟨/form⟩
⟨/body⟩
```

[코드 4.10]은 onchange 이벤트가 발생할 때 호출되는 mySend() 함수이다. 선택한 Combo 박스의 value 값을 가지고 address.jsp로 요청한다.

[코드 4.10] mySend() 함수 내용

```
function mySend(check) {
  createHttpRequest();
  xhttp.onreadystatechange = callFunction;
  var req = "address.jsp?address=" + check.value;
  xhttp.open("GET", req, true);
  xhttp.send(null);
}
```

다음은 클라이언트의 요청을 처리할 address.jsp 파일이다. 클라이언트의 HTML에서 전달된 파라미터 값을 비교하여 두 번째 Combo 박스의 옵션 데이터들을 작성한다. 실제로는 데이터베이스에 저장된 주소를 검색하여 사용해야 하지만, 간결한 코드를 위하여 간단히 문자열로 처리한다.

address.jsp

```
01:  <%@ page language="java" contentType="text/html; charset=UTF-8"
                pageEncoding="UTF-8"%>
02:  <%
03:    String address = request.getParameter("address");
04:    String data = null;
05:
06:    if("서울".equals(address)) {
07:      data += "<option>강남구</option>";
08:      data += "<option>서초구</option>";
09:    } else if("경기".equals(address)) {
10:      data += "<option>성남시</option>";
11:      data += "<option>용인시</option>";
12:      data += "<option>고양시</option>";
13:    } else {
14:        data += "<option>제주시</option>";
15:        data += "<option>서귀포시</option>";
16:    }
17:    out.print(data);
18:  %>
```

다음의 [예제 4.8]은 address.jsp 파일을 요청하는 Ajax를 사용한 HTML 파일의 완성된 코드이다.

[예제 4.8] sample04_8.html

```
01:  <!DOCTYPE html>
02:  <html>
03:    <head>
04:      <meta charset="UTF-8">
05:      <title>combo 박스 실습</title>
06:      <script type="text/javascript">
07:
08:        var xhttp;
09:        function createHttpRequest() {
10:          xhttp = new XMLHttpRequest();
11:        }
12:
13:        function mySend(check) {
14:          createHttpRequest();
```

```
15:          xhttp.onreadystatechange = callFunction;
16:          var req = "address.jsp?address=" + check.value;
17:          xhttp.open("GET", req, true);
18:          xhttp.send(null);
19:        }
20:      function callFunction() {
21:        if (xhttp.readyState == 4) {
22:          if (xhttp.status == 200) {
23:            var responseData = xhttp.responseText;
24:            document.getElementById("result").innerHTML = responseData;
25:          }
26:        }
27:      }
28:
29:    </script>
30:  </head>
31:  <body>
32:    <form>
33:      <select name="address1" onchange="mySend(this)">
34:        <option value="서울">서울</option>
35:        <option value="경기">경기</option>
36:        <option value="제주">제주</option>
37:      </select>
38:      <select name="address2" id="result">
39:        <option>구/동</option>
40:      </select>
41:    </form>
42:  </body>
43: </html>
```

실행 결과

첫 번째 Combo 박스에서 "경기" 값을 선택하면 두 번째 Combo 박스에는 '성남시', '용인시', '고양시' 값이 동적으로 변경되어 보이게 된다. 마찬가지로 첫 번째 Combo 박스에서 "제주"를 선택하면, 두 번째 Combo 박스에는 '제주시', '서귀포시' 문자열로 동적으로 변경되어 보이게 된다.

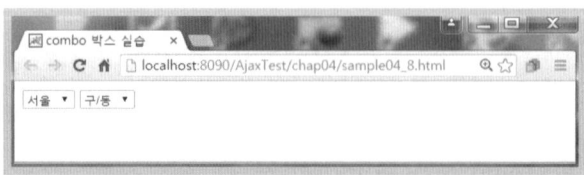

[그림 4.14] sample04_8.html 예제 실행 결과 : 초기 상태

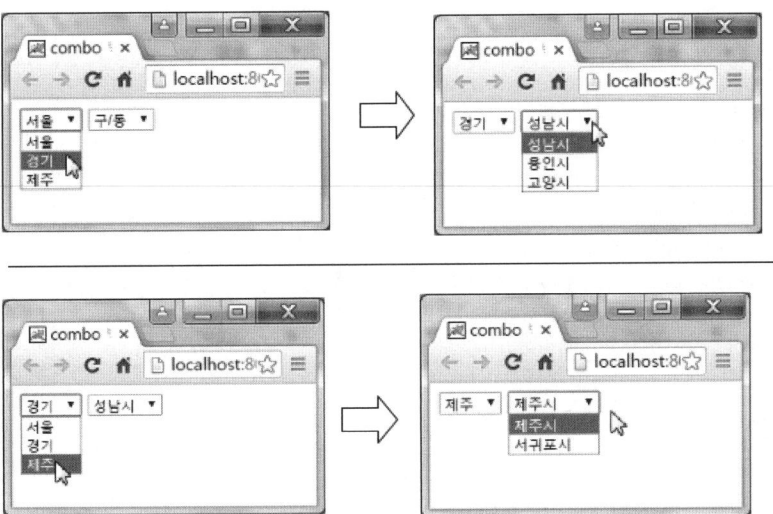

2.2 검색어 자동완성 기능

초창기의 인터넷 사용자들은 구글 및 네이버에서 검색 창에 글자를 타이핑할 때마다 입력한 단어에 해당하는 여러 개의 추천 단어 리스트가 보이는 것을 보고 매우 감격했다. 꽤 오랜 시간이 지난 지금도 이 기능은 매우 놀랍고 흥미롭다. Ajax가 매우 유명세를 탄 이후에도 가장 많이 언급되는 실습 예제로 검색어 자동완성 기능이 있다. 이번 실습으로 간단한 검색어 자동완성 기능을 구현해 보도록 하자.

다음의 [코드 4.11]과 같이 〈input〉 태그에 키보드로부터 글자가 입력될 때마다 이벤트를 처리하기 위하여 onkeyup 이벤트를 설정한다. onkeyup 이벤트는 사용자가 검색어를 입력할 때마다 JavaScript의 mySend() 함수를 호출하도록 했으며 추천 단어 리스트는 〈div〉 태그에 〈span〉 태그로 작성하여 출력하도록 한다. 〈span〉 태그는 Ajax를 이용하여 동적으로 서버에서 데이터를 응답받는다.

[코드 4.11] 〈input〉 태그에 이벤트 설정

```
〈body〉
  〈form id="myForm"〉
    검색어〈input type="text" name="search" onkeyup="mySend(this)"〉
  〈/form〉
  〈div id="result"〉〈/div〉
〈/body〉
```

구글 및 네이버와 비슷하게 추천 단어 리스트를 보여주기 위하여 다음과 같이 CSS를 설정한다.

[코드 4.12] CSS 설정

```css
<style type="text/css">
  span {
    position: absolute;
    top: 30px;
    left: 50px;
    width: 150px;
    background-color: #C0C0C0;
    border: 1px solid  #000000;
    padding-left: 2px;
  }
</style>
```

다음은 onkeyup 이벤트가 발생할 때 호출되는 mySend() 함수이다. 입력한 검색어로 쿼리스트링을 작성하여 suggest.jsp로 요청한다.

[코드 4.13] mySend() 함수

```javascript
function mySend(check) {
  createHttpRequest();
  xhttp.onreadystatechange = callFunction;
  var req = "suggest.jsp?search=" + check.value;
  xhttp.open("GET", req, true);
  xhttp.send(null);
}
```

다음은 suggest.jsp 파일의 내용이다. 앞의 Combo 박스 실습 때와 마찬가지로 실제 환경에서는 데이터베이스에 저장된 데이터와 비교하여 처리해야 하지만, 예제에서는 간략하게 배열로 구현하도록 한다.

suggest.jsp

```jsp
01:  <%@ page language="java" contentType="text/html; charset=UTF-8"
                  pageEncoding="UTF-8"%>
02:  <%
03:    String search = request.getParameter("search");
04:    String data = "<span>";
05:
06:    // 배열
07:    String [] str = {"홍두깨", "김홍도", "수박", "홍길동", "유관순", "김유신"};
08:    for(int i = 0; i < str.length; i++ ) {
09:      if(search != null && search != "" && str[i].contains(search)) {
10:        data += str[i] + "<br>";
11:      }
12:    }
```

```
13:    data += "</span>";
14:    out.print(data);
15:  %>
```

03행 사용자가 입력한 파라미터를 얻는다.

07행 파라미터와 비교할 데이터를 배열에 저장한다. 실제로는 데이터베이스에 저장된 데이터를 사용해야 하지만, 간단한 코드를 위하여 배열로 사용한다.

08-12행 데이터 비교를 통하여 하나의 글자라도 포함되면 〈span〉 태그의 내용에 추가한다.

14행 〈span〉 태그에 추가된 데이터를 클라이언트로 응답한다.

다음의 [예제 4.9]는 suggest.jsp 파일을 요청하는 HTML 파일의 완성된 코드이다.

[예제 4.9] sample04_9.html

```
01:  <!DOCTYPE html>
02:  <html>
03:   <head>
04:    <meta charset="UTF-8">
05:    <title>검색 자동 완성 실습</title>
06:    <script type="text/javascript">

07:      var xhttp;
08:      function createHttpRequest() {
09:        xhttp = new XMLHttpRequest();
10:      }
11:
12:      function mySend(check) {
13:        createHttpRequest();
14:        xhttp.onreadystatechange = callFunction;
15:        var req = "suggest.jsp?search=" + check.value;
16:        xhttp.open("GET", req, true);
17:        xhttp.send(null);
18:      }
19:      function callFunction() {
20:        if (xhttp.readyState == 4) {
21:         if (xhttp.status == 200) {
22:            var responseData = xhttp.responseText;
23:            document.getElementById("result").innerHTML = responseData;
24:         }
25:        }
26:      }
27:
28:    </script>
29:    <style type="text/css">
30:      span {
```

```
31:          position: absolute;
32:          top: 30px;
33:          left: 50px;
34:          width: 150px;
35:          background-color: #C0C0C0;
36:          border: 1px solid  #000000;
37:          padding-left: 2px;
38:       }
39:     </style>
40:   </head>
41:   <body>
42:     <form id="myForm">
43:       검색어<input type="text" name="search" onkeyup="mySend(this)">
44:     </form>
45:     <div id="result"></div>
46:   </body>
47: </html>
```

실행 결과

웹 페이지의 입력란에 글자 '홍'을 입력하면 입력된 글자 '홍'을 포함하는 추천 리스트가 보이게 되고, 글자 '김'을 입력하면 입력된 글자 '김'을 포함하는 추천 리스트가 보이게 된다.

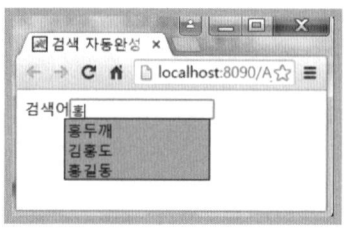 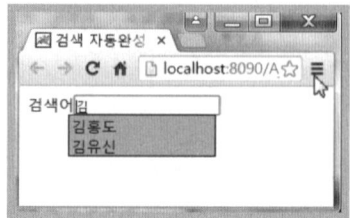

[그림 4.16] sample04_9.html 예제 실행 결과

PART

O2

jQuery 프로그래밍

CHAPTER 05 jQuery 개요
CHAPTER 06 jQuery Traversing
CHAPTER 07 jQuery Attributes
CHAPTER 08 jQuery Manipulation
CHAPTER 09 jQuery Utilities
CHAPTER 10 jQuery Events
CHAPTER 11 jQuery Effects
CHAPTER 12 jQuery와 Ajax의 기능

jQuery 개요

CHAPTER 05

[학습 목표]

- jQuery 개요에 관하여 학습한다.
- $(document).ready() 함수에 관하여 학습한다.
- jQuery 기본(Core) 선택자에 관하여 학습한다.
- jQuery 계층(Hierarchy) 선택자에 관하여 학습한다.
- jQuery 속성(Attribute) 선택자에 관하여 학습한다.
- jQuery 필터(Filter) 선택자에 관하여 학습한다.

01 jQuery 개요

jQuery는 2006년 John Resic에 의해 만들어진 JavaScript 프레임워크이다. 기존의 JavaScript를 사용하는 방법보다 훨씬 단순하고 간결한 코드 형태를 제공한다. 따라서 복잡하고 반복적인 JavaScript를 이용한 개발방식에 비해 다양한 효과와 이벤트 처리가 가능하며 쉽고 빠른 어플리케이션 개발이 가능하다.

jQuery의 가장 큰 특징은 다음과 같다.

- CSS 선택자 기반의 DOM 처리가 가능하여 기존 JavaScript와 비교할 때 매우 쉽고 동적인 화면 처리가 가능하다.
- Ajax 어플리케이션 개발이 쉽다.
- 한꺼번에 여러 다른 동작을 처리하는 함수를 연결하여 사용하는 '메서드 체인' 기능을 효과적으로 사용할 수 있다.
- 오픈소스로서 무료로 사용할 수 있다.
- 다양한 jQuery 플러그인을 사용할 수 있다.
- 웹 브라우저의 종류와 상관없이 개발 가능한 크로스 브라우징(Cross Browsing)이 가능하다.

이러한 특징 때문에 jQuery는 다양한 JavaScript 프레임워크(Prototype, Dojo 등) 중에서도 많은 웹 개발자들에게 큰 호응을 얻고 있다.

1.1 jQuery 설치

jQuery를 설치하기 위해서는 두 가지 방법을 사용할 수 있다. 첫 번째 방법은 jQuery를 다운로드하여 사용하거나 또는 jQuery를 제공해주는 호스트 서버와 네트워크로 연결(CDN)하여 사용하는 방법이다.

🔍 **잠깐만**

CDN(Content Delivery Network)은 네트워크 환경에서 데이터를 사용자의 PC로 효율적으로 전송하기 위해서 분산된 서버에 데이터를 저장해 전달해 주는 시스템을 의미한다. CDN은 한꺼번에 많은 사용자가 데이터를 요청하는 경우에 데이터 전송속도가 느려지는 병목현상을 피할 수 있다. 따라서 온라인 게임 및 대규모 업데이트가 필요한 경우에 많이 사용되는 방법이다.

jQuery를 설치하기 위하여 다음 URL을 웹 브라우저에서 요청한다.

http://jquery.com

다음의 [그림 5.1]은 jQuery 홈페이지의 모습이다. 중간쯤에 [Download], [API Documentation], [Blog], [Plugins], [Browser Support] 메뉴 링크가 보인다.

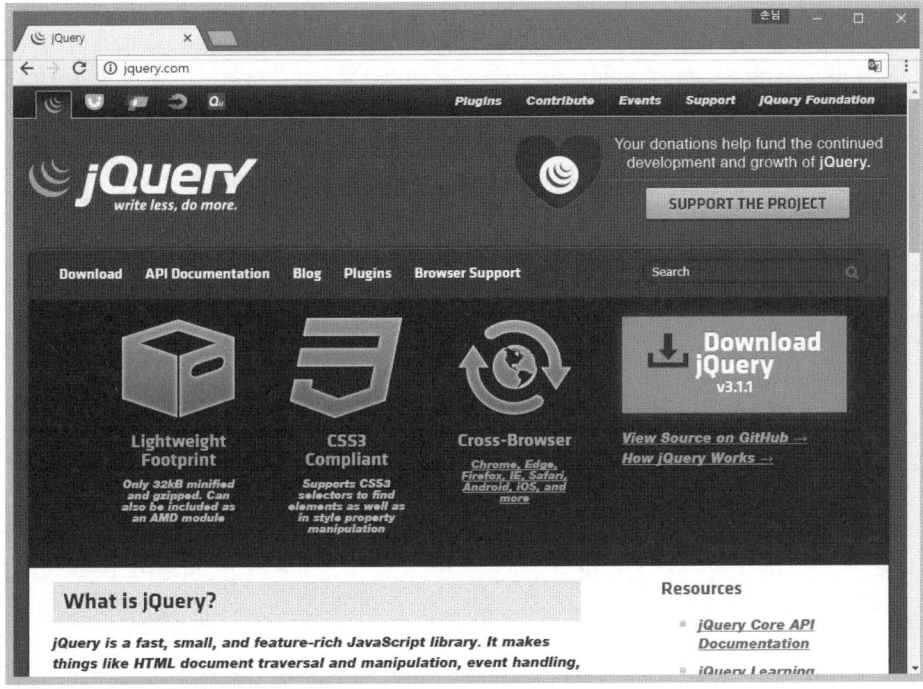

[그림 5.1] http://jquery.com 홈페이지

[Download] 링크를 선택하고 아래로 스크롤하면 다운로드할 수 있는 압축된 버전 (compressed production)과 압축되지 않은 버전(uncompressed development)이 제공되는 것을 확인할 수 있다.

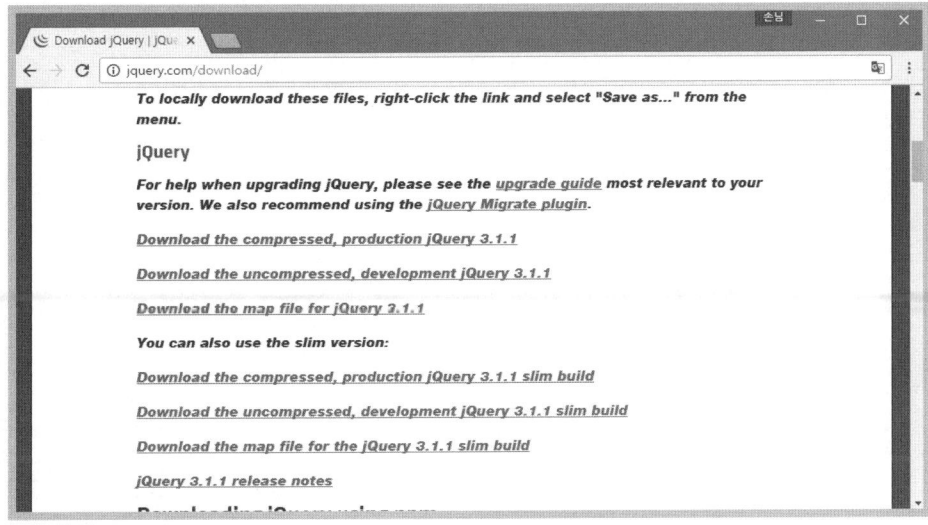

[그림 5.2] jQuery 다운로드 페이지

다운로드할 파일의 버전은 다운로드하는 시점에 따라서 달라질 수 있다.

잠깐만

slim 버전은 일반 jQuery 3.1.1에서는 지원하지 않는(deprecated) ajax 관련 기능이 제거된 버전이다. 일반 버전과 slim 버전을 모두 다운로드하여 크기를 비교해 보면, slim 버전은 ajax 관련 기능이 제거되어 파일 크기가 일반 버전보다 작은 것을 확인할 수 있다. 따라서 Ajax 기능이 필요하지 않는 어플리케이션 개발 작업인 경우에만 slim 버전을 사용한다.

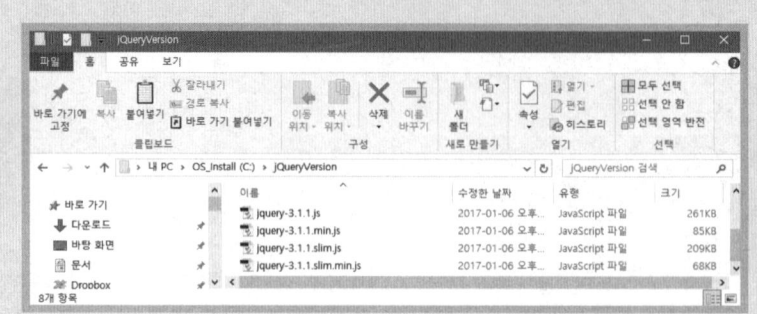

압축 버전과 비압축 버전의 파일 내용을 살펴보기 위하여 두 가지 버전을 모두 다운로드한다. 다운로드한 jQuery 파일은 확장자가 '.js'인 JavaScript 파일이다. 파일명은 각각 jquery-3.1.1.js와 jquery-3.1.1.min.js 파일이다.

두 개의 파일 내용을 확인하기 위해서 Editplus 편집기를 이용하여 살펴보면, 비압축 버전은 [그림 5.3]과 같이 개발자가 보기 쉽도록 js 파일 내에 적절한 공백과 들여쓰기가 포함되어 있다.

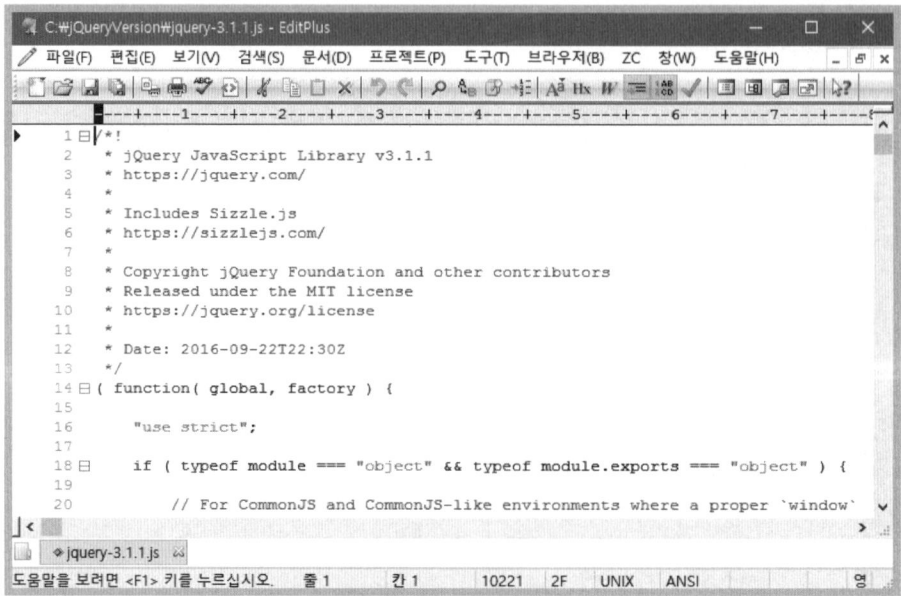

[그림 5.3] 비압축(uncompressed) 버전인 jquery-3.1.1.js 파일

그러나 압축 버전은 [그림 5.4]와 같이 js 파일 내에 불필요한 공백 및 들여쓰기를 제거한 파일이다. 따라서 어플리케이션을 개발할 때에는 압축되지 않은 버전을 사용하고, 어플리케이션을 배포할 때에는 파일의 크기를 감축시킬 목적으로 압축된 버전을 사용하면 된다.

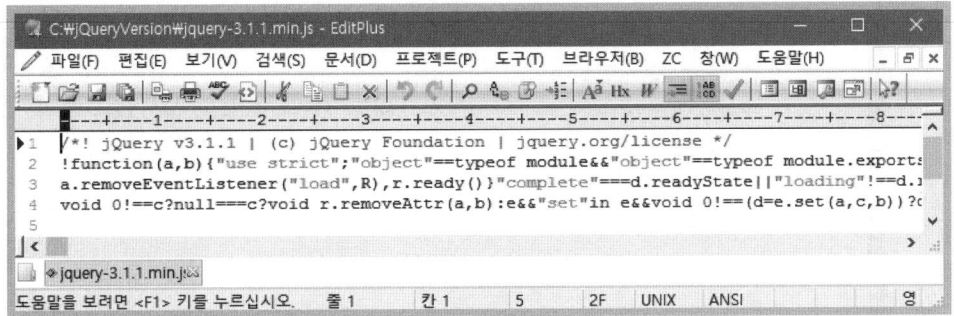

[그림 5.4] 압축(compressed) 버전인 jquery-3.1.1.min.js 파일

실습을 위해서는 두 가지 버전 중 하나를 사용하면 되는데, 사용 방법은 HTML 문서와 같은 디렉터리에 jQuery 파일을 저장하고 HTML 문서 내에서 올바른 경로를 지정하면 된다. 이 책에서는 다음과 같이 일반 버전을 다운로드하여 사용하기로 한다.

```
<script type="text/javascript" src="jquery-3.1.1.js"></script>
```

CDN 방법은 [그림 5.2]의 화면에서 더 아래로 스크롤하면 다음과 같이 호스트 주소를 제공하는 jQuery CDN 및 Other CDN 링크를 확인할 수 있다.

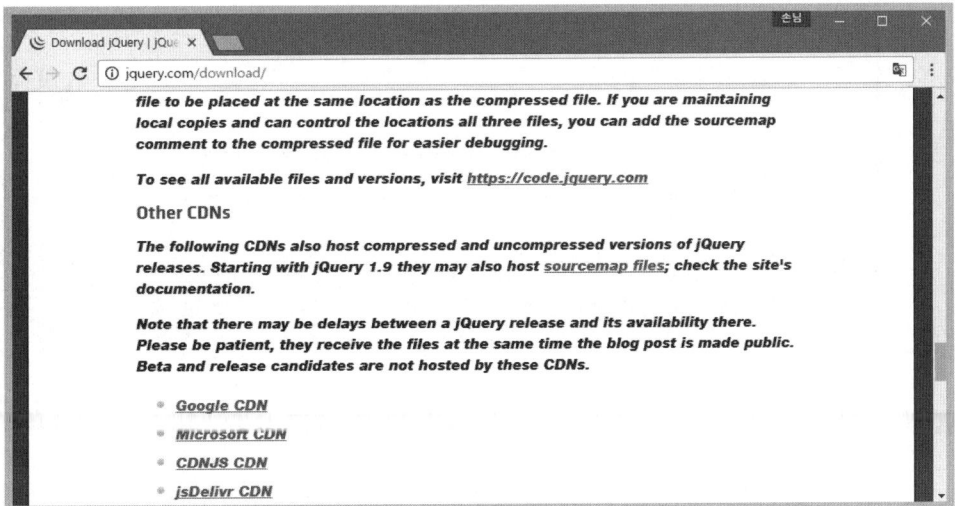

[그림 5.5] jQuery CDN 및 Other CDN

jQuery에서 제공하는 CDN을 확인하기 위하여 https://code.jquery.com 링크를 클릭하면 다음 [그림 5.6]과 같은 내용을 볼 수 있다.

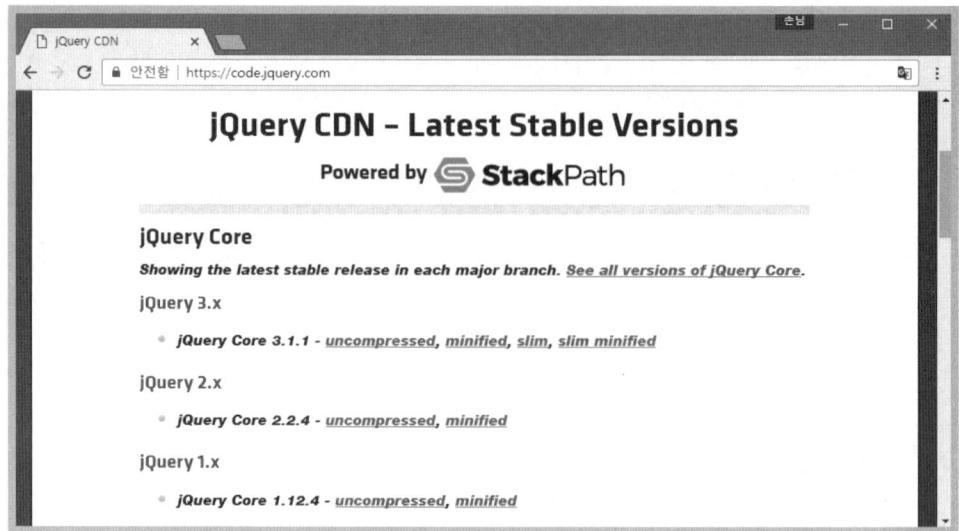

[그림 5.6] jQuery CDN 링크 화면

사용하려는 jQuery 3.x의 uncompressed 버전의 링크를 클릭하면, [그림 5.7]과 같은 내용을 볼 수 있다. jQuery가 필요할 때 〈script〉 태그의 내용을 복사하여 사용하면 된다.

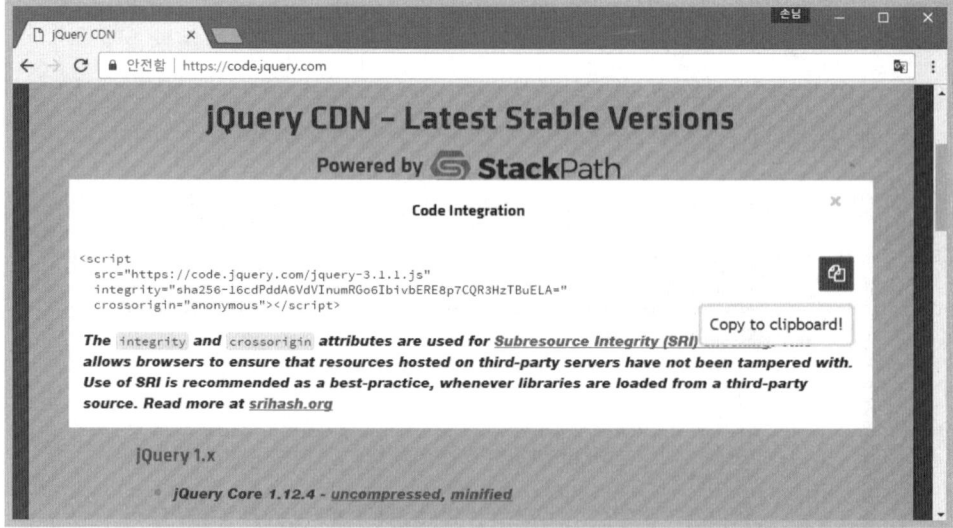

[그림 5.7] jQuery 3.X의 uncompressed 링크 화면

jQuery CDN뿐만 아니라 Google 및 Microsoft에서도 제공하는 CDN 호스트 주소를 사용할 수도 있다. 다음 [그림 5.8]은 Google CDN를 클릭했을 때 보이는 화면으로 필요할 때 〈script〉 태그의 내용을 복사하여 사용하면 된다.

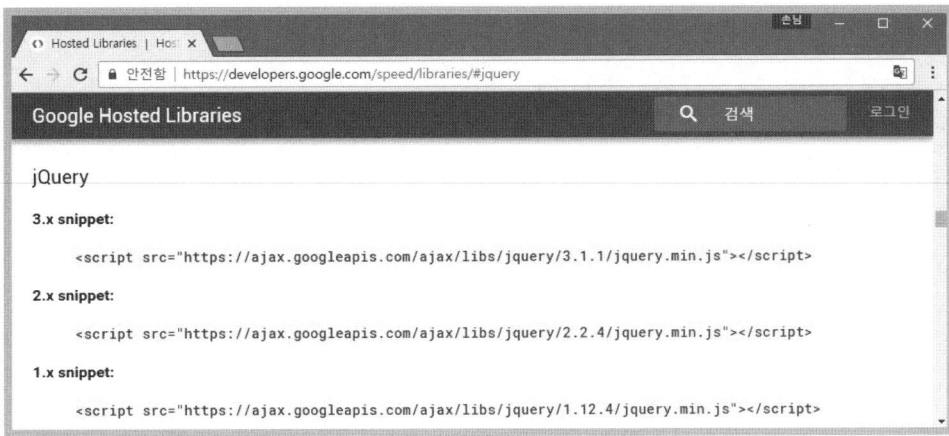

[그림 5.8] Google CDN

1.2 jQuery 문법

jQuery의 기본 문법은 다음과 같다.

> **$(selector).action()**

- $ 문자는 jQuery를 선언하거나 접근할 때 사용한다. 즉, $ 문자는 jQuery의 별칭(alias)이다. 따라서 $(selector).action(); 표현식과 jQuery(selector).action(); 표현식의 처리 결과는 서로 같다. 일반적으로 간단한 $ 문자를 주로 사용한다.
- selector는 CSS의 선택자를 의미한다. 일반적으로 HTML의 특정 DOM을 참조하기 위하여 사용한다.
- action()은 HTML에서 특정 이벤트가 발생할 때 실행되는 함수이다.

[코드 5.1] jQuery 표현식 예제

```
// class=".blue"인 태그를 hide시킨다.
$(".blue").hide();
// <p> 태그 내의 내용을 반환한다.
$("p").text();
// 모든 <li> 태그 중에서 짝수 위치의 <li> 태그의 내용을 빨간색으로 변경한다.
$("li:even").css("color", "red");
```

[코드 5.1]의 표현식은 각 DOM 요소의 확장 개체인 jQuery 개체를 반환한다. 직접 DOM 요소를 반환하는 것이 아니라, 래퍼(Wrapper) 형태인 jQuery 개체로 반환해 주기 때문에 직접 DOM 요소를 제어할 때보다 훨씬 쉽게 효율적으로 요소들을 제어할 수 있다.

1.3 $(document).ready() 함수

jQuery를 사용하는 모든 페이지는 [코드 5.2]와 같이 ready() 함수로 시작한다.

[코드 5.2] jQuery의 ready() 함수

```
<script type="text/javascript">
  $(document).ready(function() {
      …
  });
</script>
```

JavaScript와 jQuery에서 DOM 객체를 사용하기 위해서는 반드시 HTML의 모든 문서가 로드되어 준비된 상태(ready)가 되어야만 DOM 객체를 사용할 수 있다. 이렇게 HTML 문서 내의 모든 태그가 로드되었을 때 DOM 객체를 사용할 수 있게 하려면 JavaScript에서는 window.onload를 사용하고 jQuery에서는 ready() 함수를 사용한다.

$(document).ready(function())는 문서가 준비되었을 때 ready() 함수의 인자인 function() 함수를 호출하여 실행하라는 의미이다. 이렇게 특별한 상황(이벤트)에서 자동으로 호출되는 함수를 '콜백 함수(callback function)'라고 한다.

하나의 웹 페이지에서 window.onload 이벤트 핸들러는 한 번만 사용 가능하지만, ready() 함수는 [코드 5.3]과 같이 여러 번 사용할 수 있다. [코드 5.3]을 실행하면 정의한 순서대로 먼저 "first" 경고창이 보이고 이어서 "second" 경고창이 보인다.

[코드 5.3] ready()는 여러 번 사용 가능

```
<script type="text/javascript">
  $(document).ready(function() {
      alert("first");
  });
  $(document).ready(function() {
      alert("second");
  });
</script>
```

다음의 [코드 5.4]는 ready() 함수와 같은 기능을 수행하는 jQuery의 또 다른 표현식이다. 여러 표현식 중 하나를 선택해서 사용하면 된다.

[코드 5.4] ready() 함수와 같은 기능의 표현식

```
<script type="text/javascript">
  // 1. $ 대신에 jQuery 사용
  jQuery(document).ready(function() {

    ...
  });

  // 2. (document).ready() 생략한 간략한 형식
  $(function() {

    ...
  });

  // 3. 외부 함수로 표현
  function doSomething() {

    ...
  }
  $(document).ready(doSomething);

</script>
```

[예제 5.1]은 jQuery가 제대로 설치되었는지를 확인하고 ready() 함수의 사용법을 살펴보기 위한 간단한 예제이다. 앞으로의 모든 실습은 jQuery 라이브러리 파일을 다운로드하여 사용하는 방법으로 실습한다. 따라서 다운로드한 jquery-3.1.1.js 파일은 HTML 파일과 같은 디렉터리에 저장해야 한다.

[예제 5.1] sample05_1.html

```
01: <!DOCTYPE html>
02: <html>
03:   <head>
04:     <meta charset="UTF-8">
05:     <title>jQuery 실습</title>
06:     <script type="text/javascript" src="jquery-3.1.1.js"></script>
07:     <script type="text/javascript">
08:       $(document).ready(function() {
09:         alert("hello");
10:       });
11:     </script>
12:   </head>
13:   <body>
14:   </body>
15: </html>
```

06행   jQuery 라이브러리를 다운로드하여 <script> 태그로 등록한다. src 속성의 파일 경로가 잘못되면 ready() 함수가 실행되지 않는다.

08-10행 ready() 함수 안에 alert() 함수를 설정한다. 따라서 HTML 문서 내의 모든 요소가 로드되면 자
동으로 ready() 함수가 수행되어 "hello" 문자열을 나타내는 경고창이 보이게 된다.

실행 결과

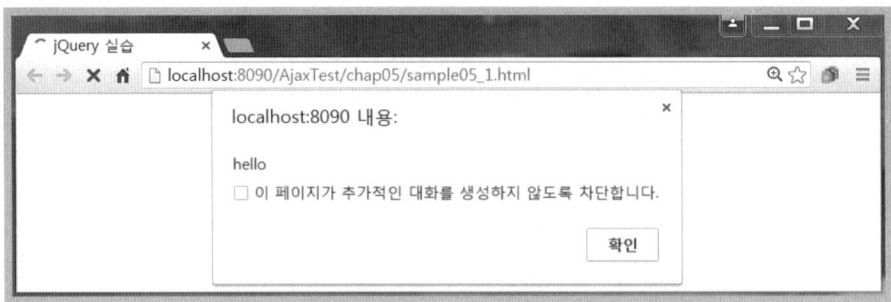

[그림 5.9] sample05_1.html 예제 실행 결과

02 jQuery 기본(Core) 선택자

jQuery에서 가장 중요한 역할이 선택자(Selector)이다. jQuery의 많은 기능을 제대로
활용하기 위해서는 제일 먼저 원하는 HTML 태그를 찾아내는 것이 중요하기 때문이다.
jQuery 선택자는 CSS 선택자와 유사하기 때문에 CSS 문법을 조금이라도 알고 있다면
jQuery를 쉽게 이해할 수 있다. jQuery에서는 다양한 선택자가 제공되지만, 이 절에서
는 다음의 [표 5.1]과 같이 가장 기본이 되는 Core 선택자를 살펴보도록 한다.

[표 5.1] jQuery의 기본 선택자

선택자 종류	표현식	설명
All Selector	$("*")	HTML DOM의 모든 Element 선택
Element Selector	$("tag")	지정된 tag와 일치하는 모든 Element 선택
ID Selector	$("#id")	지정된 id와 일치하는 Element 선택
Class Selector	$(".class")	지정된 class와 일치하는 모든 Element 선택
Multiple Selector	$("tag1 , tag2")	지정된 tag1 , tag2와 일치하는 모든 Element 선택

2.1 All Selector (모든 요소 선택자)

All Selector(모든 요소 선택자)는 HTML DOM을 탐색하여 모든 요소를 배열 형식의
jQuery 객체로 반환한다.

기본 사용 방법은 다음과 같다.

$("*")

다음의 [예제 5.2]는 HTML DOM을 탐색하여 모든 요소의 글자색을 'red' 색상으로 변경하여 출력하는 예제이다. CSS 스타일 변경을 위해서 jQuery의 CSS(속성명, 속성값) 메서드를 사용한다. 첫 번째 인자는 스타일 속성명을 지정하고 두 번째 인자에는 스타일 속성값을 명시한다.

[예제 5.2] sample05_2.html

```
16:  <!DOCTYPE html>
01:  <html>
02:    <head>
03:      <meta charset="UTF-8">
04:      <title>$("*") 선택자 실습</title>
05:      <script type="text/javascript" src="jquery-3.1.1.js"></script>
06:      <script type="text/javascript">
07:        $(document).ready(function() {
08:          $("*").css("color", "red");
09:        });
10:      </script>
11:    </head>
12:    <body>
13:      <div>DIV</div>
14:      <span>SPAN</span>
15:      <p>P <button>Button</button></p>
16:    </body>
17:  </html>
```

| 09행 | 모든 요소 선택자(All Selector)와 CSS() 메서드를 사용하여 모든 요소의 글자색을 red로 설정한다. |

실행 결과

모든 글자 색상이 모두 red로 출력되었으며 크롬 웹 브라우저에서 제공하는 개발자 도구의 요소 검사를 실행하면 모든 HTML 태그 안에 style="color: red"가 설정된 것을 확인할 수 있다.

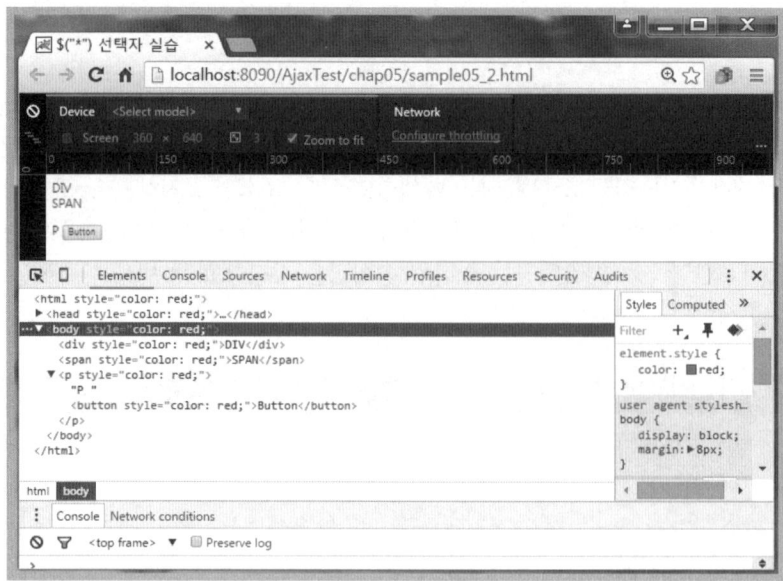

[그림 5.10] sample05_2.html 예제 실행 결과

2.2 Element Selector (특정 요소 선택자)

HTML DOM을 탐색하여 지정된 tag 명과 일치하는 모든 요소를 검색하여 배열 형식의 jQuery 객체로 반환한다.

기본 사용 방법은 다음과 같다.

$("tag명")

이 선택자는 JavaScript의 getElementsByTagName() 메서드와 같은 기능을 수행한다. 다음의 [예제 5.3]은 HTML 문서 내의 태그 중에서 〈div〉 태그만을 선택하여 글자색을 'red'로 변경하는 예제이다.

[예제 5.2] sample05_2.html

```
01:  〈!DOCTYPE html〉
02:  〈html〉
03:    〈head〉
04:      〈meta charset="UTF-8"〉
05:      〈title〉$("tag") 선택자 실습〈/title〉
06:      〈script type="text/javascript" src="jquery-3.1.1.js"〉〈/script〉
07:      〈script type="text/javascript"〉
08:        $(document).ready(function() {
09:          $("div").css("color","red");
10:          console.log("첫 번째 div 값:" + $("div")[0].innerHTML );
```

```
11:        console.log("두 번째 div 값:" + $("div")[1].innerHTML);
12:      });
13:    </script>
14:  </head>
15:  <body>
16:    <div>DIV1</div>
17:    <div>DIV2</div>
18:    <span>SPAN</span>
19:  </body>
20: </html>
```

09행 요소 선택자인 $("div") 표현식을 사용하여 모든 〈div〉 태그를 배열로 반환받고, 글자색을 'red'로 설정한다.

10-11행 배열로 반환하기 때문에 인덱스(첨자)를 사용하여 각각의 〈div〉 태그 값을 콘솔에 출력한다.

실행 결과

HTML 문서 내의 태그 중에서 〈div〉 태그들만 CSS 스타일이 적용된다.

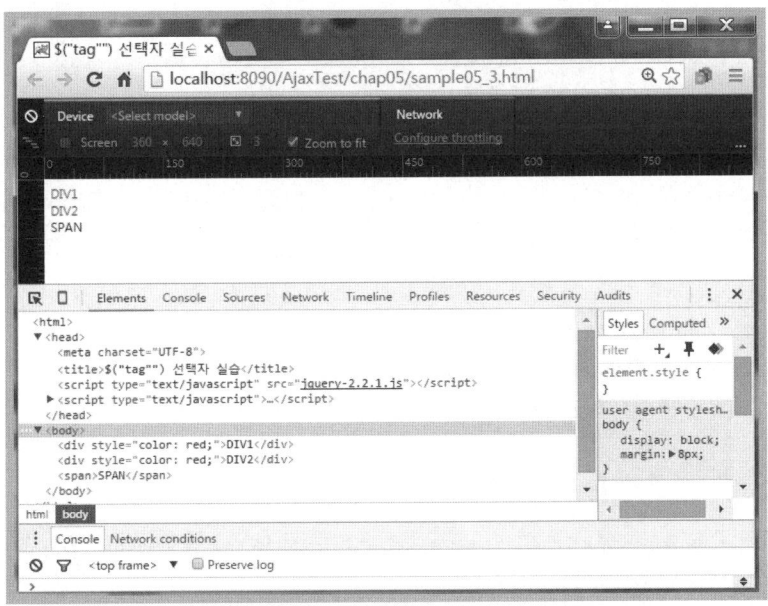

[그림 5.11] sample05_3.html 예제 실행 결과

2.3 ID Selector (특정 ID 선택자)

HTML DOM을 탐색하여 지정된 id 값과 일치하는 요소만 jQuery 객체로 반환한다. 지정한 id 값에 해당하는 DOM을 선택하기 위해서 '#'을 같이 사용한다.

기본 사용 방법은 다음과 같다.

$("#id값")

이 선택자는 JavaScript의 getElementById() 메서드와 같은 기능을 수행한다. 하나의 웹 페이지 내에서 모든 요소는 유일한 id 값을 가져야 한다. 만약 동일한 id 값을 가진 요소가 여러 개 존재한다면 DOM에서 가장 첫 번째로 만나는 요소가 선택된다.

다음의 [예제 5.4]는 HTML 문서의 태그 중에서 id="target"을 가진 태그만을 선택하여 글자색을 red로 변경하고, 반환된 태그의 내용을 Console에 출력하는 예제이다.

[예제 5.4] sample05_4.html

```
01:  <!DOCTYPE html>
02:  <html>
03:    <head>
04:      <meta charset="UTF-8">
05:      <title>$("#id") 선택자 실습</title>
06:      <script type="text/javascript" src="jquery-3.1.1.js"></script>
07:      <script type="text/javascript">
08:        $(document).ready(function() {
09:          $("#target").css("color", "red");
10:          console.log("#target 값:" + $("#target").text());
11:        });
12:      </script>
13:    </head>
14:    <body>
15:      <div>DIV1</div>
16:      <div id="target">DIV2</div>
17:      <span>SPAN</span>
18:    </body>
19:  </html>
```

09행   모든 요소 중에서 id 값이 "target"인 태그만 글자색을 'red'로 출력한다. 따라서 16행의 <div> 태그에 CSS 스타일이 적용된다.

10행   선택자를 이용하여 선택된 태그의 내용을 검색하는 경우에는 인자가 없는 text() 메서드를 사용한다. 만약 내용에 값을 설정하기 위해서는 '값'을 인자로 가진 text(값) 메서드를 사용하면 된다.

실행 결과

id 값이 "target"인 <div> 태그만 CSS 스타일이 적용되고, 콘솔에는 "#target 값:DIV2" 가 출력된다.

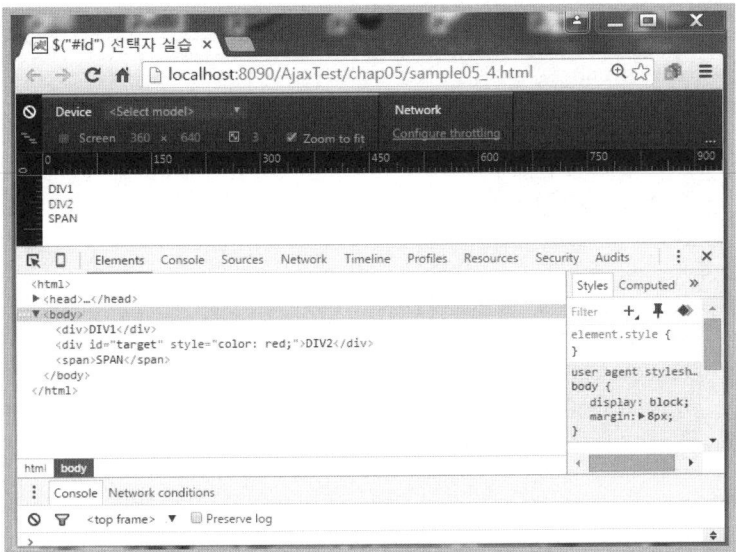

[그림 5.12] sample05_4.html 예제 실행 결과

2.4 Class Selector (클래스 선택자)

HTML DOM을 탐색하여 지정된 class 속성과 일치하는 요소들만 배열로 반환한다. 지정된 class 속성에 해당하는 DOM을 선택하기 위해서 .(dot)를 같이 사용한다. id 선택자와는 다르게 class 선택자는 동일한 속성값을 여러 태그에 중복해서 사용할 수 있다. 또한, 모든 태그에는 기본적으로 하나 이상의 class 속성값을 가질 수 있으며, 그중에서 하나만 일치하면 된다.

기본 사용 방법은 다음과 같다.

> $(".class값")

이 선택자는 JavaScript의 getElementsByClassName() 메서드와 동일한 기능을 수행한다.

다음의 [예제 5.5]는 HTML 문서의 태그 중에서 class="myClass"를 가진 태그들을 선택하여 글자색을 'red'로 변경하고, 반환된 태그의 내용을 콘솔에 출력하는 예제이다.

👁 잠깐만

[예제 5.5]의 실습에서 사용된 .first() 메서드와 .last() 메서드는 6장에서 살펴볼 Filtering 관련 메서드이다. 일차적으로 선택자에 의해서 반환된 결과에서 다시 추가적인 필터링 작업을 할 때 사용된다. 메서드의 이름이 의미하는 것과 마찬가지로 첫 번째 요소와 마지막 요소를 반환한다. 결국, class="myClass"인 태그 중에서 첫 번째 태그와 마지막 태그를 각각 반환한다.

[예제 5.5] sample05_5.html

```
01:  <!DOCTYPE html>
02:  <html>
03:   <head>
04:    <meta charset="UTF-8">
05:    <title>$(".class") 선택자 실습</title>
06:    <script type="text/javascript" src="jquery-3.1.1.js"></script>
07:    <script type="text/javascript">
08:     $(document).ready(function() {
09:      $(".myClass").css("color","red");
10:      console.log("첫 번째 .myClass 값:" + $(".myClass").first().text());
11:      console.log("마지막 .myClass 값:" + $(".myClass").last().text());
12:     });
13:    </script>
14:   </head>
15:   <body>
16:    <div class="notMe">div class="notMe"</div>
17:    <div class="myClass">div class="myClass"</div>
18:    <span class="myClass">span class="myClass"</span>
19:   </body>
20:  </html>
```

09행   모든 태그 중에서 class="myClass"인 태그만 글자색을 red로 변경한다. 따라서 17행의
        <div> 태그와 18행의 <span> 태그에 글자색 변경이 적용된다.

10행   class="myClass"를 가진 첫 번째 태그의 내용을 콘솔에 출력한다.

11행   class="myClass"를 가진 마지막 태그의 내용을 콘솔에 출력한다.

실행 결과

HTML 문서 내의 각 태그에서 class 속성값이 "myClass"인 <div> 태그와 <span> 태그
에 CSS 스타일이 설정된다.

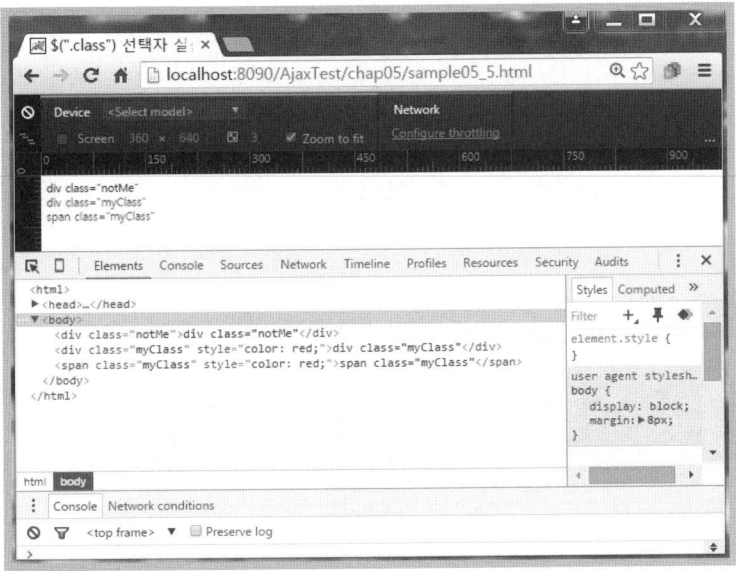

[그림 5.13] sample05_5.html 예제 실행 결과

다음의 [예제 5.6]은 하나의 태그에 여러 class 속성값을 가진 태그들을 선택적으로 검색하는 방법이다. 앞서 설명했듯이 모든 태그는 하나 이상의 class 속성값을 가질 수 있고 검색할 때는 그중에서 하나만 일치하면 검색 결과에 포함되어 반환된다.

[예제 5.6] sample05_6.html

```
01: <!DOCTYPE html>
02: <html>
03:   <head>
04:     <meta charset="UTF-8">
05:     <title>$(".class.otherclass") 선택자 실습</title>
06:     <script type="text/javascript" src="jquery-3.1.1.js"></script>
07:     <script type="text/javascript">
08:       $(document).ready(function() {
09:         $(".myClass").css("border","2px solid blue");
10:         $(".myClass.otherClass").css("color","red");
11:       });
12:     </script>
13:   </head>
14:   <body>
15:     <div class="myClass">div class="notMe"</div>
16:     <div class="myClass otherClass">div class="myClass"</div>
17:     <span class="myClass otherClass">span class="myClass"</span>
18:   </body>
19: </html>
```

09행   class 속성값이 "myClass"인 모든 요소에 border 설정값을 지정한다. 따라서 15~17행의 <div> 태그와 <span> 태그에 모두 테두리 모양을 설정하는 CSS 스타일이 적용된다.

10행	class 속성값이 "myClass"와 "otherClass" 인 모든 요소에 color 설정값을 지정한다. 따라서 class 속성값이 일치하는 16행과 17행의 요소만 색상을 변경하는 CSS 스타일이 적용된다.
15행	class 속성값을 "myClass"로 설정한다.
16~17행	class 속성값을 "myClass"와 "otherClass"처럼 다중 class 속성값을 지정한다.

실행 결과

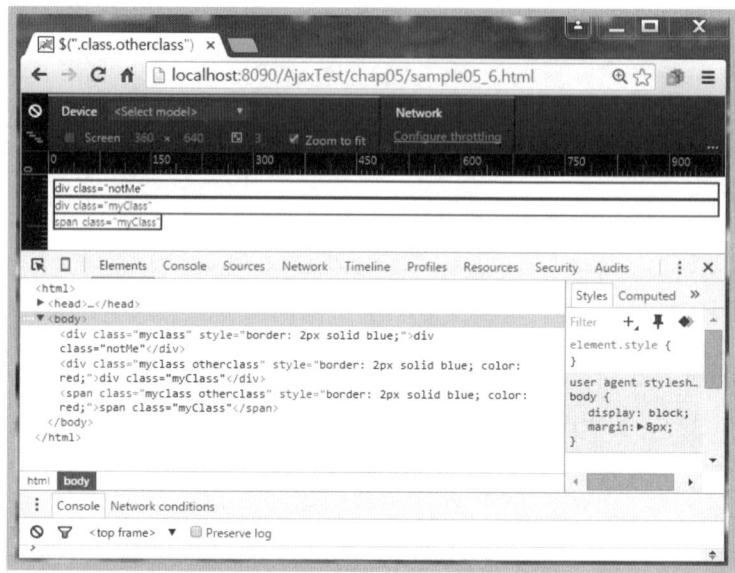

[그림 5.14] sample05_6.html 예제 실행 결과

2.5 Multiple Selector (다중 선택자)

한꺼번에 여러 개의 HTML DOM을 탐색하는 방법으로 ','(쉼표)를 사용할 수 있다.

기본 사용 방법은 다음과 같다.

> **$("tag명1, tag명2, tag명N")**

이때 각 요소는 반드시 tag명이 아니어도 상관없으며, 앞에서 배운 class 속성 및 id 속성도 사용할 수 있다.

다음의 [예제 5.7]은 HTML 문서에 사용된 서로 다른 태그들을 한꺼번에 선택하여 동일한 CSS 스타일을 설정하는 예제이다.

[예제 5.7] sample05_7.html

```
01:  <!DOCTYPE html>
02:  <html>
03:    <head>
04:      <meta charset="UTF-8">
05:      <title>$("tag1, tag2") 선택자 실습</title>
06:      <script type="text/javascript" src="jquery-3.1.1.js"></script>
07:      <script type="text/javascript">
08:        $(document).ready(function() {
09:          $("div, span, p.myClass").css("color","red");
10:        });
11:      </script>
12:    </head>
13:    <body>
14:      <div>div</div>
15:      <p class="myClass">p class="myClass"</p>
16:      <p class="notMyClass">p class="notMyClass"</p>
17:      <span>span</span>
18:    </body>
19:  </html>
```

09행   <div>와 <span> 태그 그리고 class 속성값이 myClass인 <p> 태그를 선택하여 글자색을 red
로 변경한다. class 속성값이 notMyClass인 16행의 <p> 태그는 선택자에서 제외되어 CSS
스타일이 적용되지 않는다.

실행 결과

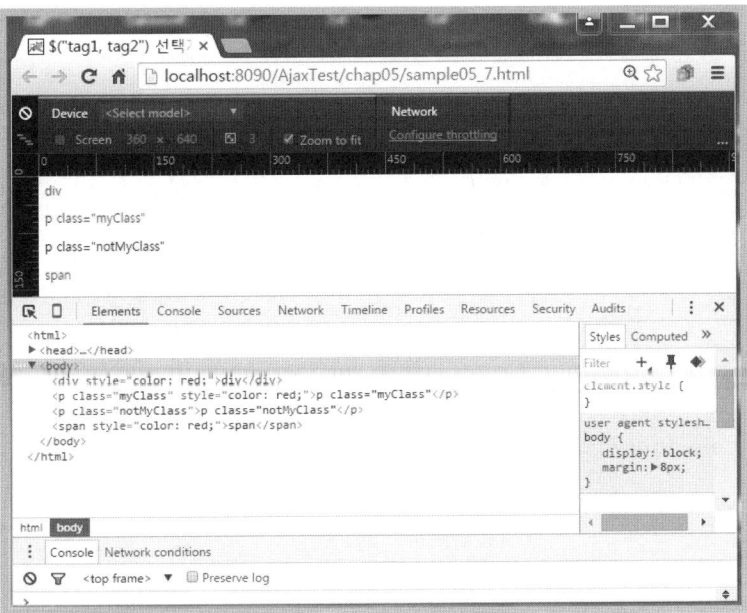

[그림 5.15] sample05_7.html 예제 실행 결과

03 jQuery 계층(Hierarchy) 선택자

jQuery도 JavaScript와 마찬가지로 HTML DOM을 이용하여 요소들을 참조한다. 따라서 부모 노드, 자식 노드, 자손 노드, 형제 노드 등과 같이 계층 관계인 HTML DOM 요소에 접근하는 계층 선택자를 잘 이해하고 있어야 한다. 다음의 [그림 5.16]은 HTML DOM의 계층구조를 간략하게 표현한 그림이다.

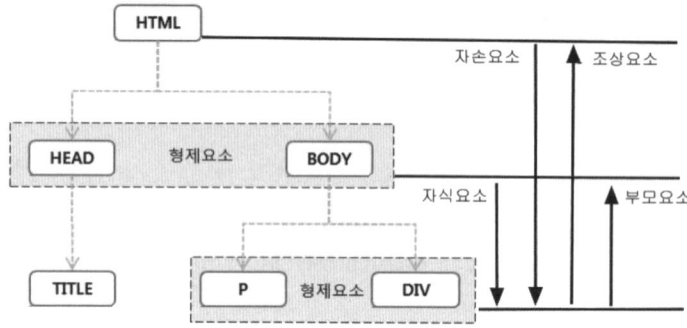

[그림 5.16] DOM의 계층 관계

〈html〉 태그의 자식 요소는 〈head〉와 〈body〉이고 자손 요소는 〈title〉과 〈p〉 그리고 〈div〉 태그이다. 반대로 〈p〉 태그의 부모 요소는 〈body〉 태그이고 조상 요소는 〈html〉 태그이다. 〈head〉와 〈body〉 태그 그리고 〈p〉와 〈div〉 태그는 서로 형제 요소이다.

이 절에서는 다음 [표 5.2]와 같이 jQuery에서 사용 가능한 계층(Hierarchy) 선택자에 관하여 살펴본다.

[표 5.2] 계층 선택자 종류

선택자 종류	표현식	설명
Child Selector	$("parent 〉 child")	부모 요소 바로 아래 자식 요소를 반환
Descendant Selector	$("ancestor descendant")	조상 요소 아래 일치하는 모든 자손 요소 반환
Next Adjacent Selector	$("prev + next")	prev 요소 바로 다음에 오는 형제 요소 반환
Next Sibling Selector	$("prev ~ siblings")	prev 요소 이후 형제 요소 중 siblings와 동일한 형제 요소들을 반환

3.1 Child Selector (자식 선택자)

HTML DOM을 탐색하여 부모(parent) 요소의 모든 자식(child) 요소를 반환한다.

기본 사용 방법은 다음과 같다.

$("parent 〉 child")

다음의 [예제 5.8]은 〈ul〉 태그의 자식인 모든 〈li〉 태그를 선택하여 border 스타일을 설정하는 예제이다. 자식 〈li〉 태그 내의 중첩된 또 다른 〈li〉 태그는 자식이 아닌 자손이기 때문에 스타일 설정에서 제외된다.

[예제 5.8] sample05_8.html

```
01:  <!DOCTYPE html>
02:  <html>
03:    <head>
04:      <meta charset="UTF-8">
05:      <title>$("parent 〉 child") 선택자 실습</title>
06:      <script type="text/javascript" src="jquery-3.1.1.js"></script>
07:      <script type="text/javascript">
08:        $(document).ready(function() {
09:          $("ul.topnav 〉 li").css("border", "3px double red");
10:          console.log($("ul.topnav 〉 li").length);
11:        });
12:      </script>
13:    </head>
14:    <body>
15:      <ul class="topnav">
16:        <li>아이템 1</li>
17:        <li>아이템 2
18:          <ul>
19:            <li>중첩된 아이템 1</li>
20:            <li>중첩된 아이템 2</li>
21:            <li>중첩된 아이템 3</li>
22:          </ul>
23:        </li>
24:        <li>아이템 3</li>
25:      </ul>
26:    </body>
27:  </html>
```

09행 class="topnav"를 가진 〈ul〉 태그의 모든 자식 요소를 선택하여 border 속성을 지정한다.

10행 콘솔에 자식 요소의 개수를 출력한다. 중첩된 〈li〉 태그는 자손 요소로 스타일 설정에서 제외되기 때문에 결과 값은 3이 출력된다.

실행 결과

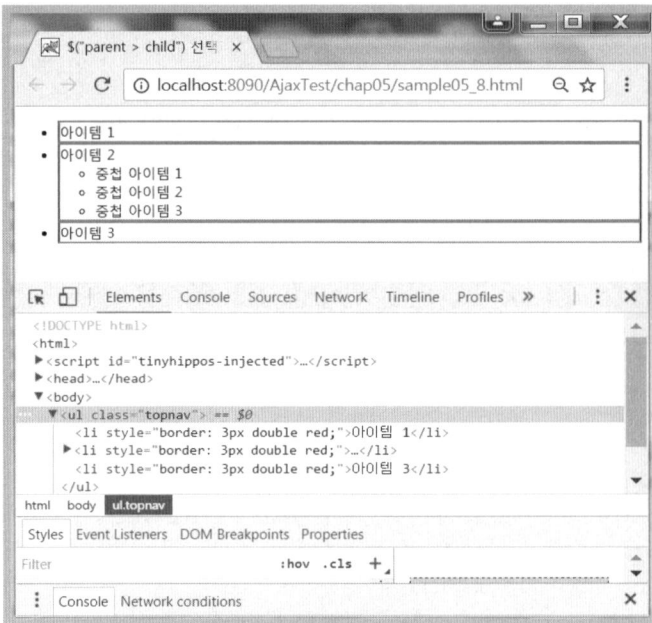

[그림 5.17] sample05_8.html 예제 실행 결과

3.2 Descendant Selector (자손 선택자)

조상(ancestor) 요소의 모든 후손(descendant) 요소를 반환한다. 부모(parent)와 자식(child) 관계가 조상(ancestor)과 후손(descendant) 관계로 확대되었을 뿐 child selector(자식 선택자)와 개념은 비슷하다.

기본 사용 방법은 다음과 같다.

$("ancestor descendant")

다음의 [예제 5.9]는 〈form〉 태그 내의 모든 〈input〉 태그를 선택하여 border 스타일을 설정한다. 또한, 〈form〉 태그 안의 요소 중에서 〈fieldset〉 태그 내의 모든 input 태그에 background-color를 yellow로 설정한다.

[예제 5.9] sample05_9.html

```
01:  <!DOCTYPE html>
02:  <html>
03:    <head>
04:      <meta charset="UTF-8">
05:      <title>$("ancestor  descendant") 선택자 실습</title>
06:      <script type="text/javascript" src="jquery-3.1.1.js"></script>
```

```
07:        <script type="text/javascript">
08:          $(document).ready(function() {
09:            $("form input").css("border", "2px dotted blue");
10:            $("form fieldset input").css("background-color", "yellow");
11:          });
12:        </script>
13:      </head>
14:      <body>
15:        <form>
16:          <div>기본 폼</div>
17:          <label for="name">기본 폼의 자식</label>
18:          <input name="name" id="name">
19:          <fieldset>
20:            <label for="newsletter">기본 폼의 자손, 필드셋의 자식</label>
21:              <input name="newsletter" id="newsletter">
22:          </fieldset>
23:        </form>
24:        기본 폼의 형제 : <input name="none">
25:      </body>
26:  </html>
```

09행   \<form\> 태그의 자손 중에서 \<input\> 태그의 border 속성을 설정한다. 따라서 \<form\> 태그 내의 모든 \<input\> 태그(18행과 21행)가 border 스타일을 적용받는다. 24행의 \<input\> 태그는 \<form\> 태그의 형제 노드로 자손이 아니기 때문에 CSS 스타일 적용을 받지 않는다.

10행   \<form\> 태그의 자손 중에서 \<fieldset\> 태그를 선택하고, \<fieldset\> 태그의 자손 중에서 \<input\> 태그에 background-color 속성을 설정한다. 따라서 21행의 \<input\> 태그가 background-color 스타일을 적용받는다.

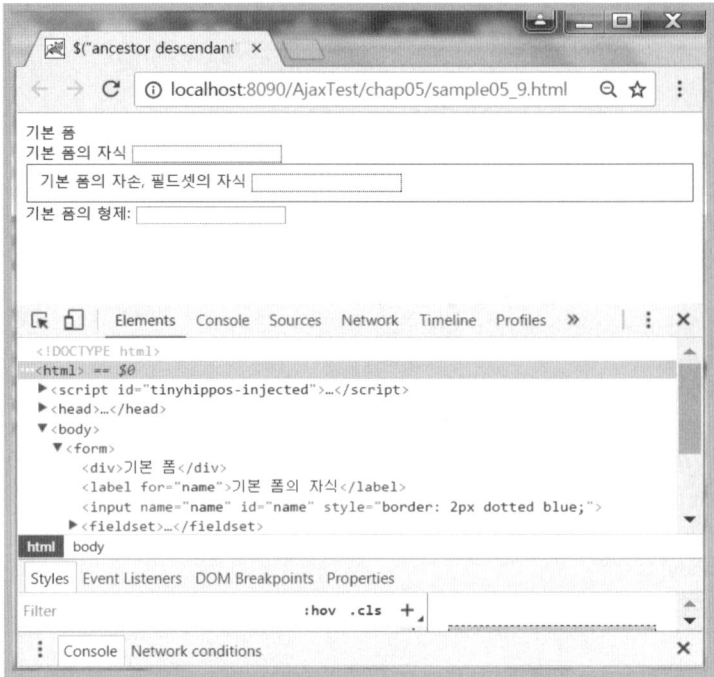

[그림 5.18] sample05_9.html 예제 실행 결과

3.3 Next Adjacent Selector (인접한 형제 선택자)

3.1절과 3.2절의 내용은 요소와 요소 간의 관계가 계층 관계에서 자식과 자손 요소에 접근하는 방법에 관하여 살펴보았다. 이 절에는 같은 레벨(Level)의 형제 요소 중에서 바로 인접한 형제 요소의 접근 방법에 관하여 살펴보자.

기본 사용 방법은 다음과 같다.

$("prev + next")

prev 요소의 형제 요소 중에서 바로 다음에 나오는 인접한(adjacent) 하나의 next 요소를 반환한다.

다음의 [예제 5.10]은 〈label〉 태그의 바로 다음에 나오는 인접한 〈input〉 태그에 글자색을 'blue'로 설정하고 동시에 value 값을 "Labeled!"로 설정하는 예제이다. 〈input〉 태그에 value 값을 설정하기 위해서는 "값"을 인자로 갖는 val(값) 메서드를 사용하면 되고, value 값을 얻으려면 인자 없는 val() 메서드를 사용하면 된다.

[예제 5.10] sample05_10.html

```html
01:  <!DOCTYPE html>
02:  <html>
03:   <head>
04:    <meta charset="UTF-8">
05:    <title>$("prev + next") 선택자 실습</title>
06:    <script type="text/javascript" src="jquery-3.1.1.js"></script>
07:    <script type="text/javascript">
08:      $(document).ready(function() {
09:        $("label + input").css("color", "blue").val("Labeled!");
10:      });
11:    </script>
12:   </head>
13:   <body>
14:    <form>
15:     <label for="name">Name:</label>
16:     <input name="name" id="name">
17:     <fieldset>
18:      <label for="newsletter">Newsletter:</label>
19:      <input name="newsletter" id="newsletter">
20:     </fieldset>
21:    </form>
22:    <input name="none">
23:   </body>
24:  </html>
```

09행   <label> 태그에 바로 인접한 다음(next) 요소인 <input> 태그에 글자색을 파란색으로 하는 CSS 스타일을 설정하고 동시에 "Labeled!" 문자열을 해당 태그의 value 속성값으로 설정한다.

실행 결과

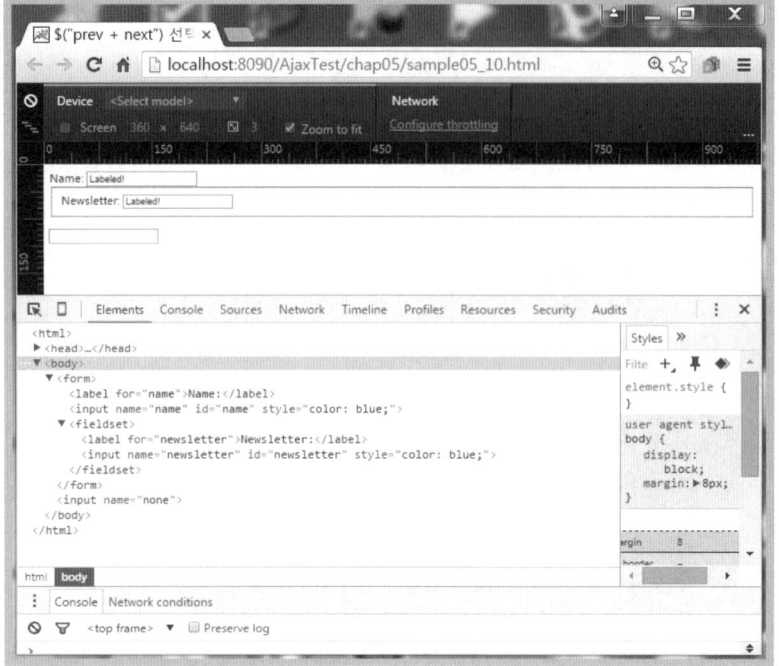

[그림 5.19] sample05_10.html 예제 실행 결과

3.4 Next Siblings Selector (다중 형제 선택자)

3.3절의 [예제 5.10]은 같은 레벨의 형제 중에서 인접한 하나의 형제 요소를 반환하지만, 다중 형제 선택자는 모든 형제 요소들을 반환한다.

기본 사용 방법은 다음과 같다.

> $("prev ~ siblings")

prev 요소 바로 다음에 나오는 모든 형제(siblings) 요소를 반환한다.

다음의 [예제 5.11]은 id 속성의 값이 "prev"인 태그 다음에 나오는 모든 형제 태그에 border 스타일을 적용하는 예제이다.

[예제 5.11] sample05_11.html

```html
01: <!DOCTYPE html>
02: <html>
03:   <head>
04:     <meta charset="UTF-8">
05:     <title>$("prev ~ siblings") 선택자 실습</title>
06:     <style>
07:       div, span {
08:         display: block;
09:         width: 80px;
10:         height: 80px;
11:         margin: 5px;
12:         background: #bfa;
13:         float: left;
14:         font-size: 14px;
15:       }
16:
17:       div#small {
18:         width: 60px;
19:         height: 25px;
20:         font-size: 12px;
21:         background: #fab;
22:       }
23:     </style>
24:     <script type="text/javascript" src="jquery-3.1.1.js"></script>
25:     <script type="text/javascript">
26:       $(document).ready(function() {
27:         $("#prev ~ div").css("border", "3px groove blue");
28:       });
29:     </script>
30:   </head>
31:   <body>
32:     <div>div 아이템 1</div>
33:     <span id="prev">span 아이템 1</span>
34:     <div>div 아이템 2</div>
35:     <div>div 아이템 3<div id="small">중첩 div 아이템 1</div></div>
36:     <span>span 아이템 2</span>
37:     <div>div 아이템 4</div>
38:   </body>
39: </html>
```

06-23행   ⟨div⟩ 태그와 ⟨span⟩ 태그에 CSS 스타일을 지정한다.

27행   id 값이 prev인 태그(33행의 ⟨span⟩ 태그) 다음에 나오는 형제 태그 중에서 ⟨div⟩ 태그에
border 속성을 설정한다. 따라서 34행과 35행 그리고 37행의 ⟨div⟩ 태그에 CSS 스타일이 적
용되지만, 36행은 ⟨span⟩ 태그이기 때문에 선택에서 제외되어 CSS 스타일이 적용되지 않는다.

실행 결과

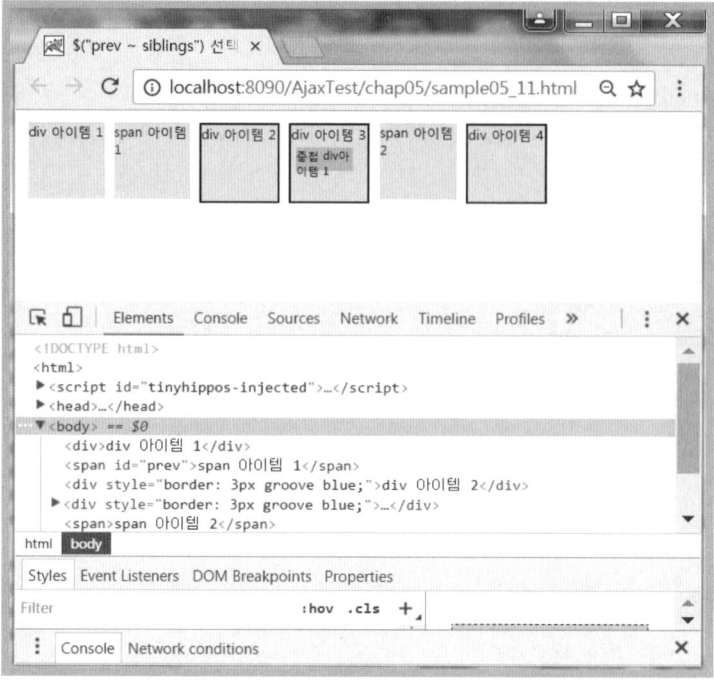

[그림 5.20] sample05_11.html 예제 실행 결과

04 jQuery 속성 선택자

이 절에서는 DOM에서 모든 요소가 가질 수 있는 속성 및 속성값을 이용하여 특정 요소를 반환하는 방법에 관하여 학습한다.

다음의 [표 5.3]은 jQuery에서 지원되는 속성 선택자이다.

[표 5.3] 속성 선택자 종류

선택자 종류	표현식	설명
Has Attribute Selector	$("selector[attr]")	attr 속성 이름을 갖는 selector 요소 반환
Attribute Equals Selector	$("selector[attr='value']")	attr 속성값이 value와 일치하는 selector 요소 반환
Attribute Not Equals Selector	$("selector[attr !='value']")	attr 속성값이 value와 일치하지 않는 selector 요소 반환

Attribute Starts With Selector	$("selector[attr ^='value']")	attr 속성값이 value 값으로 시작하는 selector 요소 반환
Attribute Ends With Selector	$("selector[attr $='value']")	attr 속성값이 value 값으로 끝나는 selector 요소 반환
Attribute Contains Selector	$("selector[attr *='value']")	attr 속성값이 value 값을 포함하는 selector 요소 반환
Multiple Attribute Selector	$("selector[attr1='value1'][attrN='valueN']")	attr 속성값이 value1, valueN과 일치하는 selector 요소 반환
Attribute Contains Prefix Selector	$("selector[attr |='value']")	attr 속성값이 value 또는 value-(hyphen) 형식과 일치하는 selector 요소 반환

4.1 Has Attribute Selector

HTML DOM에서 속성 이름을 이용해서 원하는 요소를 검색하는 방법이다. 속성 이름을 지정하는 경우에는 "selector[속성명]" 표현식을 사용하며, 기본 사용 방법은 다음과 같다.

> **$("selector[attr]")**

HTML DOM을 구성하는 모든 태그에서 지정된 attr 속성 이름을 갖는 태그 요소를 모두 선택하여 반환한다.

다음의 [예제 5.12]는 모든 HTML 태그 중에서 id 속성을 갖는 태그만 검색하여 글꼴의 크기를 30px로 설정하는 예제이다.

[예제 5.12] sample05_12.html

```
01:  <!DOCTYPE html>
02:  <html>
03:    <head>
04:      <meta charset="UTF-8">
05:      <title>$("selector[attr]") 선택자 실습</title>
06:      <script type="text/javascript" src="jquery-3.1.1.js"></script>
07:      <script type="text/javascript">
08:        $(document).ready(function() {
09:          $("[id]").css("font-size", "30px");
10:        });
11:      </script>
12:    </head>
13:    <body>
14:      <div>아이템 1</div>
15:      <div id="hey">아이템 2</div>
16:      <div id="there">아이템 3</div>
17:      <div>아이템 4</div>
```

```
18:   </body>
19: </html>
```

09행   id 속성을 가지는 모든 요소를 선택한다. 따라서 15행과 16행의 〈div〉 태그에 CSS 스타일이
       적용되어 글자 크기가 변경된다.

실행 결과

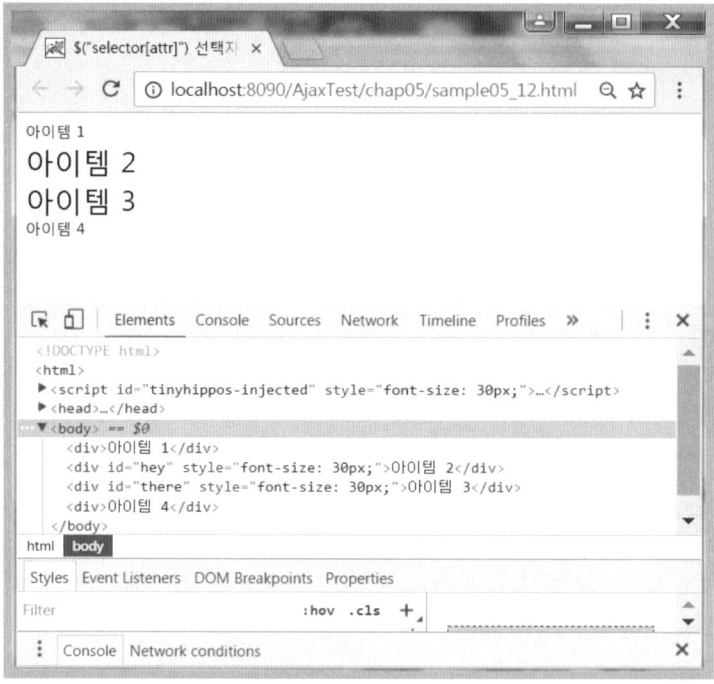

[그림 5.21] sample05_12.html 예제 실행 결과

4.2 Attribute Equals Selector

HTML DOM에서 속성 이름과 속성값을 이용해서 원하는 요소를 검색하는 방법이다. 속
성 이름과 속성값을 같이 지정하는 경우는 "[속성명=값]" 또는 "[속성명!=값]" 표현식을
사용하며, 기본 사용 방법은 다음과 같다.

```
$("selector[attr='value']")
$("selector[attr!='value']")
```

HTML 요소 중에서 속성 이름(attr)이 지정된 value와 정확하게 일치하는 요소를 검색하
는 경우는 = 연산자를 사용하고, 일치하지 않는 요소를 검색하는 경우는 != 연산자를 사
용한다.

다음의 [예제 5.13]은 명시한 URL 값과 〈a〉 태그의 href 속성값이 정확하게 일치하는 요소를 찾아서 글꼴 크기를 40px로 설정하고, 일치하지 않는 요소는 글자색을 red로 설정하는 예제이다.

[예제 5.13] sample05_13.html

```
01:  <!DOCTYPE html>
02:  <html>
03:    <head>
04:      <meta charset="UTF-8">
05:      <title>$("selector[attr='value']") 선택자 실습</title>
06:      <script type="text/javascript" src="jquery-3.1.1.js"></script>
07:      <script type="text/javascript">
08:        $(document).ready(function() {
09:          $("a[href='https://naver.com']").css("font-size", "40px");
10:          $("a[href !='https://naver.com']").css("color", "red");
11:        });
12:      </script>
13:    </head>
14:    <body>
15:      <a href="http://naver.com">one</a><br/>
16:      <a href="https://naver.com" target="_blank">two</a><br/>
17:      <a href="https://daum.net">three</a><br/>
18:      <a href="http://daum.net" target="_blank">four</a><br/>
19:      <a href="https://korea.com">five</a><br/>
20:      <a href="http://korea.com" target="_blank">six</a><br/>
21:    </body>
22:  </html>
```

09행　〈a〉 태그에서 href 속성의 값이 "https://naver.com"과 정확하게 일치하는 요소를 검색하여 글꼴 크기를 40px로 설정한다. 따라서 16행의 〈a〉 태그에 스타일이 적용된다.

10행　속성값이 "https://naver.com"과 일치하지 않는 요소를 검색하여 글자색을 red로 설정한다. 따라서 16행을 제외한 나머지 〈a〉 태그에 스타일이 적용된다.

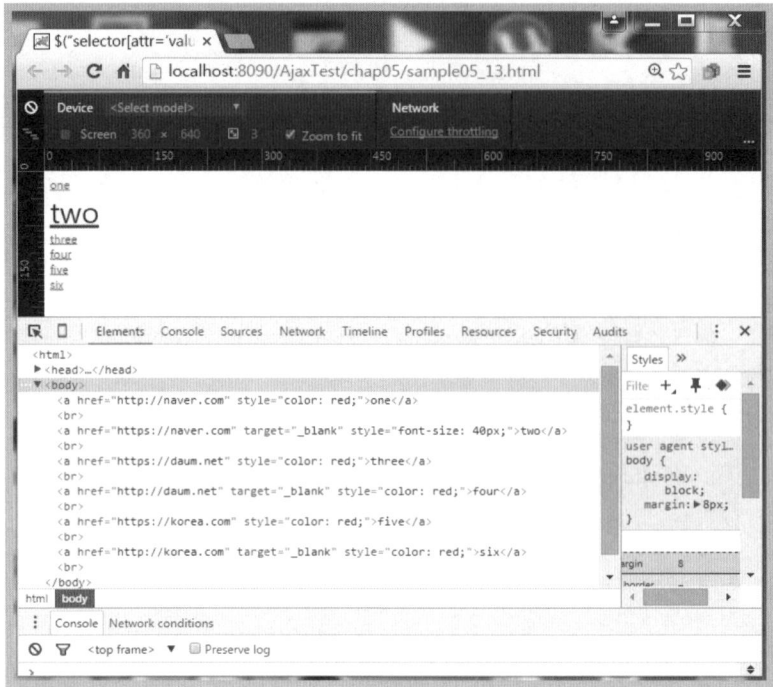

[그림 5.22] sample05_13.html 예제 실행 결과

4.3 Attribute Starts / Ends With Selector

앞 절에서는 속성값이 정확하게 일치하거나 또는 일치하지 않는 요소를 선택하는 방법에 관하여 살펴보았다. 이 절에서는 지정된 속성의 값이 지정된 값으로 시작하는 요소 및 지정된 값으로 끝나는 요소를 선택하는 방법을 다룬다.

기본 사용 방법은 다음과 같다.

```
$("selector[attr^='value']")
$("selector[attr$='value']")
```

지정된 속성값으로 시작하는 요소를 검색할 때는 ^= 를 사용하고, 끝나는 요소는 $=를 사용하여 표현한다.

다음의 [예제 5.14]는 HTML 문서에서 사용된 〈a〉 태그 중 href 속성값이 "https"로 시작하는 요소를 찾아서 글꼴 크기를 40px로 설정하고, "net"으로 끝나는 요소는 글자색을 red로 설정하는 예제이다.

[예제 5.14] sample05_14.html

```
01:   <!DOCTYPE html>
02:   <html>
03:     <head>
04:       <meta charset="UTF-8">
05:       <title>$("selector[attr^='value']") 선택자 실습</title>
06:       <script type="text/javascript" src="jquery-3.1.1.js"></script>
07:       <script type="text/javascript">
08:         $(document).ready(function() {
09:           $("a[href^='https']").css("font-size", "40px");
10:           $("a[href$='net']").css("color", "red");
11:         });
12:       </script>
13:     </head>
14:     <body>
15:       <a href="http://naver.com">one</a><br/>
16:       <a href="https://naver.com" target="_blank">two</a><br/>
17:       <a href="http://daum.net">three</a><br/>
18:     </body>
19:   </html>
```

09행   <a> 태그에서 href 속성의 값이 https로 시작하는 요소를 반환한다. 따라서 16행의 <a> 태그에 CSS 스타일이 적용된다.

10행   href 속성의 값이 net로 끝나는 요소를 반환한다. 따라서 17행 <a> 태그에 CSS 스타일이 적용되어 글자색을 red로 설정한다.

실행 결과

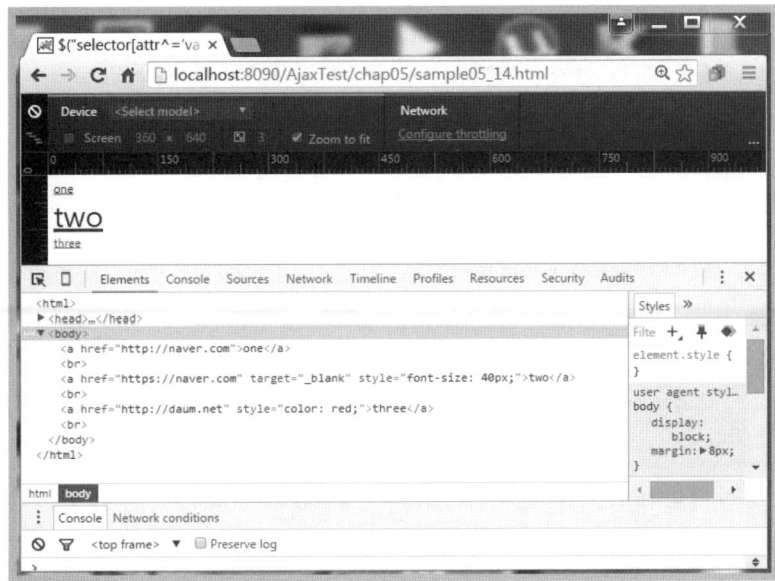

[그림 5.23] sample05_14.html 예제 실행 결과

4.4 Attribute Contains Selector

이 절에서는 속성의 값이 정확하게 일치하지는 않지만 지정된 값을 포함하는 요소를 검색하는 방법과 공백으로 정확하게 구분된 속성값을 갖는 요소를 검색하는 방법에 관하여 학습한다.

기본 사용 방법은 다음과 같다.

```
$("selector[attr*='value']")
$("selector[attr~='value']")
```

정확하게 일치하지는 않지만 지정된 값을 속성값의 일부로 포함하는 요소 검색에는 *= 연산자를 사용하고, 공백으로 정확하게 구분된 요소 검색에는 ~= 연산자를 사용한다.

다음의 [예제 5.15]는 input 태그의 name 속성값과 정확하게 일치하지는 않지만 "man" 이 포함된 요소를 찾아서 value 값으로 "man 글자 포함" 문자열을 설정하고, 공백으로 정확하게 구분된 요소에는 border 스타일을 적용하는 예제이다.

[예제 5.15] sample05_15.html

```
01:  <!DOCTYPE html>
02:  <html>
03:    <head>
04:      <meta charset="UTF-8">
05:      <title>$("selector[attr*='value']") 선택자실습</title>
06:      <script type="text/javascript" src="jquery-3.1.1.js"></script>
07:      <script type="text/javascript">
08:        $(document).ready(function() {
09:          $("input[name*='man']").val("man 글자 포함");
10:          $("input[name~='man']").css("border" , " 3px solid red");
11:        });
12:      </script>
13:    </head>
14:    <body>
15:      <input name="man-news">
16:      <input name="milk man">
17:      <input name="letterman2">
18:      <input name="newmilk">
19:      <input name="superman">
20:    </body>
21:  </html>
```

09행   <input> 태그에서 name 속성의 값에 문자열 "man"이 포함된 요소를 반환한다. 따라서 18행을 제외한 나머지 <input> 태그가 선택된다.

10행   <input> 태그에서 name 속성의 값에 공백 구분자를 가진 문자열 "man"이 포함된 요소를 반환한다. 따라서 16행이 선택된다.

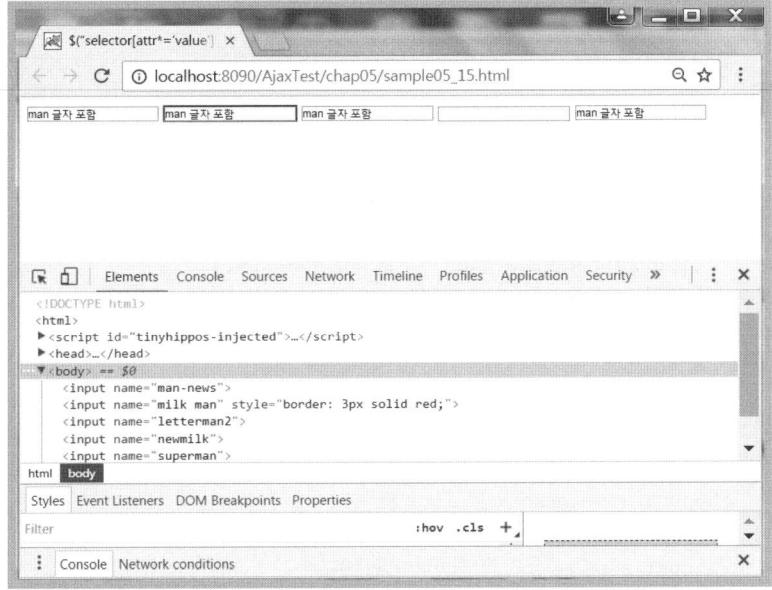

[그림 5.24] sample05_15.html 예제 실행 결과

4.5 Multiple Attribute / Attribute Contains Prefix Selector

2.5절에서 한꺼번에 여러 개의 선택자를 지정하여 일치하는 요소들을 검색했듯이, 속성도 한꺼번에 여러 개를 지정할 수 있다.

이 절에서는 속성값을 여러 개 설정하여 검색하는 방법과 '-'(hyphen)이 포함된 속성값을 가진 요소를 검색하는 방법에 관하여 학습한다.

기본 사용 방법은 다음과 같다.

```
$("selector[attr1='value1'][attrN='valueN']")
$("selector[attr|='value']")
```

한꺼번에 속성을 여러 개 지정하는 방법은 [속성명=값] 형식을 반복적으로 나열해서 사용하면 되고, 속성값에 '-'(hyphen)이 포함된 요소를 검색하기 위해서는 |= 연산자를 사용하면 된다.

다음의 [예제 5.16]은 HTML 문서에서 사용된 ⟨input⟩ 태그 중에서 id 속성을 가지며 또한 name 속성의 값이 'man'으로 끝나는 요소를 찾아 검색된 요소의 value 값으로 "man 글자 포함"을 설정한다. 그리고 value 속성의 값에 'en' 또는 'en-'을 포함하는 요소를 찾아서 border 스타일을 적용하는 예제이다.

[예제 5.16] sample05_16.html

```
01:  〈!DOCTYPE html〉
02:  〈html〉
03:   〈head〉
04:     〈meta charset="UTF-8"〉
05:     〈title〉$("selector[attr1='value1'][attrN='valueN']") 선택자 실습〈/title〉
06:     〈script type="text/javascript" src="jquery-3.1.1.js"〉〈/script〉
07:     〈script type="text/javascript"〉
08:       $(document).ready(function() {
09:         $("input[id][name$='man']").val("has man in it!");
10:         $("input[value |='en']").css("border", " 3px dotted red");
11:       });
12:     〈/script〉
13:   〈/head〉
14:   〈body〉
15:     〈input id="man-news" name="man-news" value="en"〉
16:     〈input name="milkman" value="kr"〉
17:     〈input id="letterman" name="new-letterman" 〉
18:     〈input name="newmilk" value="en-UK"〉
19:   〈/body〉
20:  〈/html〉
```

09행   〈input〉 태그에서 id 속성을 가지고 name 속성의 값이 문자열 "man"으로 끝나는 요소를 검색
        하여, 검색된 요소의 value에 "has man in it" 문자열을 설정한다. 따라서 17행 〈input〉 태그
        가 선택되어 지정된 문자열을 설정한다.

10행   〈input〉 태그에서 value 속성의 값에 문자열 "en" 또는 "en-"이 포함된 요소를 반환하여 border
        스타일을 설정한다. 따라서 15행과 18행의 〈input〉 태그가 선택되어 CSS 스타일이 적용된다.

실행 결과

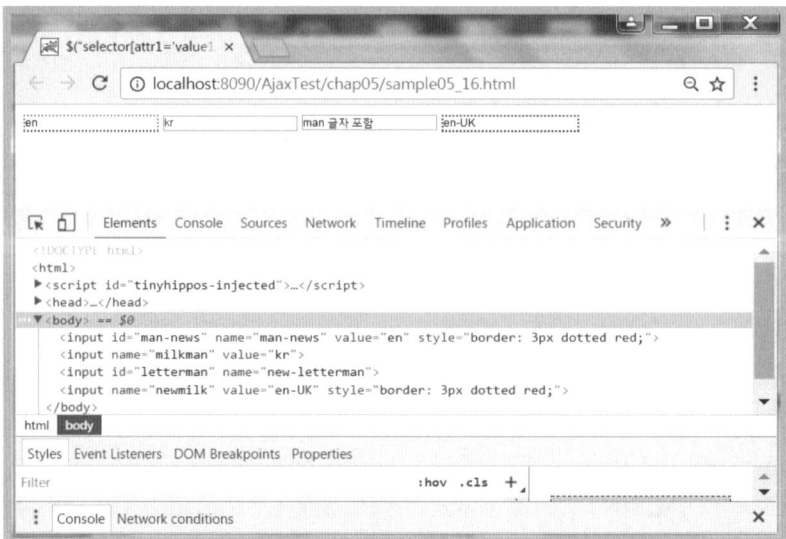

[그림 5.25] sample05_16.html 예제 실행 결과

05 jQuery 필터 선택자

이 절에서는 jQuery에서 제공하는 필터(Filter) 선택자를 살펴본다. jQuery 필터는 다양한 방식으로 원하는 요소를 걸러내는 역할을 하며 ':' 기호를 사용한다.

대부분 일반 선택자와 같이 사용되지만, 필터 선택자를 단독으로도 사용할 수 있으며 필터에 다른 필터를 연결해서 사용할 수도 있다.

jQuery에서 지원하는 필터 종류는 Basic Filter, Child Filter, Form Filter, Content Filter가 있으며 실습으로 각각의 필터를 사용하는 방법을 살펴본다.

5.1 Basic Filter(기본 필터)

다음의 [표 5.4]는 jQuery에서 제공하는 Basic Filter 선택자이다.

[표 5.4] Baic Filter 종류

표현식	설명
:animated	애니메이션이 동작중인 모든 요소를 반환한다.
:eq(index)	지정된 index에 해당하는 요소를 반환한다. 음수값을 지정하면 마지막 요소부터 count된다. (0부터 시작)
:even	짝수 요소를 반환한다. (0부터 시작)
:odd	홀수 요소를 반환한다. (0부터 시작)
:first	첫 번째 요소를 반환한다. eq(0)과 동일하다.
:last	마지막 요소를 반환한다.
:gt(index)	지정된 index보다 큰 index에 해당하는 요소를 반환한다. 음수값을 지정하면 마지막 요소부터 count된다. (0부터 시작)
:lt(index)	지정된 index보다 작은 index에 해당하는 요소를 반환한다. 음수값을 지정하면 마지막 요소부터 count된다. (0부터 시작)
:header	모든 header 요소를 반환한다. (⟨h1⟩, ⟨h2⟩ 등)
:not(selector)	selector와 일치하지 않는 모든 요소를 반환한다.
:focus	현재 포커스 받은 요소를 반환한다.
:root	HTML 문서의 최상위 요소(root)를 반환한다.

기본적인 사용 방법은 $(":필터") 또는 $("선택자:필터") 형식이다. 선택자를 지정하면 일치하는 선택자부터 필터가 적용되며 선택자를 지정하지 않으면 "*" 선택자가 자동으로 지정된다.

5.1.1 :animated 필터 선택자

HTML 코드 내에 현재 애니메이션 동작을 하는 요소를 반환하는 필터로서 기본 사용 방법은 다음과 같다.

```
$(":animated")
```

다음의 [예제 5.17]은 버튼을 클릭하면 HTML DOM에서 애니메이션으로 동작하는 〈div〉 요소를 검색하여, 〈div〉 요소의 너비(width)를 70px에서 40px로 축소하는 예제이다.

[예제 5.17] sample05_17.html

```
01:  <!DOCTYPE html>
02:  <html>
03:    <head>
04:      <meta charset="UTF-8">
05:      <title>:animated Filter Selector</title>
06:      <style>
07:        div {
08:          background: red;
09:          border: 1px solid blue;
10:          width: 70px;
11:          height: 70px;
12:          margin: 0 3px;
13:          float: left;
14:        }
15:        .toggleWidth{
16:          width: 40px;
17:        }
18:      </style>
19:      <script type="text/javascript" src="jquery-3.1.1.js"></script>
20:      <script type="text/javascript">
21:        $(document).ready(function() {
22:
23:          $("#run").click(function() {
24:            $(":animated").toggleClass("toggleWidth");
25:          });
26:          function animateIt() {
27:            $("#ani").slideToggle("slow", animateIt);
28:          }
29:          animateIt();
30:        });
31:      </script>
32:    </head>
33:    <body>
34:      <button id="run">Run</button>
```

excerpt

```
35:      <div></div>
36:      <div id="ani"></div>
37:      <div></div>
38:   </body>
39: </html>
```

07-14행 HTML 문서 내에 있는 모든 〈div〉 태그의 width를 70px, 배경색은 red로 설정하는 스타일을 정의한다.

15-17행 이름을 toggleWidth로 하여 CSS 스타일을 설정한다.

23-25행 id="run"인 [Run] 버튼을 클릭하면, 현재 애니메이션으로 동작하는 요소를 찾아서 toggleWidth CSS 스타일을 적용한다. 따라서 애니메이션으로 동작하는 id="ani"인 〈div〉 태그의 width를 40px로 변경한다. [Run] 버튼을 다시 클릭하면 원래 값으로 돌아오도록 toggleClass() 메서드를 사용하여 토글되도록 한다.

26-28행 id="ani"인 〈div〉 태그가 slideToggle 형태로 동작하도록 animateIt() 함수에서 정의한다. slideToggle() 메서드는 slide 형태로 특정 동작을 토글하는 메서드로, 첫 번째 인자는 "slow", "fast"와 같이 동작 방식을 지정하고, 두 번째 인자는 메서드명을 설정하여 반복적으로 호출될 수 있도록 한다.

29행 animateIt() 함수를 호출한다.

잠깐만

toggleClass() 메서드의 사용 방법은 7장을 참조하고, slideToggle() 메서드의 사용 방법은 11장을 참조한다.

실행 결과

[그림 5.26]는 [Run] 버튼을 클릭하기 전의 화면이다. 세 개의 〈div〉 태그 중, 가운데 있는 〈div〉 태그가 slideToggle 애니메이션으로 상/하로 반복적해서 동작한다. 세 개의 〈div〉 태그의 width 값은 70px로 동일하다.

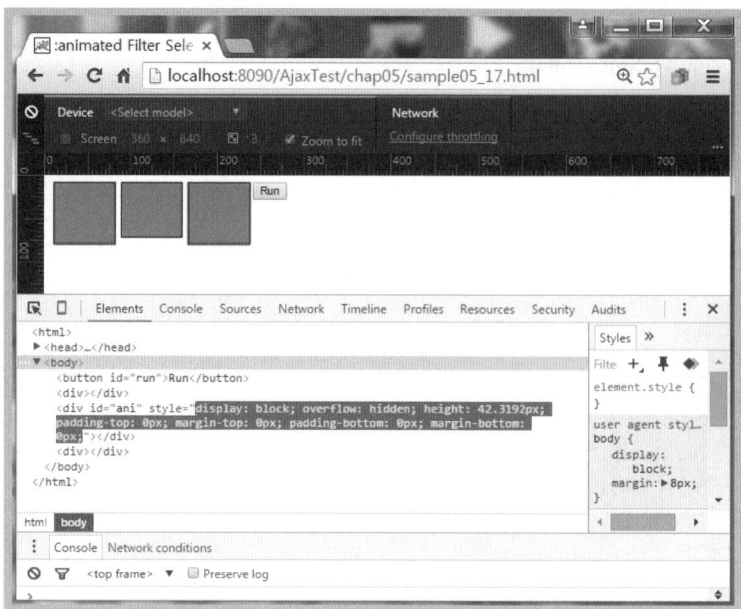

[그림 5.26] sample05_17.html 예제 실행 결과 : [Run] 버튼 클릭 전

[Run] 버튼을 클릭하면 현재 애니메이션으로 동작하고 있는 두 번째 〈div〉 태그의 width 값이 40px로 작아진다. 다시 한 번 [Run] 버튼을 클릭하면 width 값이 원래의 크기dls 70px로 토글(toggle)된다.

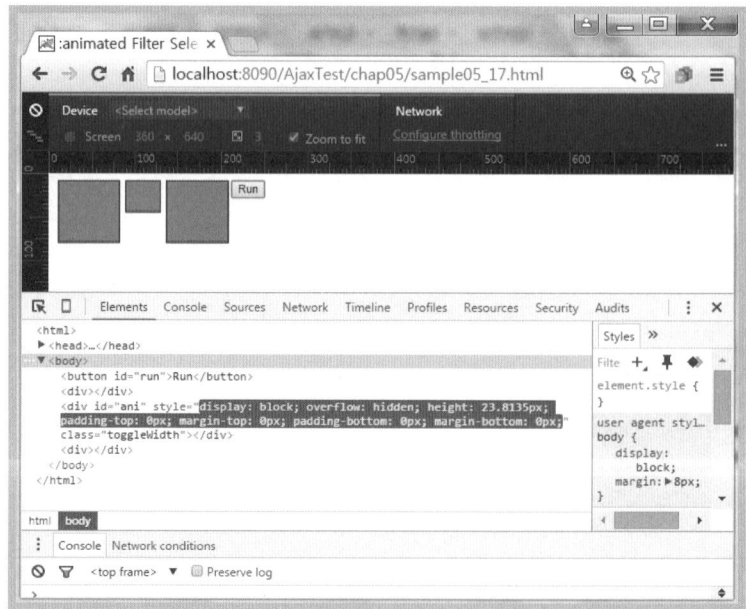

[그림 5.27] sample05_17.html 예제 실행 결과 : [Run] 버튼 클릭 후

5.1.2 :eq(index) 필터 선택자

지정한 index 값에 해당하는 요소를 반환하는 필터로, 음수 값도 지정할 수 있다. 음수 값을 지정하면 마지막 요소부터 거꾸로 카운트된다. 기본적으로 index 값은 0부터 시작되고, 기본 사용 방법은 다음과 같다.

```
$(":eq(index)")
$(":eq(-index)")
```

다음의 [예제 5.18]은 〈table〉 태그 내에 있는 세 번째 〈td〉 요소와 마지막 〈td〉 요소의 배경색을 green으로 설정하는 예제이다.

[예제 5.18] sample05_18.html

```
01:  <!DOCTYPE html>
02:  <html>
03:   <head>
04:    <meta charset="UTF-8">
05:     <title>:eq(index) Filter Selector</title>
06:     <script type="text/javascript" src="jquery-3.1.1.js"></script>
07:     <script type="text/javascript">
08:       $(document).ready(function() {
09:         $("td:eq(2)").css("background-color","green");
10:         $("td:eq(-1)").css("background-color","green");
11:       });
12:     </script>
13:   </head>
14:   <body>
15:    <table border="1">
16:      <tr><td>TD #0</td><td>TD #1</td><td>TD #2</td></tr>
17:      <tr><td>TD #3</td><td>TD #4</td><td>TD #5</td></tr>
18:      <tr><td>TD #6</td><td>TD #7</td><td>TD #8</td></tr>
19:    </table>
20:   </body>
21:  </html>
```

09행   index 값이 2인 〈td〉 태그의 배경색을 green으로 변경한다. 0부터 시작하기 때문에 index 값이 2인 위치는 결국 세 번째 〈td〉가 된다.

10행   index 값이 −1인 〈td〉 태그의 배경색을 green으로 변경한다. 음수값은 마지막 〈td〉 태그부터 거꾸로 카운트되어, −1은 마지막 〈td〉를 의미한다.

실행 결과

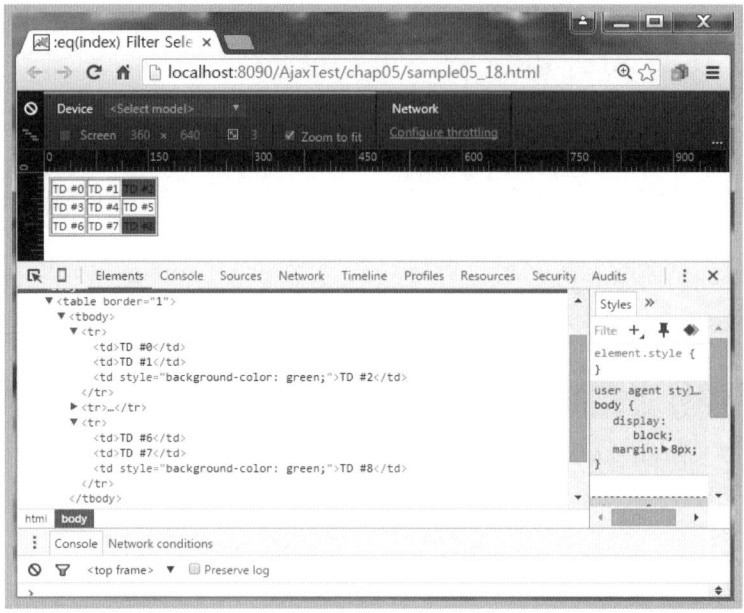

[그림 5.28] sample05_18.html 예제 실행 결과

5.1.3 :even과 :odd 필터 선택자

:even 필터 선택자는 짝수 번째 요소를 반환하고, :odd 필터 선택자는 홀수 번째 요소를 반환한다. 주의할 점은 실제 짝수(홀수) 번째가 아닌 index의 짝수(홀수) 값을 의미한다. index는 0부터 시작되기 때문에 :even를 사용하면 실제 첫 번째 요소와 세 번째 요소 같이 홀수 번째 요소(index는 0과 2)들이 선택되기 때문에 주의해야 한다.

기본 사용 방법은 다음과 같다.

```
$(":even")
$(":odd")
```

다음의 [예제 5.19]는 〈table〉 태그 내의 짝수 번째 행에는 배경색을 green으로 설정하고 홀수 번째 행에는 글꼴 크기를 20px로 설정하는 예제이다. 주의할 점은 index에 대한 짝수와 홀수를 의미하기 때문에 실제로 보이는 결과는 서로 다르게 설정된다.

[예제 5.19] sample05_19.html

```
01:  <!DOCTYPE html>
02:  <html>
03:    <head>
04:      <meta charset="UTF-8">
05:      <title>:even 및:odd Filter Selector</title>
06:      <script type="text/javascript" src="jquery-3.1.1.js"></script>
07:      <script type="text/javascript">
08:        $(document).ready(function() {
09:          $("tr:even").css("background-color", "#bbf");
10:          $("tr:odd").css("font-size", "20px");');
11:        });
12:      </script>
13:    </head>
14:    <body>
15:      <table border="1">
16:        <tr><td>인덱스 0</td></tr>
17:        <tr><td>인덱스 1</td></tr>
18:        <tr><td>인덱스 2</td></tr>
19:        <tr><td>인덱스 3</td></tr>
20:      </table>
21:    </body>
22:  </html>
```

09행   <tr> 태그 중에서 짝수 번째 요소에 CSS 스타일을 설정한다. 실제 짝수 번째 요소가 아닌 index 가 짝수인 것을 선택하기 때문에 보기에는 홀수 번째가 선택된 것처럼 보인다.

10행   <tr> 태그 중에서 홀수 번째 요소에 CSS 스타일을 설정한다. 09행과 마찬가지로 index가 홀수 인 것을 선택하기 때문에 보이기에는 짝수 번째가 선택된 것처럼 보인다.

실행 결과

:even 필터 선택자는 index가 짝수 번째인 요소를 선택하기 때문에 첫 행과 세 번째 행 에 background-color 속성의 값이 green으로 설정된다. :odd 필터 선택자는 index가 홀수 번째인 요소를 선택하기 때문에 두 번째 행과 네 번째 행에 font-size 속성의 값이 20px로 설정된다.

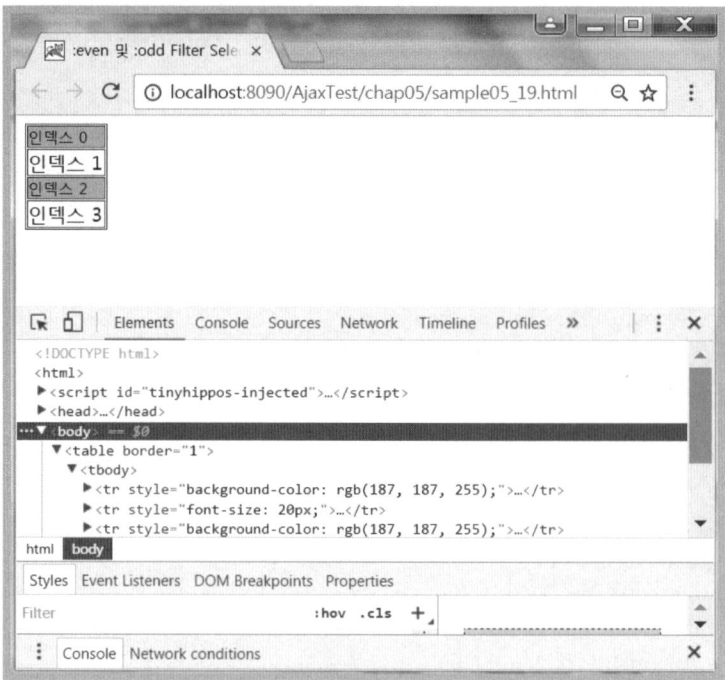

[그림 5.29] sample05_19.html 예제 실행 결과

5.1.4 :first와 :last 필터 선택자

:first 필터 선택자는 첫 번째 요소를 반환하고, :last 필터 선택자는 마지막 요소를 반환한다. 따라서, :first는 앞서 배웠던 :eq(0)와 같고, :last는 :eq(-1)과 같다. 두 개의 필터 선택자 모두 단 하나의 요소만을 반환하지만, 나중에 살펴볼 :first-child 필터 선택자는 첫 번째 레벨의 모든 자식을 반환하는 것이기 때문에 :first와 구별해서 정리할 필요가 있다.

기본 사용 방법은 다음과 같다.

```
$(":first")
$(":last")
```

다음의 [예제 5.20]은 〈table〉 태그의 범위에서 첫 번째 〈tr〉에는 배경색을 "#bbf"로 설정하고 마지막 〈tr〉에는 글꼴 스타일을 이탤릭체로 변경하는 예제이다.

[예제 5.20] sample05_20.html

```
01:  〈!DOCTYPE html〉
02:  〈html〉
03:   〈head〉
04:    〈meta charset="UTF-8"〉
05:    〈title〉:first 및 :last Filter Selector〈/title〉
```

```
06:        <script type="text/javascript" src="jquery-3.1.1.js"></script>
07:        <script type="text/javascript">
08:          $(document).ready(function() {
09:            $("tr:first" ).css("background-color", '#bbf');
10:            $("tr:last" ).css("font-style", "italic");
11:          });
12:        </script>
13:      </head>
14:      <body>
15:        <table border="1">
16:          <tr><td>인덱스 0</td></tr>
17:          <tr><td>인덱스 1</td></tr>
18:          <tr><td>인덱스 2</td></tr>
19:          <tr><td>인덱스 3</td></tr>
20:        </table>
21:      </body>
22:    </html>
```

09행 〈tr〉 태그 중에서 첫 번째 요소를 선택하여 배경색을 "#bbf"로 변경한다.

10행 〈tr〉 태그 중에서 마지막 요소를 선택하여 글꼴 스타일을 이탤릭체로 변경한다.

실행 결과

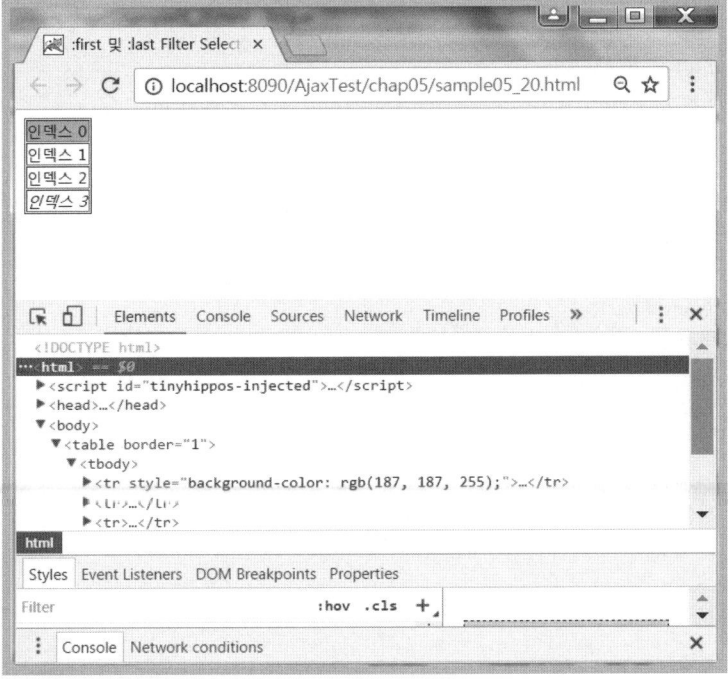

[그림 5.30] sample05_20.html 예제 실행 결과

5.1.5 :gt(index)와 :lt(index) 필터 선택자

:gt(index) 필터 선택자는 'greater than'의 의미로 동작하기 때문에 지정된 index보다 큰 index에 해당하는 요소들을 반환한다. 반면에 :lt(index) 필터 선택자는 'less than'의 의미로 동작하기 때문에 지정된 index보다 작은 index에 해당하는 요소들을 반환한다. 두 선택자 모두 음수 값 지정이 가능하고 음수 값은 마지막 요소(마지막 요소의 index는 -1)부터 카운트된다.

기본 사용 방법은 다음과 같다.

```
$(":gt(index)")
$(":lt(index)")
```

다음의 [예제 5.21]은 〈table〉 태그에서 index가 4보다 큰 모든 〈td〉 태그의 배경색을 yellow로 설정하고, index가 -2보다 큰 모든 〈td〉 태그에는 "gt(-2)" 문자열을 설정하는 예제이다. index가 4보다 큰 실제 위치는 6번째 〈td〉가 되고, index가 -2보다 큰 실제 위치는 -1인 마지막 〈td〉가 된다.

[예제 5.21] sample05_21.html

```
01:  <!DOCTYPE html>
02:  <html>
03:   <head>
04:    <meta charset="UTF-8">
05:    <title>:gt 및 :lt Selector</title>
06:    <script type="text/javascript" src="jquery-3.1.1.js"></script>
07:    <script type="text/javascript">
08:     $(document).ready(function() {
09:       $("td:gt(4)").css("backgroundColor", "yellow");
10:       $("td:gt(-2)").text("gt(-2)");
11:     });
12:    </script>
13:   </head>
14:   <body>
15:    <table border="1">
16:     <tr><td>TD #0</td><td>TD #1</td><td>TD #2</td></tr>
17:     <tr><td>TD #3</td><td>TD #4</td><td>TD #5</td></tr>
18:     <tr><td>TD #6</td><td>TD #7</td><td>TD #8</td></tr>
19:    </table>
20:   </body>
21:  </html>
```

09행   〈td〉 태그 중에서 index 값이 4보다 큰 요소들을 선택하여 CSS 스타일을 적용한다. index 값이 0부터 시작하기 때문에 실제 위치는 6번째 〈td〉부터 시작된다.

10행   〈td〉 태그 중에서 index 값이 −2보다 큰 요소들을 선택하여 "gt(−2)" 문자열을 설정한다. 음수
       값은 마지막 요소부터 카운트 되기 때문에, 마지막 요소에 "gt(−2)" 문자열이 설정된다.

실행 결과

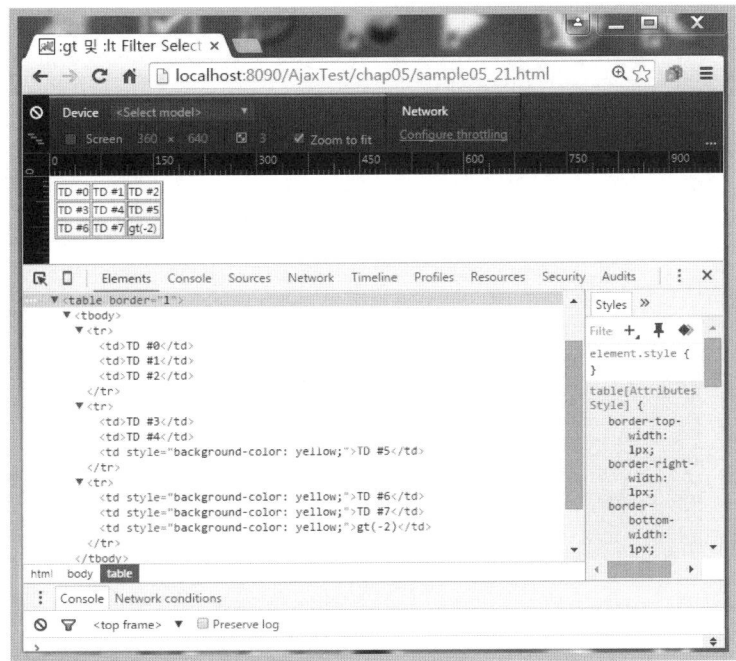

[그림 5.31] sample05_21.html 예제 실행 결과

5.1.6 :not(selector) 필터 선택자

:not(selector) 필터 선택자는 selector와 일치하지 않는 모든 요소를 반환한다. selector
위치에는 :not(div a), :not(div, a)와 같이 앞서 배웠던 모든 선택자를 사용할 수 있다.

기본 사용 방법은 다음과 같다.

> **$(":not(selector)")**

다음의 [예제 5.22]는 체크박스 형식을 사용하는 〈input〉 태그 중에서 check되지 않은
〈input〉 태그와 바로 인접한 〈span〉 태그를 검색하여 배경색을 green으로 설정하는 예
제이다. :checked는 check된 〈input〉 태그만 반환하는 필터 선택자이다.

[예제 5.22] sample05_22.html

```
01:  <!DOCTYPE html>
02:  <html>
03:    <head>
04:      <meta charset="UTF-8">
05:      <title>:not() Filter Selector</title>
06:      <script type="text/javascript" src="jquery-3.1.1.js"></script>
07:      <script type="text/javascript">
08:        $(document).ready(function() {
09:          $("input:not(:checked) + span").css("background-color", "green");
10:        });
11:      </script>
12:    </head>
13:    <body>
14:      <div>
15:        <input type="checkbox" name="a">
16:        <span>홍길동</span>
17:      </div>
18:      <div>
19:        <input type="checkbox" name="b">
20:        <span>이순신</span>
21:      </div>
22:      <div>
23:        <input type="checkbox" name="c" checked="checked">
24:        <span>유관순</span>
25:      </div>
26:    </body>
27:  </html>
```

09행   :checked 필터 선택자는 <form> 태그 내에서 사용하는 선택자로서 check된 요소를 반환
         한다. 따라서, :not(:checked)는 check 되지 않은 요소를 반환하게 된다. 결국, 09행은
         <input> 태그 중에서 check되지 않은 요소에 바로 인접한 <span> 태그에 CSS 스타일이 적용
         된다.

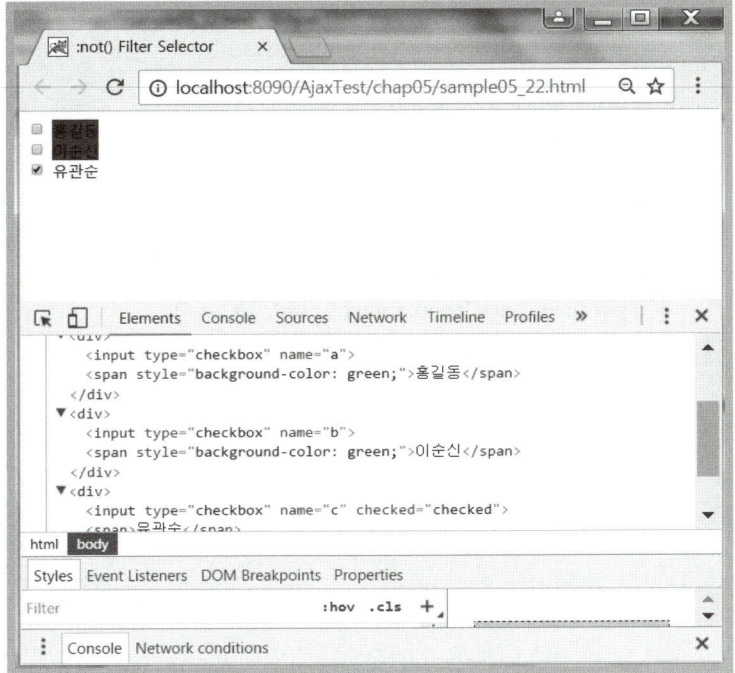

[그림 5.32] sample05_22.html 예제 실행 결과

5.1.7 :focus 필터 선택자

:focus 필터 선택자는 현재 포커스를 받은 요소를 반환한다. 일반적으로 〈input:focus〉
와 같이 :focus 필터 선택자 앞에 태그명 또는 일반 선택자와 같이 사용한다. 그렇지 않
으면 "*" 선택자가 자동 적용되기 때문에 $(":focus")와 $("*:focus")는 동일한 의미가 된
다. 주로 사용자의 포커스가 위치한 지점을 표시하거나 입력하고 있는 폼 요소를 강조할
목적으로 사용한다.

기본 사용 방법은 다음과 같다.

```
$(":focus")
```

다음의 [예제 5.23]은 데이터를 입력하려는 태그를 강조할 목적으로 만든 예제이다.
〈input〉 태그를 선택하면 현재 선택된 〈input〉 태그의 배경색을 yellow로 설정하고 선
택되지 않은 〈input〉 태그는 CSS 스타일을 제거하는 예제이다. 따라서 포커스를 받은
〈input〉 태그를 눈에 띄게 강조할 수 있다. CSS 스타일을 제거하는 방법으로는 속성을
제거하는 removeAttr('속성명') 메서드를 사용한다.

[예제 5.23] sample05_23.html

```
01:  <!DOCTYPE html>
02:  <html>
03:    <head>
04:      <meta charset="UTF-8">
05:      <title>:focus Filter Selector</title>
06:      <script type="text/javascript" src="jquery-3.1.1.js"></script>
07:      <script type="text/javascript">
08:        $(document).ready(function() {
09:          $("input").click(function() {
10:            $("input:focus").css("background-color", "yellow");
11:            $("input:not(:focus)").removeAttr("style");
12:          });
13:        });
14:      </script>
15:    </head>
16:    <body>
17:      <div>
18:        <input type="text" value="one">
19:        <input type="text" value="two">
20:        <input type="text" value="three">
21:      </div>
22:    </body>
23:  </html>
```

09행   <input> 태그를 선택하면 click 이벤트가 동작한다.

10행   <input> 태그 중에서 focus된 요소를 찾아 배경색을 yellow로 변경한다.

11행   <input> 태그 중에서 focus되지 않은 요소를 찾아 focus를 받을 때 동적으로 지정된 style 속성을 제거한다.

실행 결과

[그림 5.33]은 one 값을 가진 첫 번째 <input> 태그를 선택했을 때의 화면으로, 요소검사 화면을 보면 one 값을 가진 <input> 태그에 배경색을 설정하는 style 속성이 추가되었음을 확인할 수 있다.

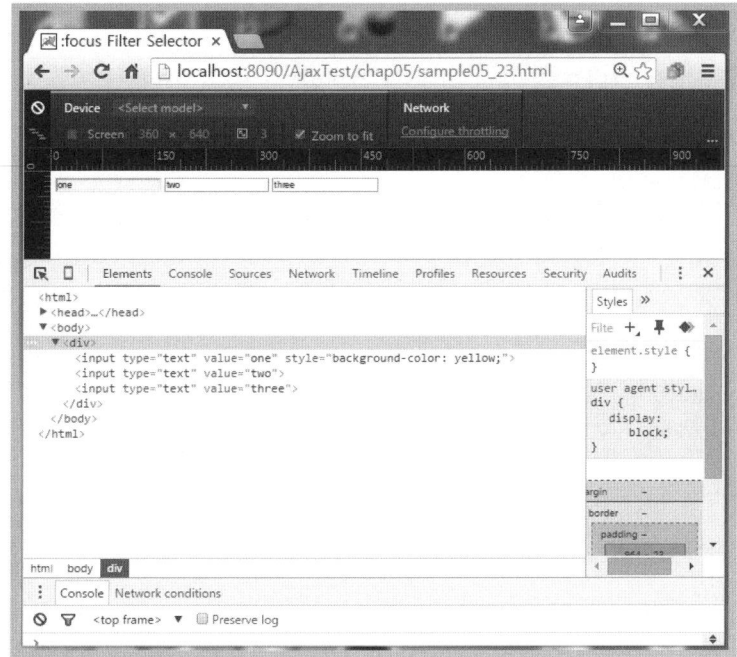

[그림 5.33] sample05_23.html 예제 실행 결과 : 첫 번째 〈input〉 태그 선택

[그림 5.34]는 two 값을 가진 두 번째 〈input〉 태그를 선택했을 때의 화면으로, 선택
된 〈input〉 태그에는 배경색을 설정하는 style 속성이 설정되고 선택되지 않은 나머지
〈input〉 태그는 style 속성이 제거된 것을 확인할 수 있다.

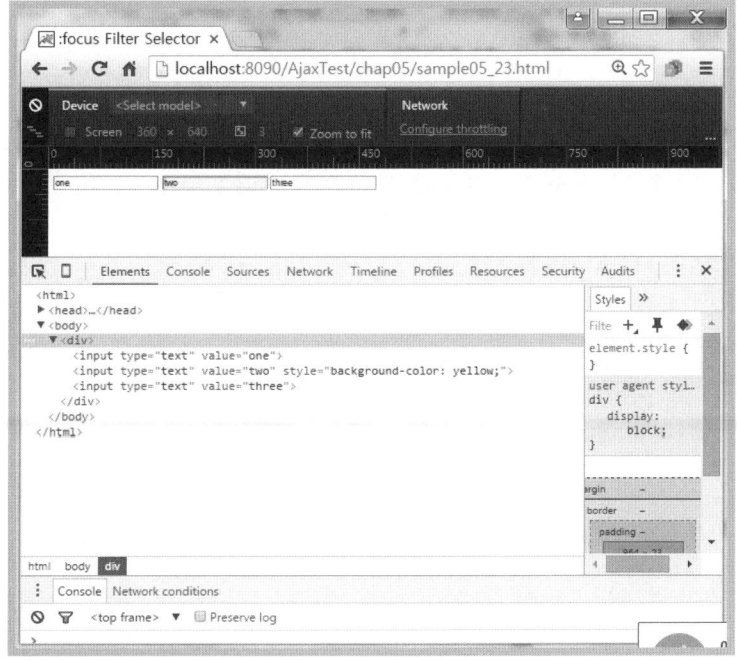

[그림 5.34] sample05_23.html 예제 실행 결과 : 두 번째 〈input〉 태그 선택

5.2 Child Filter

[표 5.5]는 다양한 방법으로 자식 요소를 검색할 수 있는 방법으로 자식 필터(Child Filter)라고 부른다.

[표 5.5] Child Filter 종류

표현식	설명
:first-child	자식 요소 중에서 첫 번째에 해당하는 요소를 반환한다.
:last-child	자식 요소 중에서 마지막에 해당하는 요소를 반환한다.
:nth-child(index)	일치하는 index에 해당하는 자식 요소를 반환한다. 이 때 index는 1부터 시작한다.
:nth-child(even)	짝수 번째에 해당하는 자식 요소들을 반환한다.
:nth-child(odd)	홀수 번째에 해당하는 자식 요소들을 반환한다.
:nth-child(2n)	2의 배수 번째에 해당하는 자식 요소들을 반환한다. 예〉 3n, 2n+1 등
:only-child	자신이 부모 요소의 유일한 자식인 요소를 반환한다.

예를 들어, 첫 번째 자식을 찾거나 마지막 자식을 찾거나 또는 짝수 번째 자식(홀수 번째) 및 index와 일치하는 자식, 형제가 없는 유일한 자식과 같이 다양한 방법으로 자식 요소를 효율적으로 검색할 수 있다.

5.2.1 :first-child와 :last-child 필터 선택자

:first-child 필터 선택자는 특정 대상 요소의 부모 요소를 기준으로 첫 번째 자식 요소를 반환하고, :last-child 필터 선택자는 특정 대상 요소의 부모 요소를 기준으로 마지막 자식 요소를 반환한다.

예를 들어 $("td:first-child")는 〈td〉 태그의 부모 태그인 〈tr〉 태그를 기준으로 첫 번째 td 태그를 반환하고, 요소를 지정하지 않은 $(":first-child") 형태는 HTML의 모든 첫 번째 태그들을 반환한다. :first-child 필터 선택자는 앞으로 배울 :nth-child(1)과 동일하다.

기본 사용 방법은 다음과 같다.

```
$("요소:first-child")
$("요소:last-child")
```

다음의 [예제 5.24]는 모든 첫 번째 〈span〉 태그를 찾아서 텍스트에 underline을 추가하고, 모든 마지막 span 태그를 찾아서 배경색을 green으로 설정하는 예제이다.

[예제 5.24] sample05_24.html

```
01:  <!DOCTYPE html>
02:  <html>
03:    <head>
04:      <meta charset="UTF-8">
05:      <title>:first-child Filter Selector</title>
06:      <script type="text/javascript" src="jquery-3.1.1.js"></script>
07:      <script type="text/javascript">
08:        $(document).ready(function() {
09:          $("span:first-child").css("text-decoration", "underline");
10:          $("span:last-child").css("background-color", "green");
11:        });
12:      </script>
13:    </head>
14:    <body>
15:      <div>
16:        <span>홍길동</span>
17:        <span>이순신</span>
18:        <span>유관순</span>
19:      </div>
20:      <div>
21:        <span>강감찬</span>
22:        <span>이성계</span>
23:        <span>정도전</span>
24:      </div>
25:    </body>
26:  </html>
```

09행   \<span\> 태그를 포함하는 부모 태그를 기준으로 첫 번째 자식 \<span\> 태그에 CSS 스타일이 적용된다. 따라서 두 가지 \<div\> 태그의 첫 번째 자식인 \<span\> 태그로 "홍길동"과 "강감찬"이 선택된다.

10행   \<span\> 태그를 포함하는 부모 태그를 기준으로 마지막 자식 \<span\> 태그에 CSS 스타일이 적용된다. 따라서 두 가지 \<div\> 태그의 마지막 자식인 \<span\> 태그로 "유관순"과 "정도전"이 선택된다.

실행 결과

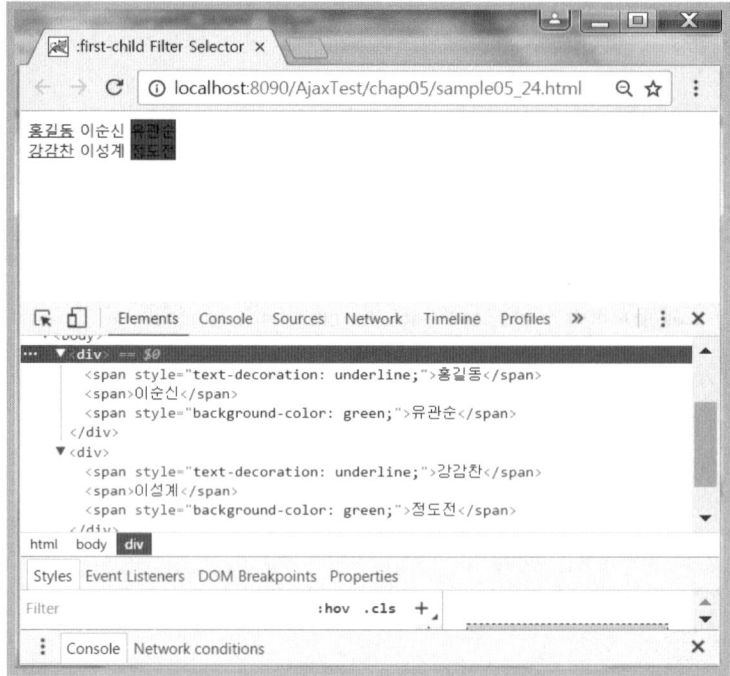

[**그림 5.35**] sample05_24.html 예제 실행 결과

5.2.2 :nth-child(index) 필터 선택자

:nth-child(index)는 일치하는 index에 해당하는 자식 요소를 반환한다. index 값은 1
부터 시작하며, 기본 사용 방법은 다음과 같다.

> **$(":nth-child(index)")**

예를 들어 $("li:nth-child(2)")는 〈li〉 태그의 부모 태그인 〈ul〉 태그를 기준으로 두 번째
〈li〉 태그를 반환한다. 만약 〈ul〉 태그가 여러 개인 경우는 반환되는 〈li〉 태그도 여러 개
일 수 있다.

다음의 [예제 5.25]는 두 번째 〈li〉 태그를 찾아서 글꼴 크기를 30px로 설정하는 예제이다.

[예제 5.25] sample05_25.html

```
01:  <!DOCTYPE html>
02:  <html>
03:    <head>
04:      <meta charset="UTF-8">
05:      <title>:nth-child(index) Filter Selector</title>
06:      <style>
07:        div {
08:          float: left;
09:        }
10:      </style>
11:    <script type="text/javascript" src="jquery-3.1.1.js"></script>
12:    <script type="text/javascript">
13:      $(document).ready(function() {
14:        $("ul li:nth-child(2)").css("font-size" , "30px");
15:      });
16:    </script>
17:  </head>
18:  <body>
19:    <div>
20:      <ul>
21:        <li>홍길동</li>
22:        <li>이순신</li>
23:        <li>유관순</li>
24:      </ul>
25:    </div>
26:    <div>
27:      <ul>
28:        <li>강감찬</li>
29:      </ul>
30:    </div>
31:    <div>
32:      <ul>
33:        <li>이성계</li>
34:        <li>정도전</li>
35:        <li>정몽주</li>
36:        <li>이황</li>
37:      </ul>
38:    </div>
39:  </body>
40:  </html>
```

07-09행 <div> 태그에 적용할 CSS 스타일을 지정한다.

14행 <ul> 태그의 자손 중에서 두 번째 위치한 <li> 태그를 선택하여 CSS 스타일을 지정한다. index 는 1부터 시작하기 때문에 "이순신"과 "정도전" 값에 적용된다.

실행 결과

[그림 5.36] sample05_25.html 예제 실행 결과

5.2.3 :nth-child(even) 필터와 :nth-child(odd) 필터 선택자

:nth-child(even)은 짝수(2, 4, 6, …) 번째 요소를 반환하고, :nth-child(odd)는 홀수 (1, 3, 5, …) 번째 요소를 반환한다. 앞에서 살펴보았던 :even과 :odd 필터 선택자는 index가 0부터 시작하고, :nth-child(even)는 index가 1부터 시작되는 것이 다르다.

기본 사용 방법은 다음과 같다.

```
$(":nth-child(even)")
$(":nth-child(odd)")
```

다음의 [예제 5.26]은 짝수 번째 〈li〉 태그들은 글꼴 크기를 30px로 설정하고, 홀수 번째 〈li〉 태그들은 배경색을 green으로 설정하는 예제이다.

[예제 5.26] sample05_26.html

```
01:  〈!DOCTYPE html〉
02:  〈html〉
03:    〈head〉
04:      〈meta charset="UTF-8"〉
05:      〈title〉:nth-child(even) , :nth-child(odd) Filter Selector〈/title〉
```

```
06:     <style>
07:       div {
08:         float: left;
09:       }
10:     </style>
11:     <script type="text/javascript" src="jquery-3.1.1.js"></script>
12:     <script type="text/javascript">
13:       $(document).ready(function() {
14:         $("li:nth-child(even)").css("font-size", "30px");
15:         $("li:nth-child(odd)").css("background-color", "green");
16:       });
17:     </script>
18:   </head>
19:   <body>
20:     <div>
21:       <ul>
22:         <li>홍길동</li>
23:         <li>이순신</li>
24:         <li>유관순</li>
25:       </ul>
26:     </div>
27:     <div>
28:       <ul>
29:         <li>강감찬</li>
30:       </ul>
31:     </div>
32:     <div>
33:       <ul>
34:         <li>이성계</li>
35:         <li>정도전</li>
36:         <li>정몽주</li>
37:         <li>이황</li>
38:       </ul>
39:     </div>
40:   </body>
41: </html>
```

07-09행 <div> 태그에 적용할 CSS 스타일을 정의한다.

14행　　짝수 번째 <li> 태그를 선택하여 CSS 스타일을 적용한다. "이순신", "정도전", "이황"이 선택된다.

15행　　홀수 번째 <li> 태그를 선택하여 CSS 스타일을 적용한다. "홍길동", "유관순", "강감찬", "이성계", "정몽주"가 선택된다.

실행 결과

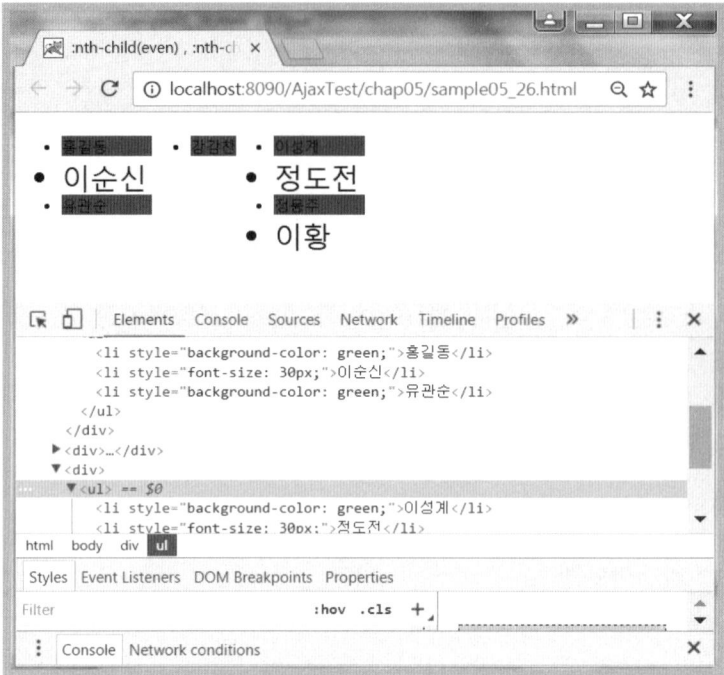

[그림 5.37] sample05_26.html 예제 실행 결과

5.2.4 :nth-child(2n) 필터 선택자

:nth-child(2n) 필터 연산자는 2의 배수(2, 4, 6, …) 번째 요소들을 반환하고 3n은 3의 배수(3, 6, 9, …) 요소를 반환한다. 2n+1은 2의 배수(2n)에 1을 더한 값에 해당하는 위치에 있는 요소들을 반환한다. 여기서 주의할 점은 n 값은 0부터 시작되기 때문에 2n+1은 1, 3, 5, 7, 9, … 위치에 있는 요소들을 반환한다.

이 절은 이렇게 특정 값의 배수에 해당하는 요소를 다양하게 검색하는 방법을 살펴본다.

사용 방법은 다음과 같다.

```
$(":nth-child(2n)")
$(":nth-child(2n+1)")
```

다음의 [예제 5.27]은 2의 배수 번째 〈li〉 태그들은 배경색을 green으로 설정하고, 2n+1 번째 〈li〉 태그들은 글꼴 크기를 30px로 설정하는 예제이다.

[예제 5.27] sample05_27.html

```
01:  <!DOCTYPE html>
02:  <html>
03:   <head>
04:    <meta charset="UTF-8">
05:    <title>:nth-child(2n) Filter Selector</title>
06:    <style>
07:      div {
08:        float: left;
09:      }
10:    </style>
11:    <script type="text/javascript" src="jquery-3.1.1.js"></script>
12:    <script type="text/javascript">
13:     $(document).ready(function() {
14:        $("li:nth-child(2n)").css("background-color" , "green");
15:        $("li:nth-child(2n+1)").css("font-size" , "30px");
16:      });
17:    </script>
18:   </head>
19:   <body>
20:    <div>
21:     <ul>
22:       <li>A</li>
23:       <li>B</li>
24:       <li>C</li>
25:       <li>D</li>
26:       <li>E</li>
27:       <li>F</li>
28:     </ul>
29:    </div>
30:    <div>
31:     <ul>
32:       <li>가</li>
33:       <li>나</li>
34:       <li>다</li>
35:       <li>라</li>
36:       <li>마</li>
37:       <li>바</li>
38:     </ul>
39:    </div>
40:   </body>
41:  </html>
```

14행 2의 배수(2, 4, 6, …) 번째 위치한 요소를 선택하여 CSS 스타일을 설정한다.

15행 2의 배수에 1을 더한 위치에 있는 요소를 선택하여 CSS 스타일을 설정한다. 0부터 시작하기 때문에 실제 위치는 1, 3, 5번째가 된다.

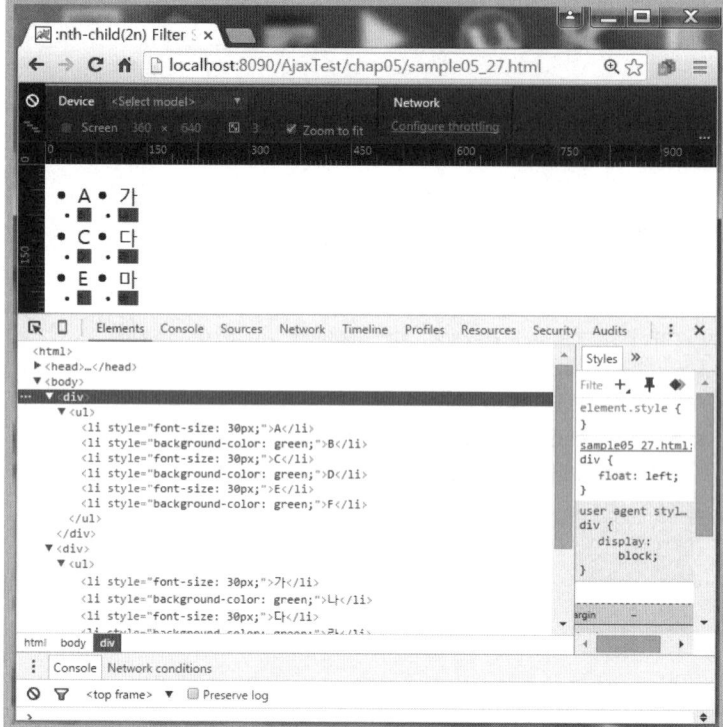

[그림 5.38] sample05_27.html 예제 실행 결과

5.2.5 :only-child 필터 선택자

:only-child 필터 선택자는 부모 요소를 기준으로 하나만 존재하는 자식 요소를 반환한다.

기본 사용 방법은 다음과 같다.

$(":only-child")

다음의 [예제 5.28]은 하나만 존재하는 〈li〉 요소를 찾아서 글꼴 크기를 20px로 설정하는 예제이다.

[예제 5.28] sample05_28.html

```
01:  〈!DOCTYPE html〉
02:  〈html〉
03:   〈head〉
04:    〈meta charset="UTF-8"〉
05:    〈title〉:only-child Filter Selector〈/title〉
06:    〈style〉
07:      div {
```

```
08:            float: left;
09:         }
10:      </style>
11:      <script type="text/javascript" src="jquery-3.1.1.js"></script>
12:      <script type="text/javascript">
13:        $(document).ready(function() {
14:          $("li:only-child").css("font-size", "30px");
15:        });
16:      </script>
17:   </head>
18:   <body>
19:      <div>
20:        <ul>
21:          <li>홍길동</li>
22:          <li>이순신</li>
23:        </ul>
24:      </div>
25:      <div>
26:        <ul>
27:          <li>강감찬</li>
28:        </ul>
29:      </div>
30:      <div>
31:        <ul>
32:          <li>이성계</li>
33:          <li>정도전</li>
34:          <li>정몽주</li>
35:        </ul>
36:      </div>
37:   </body>
38: </html>
```

14행   <li> 태그가 하나만 존재하는 요소를 반환한다. 따라서 27행의 데이터 "강감찬"에 CSS 스타일이 적용된다.

실행 결과

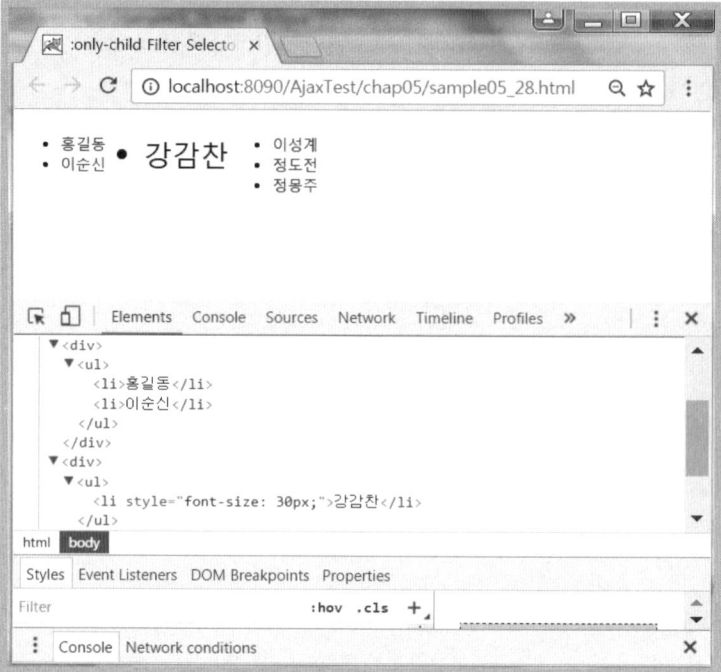

[그림 5.39] sample05_28.html 예제 실행 결과

5.3 Form Filter (폼 필터)

폼 필터(Form Filter) 선택자는 폼 태그 내에 사용된 요소(text, file, textarea, button, radio, checkbox 등)를 선택할 때 적합한 선택자로 [표 5.6]은 jQuery에서 제공하는 폼 필터(Form Filter) 선택자이다.

[표 5.6] Form Filter 종류

표현식	선택 요소
:button	⟨input type="button" /⟩ 또는 ⟨button⟩ 태그
:checkbox	⟨input type="checkbox" /⟩
:checked	⟨input type="checkbox" checked="checked"/⟩
:enabled	⟨input type="text" enabled="enabled"/⟩
:disabled	⟨input type="text" disabled="disabled"/⟩
:file	⟨input type="file" /⟩
:image	⟨input type="image" /⟩
:input	모든 입력 요소(⟨input⟩, ⟨select⟩, ⟨textarea⟩, ⟨button⟩ 태그
:password	⟨input type="password" /⟩
:radio	⟨input type="radio" /⟩
:selected	⟨select⟩⟨option selected="selected"⟩⟨/option⟩⟨/select⟩

:submit	\<input type="submit" /\>
:text	\<input type="text" /\>
:hidden	\<input type="hidden" /\>

5.3.1 :button, :enable, :disable 필터 선택자

:button 필터 선택자는 〈input〉 태그 중에서 type 속성이 button이거나 〈button〉 태그를 반환한다. 따라서 $(":button")은 $("button, input[type='button']") 표현식과 같다.

:enable 필터 선택자는 활성화된 요소를 반환하고, :disable 필터 선택자는 비활성화된 요소를 반환한다. 기본 사용 방법은 다음과 같다.

```
$(":button")
$(":enable")
$(":disable")
```

다음의 [예제 5.29]는 HTML 파일을 처음 실행할 때 〈button〉 태그와 〈input type="button"〉 태그에 border 스타일을 설정하고 id="second" 속성을 갖는 〈input〉 태그에는 값을 입력하지 못하도록 비활성화 상태로 초기화한다. 이후에 [enable] 버튼을 선택하면 모든 〈input〉 태그를 활성화 상태로 설정하고, [disable] 버튼을 선택하면 모든 〈input〉 태그를 비활성화 상태로 변경하는 예제이다. 실습할 때 〈button〉을 클릭할 때 실제로 submit 되는 것을 방지하기 위하여 event.preventDefault() 메서드를 사용한다.

[예제 5.29] sample05_29.html

```
01: 〈!DOCTYPE html〉
02: 〈html〉
03:   〈head〉
04:     〈meta charset="UTF-8"〉
05:     〈title〉:button,:enable,:disable Filter Selector〈/title〉
06:     〈script type="text/javascript" src="jquery-3.1.1.js"〉〈/script〉
07:     〈script type="text/javascript"〉
08:       $(document).ready(function() {
09:         $(":button").css("border","3px red solid");
10:         $("#disable").click(function() {
11:           $("input[type='text']:enabled").removeAttr("enabled");
12:           $("input[type='text']:enabled").attr("disabled","disabled");
13:         });
14:         $("#enable").click(function() {
15:           $("input[type='text']:disabled").removeAttr("disabled");
16:           $("input[type='text']:disabled").attr("enabled","enabled");
17:         });
18:         $("form").submit(function(event) {
19:           event.preventDefault();
```

```
20:        });
21:      });
22:    </script>
23:  </head>
24:  <body>
25:    <form>
26:      <fieldset>
27:        <input type="text" id="first" >
28:        <input type="text" id="second" disabled="disabled">
29:        <input type="button" value="enable" id="enable">
30:        <button id="disable">disable</button>
31:      </fieldset>
32:    </form>
33:  </body>
34: </html>
```

09행   `<button>` 태그와 `<input>` 태그 중에서 type 속성의 값이 button인 모든 요소에 border 스타일을 적용한다. 따라서 29행과 30행의 태그에 border 스타일이 적용된다.

10-13행   id 속성값이 disable인 버튼을 클릭하면 type 속성이 text인 활성화된 요소를 찾아서 enabled 속성을 제거하고 disabled 속성을 추가한다.

14-17행   id 속성값이 enable인 버튼을 클릭하면 type 속성이 text인 비활성화된 요소를 찾아서 disabled 속성을 제거하고 enabled 속성을 추가한다.

18-20행   30행의 `<button>` 태그를 클릭할 때 실제 submit하는 동작을 방지한다.

28행   text 요소에 disabled 속성값을 설정했기 때문에 사용자는 데이터를 입력할 수 없다.

실행 결과

처음 실행하면 [그림 5.40]과 같이 두 번째 text 요소가 비활성화되어 보이고 두 개의 버튼에는 border 속성이 설정된다.

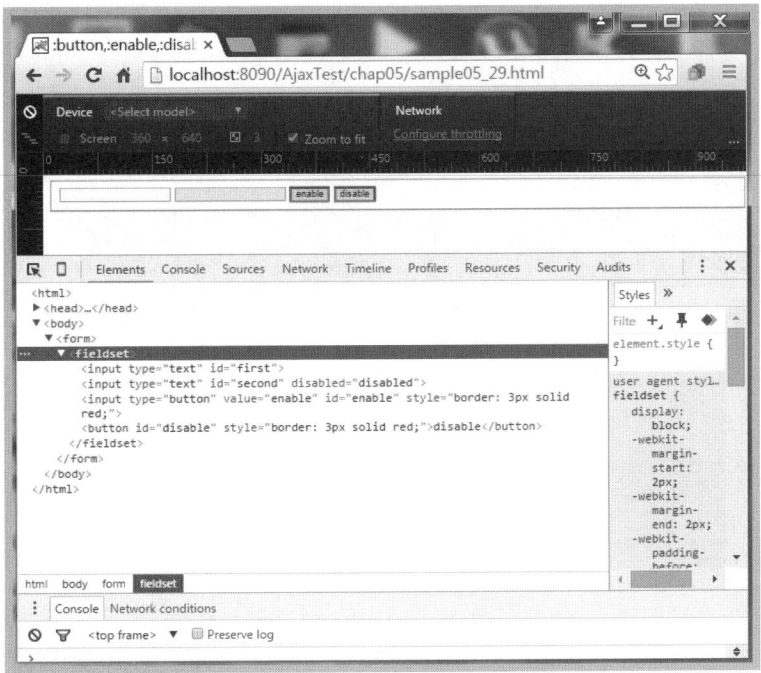

[그림 5.40] sample05_29.html 예제 실행 결과 : 초기 상태

[enable] 버튼을 클릭하면 〈input〉 태그 중 type 속성의 값이 text인 모든 요소가 활성화
된다.

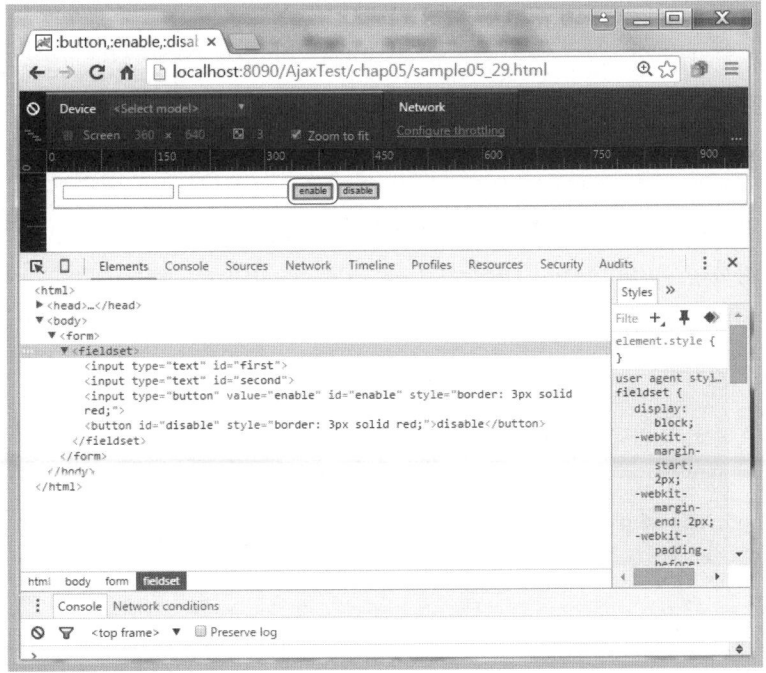

[그림 5.41] sample05_29.html 예제 실행 결과 : [enable] 버튼을 클릭했을 때의 결과

[disable] 버튼을 클릭하면 〈input〉 태그 중 type 속성의 값이 text인 모든 요소가 비활
성화된다.

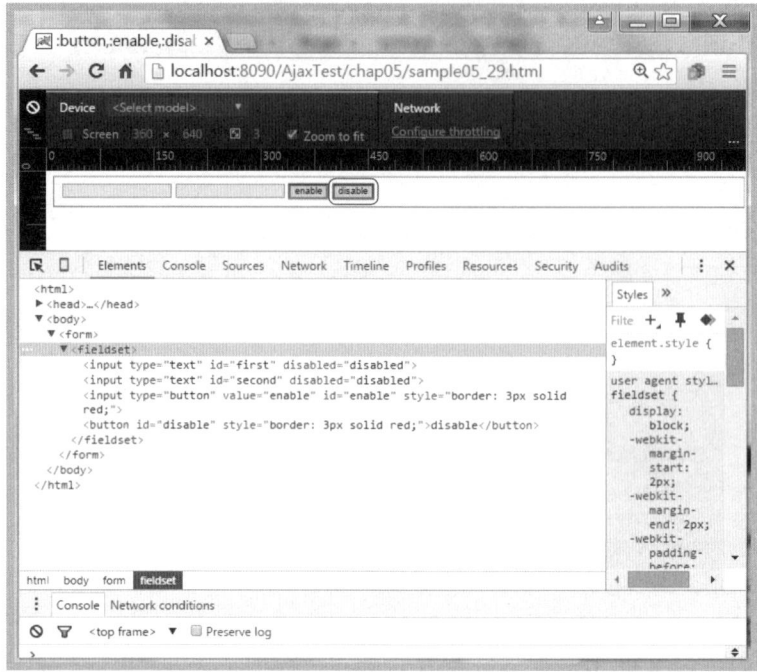

[그림 5.42] sample05_29.html 예제 실행 결과 : [disable] 버튼을 클릭했을 때의 결과

5.3.2 :checkbox와 :checked 필터 선택자

:checkbox 필터 선택자는 〈input〉 태그 중에서 type 속성의 값이 checkbox인 요소
를 반환한다. 따라서 $("checkbox")는 $("[type='checkbox']")와 동일하며, 일반적으로
〈input〉 태그에서 사용되기 때문에 $("input:checkbox") 표현식을 주로 사용한다.

:checked 필터 선택자는 속성이 checked 또는 selected된 요소를 반환한다. :checked
필터 선택자는 〈input〉 태그 중에서 type 속성의 값이 checkbox 또는 radio이거나
〈select〉 태그에 사용되고, 앞으로 배울 :selected 필터 선택자는 〈select〉 태그에만 사
용된다.

기본 사용 방법은 다음과 같다.

```
$("input:checkbox")
$(":checkd")
```

다음의 [예제 5.30]은 모든 checkbox에 border 스타일을 적용하고 실제로 check된 태그
의 값을 출력하는 예제이다.

[예제 5.30] sample05_30.html

```
01:  <!DOCTYPE html>
02:  <html>
03:    <head>
04:      <meta charset="UTF-8">
05:      <title>:checkbox, :checked Filter Selector</title>
06:      <script type="text/javascript" src="jquery-3.1.1.js"></script>
07:      <script type="text/javascript">
08:        $(document).ready(function() {
09:          $("input:checkbox").wrap("<span></span>").parent().css("border" , " 3px dotted red");
10:          $(":text").val($("input:checked").val());
11:        });
12:      </script>
13:    </head>
14:    <body>
15:      <form>
16:        <fieldset>
17:          사과<input type="checkbox" checked="checked" value="사과"><br>
18:          배<input type="checkbox" value="배"><br>
19:          바나나<input type="checkbox" value="바나나"><br>
20:          <input type="text">
21:        </fieldset>
22:      </form>
23:    </body>
24:  </html>
```

09행 <input> 태그 중 type 속성의 값이 checkbox인 태그에 border 스타일을 추가하기 위하여 <span> 태그를 추가한다. wrap() 함수는 지정된 요소인 <input> 태그에 인자로 주어진 <span> 태그를 감싸서 추가하는 역할을 하고, parent() 함수는 지정된 요소인 <input> 태그의 부모 요소(추가된 <span> 태그)를 참조한다.

10행 type 속성값이 text인 요소에 <input> 태그 중 type 속성의 값이 checkbox이면서 check된 요소의 value 값을 가져와서 설정한다. 따라서 20행의 <input> 태그에는 "사과" 값이 설정되어 보이게 된다.

실행 결과

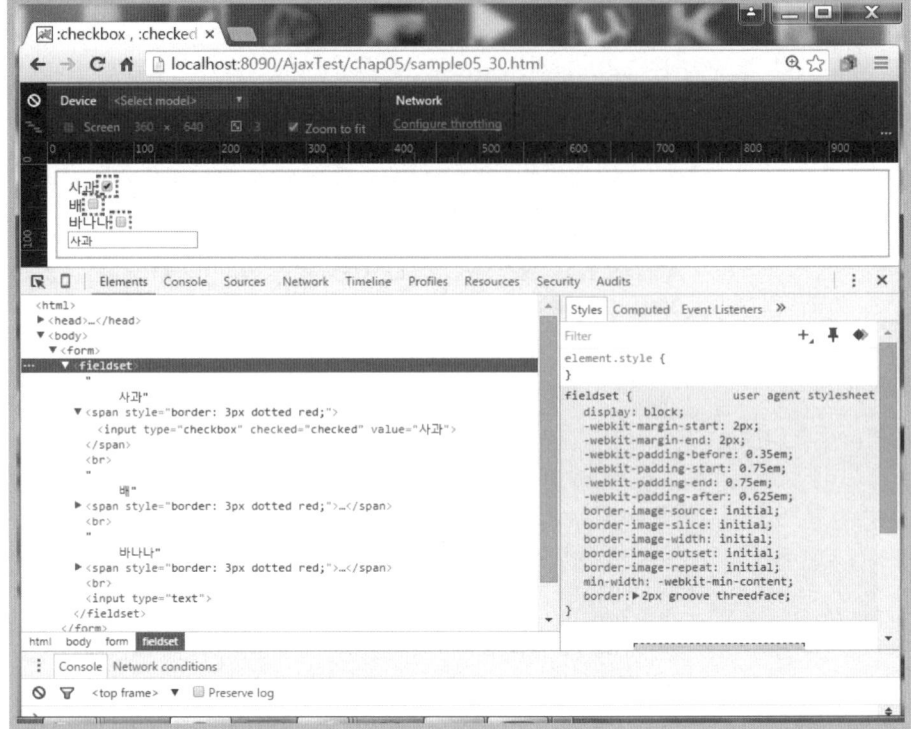

[그림 5.43] sample05_30.html 예제 실행 결과

5.3.3 :selected 필터 선택자

:selected 필터 선택자는 〈select〉 태그의 하위 태그로 사용하는 〈option〉 태그 중에서 선택된 요소를 반환한다. 〈input〉 태그의 type 속성값이 checkbox이거나 radio인 경우는 동작하지 않고 오직 〈select〉 태그에서만 동작하기 때문에 주의해서 사용해야 한다.

기본 사용 방법은 다음과 같다.

```
$(":selected")
```

다음의 [예제 5.31]은 〈select〉 태그에서 선택한 값을 출력하는 예제이다.

[예제 5.31] sample05_31.html

```
01:  <!DOCTYPE html>
02:  <html>
03:    <head>
04:      <meta charset="UTF-8">
05:      <title>:selected Filter Selector</title>
06:      <script type="text/javascript" src="jquery-3.1.1.js"></script>
07:      <script type="text/javascript">
08:        $(document).ready(function() {
09:          $("select").change(function() {
10:            var data = $(":selected").text();
11:            $("span").text(data);
12:          });
13:        });
14:      </script>
15:    </head>
16:    <body>
17:      <form>
18:        <select name="phone">
19:          <option>010</option>
20:          <option selected="selected">011</option>
21:          <option>02</option>
22:        </select>
23:      </form>
24:      선택된 값:<span></span>
25:    </body>
26:  </html>
```

09행 〈select〉 태그에 change 이벤트 함수를 설정한다. 이후 〈select〉 태그의 하위 항목인 〈option〉 태그를 선택하면 선택된 〈option〉 태그의 값을 24행에 있는 〈span〉 태그의 값으로 설정한다.

실행 결과

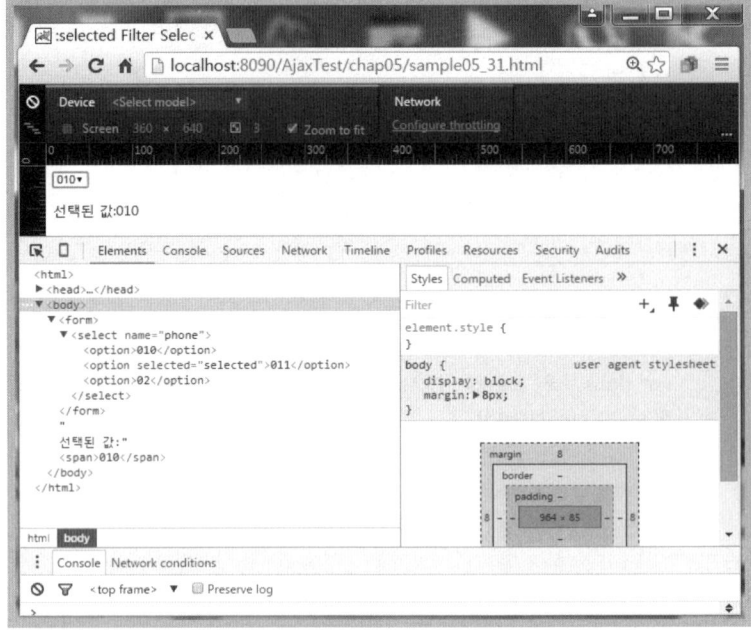

[그림 5.44] sample05_31.html 예제 실행 결과 : 〈select〉 태그의 값 중 '010'을 선택한 결과

5.4 Content Filter(내용 필터)

내용(Content) 필터 선택자는 특정 문자열 또는 자식을 포함하는 요소를 반환하거나 반대로 포함하지 않는 요소를 반환한다. 이렇게 특정 요소의 내용(content)과 일치하는 요소 또는 일치하지 않는 요소를 찾을 수 있도록 하는 선택자를 내용 필터(Content Filter) 선택자라고 한다.

다음의 [표 5.7]은 Content Filter의 종류를 나타낸 것이다.

[표 5.7] Content Filter 종류

표현식	설명
:contains(text)	지정된 text와 일치하는 문자열이 존재하는 요소를 반환한다. 대소문자를 구별한다.
:empty	자식 요소가 존재하지 않고 텍스트 값이 비어 있는 요소를 반환한다.
:has(selector)	지정된 selector가 자식 요소로 존재하는 모든 요소를 반환한다.
:parent	자식 요소가 존재하거나, 텍스트 값을 가지고 있는 요소를 반환한다.

5.4.1 :contains(text) 필터 선택자

:contains(text)는 지정한 text 문자열이 존재하는 해당 요소를 반환한다. 대소문자를 구별하고 대상 요소뿐만 아니라 하위 요소까지도 검색한다.

기본 사용 방법은 다음과 같다.

> **$(":contains(text)")**

다음의 [예제 5.32]는 〈div〉 태그 중에서 문자열 "John"을 포함하는 태그를 선택하여 글자에 underline(밑줄)을 설정하는 예제이다. 대소문자를 구분하고 〈div〉 태그의 하위 요소까지도 검색이 이루어진다는 점에 주의한다.

[예제 5.32] sample05_32.html

```
01:  <!DOCTYPE html>
02:  <html>
03:   <head>
04:    <meta charset="UTF-8">
05:    <title>:contains(text) Filter Selector</title>
06:    <script type="text/javascript" src="jquery-3.1.1.js"></script>
07:    <script type="text/javascript">
08:     $(document).ready(function() {
09:      $("div:contains(John)").css("text-decoration", "underline");
10:     });
11:    </script>
12:   </head>
13:   <body>
14:    <div>John Resig</div>
15:    <div>George Martin, john</div>
16:    <div>Malcom John Sinclair</div>
17:    <div>J. Ohn</div>
18:    <div>
19:     <span>Mr. John </span>
20:    </div>
21:   </body>
22:  </html>
```

09행   〈div〉 태그의 내용 중에 "John" 문자열을 포함하는 요소를 반환한다. 대소문자를 구별하기 때문에 소문자 "john" 문자열은 포함되지 않는다. 또한, 지정된 〈div〉 태그뿐만 아니라 하위 태그에서도 검색한다. 따라서 19행의 "Mr. John" 문자열도 선택된다.

실행 결과

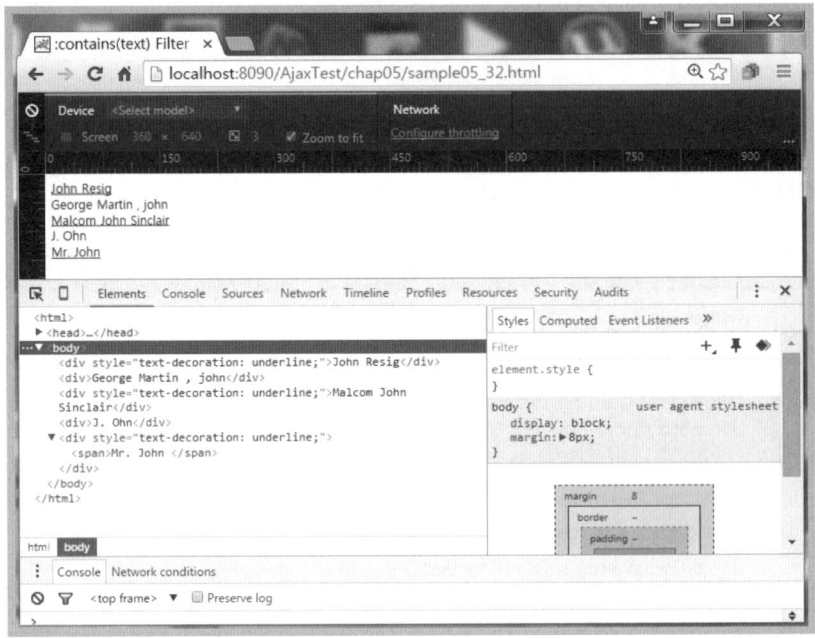

[그림 5.45] sample05_32.html 예제 실행 결과

5.4.2 :empty 필터 선택자

:empty 는 자식 요소가 존재하지 않고 내용이 비어 있는 요소를 반환한다. 〈input〉, 〈img〉, 〈hr〉, 〈br〉 태그 등이 :empty 필터 선택자에 의해서 선택되는 대표적인 요소이다.

기본 사용 방법은 다음과 같다.

$(":empty")

다음의 [예제 5.33]은 내용이 없는 〈td〉 태그를 선택하여 문자열 "Was empty!"로 내용을 채우고 배경색은 green으로 설정하는 예제이다.

[예제 5.33] sample05_33.html

```
01: 〈!DOCTYPE html〉
02: 〈html〉
03:   〈head〉
04:    〈meta charset="UTF-8"〉
05:    〈title〉:empty Filter Selector〈/title〉
06:    〈script type="text/javascript" src="jquery-3.1.1.js"〉〈/script〉
07:    〈script type="text/javascript"〉
08:      $(document).ready(function() {
09:        $("td:empty")."빈 문자열").css("background-color","green");
```

```
10:        });
11:      </script>
12:    </head>
13:    <body>
14:      <table border="1">
15:        <tr><td>TD #0</td><td></td></tr>
16:        <tr><td>TD #2</td><td></td></tr>
17:        <tr><td></td><td>TD#5</td></tr>
18:      </table>
19:    </body>
20:  </html>
```

09행   ⟨td⟩ 태그 중에서 자식 요소 및 텍스트 값이 비어 있는 요소를 검색하여 문자열 "빈 문자열"을 설정하고 배경색을 green으로 설정한다.

실행 결과

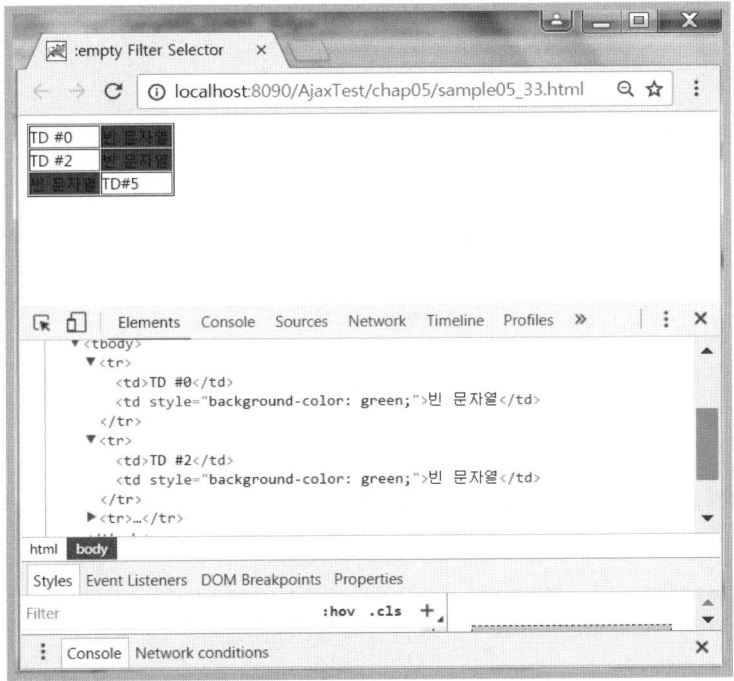

[그림 5.46] sample05_33.html 예제 실행 결과

5.4.3 :has(selector) 필터 선택자

:has(selector) 필터 선택자는 지정된 selector를 포함하는 모든 요소를 반환한다.

기본 사용 방법은 다음과 같다.

$(":has(selector)")

다음의 [예제 5.34]는 〈p〉 태그를 포함하는 〈div〉 태그를 검색하여 배경색을 green으로 설정하는 예제이다.

[예제 5.34] sample05_34.html

```
01:  〈!DOCTYPE html〉
02:  〈html〉
03:    〈head〉
04:      〈meta charset="UTF-8"〉
05:      〈title〉:has(selector) Filter Selector〈/title〉
06:      〈script type="text/javascript" src="jquery-3.1.1.js"〉〈/script〉
07:      〈script type="text/javascript"〉
08:        $(document).ready(function() {
09:          $("div:has(p)").css("background-color","green");
10:        });
11:      〈/script〉
12:    〈/head〉
13:    〈body〉
14:      〈div〉〈p〉홍길동〈/p〉〈/div〉
15:      〈div〉이순신〈/div〉
16:    〈/body〉
17:  〈/html〉
```

09행   〈div〉 태그 내에 자식 태그로 〈p〉 태그를 가진 요소를 검색하여 CSS 스타일을 설정한다. 따라서 14행의 〈div〉 태그가 선택된다.

실행 결과

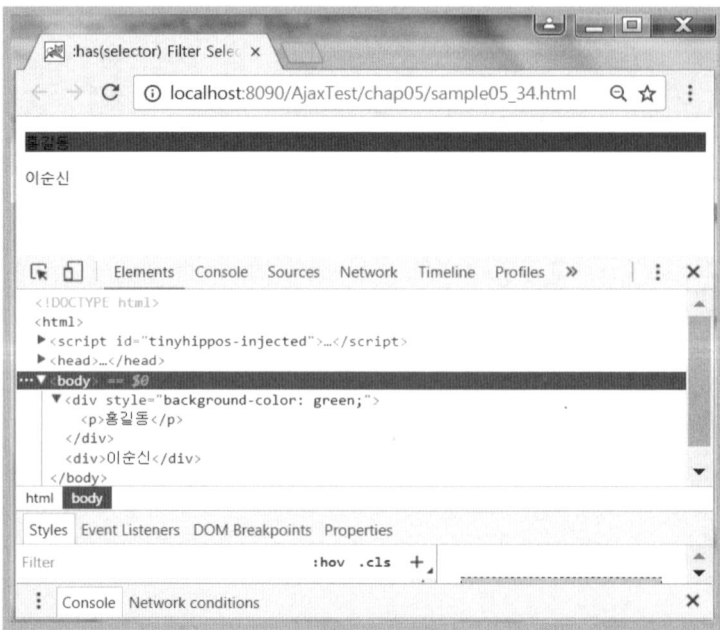

[그림 5.47] sample05_34.html 예제 실행 결과

5.4.4 :parent 필터 선택자

:parent 필터 선택자는 자식 요소를 가지고 있거나 텍스트(내용) 값을 가지고 있는 요소를 반환한다. 즉, 대상이 되는 요소는 다른 요소의 부모 요소이거나 텍스트 값을 가진다. 앞서 배운 :empty와는 반대되는 선택자로서 기본 사용 방법은 다음과 같다.

> $(":parent")

다음의 [예제 5.35]는 자식 및 내용이 있는 〈td〉 태그를 선택하여 배경색을 green으로 설정하는 예제이다.

[예제 5.35] sample05_35.html

```
01:  <!DOCTYPE html>
02:  <html>
03:   <head>
04:     <meta charset="UTF-8">
05:     <title>:parent Filter Selector</title>
06:     <style>
07:       td {
08:         width: 40px;
09:       }
10:     </style>
11:     <script type="text/javascript" src="jquery-3.1.1.js"></script>
12:     <script type="text/javascript">
13:       $(document).ready(function() {
14:         $("td:parent" ).css("background-color", "green");
15:       });
16:     </script>
17:   </head>
18:   <body>
19:     <table border="1">
20:       <tr><td>Value 1</td><td></td></tr>
21:       <tr><td>Value 2</td><td></td></tr>
22:     </table>
23:   </body>
24:  </html>
```

07-09행 〈td〉 태그에 적용할 CSS 스타일을 설정한다.

14행 자식 요소를 갖거나 텍스트 값을 가진 〈td〉 요소를 검색하여 CSS 스타일을 설정한다. 따라서 "Value 1"과 "Value 2" 값을 가진 〈td〉 태그가 선택된다.

실행 결과

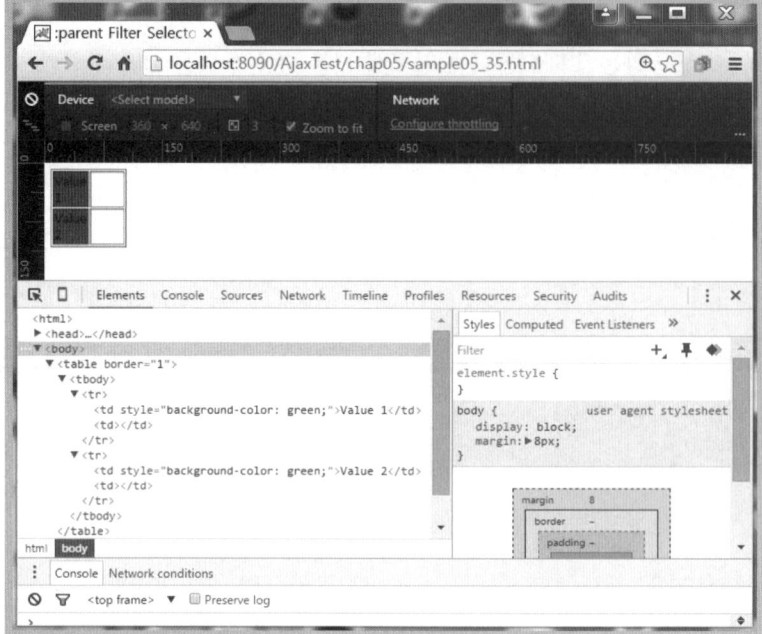

[그림 5.48] sample05_35.html 예제 실행 결과

jQuery Traversing

CHAPTER 06

[학습 목표]

- Traversing 관련 메서드에 관하여 학습한다.
- Filtering 메서드에 관하여 학습한다.
- 기타 Traversing 메서드에 관하여 학습한다.
- Tree Traversal 메서드에 관하여 학습한다.

이 장에서 살펴볼 내용은 Traverse와 관련된 jQuery 메서드 사용법이다. Traverse라는 단어는 사전적 의미로 '가로지르다', '횡단하다'는 의미가 있다. jQuery에서 지원하는 Traverse 메서드는 HTML 문서를 가로지르거나 횡단해서 특정 요소들을 탐색하는 역할을 담당한다.

jQuery에서의 Traverse는 처음 필터 처리한 요소들의 집합에서 다시 특정 요소를 찾거나 또는 필터링과 같이 추가하는 동작이라고 보면 된다. 5장에서 배운 것처럼 특정 요소를 찾거나 필터링하는 작업은 대부분 선택자(selector)를 사용하면 된다. 하지만, 1차적으로 선택자에 의해서 찾은 요소들을 다시 2차 필터링하거나 새로운 요소를 추가하거나 하는 작업을 할 때는 Traverse 관련 메서드를 사용하게 된다. 즉 1차 결과물에 추가적인 작업을 통해서 2차, 3차 등의 새로운 결과물을 손쉽게 얻을 수 있다.

Traverse 메서드는 jQuery 홈페이지에서 제공된 API Documentation을 살펴보면 다음 3가지로 분류하여 설명한다.

- Filtering
- 기타 Traversing
- Tree Traversal

잠깐만

jQuery Traversing과 관련된 API Documentation 내용은 다음 URL을 참조하면 자세한 내용을 확인할 수 있다.

URL : http://api.jquery.com/category/traversing

앞에서도 언급했지만 위의 3가지 분류에 포함되는 메서드들은 1차적으로 선택자(selector)를 이용하여 일치하는 요소들을 모두 반환받은 후에 다시 2차 필터링 및 추가 작업을 할 때 사용됨을 꼭 기억하기 바란다. 지금부터 각 내용을 자세히 살펴보도록 하자.

01 Filtering

다음은 jQuery에서 제공하는 Filtering 관련 메서드이다. 기본적으로 1차 선택자를 사용하여 요소를 검색한 후에 사용한다.

[표 6.1] Filtering 메서드

메서드	설명
.eq(index)	index와 일치하는 요소를 반환한다. index는 0부터 시작하고 음수 값도 사용할 수 있다.
.filter(expr)	지정된 expr과 일치하는 요소를 반환한다.
.filter(fn)	지정된 함수(fn)와 일치하는 요소를 반환한다.
.not(expr)	지정된 expr과 일치하지 않는 요소를 반환한다. .filter(expr) 메서드와 반대되는 기능이다.
.not(fn)	지정된 함수(fn)와 일치하지 않는 요소를 반환한다. .fiter(fn) 메서드와 반대되는 기능이다.
.is(expr)	지정된 expr과 일치하는 요소가 하나라도 있으면 true를 반환하고, 아니면 false를 반환한다.
.is(fn)	지정된 함수(fn)와 일치하는 요소가 하나라도 있으면 true를 반환하고, 아니면 false를 반환한다.
.has(selector)	지정된 selector를 포함하는 요소를 반환한다.
.first()	첫 번째 요소를 반환한다.
.last()	마지막 요소를 반환한다.
.map(fn)	1차 선택자에 의해 검색된 요소들을 함수(fn)를 통해서 원하는 작업을 수행한 후에 배열로 반환한다. .slice(start[,end])
.slice(start[,end])	start 번째부터 end 번째까지의 요소를 반환한다. end가 생략되면 마지막까지 요소를 반환한다. 0부터 시작한다.

1.1 .eq(index) 메서드

.eq(index) 메서드는 여러 개의 일치하는 요소 중에서 지정된 index와 일치하는 요소를 반환한다. .eq(index) 메서드는 앞서 배운 :eq(index) 선택자와 기능이 거의 동일하다. 기본적으로 index 값은 0부터 사용 가능하고 음수 값을 지정하면 마지막 요소부터 카운트 된다.

두 가지는 메서드와 선택자(selector)라는 차이점이 있으나 가장 큰 차이점은 .eq(index) 메서드 뒤에 메서드 체인 형태로 다른 Traverse 관련 메서드를 추가하여 사용할 수 있다는 것이다. 대표적으로 .end() 메서드를 사용할 수 있으며, .end() 메서드는 traverse() 메서드를 사용하기 이전 상태로 복귀할 수 있도록 하는 메서드이다.

이해를 돕기 위하여 다음과 같은 사항을 고려해 보자. "모든 〈div〉 태그 중에서 첫 번째 태그에는 배경색을 red로 지정하고, 두 번째 태그에는 배경색을 blue로 지정한다."라고 한다면, 다음 코드와 같이 처리할 수 있을 것이다.

```
$("div").eq(0).css("background-color", "red");
$("div").eq(1).css("background-color", "blue");
```

위 코드는 동일한 $("div") 선택자 코드가 중복된다는 단점이 있는데, 이것을 end() 메서드를 사용한 메서드 체인 방식으로 처리하면 다음과 같다.

```
$("div")
  .eq(0).css("background-color", "red")
  .end()     // $("div") 로 복귀
  eq(1).css("background-color", "blue");
```

.end() 메서드는 .eq(0) 처리를 하기 전 상태로 되돌리는 역할을 하고, 이러한 메서드 체인 형식의 표현은 자주 사용하는 방법이므로 잘 이해해야 한다.

.eq(index) 메서드의 기본 사용 방법은 다음과 같다.

$(selector).eq(index)

selector에 의해서 1차적으로 검색이 되고, .eq(index) 메서드에 의해서 2차적으로 index와 일치하는 요소를 검색할 수 있다.

다음의 [예제 6.1]은 〈div〉 태그를 1차로 검색하고, 검색 결과 중에서 다시 2차로 첫 번째와 세 번째 태그를 검색하여 각각 문자열 "index #0"과 "index #3"을 설정하는 예제이다. .end() 메서드를 사용하여 코드 중복 없이 간단하게 설정할 수 있다.

[예제 6.1] sample06_1.html

```
01:  <!DOCTYPE html>
02:  <html>
03:   <head>
04:    <meta charset="UTF-8">
05:    <title>.eq(index) Traverse 메서드</title>
06:    <style>
07:     div {
08:       width: 60px;
09:       height: 60px;
10:       margin: 10px;
11:       float: left;
12:       border: 2px solid blue;
13:     }
14:    </style>
15:    <script type="text/javascript" src="jquery-3.1.1.js"></script>
16:    <script type="text/javascript">
17:     $(document).ready(function() {
18:       $("div")
19:         .eq(0).text("index #0")
20:         .end()
```

```
21:            .eq(2).text("index #3");
22:        });
23:    </script>
24:    </head>
25:    <body>
26:        <div></div>
27:        <div></div>
28:        <div></div>
29:        <div></div>
30:        <div></div>
31:        <div></div>
32:    </body>
33:    </html>
```

07-13행 ⟨div⟩ 태그에 대한 CSS 스타일을 설정한다.

18-21행 모든 ⟨div⟩ 태그를 반환받은 후에 .eq(0) 메서드를 사용하여 첫 번째 ⟨div⟩ 태그에는 문자열 "index #0"을 설정한다. .end() 메서드를 사용하여 .eq(0) 메서드를 사용하기 전으로 복귀한 뒤에 다시 .eq(2) 메서드를 사용하여 세 번째 ⟨div⟩ 태그에 문자열 "index #3"을 설정한다.

실행 결과

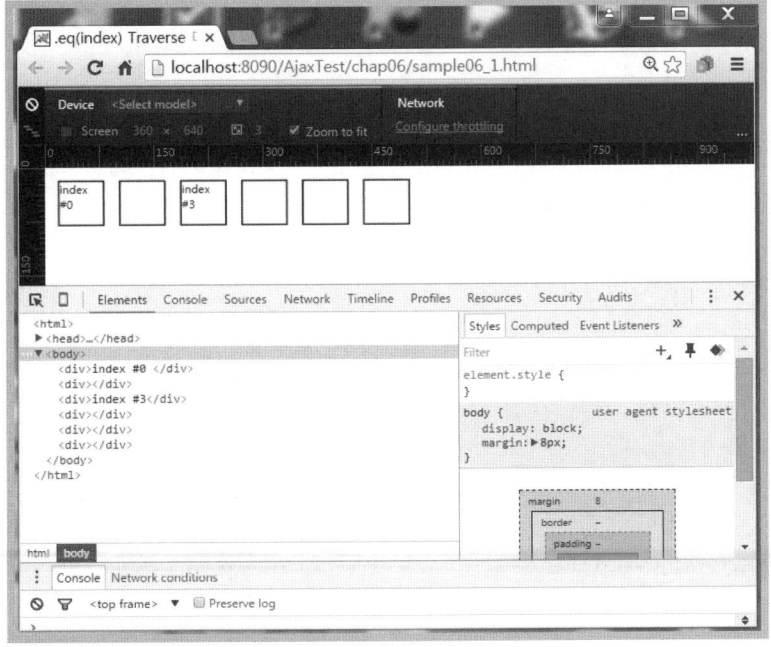

[그림 6.1] sample06_1.html 예제 실행 결과

1.2 .filter(expr) 메서드

.filter(expr) 메서드는 지정된 expr과 일치하는 요소를 반환한다. expr은 선택자 (selector) 또는 jQuery 표현식을 의미한다.

다음은 사용 가능한 대표적인 형태이다.

```
$("li").filter(":even").css("background-color", "red");
$("div").filter(document.getElementById("unique"));
$("div").filter($("#unique"));
$("p").filter(".selected");
```

.filter(expr) 메서드는 일반 선택자를 이용한 검색과 동일한 기능을 갖는다. 일반 선택자는 HTML 문서에 존재하는 모든 요소들(DOM)을 대상으로 검색하고, .filter(expr) 메서드는 1차로 검색된 요소들(필터링된 DOM)을 대상으로 검색이 이루어진다. 즉, 검색 범위에 차이점이 있다. 앞서 언급했듯이 .filter(expr) 메서드는 선택자에 의한 1차적 검색 요소에 대해서 다시 추가적으로 필터링해야 하는 경우에 사용하면 된다.

예를 들어, 다음 2가지 표현식은 결과적으로 동일하다.

```
$("div:even")
$("div").filter(":even")
```

하지만, 앞서 실습한 sample06_1.html의 경우와 마찬가지로 Traverse 메서드를 사용한 경우에는 .end() 메서드를 다음과 같이 메서드 체인 형식으로 추가하여 사용할 수 있다.

```
$("div").filter(":even")
    .eq(0).css("background", "red")
    .end()        // filter(":even")
    .eq(1).css("background", "green");
```

기본 사용 방법은 다음과 같다.

```
$(selector).filter(expr)
```

먼저 selector에 의해서 1차적으로 검색이 되고, 1차 검색 결과에서 .filter(expr) 메서드에 의해서 지정된 expr과 일치하는 요소를 반환한다.

다음의 [예제 6.2]는 〈li〉 태그를 1차로 검색하고, 2차로 짝수 번째 태그들만 배경색을 green으로 설정한다. 이후에 .end() 메서드를 사용하여 이전 상태로 복귀하고, 다시 class 속성의 값이 orange이고 id 속성의 값이 apple인 요소를 찾아서 글자 크기를 30px로 설정하는 예제이다.

[예제 6.2] sample06_2.html

```
01:   <!DOCTYPE html>
02:   <html>
03:    <head>
04:     <meta charset="UTF-8">
05:     <title>.filter(expr) Traverse 메서드</title>
06:     <script type="text/javascript" src="jquery-3.1.1.js"></script>
07:     <script type="text/javascript">
08:       $(document).ready(function() {
09:         $("li").filter(":even").css("background-color", "green")
10:           .end().filter(".orange, #apple").css("font-size", "30px");
11:         });
12:     </script>
13:    </head>
14:    <body>
15:     <ul>
16:      <li>아이템 1</li>
17:      <li>아이템 2</li>
18:      <li class="orange">아이템 3</li>
19:      <li>아이템 4</li>
20:      <li id="apple">아이템 5</li>
21:      <li>아이템 6</li>
22:     </ul>
23:    </body>
24:   </html>
```

09행   모든 〈li〉 태그 요소들을 검색한 후, 다시 짝수 번째 요소들만 필터링하여 CSS 스타일을 지정한다.

10행   .end() 메서드를 사용하여 .filter(":even") 메서드 사용 전 상태로 복귀한 뒤에 다시 class가 orange인 요소와 id가 apple인 요소를 필터링하여 CSS 스타일을 적용한다.

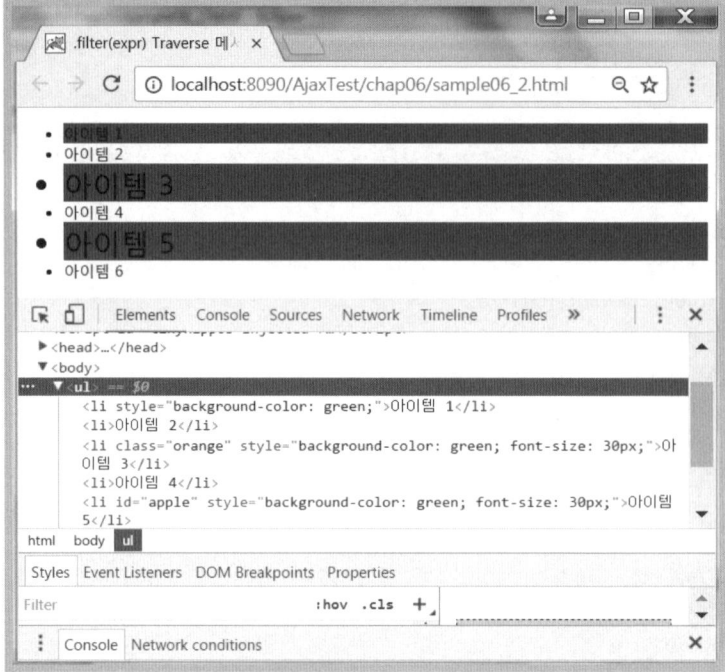

[그림 6.2] sample06_2.html 예제 실행 결과

1.3 .filter(fn) 메서드

.filter(fn) 메서드는 앞서 보았던 .filter(expr)와 비슷하다. 차이점은 인자로 함수 (function)를 이용하는 것이다. 일반적인 표현식(expression)으로 나타내기 어려운 경우에 별도의 함수를 이용해서 어떻게 필터링할 것인지를 더욱 세밀하게 설정할 수 있다. 즉, 필터 기능을 정해진 선택자가 아닌 필요한 기능을 새롭게 확장해서 사용하는 효과를 얻을 수 있다.

기본 사용 방법은 다음과 같다.

```
$(selector).filter(function(index, element) {
    return 조건식;
})
```

함수에 구현된 내용이 true를 리턴하는 경우에만 대상에 포함하고, false인 경우에는 제외한다. index는 선택자에 의해 필터링된 요소의 index 값으로 0부터 시작하고 element 는 필터링된 요소이다. index와 element 인자는 모두 생략할 수 있다. 모두 생략하면 명시적으로 true 또는 false 값을 지정한다. true 값이면 필터링된 모든 요소가 선택되고, false이면 모두 선택되지 않는다.

다음의 [예제 6.3]은 모든 〈li〉 태그를 1차로 검색하고, 2차로 3의 배수 번째인 〈li〉 태그 만 찾아 배경색을 green으로 설정하는 예제이다. 실행 결과는 :nth-child(3n) 선택자를 사용하는 $("li:nth-child(3n)") 코드와 동일하지만, 함수 안에서 더욱 세밀한 코드 설정 을 할 수 있다는 장점이 있다. 참고로 index 값은 0부터 시작한다.

[예제 6.3] sample06_3.html

```
01:   〈!DOCTYPE html〉
02:   〈html〉
03:     〈head〉
04:       〈meta charset="UTF-8"〉
05:       〈title〉.filter(fn) Traverse 메서드〈/title〉
06:       〈script type="text/javascript" src="jquery-3.1.1.js"〉〈/script〉
07:       〈script type="text/javascript"〉
08:         $(document).ready(function() {
09:           $("li").filter(function(index, element) {
10:             return  index % 3 == 2;
11:           }).css("background-color","green");
12:         });
13:       〈/script〉
14:     〈/head〉
15:     〈body〉
16:       〈ul〉
17:         〈li〉아이템 1〈/li〉
18:         〈li〉아이템 2〈/li〉
19:         〈li〉아이템 3〈/li〉
20:         〈li〉아이템 4〈/li〉
21:         〈li〉아이템 5〈/li〉
22:         〈li〉아이템 6〈/li〉
23:       〈/ul〉
24:     〈/body〉
25:   〈/html〉
```

09~11행 모든 〈li〉 요소 중에서, 각 요소의 index 값을 3으로 나눈 나머지 값이 2인 요소만 검색하여 배경 색을 green으로 CSS 스타일을 적용한다. index 값이 0부터 시작하기 때문에 결과에는 세 번째 와 여섯 번째 항목의 배경색이 green으로 변경된다. 이렇게 일반 선택자로는 나타내기 어려운 상 황에서 직접 함수에 로직을 구현해서 훨씬 복잡한 조건에 일치하는 요소들을 검색할 수 있다.

실행 결과

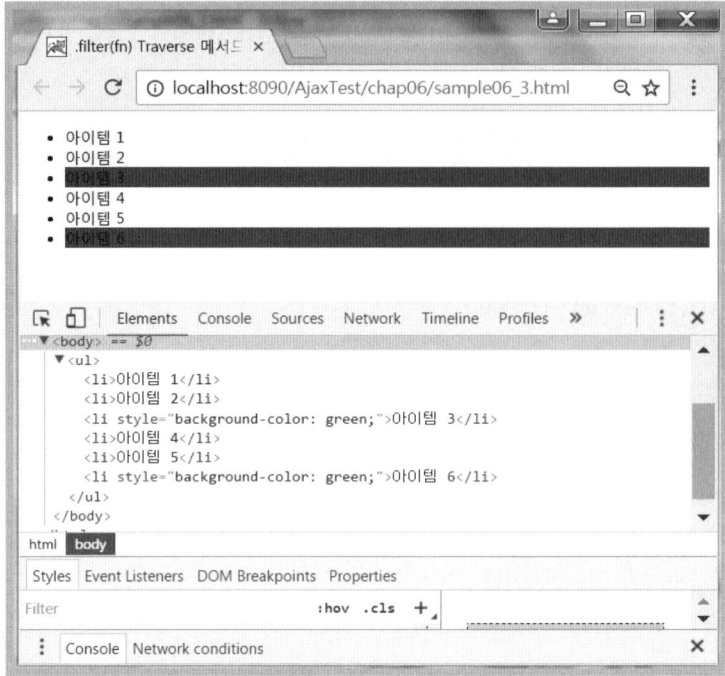

[그림 6.3] sample06_3.html 예제 실행 결과

1.4 .not(expr) 메서드와 .not(fn) 메서드

.not(expr) 메서드는 .filter(expr) 메서드와 반대되는 개념이다. .filter(expr) 메서드가 일치하는 요소를 반환하는 반면, .not(expr) 메서드는 일치하지 않는 요소를 반환한다. 따라서 다음 두 코드는 동일한 요소를 반환한다.

```
$("li").filter(":even")
$("li").not(":odd");
```

기본적인 사용 방법은 다음과 같이 expression 및 함수(function)를 인자로 사용할 수 있다.

```
$(selector).not(expr)
$(selector).not(function(index, element) {
    return 조건식;
})
```

다음의 [예제 6.4]는 모든 〈li〉 태그를 1차로 검색하고, 2차로 짝수 번째가 아닌 요소 즉,
홀수 번째 요소의 배경색을 green으로 설정한다. 그리고 3의 배수 번째가 아닌 요소만
찾아서 글꼴 크기를 30px로 설정하는 예제이다.

[예제 6.4] sample06_4.html

```
01: 〈!DOCTYPE html〉
02: 〈html〉
03:  〈head〉
04:   〈meta charset="UTF-8"〉
05:   〈title〉.not(expr) Traverse 메서드〈/title〉
06:   〈script type="text/javascript" src="jquery-3.1.1.js"〉〈/script〉
07:   〈script type="text/javascript"〉
08:    $(document).ready(function() {
09:     $("li").not(":even").css("background-color", "green");
10:     $("li").not(function(index, element) {
11:      return index % 3 == 2;
12:     }).css("font-size" , "30px");
13:    });
14:   〈/script〉
15:  〈/head〉
16:  〈body〉
17:   〈ul〉
18:    〈li〉아이템 1〈/li〉
19:    〈li〉아이템 2〈/li〉
20:    〈li〉아이템 3〈/li〉
21:    〈li〉아이템 4〈/li〉
22:    〈li〉아이템 5〈/li〉
23:    〈li〉아이템 6〈/li〉
24:   〈/ul〉
25:  〈/body〉
26: 〈/html〉
```

09행　　〈li〉 태그 중에서 짝수 번째가 아닌 요소들만, 즉 홀수 번째 요소들을 검색하여 배경색을 green으
로 적용한다.

10-12행　〈li〉 태그 중에서 3의 배수가 아닌 요소를 검색하여 글꼴 크기를 30px로 적용한다.

실행 결과

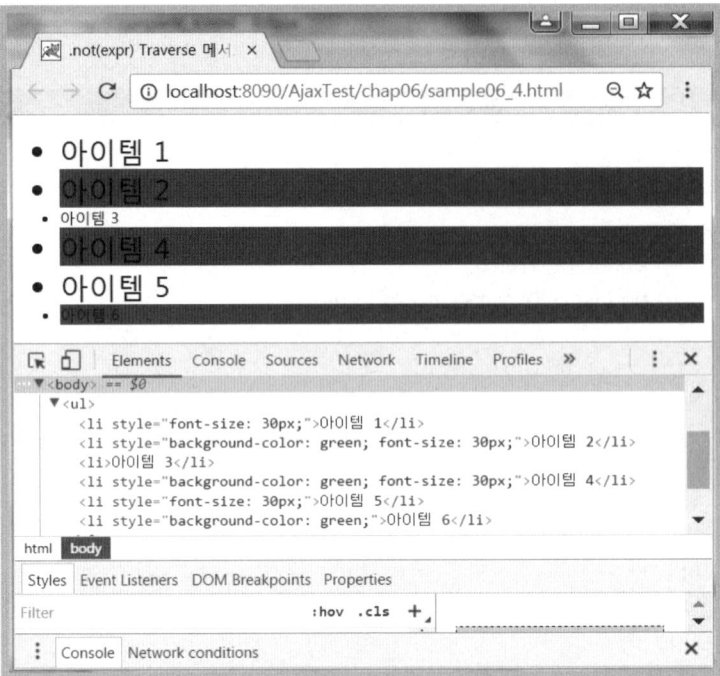

[그림 6.4] sample06_4.html 예제 실행 결과

1.5 .is(expr)와 .is(fn) 메서드

.is(expr) 메서드는 지정된 expr과 일치하는 요소가 하나라도 있으면 true 값을 반환하고 아니면 false 값을 반환한다. .is(expr) 메서드는 표현식과 일치하는 요소가 있는지를 파악할 수 있으며 일반적으로 if 조건문과 같이 사용된다. 마찬가지로 .is(fn) 메서드는 함수(fn)와 일치하는 요소가 하나라도 있으면 true 값을 반환하고, 없으면 false 값을 반환한다.

기본 사용 방법은 다음과 같다.

```
$(selector).is(expr)
$(selector).is(function(index, element) {
    return 조건식;
})
```

다음의 [예제 6.5]는 여러 ⟨li⟩ 태그 중에서 클릭한 태그의 배경색을 green으로 설정하고, 만약 선택된 ⟨li⟩ 태그 안에 ⟨strong⟩ 태그가 있으면 글꼴 크기를 30px로 추가 설정하는 예제이다.

[예제 6.5] sample06_5.html

```html
01:  <!DOCTYPE html>
02:  <html>
03:    <head>
04:      <meta charset="UTF-8">
05:      <title>.is(expr) Traverse 메서드</title>
06:      <script type="text/javascript" src="jquery-3.1.1.js"></script>
07:      <script type="text/javascript">
08:        $(document).ready(function() {
09:          $("ul").click(function(event) {
10:            var target = $(event.target);
11:            if (target.is("li")) {
12:              target.css("background-color", "green");
13:              var isStrong = target.is(function() {
14:                return $("strong", this).length == 1;
15:              });
16:              if(isStrong) {
17:                target.css("font-size","30px");
18:              }
19:            }
20:          });
21:        });
22:      </script>
23:    </head>
24:    <body>
25:      <ul>
26:        <li>아이템 1</li>
27:        <li>아이템 2</li>
28:        <li>아이템 3</li>
29:        <li>아이템 <strong>4</strong></li>
30:        <li>아이템 5</li>
31:      </ul>
32:    </body>
33:  </html>
```

09행 〈ul〉 태그에 click 이벤트 함수를 추가한다.

10행 click 이벤트가 발생한 대상을 참조하기 위하여 target 변수에 저장한다.

11-12행 이벤트기 발생한 대상이 〈li〉 대그리면 배경색을 green으로 바꾸는 CSS 스타일을 설정한다. 따라서 〈ul〉 태그 하위의 리스트를 클릭할 때마다 배경색이 green으로 변경된다.

13-15행 선택된 〈li〉 태그 내에 〈strong〉 태그가 한 개 존재하면 true 값을 리턴하여 isStrong 변수에 저장한다.

16-18행 isStrong 변수가 true이면 선택된 〈li〉 태그의 글꼴 크기를 30px로 변경한다. 따라서 표시된 목록 중 "아이템 4"를 클릭할 때 적용된다.

실행 결과

"아이템 1"을 클릭하면 배경색이 green으로만 변경되고, "아이템 4"를 클릭하면 배경색을 green으로 설정하고, 글꼴 크기를 30px로 추가 변경한다.

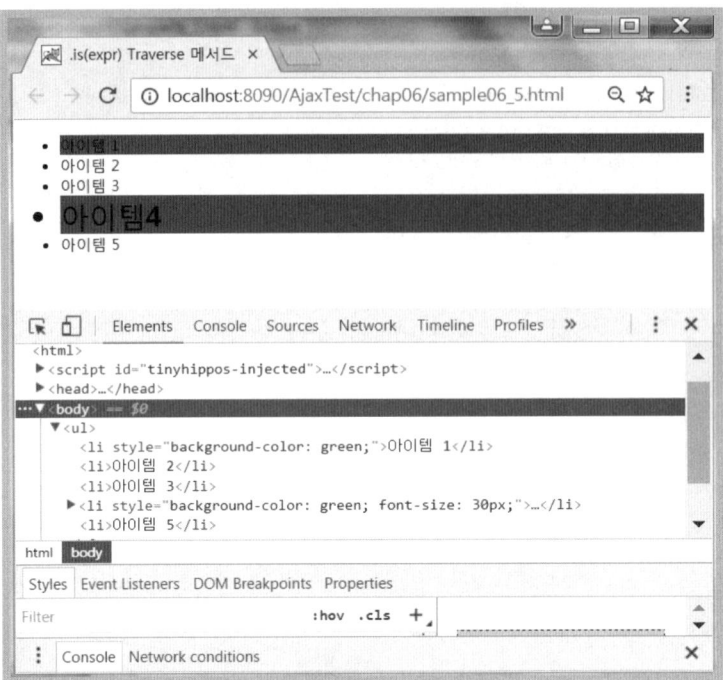

[그림 6.5] sample06_5.html 예제 실행 결과

1.6 .has(selector) 메서드

.has(selector) 메서드는 selector를 포함하는 요소를 반환한다.

기본 사용 방법은 다음과 같으며, 결과는 selector2를 포함하는 selector1을 반환한다.

> **$(selector1).has(selector2)**

다음의 [예제 6.6]은 ⟨ul⟩ 태그를 포함하는 ⟨li⟩ 태그를 찾아서 배경색을 green으로 설정하는 예제이다.

[예제 6.6] sample06_6.html

```
01:  ⟨!DOCTYPE html⟩
02:  ⟨html⟩
03:   ⟨head⟩
04:    ⟨meta charset="UTF-8"⟩
05:    ⟨title⟩.has(selector) Traverse 메서드⟨/title⟩
```

```
06:      <script type="text/javascript" src="jquery-3.1.1.js"></script>
07:      <script type="text/javascript">
08:        $(document).ready(function() {
09:          $("li").has("ul").css("background-color", "green");
10:        });
11:      </script>
12:    </head>
13:    <body>
14:      <ul>
15:        <li>아이템 1</li>
16:        <li>아이템 2
17:          <ul>
18:            <li>아이템 2-1</li>
19:            <li>아이템 2-2</li>
20:          </ul>
21:        </li>
22:        <li>아이템 3</li>
23:        <li>아이템 4</li>
24:      </ul>
25:    </body>
26:  </html>
```

09행   〈li〉 태그 안에 〈ul〉 태그를 포함하는 〈li〉 태그를 선택하여 CSS 스타일을 적용한다.

실행 결과

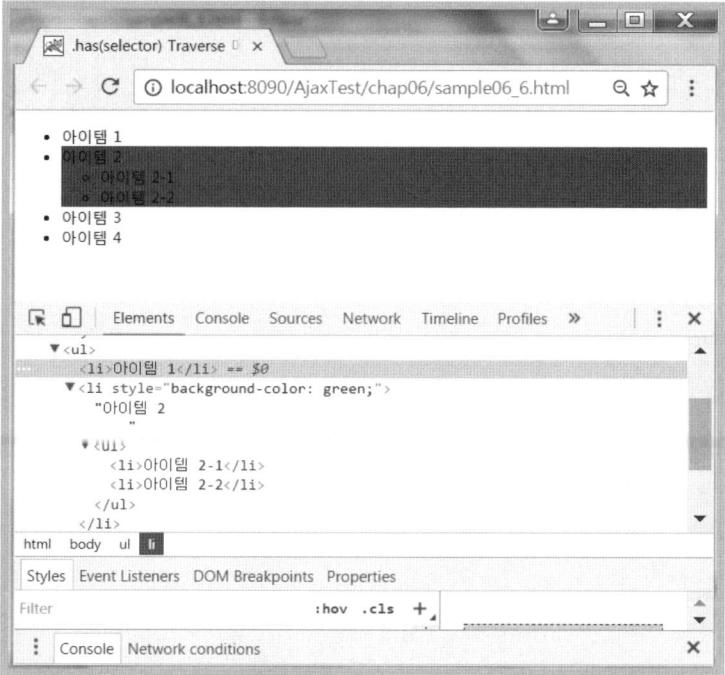

[그림 6.6] sample06_6.html 예제 실행 결과

1.7 .first()와 .last() 메서드

.first() 메서드는 첫 번째 요소를 반환하고, .last() 메서드는 마지막 요소를 반환한다.

기본 사용 방법은 다음과 같다.

```
$(selector).first()
$(selector).last()
```

다음의 [예제 6.7]은 〈p〉 태그가 포함하는 〈span〉 태그 중에서 첫 번째 태그에는 배경색을 green으로 설정하고 마지막 태그에는 글꼴 크기를 30px로 설정하는 예제이다.

[예제 6.7] sample06_7.html

```
01:  〈!DOCTYPE html〉
02:  〈html〉
03:   〈head〉
04:    〈meta charset="UTF-8"〉
05:    〈title〉.first()와 .last() Traverse 메서드〈/title〉
06:    〈script type="text/javascript" src="jquery-3.1.1.js"〉〈/script〉
07:    〈script type="text/javascript"〉
08:      $(document).ready(function() {
09:        $("p span").first().css("background-color","green");
10:        $("p span").last().css("font-size","30px");
11:      });
12:    〈/script〉
13:   〈/head〉
14:   〈body〉
15:    〈p〉
16:     〈span〉first〈/span〉
17:     〈span〉second〈/span〉
18:     〈span〉last〈/span〉
19:    〈/p〉
20:   〈/body〉
21:  〈/html〉
```

09행   〈p〉 태그의 자손 중에서 첫 번째 〈span〉 태그에 CSS 스타일을 설정한다. 따라서 16행의 "first" 문자열의 배경색이 green으로 설정된다.

10행   〈p〉 태그의 자손 중에서 마지막 〈span〉 태그에 CSS 스타일을 설정한다. 따라서 18행의 "last" 문자열의 글꼴 크기가 30px로 설정된다.

실행 결과

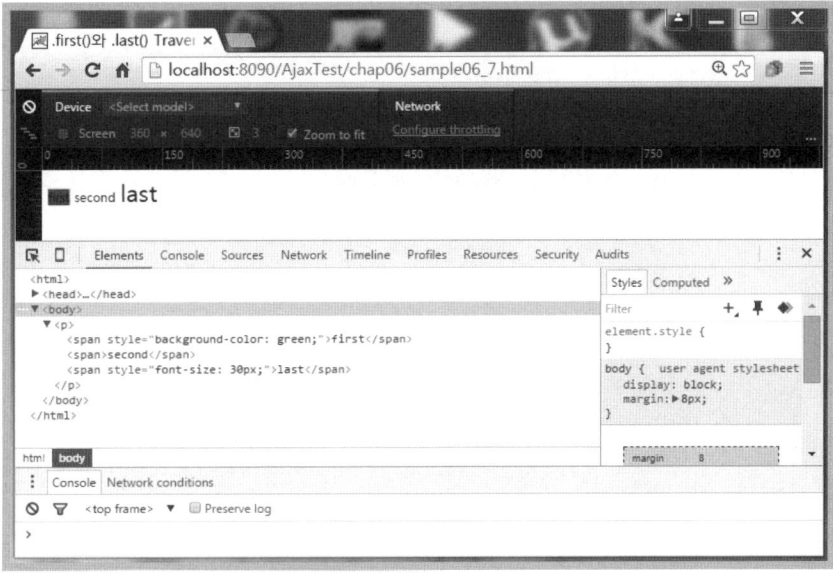

[그림 6.7] sample06_7.html 예제 실행 결과

1.8 .map(fn) 메서드

.map(fn) 메서드는 기본적으로 1차 선택자에 의해서 반환된 요소들을 함수(fn)를 사용하여 가공(변경)하고 결과를 배열로 반환한다.

예를 들어 1차 선택자에 의해 반환된 텍스트가 대소문자가 섞인 영문자라고 가정해보자. 이때 모든 값을 대문자로 변경하고자 한다면, 함수(fn)를 사용하여 반환된 텍스트를 모두 대문자로 변경하여 리턴한다.

기본 사용 방법은 다음과 같다.

```
var arr = $("selector").map(function(index, element) {
    return 추가작업;
})
```

다음의 [예제 6.8]은 대소문자가 섞인 〈div〉 태그를 검색하여 내용을 모두 대문자로 변경하고 콘솔에 출력하는 예제이다. .map(fn) 메서드의 함수(fn)에서 대문자로 변경하여 리턴하는 코드를 구현한다.

[예제 6.8] sample06_8.html

```
01:  〈!DOCTYPE html〉
02:  〈html〉
```

```
03:    <head>
04:      <meta charset="UTF-8">
05:      <title>.map(fn) Traverse 메서드</title>
06:      <script type="text/javascript" src="jquery-3.1.1.js"></script>
07:      <script type="text/javascript">
08:        $(document).ready(function() {
09:          var arr = $("div").map(function(index,element) {
10:            return $(this).text().toUpperCase();
11:          });
12:          for(var i = 0 ; i < arr.length; i++) {
13:            console.log(arr[i]);
14:          }
15:        });
16:      </script>
17:    </head>
18:    <body>
19:      <div>a</div>
20:      <div>B</div>
21:      <div>c</div>
22:      <div>D</div>
23:    </body>
24:  </html>
```

09-11행 모든 〈div〉 태그의 텍스트값을 대문자로 변경한 후에 배열로 반환한다.

12-14행 for 문을 사용하여 배열 arr을 Console에 출력한다. 따라서 콘솔에 대문자 A, B, C, D가 출력된다.

실행 결과

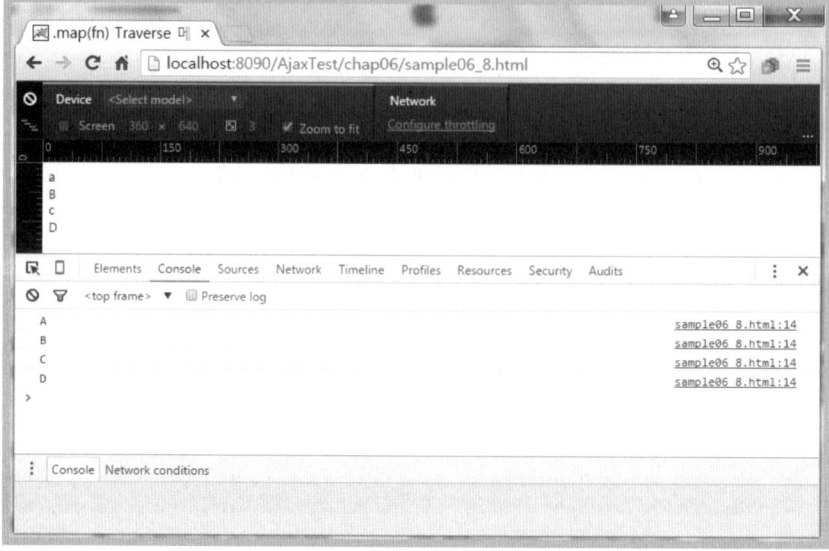

[그림 6.8] sample06_8.html 예제 실행 결과

1.9 .slice (start [, end])) 메서드

.slice(start[,end]) 메서드는 1차 선택자에 의해서 반환된 전체 요소 중에서 부분 요소를 얻을 때 사용한다. start는 시작 위치값(0부터 시작)이 되고, end는 선택할 마지막 위치 값이 된다. 주의할 점은 start는 크거나 같고 end는 작은 범위까지를 의미한다. 예를 들어 x.slice(1, 3)으로 명시한 경우의 정확한 범위는 1 <= x < 3이 된다. end를 생략하면 요소의 마지막까지가 된다.

기본 사용 방법은 다음과 같다.

> **$(selector).slice(start[,end])**

다음의 [예제 6.9]는 5개의 〈li〉 태그 중에서 세 번째와 네 번째의 〈li〉 태그만 검색하여 배경색을 red로 설정하는 예제이다.

[예제 6.9] sample06_9.html

```
01:  〈!DOCTYPE html〉
02:  〈html〉
03:   〈head〉
04:    〈meta charset="UTF-8"〉
05:    〈title〉.slice(start[,end]) Traverse 메서드〈/title〉
06:    〈script type="text/javascript" src="jquery-3.1.1.js"〉〈/script〉
07:    〈script type="text/javascript"〉
08:      $(document).ready(function() {
09:        $("li").slice(2, 4).css("background-color", "red");
10:      });
11:    〈/script〉
12:   〈/head〉
13:   〈body〉
14:    〈ul〉
15:     〈li〉아이템 1〈/li〉
16:     〈li〉아이템 2〈/li〉
17:     〈li〉아이템 3〈/li〉
18:     〈li〉아이템 4〈/li〉
19:     〈li〉아이템 5〈/li〉
20:    〈/ul〉
21:   〈/body〉
22:  〈/html〉
```

09-11행 〈li〉 태그 중에서 3번째부터 4번째까지의 부분 요소에 CSS 스타일을 설정한다. 따라서 17행과 18행의 〈li〉 태그가 적용된다.

실행 결과

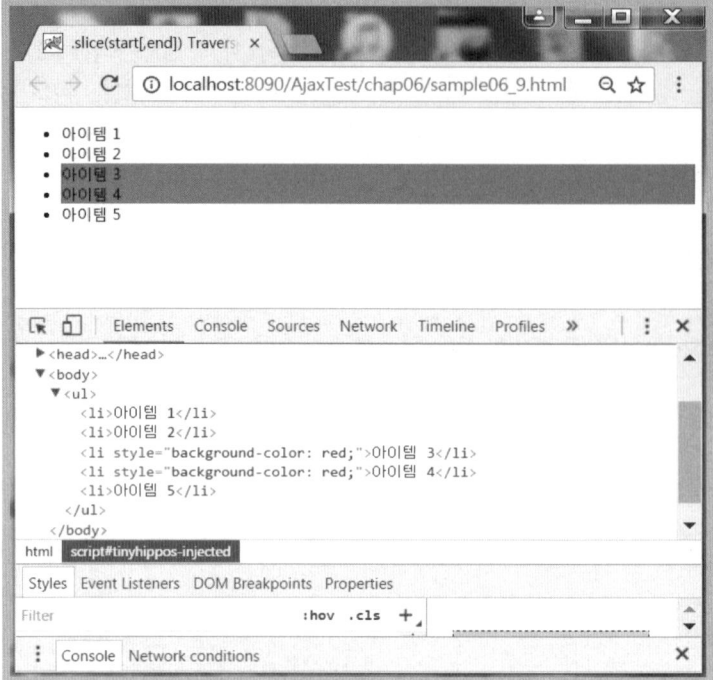

[그림 6.9] sample06_9.html 예제 실행 결과

02 기타 Traversing

이 절에서는 앞 절의 Filtering 메서드와 더불어서 추가로 알아야하는 내용에 대하여 살펴본다. [표 6.2]의 메서드도 1차적으로 선택자를 사용하여 요소를 검색하고 필요에 의해서 2차로 필터링할 때 사용한다.

[표 6.2] 기타 Traversing 메서드

메서드	설명
.add(expr)	현재 검색 요소에 expr과 일치하는 검색 요소가 추가된다. expr은 선택자 또는 HTML이 될 수 있다.
.addBack()	필터링에 의해서 검색된 결과 집합에 필터링을 지정하기 이전의 최초 대상이 되었던 요소를 포함하여 반환한다.
.contents()	text를 포함한 모든 자식 요소를 반환한다.
.end()	traverse 메서드를 사용하기 전의 상태로 복귀한다.

2.1 .add(expr) 메서드

.add(expr) 메서드는 기존 검색 요소에 expr과 일치하는 검색 요소를 추가한다. 결국, 검색 요소를 추가 확장하는 방법이다. 메서드 이름이 add라고 하여 새로운 요소가 기존 요소에 생성/추가되는 것이 아니라는 점에 주의한다.

이해를 돕기 위하여 다음 코드를 살펴보자

```
$("div").add("p").css("background-color", "green");
```

얼핏 보면 〈div〉 태그에 새로운 〈p〉 태그를 추가(add)하고 배경색을 green으로 변경하라는 의미 같지만 실제로는 아니다. 검색에 사용할 선택자를 추가하는 것으로 이해하면 된다. 즉, 처음에는 〈div〉 선택자만 사용하다가 나중에 〈p〉 선택자가 추가로 검색 요소로 확장된 것이다. 따라서 $("div").add("p")는 $("div, p")와 동일하다고 볼 수 있다. 결국, 위의 코드는 〈div〉 태그와 〈p〉 태그의 배경색이 green으로 변경된다.

기본 사용 방법은 다음과 같다.

```
$(selector1).add(selector2)
```

기존 검색 조건인 selector1에 새로운 검색 조건인 selector2를 추가하여 검색 조건을 확장한다. 따라서 selector1과 selector2가 일치하는 모든 요소가 선택된다.

다음의 [예제 6.10]은 〈div〉 태그에 border 스타일을 설정하고, 추가로 〈p〉 태그에 배경색 스타일을 추가 설정하는 예제이다.

[예제 6.10] sample06_10.html

```
01: 〈!DOCTYPE html〉
02: 〈html〉
03:  〈head〉
04:   〈meta charset="UTF-8"〉
05:   〈title〉.add(selector) Traverse 메서드〈/title〉
06:   〈style〉
07.    div {
08:     width: 60px;
09:     height: 60px;
10:     margin: 10px;
11:     float: left;
12:    }
13:    p {
14:     clear: left;
15:     font-weight: bold;
```

```
16:          font-size: 16px;
17:          color: blue;
18:          margin: 0 10px;
19:          padding: 2px;
20:          width: 220px;
21:        }
22:      </style>
23:      <script type="text/javascript" src="jquery-3.1.1.js"></script>
24:      <script type="text/javascript">
25:        $(document).ready(function() {
26:          $("div").css("border", "2px solid red")
27:            .add("p")
28:            .css("background", "yellow");
29:        });
30:      </script>
31:    </head>
32:    <body>
33:      <div></div>
34:      <div></div>
35:      <div></div>
36:      <p>Added this... </p>
37:    </body>
38:  </html>
```

06-22행 〈div〉 태그와 〈p〉 태그에 적용할 CSS 스타일을 설정한다.

26-28행 〈div〉 태그에 border 스타일을 설정하고, add() 메서드를 사용하여 추가로 〈p〉 태그의 배경색
        스타일을 설정한다.

실행 결과

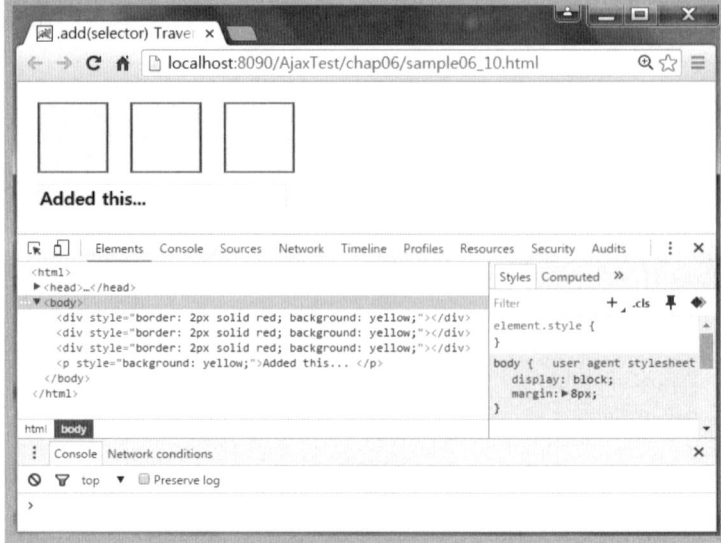

[그림 6.10] sample06_10.html 예제 실행 결과

2.2 .addBack([selector]) 메서드

.addBack([selector]) 메서드는 인자를 생략할 수 있는 메서드로 필터링에 의한 결과 집합에 필터링 이전의 최초 대상이 되었던 요소를 포함하여 반환하는 메서드이다. jQuery v1.8 이하 버전에서는 .andSelf() 메서드를 사용하였으나, .andSelf() 메서드는 jQuery v1.8부터는 지원하지 않는다.

이해를 돕기 위하여 다음 코드를 보자

```
$("div").find("p").addBack().css("border" , "2px solid red");
```

필터링을 통해서 〈div〉 태그 내의 〈p〉 태그를 반환받는다. 따라서 검색된 〈p〉 태그가 결과 집합이 되고, .addBack() 메서드에 의해서 필터링 이전의 최초 대상이 되었던 〈div〉 태그가 결과 집합에 추가로 포함된다. 결국, 위 코드는 〈div〉 태그 내의 〈p〉 태그와 최초 대상이 되었던 〈div〉 태그까지 포함하여 border 스타일을 변경하는 방법이다.

기본 사용 방법은 다음과 같다.

$(selector).필터링().addBack()

다음의 [예제 6.11]은 〈div〉 태그 내의 〈p〉 태그와 〈div〉 태그에 border 스타일을 설정하는 예제이다.

[예제 6.11] sample06_11.html

```
01:  <!DOCTYPE html>
02:  <html>
03:    <head>
04:      <meta charset="UTF-8">
05:      <title>.addBack() Traverse 메서드</title>
06:      <script type="text/javascript" src="jquery-3.1.1.js"></script>
07:      <script type="text/javascript">
08:        $(document).ready(function() {
09:          $("div").find("p").addBack().css("border" , "2px solid red");
10:        });
11:      </script>
12:    </head>
13:    <body>
14:      <div>
15:        div......
16:        <p>p........</p>
17:      </div>
18:    </body>
19:  </html>
```

09행 〈div〉 태그 내의 〈p〉 태그와 .addBack() 메서드에 의해서 결과 집합에 포함된 〈div〉 태그까지 border 스타일을 변경한다.

실행 결과

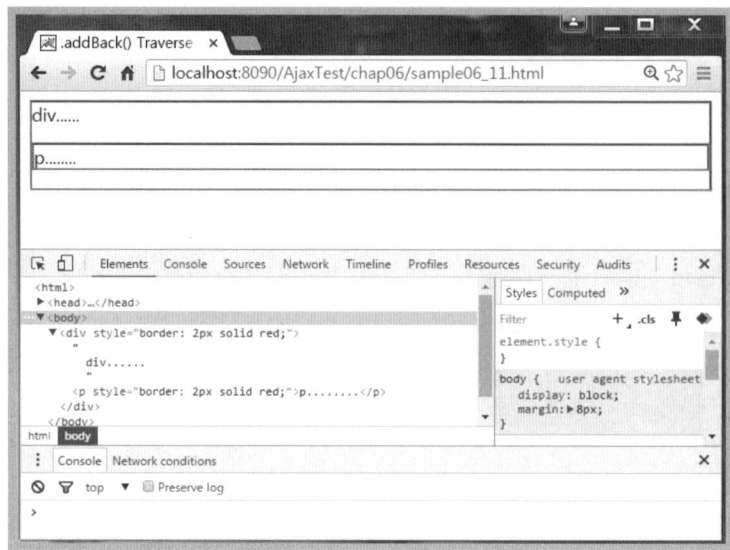

[그림 6.11] sample06_11.html 예제 실행 결과

2.3 .contents( ) 메서드

.contents() 메서드는 인자가 없는 메서드로 text를 포함한 모든 자식 요소를 반환한다. 일반적으로 .filter() 및 find() 메서드와 같이 사용된다.

기본 사용 방법은 다음과 같다.

$(selector).contents()

selector 내의 모든 자식 요소를 반환한다.

다음의 [예제 6.12]는 〈ul〉 태그 내의 〈li〉 태그에 포함된 〈ul〉 태그를 제거하는 예제이다.

[예제 6.12] sample06_12.html

```
01:  〈!DOCTYPE html〉
02:  〈html〉
03:   〈head〉
04:     〈meta charset="UTF-8"〉
05:     〈title〉.contents() Traverse 메서드〈/title〉
06:     〈script type="text/javascript" src="jquery-3.1.1.js"〉〈/script〉
```

```
07:        <script type="text/javascript">
08:          $(document).ready(function() {
09:            $("ul").find("li").contents().remove("ul");
10:          });
11:        </script>
12:      </head>
13:      <body>
14:        <ul>
15:          <li>A</li>
16:          <li>B</li>
17:          <li>C
18:            <ul>
19:              <li>C-1</li>
20:              <li>C-2</li>
21:            </ul>
22:          </li>
23:          <li>D</li>
24:        </ul>
25:      </body>
26:    </html>
```

09행   〈ul〉 태그 내의 〈li〉 태그를 찾고, 다시 〈li〉 태그의 모든 자식 요소에서 〈ul〉 태그를 제거한다. 따라
         서 18~21행의 〈ul〉 태그가 제거되어 화면에 출력되지 않는다.

실행 결과

[그림 6.12]는 contents() 메서드를 적용하기 전의 결과 화면으로서 예제 코드의 19행과
20행에 해당하는 C-1과 C-2 리스트 값이 보인다.

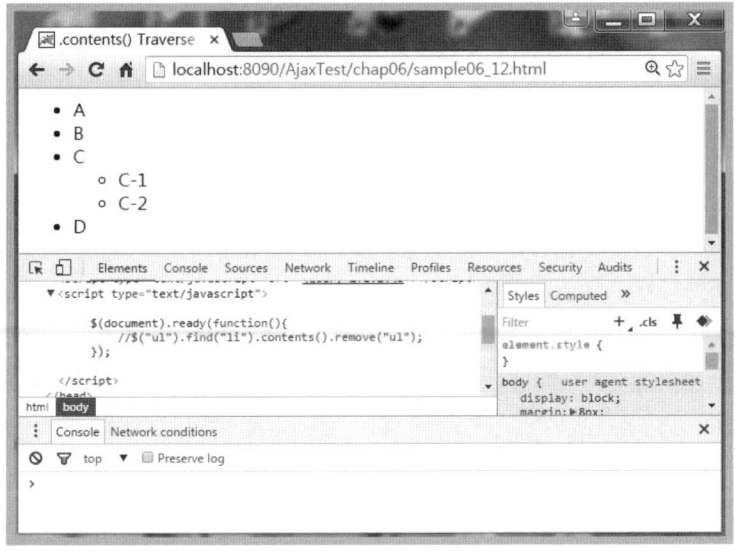

[그림 6.12] sample06_12.html 예제 실행 결과 : .contents().remove() 메서드 적용 전

다음의 [그림 6.13]은 contents() 메서드를 적용한 후의 결과 화면으로 예제 코드의 19
행과 20행에 해당하는 C-1과 C-2 리스트 값이 제거되어 보이지 않는다.

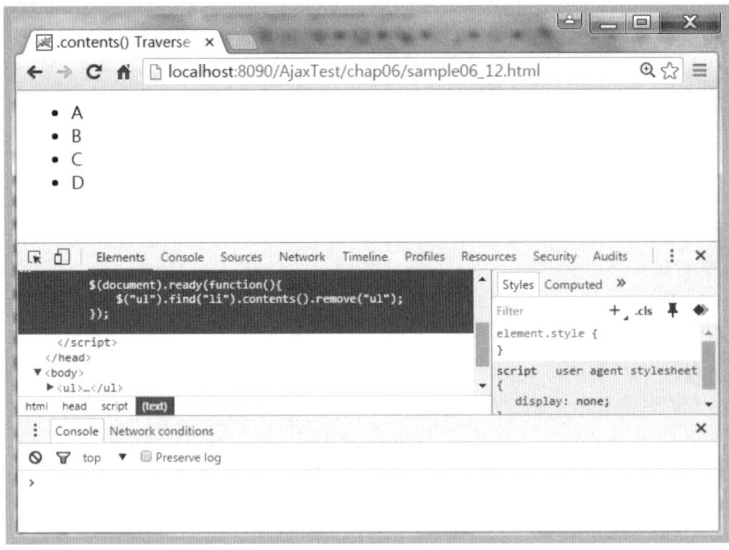

[그림 6.13] sample06_12.html 예제 실행 결과 : .contents().remove() 메서드 적용 후

2.4 .end( ) 메서드

.end()메서드는 traverse 메서드를 사용하여 필터링하기 전의 상태로 복귀하는 메서드
이다. jQuery는 '메서드체인' 방식으로 한꺼번에 여러 메서드를 호출해서 특정 작업을 연
속 처리할 수 있다. 연속 처리과정에서 특정 메서드를 적용하기 이전 상태로 복귀하고자
할 때 사용한다.

기본 사용 방법은 다음과 같다.

```
$(selector).end()
```

다음의 [예제 6.13]은 class 속성이 다른 〈li〉 태그에 각각 다른 배경색을 적용하는 예제
이다.

[예제 6.13] sample06_13.html

```
01:  〈!DOCTYPE html〉
02:  〈html〉
03:   〈head〉
04:    〈meta charset="UTF-8"〉
05:    〈title〉.end() Traverse 메서드〈/title〉
06:    〈script type="text/javascript" src="jquery-3.1.1.js"〉〈/script〉
07:    〈script type="text/javascript"〉
```

```
08:        $(document).ready(function() {
09:          $("ul")
10:            .find(".foo")
11:            .css("background-color", "red")
12:            .end()
13:            .find(".bar")
14:            .css("background-color", "green");
15:          });
16:      </script>
17:    </head>
18:    <body>
19:      <ul>
20:        <li class="foo">아이템 1</li>
21:        <li>아이템 2</li>
22:        <li class="bar">아이템 3</li>
23:      </ul>
24:    </body>
25:  </html>
```

09-14행 〈ul〉 태그 내의 class 속성이 foo인 요소를 찾아서 배경색을 red로 설정한다. end() 메서드를 사용하여 배경색을 적용하기 전 상태인 〈ul〉 태그를 반환받고, 다시 class 속성이 bar인 요소를 찾아서 배경색을 green으로 설정한다.

실행 결과

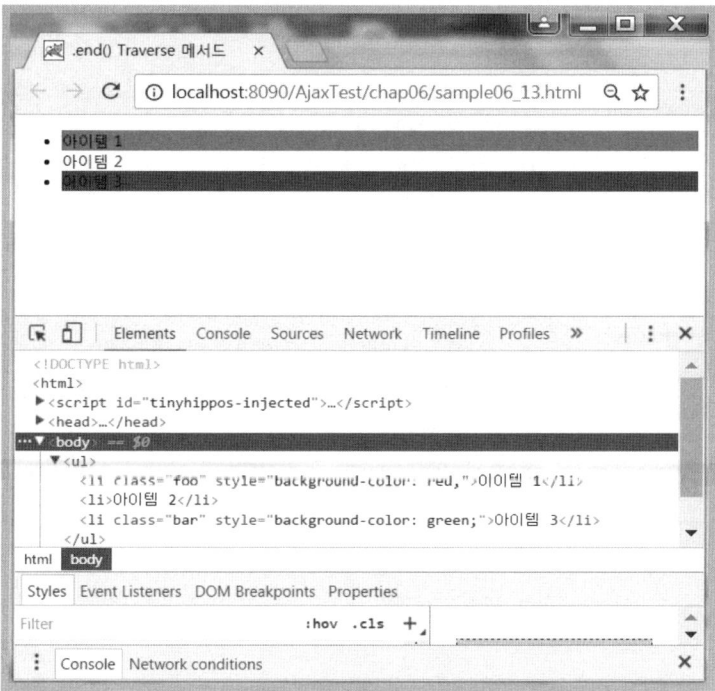

[그림 6.14] sample06_13.html 예제 실행 결과

03 Tree Traversal

이 절에서는 Tree Traversal 관련 메서드에 관하여 살펴보자. Tree Traversal 관련 메서드는 5장에서 살펴보았던 계층(hierarchy) 선택자와 마찬가지로 계층적인 DOM 개념이 필요하다.

[표 6.3] Tree Traversing 메서드

메서드	설명
.children([selector])	선택된 요소에서 selector와 일치하는 자식 요소를 반환한다. selector를 생략하면 모든 자식 노드를 반환한다.
.closest(selector)	선택된 요소에서 selector와 일치하는 첫 번째 DOM Tree에서 가장 가까운 조상 요소를 반환한다.
.find(selector)	선택된 요소에서 selector와 일치하는 하위(자식과 자손) 요소를 반환한다.
.next([selector])	선택된 요소에서 selector와 일치하는 다음 형제 요소를 반환한다. selector를 생략하면 바로 다음 형제 요소를 반환한다.
.nextAll([selector])	선택된 요소에서 selector와 일치하는 모든 다음 형제 요소를 반환한다. selector를 생략하면 바로 다음 형제 요소 모두를 반환한다.
.nextUntil([selector])	.nextAll() 메서드와 비슷하나 종료 시점을 지정할 수 있다. selector를 생략하면 .nextAll()과 동일하게 동작한다.
.offsetParent()	선택된 요소에서 가장 가까운 position(relative 또는 absolute)을 가지고 있는 부모 요소를 반환한다.
.parent([selector])	선택된 요소에서 selector와 일치하는 부모 요소를 반환한다. 부모 요소가 여러 개이면 배열로 반환한다.
.parents([selector])	선택된 요소에서 selector와 일치하는 모든 조상 요소를 반환한다. selector를 생략하면 〈html〉 태그를 포함한 모든 조상 요소를 반환한다.
.parentsUntil([selector])	.parents() 메서드와 비슷하나 종료 시점을 지정할 수 있다. selector를 생략하면 .parents()와 동일하게 동작한다.
.prev([selector])	선택된 요소에서 selector와 일치하는 바로 앞의 형제 요소를 반환하고, selector를 생략하면 바로 앞 형제 요소를 반환한다.
.prevAll([selector])	선택된 요소에서 selector와 일치하는 앞의 모든 형제 요소를 반환하고, selector를 생략하면 앞의 모든 형제 요소를 반환한다.
.prevUntil([selector])	.prevAll() 메서드와 비슷하나 종료 시점을 지정할 수 있다. selector를 생략하면 .prevAll()과 동일하게 동작한다.
.siblings([selector])	선택된 요소에서 selector와 일치하는 모든 형제 요소를 반환하고, selector를 생략하면 모든 형제 요소를 반환한다.

3.1 .children([selector]) 메서드

.children([selector]) 메서드는 인자인 selector를 생략할 수 있는 메서드로 선택된 요소에서 selector와 일치하는 자식 요소를 반환한다. selector를 생략하면 모든 자식 요소를 반환하게 된다.

기본 사용 방법은 다음과 같으며, selector1의 모든 자식 요소 중에서 selector2와 일치하는 자식 요소만을 반환한다.

$(selector1).**children([selector2])**

다음의 [예제 6.14]는 인자가 없는 .children() 메서드를 사용하여 class 속성이 level-2인 요소의 모든 자식 요소에 배경색을 red로 설정하고, 인자가 있는 .children(".item-2") 메서드를 사용하여 class 속성이 level-3인 요소의 모든 자식 요소 중에서 class 속성이 item-2인 자식 요소만 찾아서 글자 크기를 30px로 설정하는 예제이다.

[예제 6.14] sample06_14.html

```
01:  <!DOCTYPE html>
02:  <html>
03:    <head>
04:      <meta charset="UTF-8">
05:      <title>.children([selector]) Traverse 메서드</title>
06:      <script type="text/javascript" src="jquery-3.1.1.js"></script>
07:      <script type="text/javascript">
08:        $(document).ready(function() {
09:          $("ul.level-2").children().css("background-color", "red");
10:          $("ul.level-3").children(".item-2").css("font-size", "30px");
11:        });
12:      </script>
13:    </head>
14:    <body>
15:      <ul class="level-1">
16:        <li class="item-i">I</li>
17:        <li class="item-ii">II
18:          <ul class="level-2">
19:            <li class="item-a">A</li>
20:            <li class="item-b">B
21:              <ul class="level-3">
22:                <li class="item-1">1</li>
23:                <li class="item-2">2</li>
24:                <li class="item-3">3</li>
25:              </ul>
26:          </li>
```

```
27:            <li class="item-c">C</li>
28:          </ul>
29:        </li>
30:        <li class="item-iii">III</li>
31:      </ul>
32:   </body>
33: </html>
```

09행 class 속성값이 level-2인 <ul> 태그의 모든 자식 요소의 배경색을 red로 변경한다.

10행 class 속성값이 level-3인 <ul> 태그의 자식 요소 중에서 class 속성값이 item-2인 요소의 글꼴 크기를 30px로 변경한다.

실행 결과

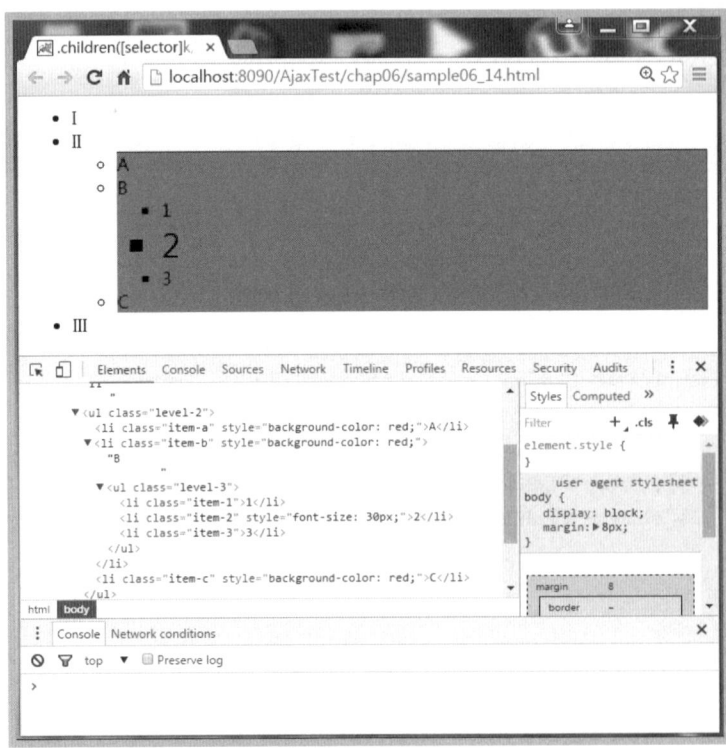

[그림 6.15] sample06_14.html 예제 실행 결과

3.2 .closest(selector) 메서드

.closest(selector) 메서드는 선택된 요소에서 selector와 일치하는 DOM Tree에서 가장 가까운 조상 요소를 반환한다. 이 메서드는 selector와 일치하는 모든 요소를 반환하는 .parents() 메서드와 차이가 있다.

다음의 [표 6.4]는 .closest(selector) 메서드와 .parents() 메서드를 비교한 것이다.

[표 6.4] .closest(selector)와 .parents() 메서드 비교

.closest(selector)	.parents()
현재 요소에서 시작하여 탐색	현재 요소의 부모 요소에서 시작하여 탐색
DOM Tree에서 selector와 일치하는 하나의 요소를 찾을 때까지 위로 탐색	DOM Tree에서 루트 요소까지 각각의 상위 요소를 collection(임시 저장소)에 추가하면서 위로 탐색
반환된 요소는 0개 또는 1개의 요소	반환된 요소는 0개 이상의 요소

기본 사용 방법은 다음과 같다.

$(selector1).closest(selector2)

selector1과 일치하는 요소에서 시작하여 selector2와 일치하는 요소를 찾을 때까지 위로 탐색한다.

다음의 [예제 6.15]는 class 속성값이 item-1인 요소에서 시작하여 조상 요소로 가장 가까운 〈ul〉 태그를 찾아서 배경색을 green으로 설정하는 예제이다.

[예제 6.15] sample06_15.html

```
01:  〈!DOCTYPE html〉
02:  〈html〉
03:    〈head〉
04:      〈meta charset="UTF-8"〉
05:      〈title〉.closest([selector]) Traverse 메서드〈/title〉
06:      〈script type="text/javascript" src="jquery-3.1.1.js"〉〈/script〉
07:      〈script type="text/javascript"〉
08:        $(document).ready(function() {
09:          $(".item-1").closest("ul").css("background", "green");
10:        });
11:      〈/script〉
12:    〈/head〉
13:    〈body〉
14:    〈ul class="level-1"〉
15:      〈li class="item-i"〉I〈/li〉
16:      〈li class="item-ii"〉II
17:        〈ul class="level-2"〉
18:          〈li class="item-a"〉A〈/li〉
19:          〈li class="item-b"〉B
20:            〈ul class="level-3"〉
21:              〈li class="item-1"〉1〈/li〉
```

```
22:                <li class="item-2">2</li>
23:                <li class="item-3">3</li>
24:             </ul>
25:           </li>
26:           <li class="item-c">C</li>
27:         </ul>
28:       </li>
29:       <li class="item-iii">III</li>
30:     </ul>
31:   </body>
32: </html>
```

09행   class 속성값이 item-1인 요소의 조상 요소 중에서 가장 가까운 〈ul〉 태그를 찾아서 배경색을 green으로 설정한다.

실행 결과

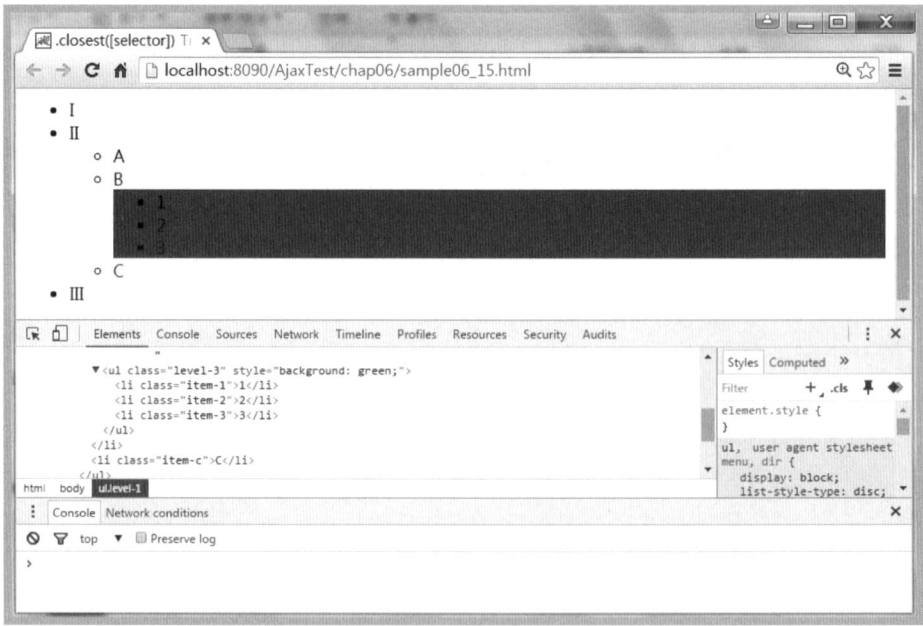

[그림 6.16] sample06_15.html 예제 실행 결과

3.3 .find(selector) 메서드

.find(selector) 메서드는 선택된 요소에서 selector와 일치하는 하위요소를 반환한다. 3.1절의 .children(selector) 메서드와 비슷하지만, .children(selector) 메서드는 자식 요소 레벨까지만 검색하고, .find(selector) 메서드는 자식과 자손 레벨까지 포함하여 검색하는 검색 범위의 차이점이 있다.

기본 사용 방법은 다음과 같다.

> **$(selector1).find(selector2)**

selector1의 선택된 요소에서 selector2와 일치하는 자식(자손) 요소를 반환한다.

다음의 [예제 6.16]은 〈div〉 태그 내의 〈span〉 태그를 찾아서 글꼴 크기를 30px로 설정하는 예제이다.

[예제 6.16] sample06_16.html

```
01:  <!DOCTYPE html>
02:  <html>
03:    <head>
04:      <meta charset="UTF-8">
05:      <title>.find(selector) Traverse 메서드</title>
06:      <script type="text/javascript" src="jquery-3.1.1.js"></script>
07:      <script type="text/javascript">
08:        $(document).ready(function() {
09:          $("div").find("span").css("font-size", "30px");
10:          $("div").children("span").css("background", "red");
11:        });
12:      </script>
13:    </head>
14:    <body>
15:      <div><span>홍길동</span>, 이순신</div>
16:      <div>유관순 <p><span>강감찬</span></p></div>
17:    </body>
18:  </html>
```

09행   〈div〉 태그 내의 〈span〉 요소를 찾아서 글꼴 크기를 30px로 설정한다. 따라서 15행 〈div〉 태그의 자식 요소(〈span〉 태그)와 16행 〈div〉 태그의 자손 요소(〈span〉 태그)가 선택되어 글꼴 크기가 적용된다.

10행   .children() 메서드를 사용하면 자식 레벨에서만 검색이 이루어지기 때문에 15행의 〈span〉 태그만 선택되어 배경색이 red로 설정된다.

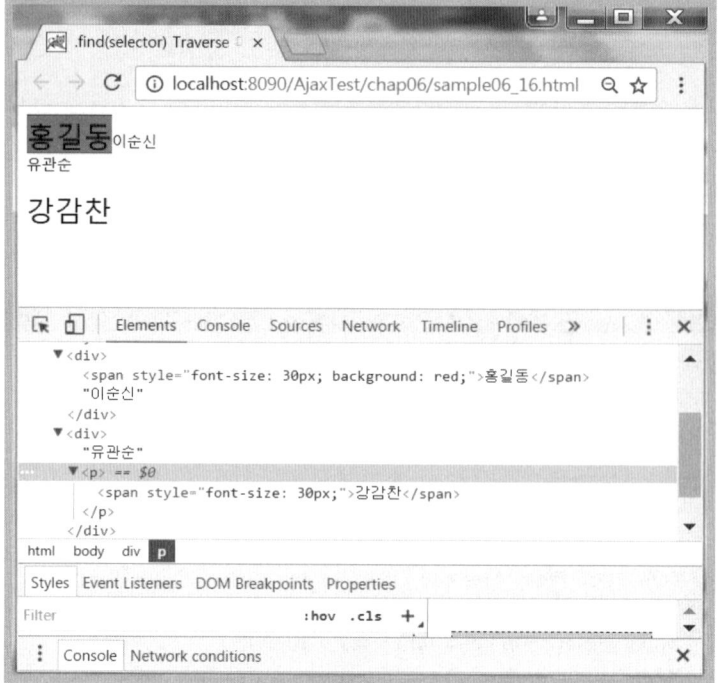

[그림 6.17] sample06_16.html 예제 실행 결과

3.4 .next([selector]) 메서드

.next([selector]) 메서드는 선택된 요소에서 selector와 일치하는 다음 형제 요소를 반환한다. 만약 selector가 생략되면 바로 다음 형제 요소가 반환된다.

기본 사용 방법은 다음과 같다.

$(selector1).next([selector2])

selector1의 선택 요소에서 selector2와 일치하는 형제 요소를 반환하고, 만약 selector2이 생략되면 바로 다음 형제 요소가 반환된다.

다음의 [예제 6.17]은 <p> 태그의 형제 요소 중에서 class 속성값이 selected인 요소를 찾아서 배경색을 yellow로 설정하고, <p> 태그의 바로 다음 형제 요소에는 글꼴 크기를 30px로 설정하는 예제이다.

[예제 6.17] sample06_17.html

```
01:  <!DOCTYPE html>
02:  <html>
03:    <head>
04:      <meta charset="UTF-8">
05:      <title>.next([selector]) Traverse 메서드</title>
06:      <script type="text/javascript" src="jquery-3.1.1.js"></script>
07:      <script type="text/javascript">
08:        $(document).ready(function() {
09:          $("p").next(".selected" ).css("background", "yellow");
10:          $("p").next().css("font-size", "30px");
11:        });
12:      </script>
13:    </head>
14:    <body>
15:      <p>홍길동</p>
16:      <p>이순신</p>
17:      <p class="selected">유관순</p>
18:      <div><span>강감찬</span></div>
19:    </body>
20:  </html>
```

09행   <p> 태그의 형제 요소 중에서 class 속성값이 selected인 요소를 찾아서 배경색을 yellow로 변경한다. 따라서 17행의 <p> 태그에 CSS 스타일이 적용된다.

10행   <p> 태그의 바로 다음 형제 요소의 글꼴 크기를 30px로 설정한다. 15행의 <p> 태그 다음 형제 요소인 16행과 16행의 <p> 태그 다음 요소인 17행의 <p> 태그 그리고 17행의 <p> 태그 다음 요소인 <div> 태그에 CSS 스타일이 적용된다. 언뜻 보기에는 <p> 태그의 모든 형제 요소가 선택된 것처럼 보이지만 실습에서는 <p> 태그가 차례대로 설정되어 있기 때문에 모든 형제 요소가 선택된 것처럼 보일 수 있다.

실행 결과

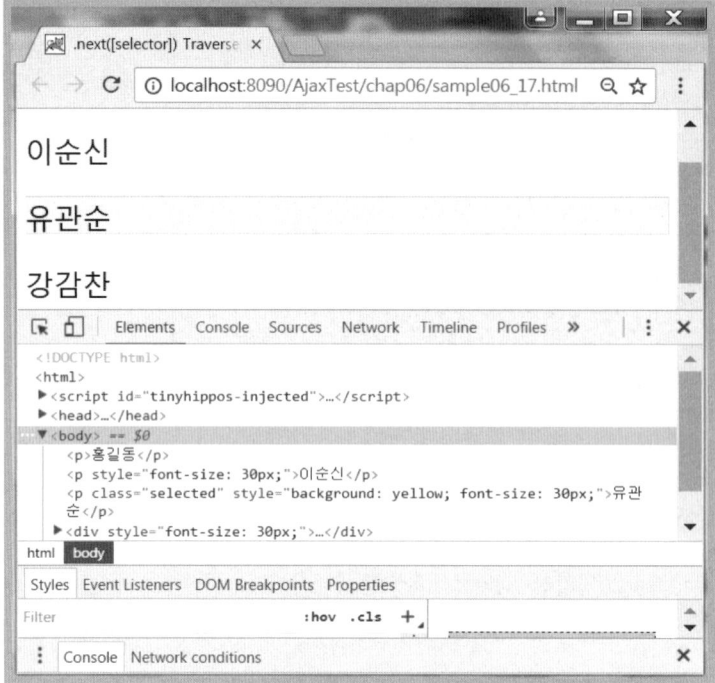

[그림 6.18] sample06_17.html 예제 실행 결과

3.5 .nextAll([selector]) 메서드

.nextAll([selector]) 메서드는 선택된 요소에서 selector와 일치하는 모든 다음 형제 요소를 반환한다. 만약 selector가 생략되면 바로 다음 형제 요소 모두를 반환한다.

기본 사용 방법은 다음과 같다.

> **$(selector1).nextAll([selector2])**

selector1의 선택 요소에서 selector2와 일치하는 모든 형제 요소를 반환하고, 만약 selector2가 생략되면 바로 다음의 모든 형제 요소가 반환된다.

다음의 [예제 6.18]은 첫 번째 ⟨div⟩ 태그의 모든 다음 형제 요소 중에서 class 속성값이 "selected"인 요소를 찾아서 글꼴 크기를 30px로 설정하고, 첫 번째 ⟨div⟩ 태그의 바로 다음 모든 형제 요소에는 배경색을 green으로 설정하는 예제이다.

[예제 6.18] sample06_18.html

```
01:  <!DOCTYPE html>
02:  <html>
03:    <head>
04:      <meta charset="UTF-8">
05:      <title>.nextAll([selector]) Traverse 메서드</title>
06:      <style>
07:        div {
08:          width: 80px;
09:          height: 80px;
10:          border: 2px solid black;
11:          margin: 10px;
12:          float: left;
13:        }
14:      </style>
15:      <script type="text/javascript" src="jquery-3.1.1.js"></script>
16:      <script type="text/javascript">
17:        $(document).ready(function() {
18:          $("div:first").nextAll().css("background", "green");
19:          $("div:first").nextAll(".selected").css("font-size", "30px");
20:        });
21:      </script>
22:    </head>
23:    <body>
24:      <div>홍길동</div>
25:      <div>이순신<div>유관순</div></div>
26:      <div class="selected">강감찬</div>
27:      <div class="selected">이성계</div>
28:    </body>
29:  </html>
```

07-13행 <div> 태그에 대한 CSS 스타일을 적용한다.

18행 :first 필터 선택자를 사용하여 첫 번째 <div> 태그를 찾고, 다음 모든 형제 요소를 찾아 배경색을 green으로 설정한다. 즉, 24행의 첫 번째 <div> 태그를 찾고, 찾은 24행과 같은 형제 요소 중에서 24행 요소의 다음 형제 요소들만 찾아 배경색이 변경된다. "유관순" 값을 갖는 <div> 태그는 형제 요소가 아니기 때문에 CSS 스타일 적용 대상에서 제외된다.

19행 :first 필터 선택자를 사용하여 첫 번째 <div> 태그를 찾고, class 속성값이 selected인 다음 모든 형제 요소를 찾아서 글꼴 크기를 30px로 설정한다. 즉, 24행의 첫 번째 <div> 태그를 찾고, 찾은 24행 요소의 다음 형제 요소 중에서 class 속성값이 selected인 요소만 선택한다.

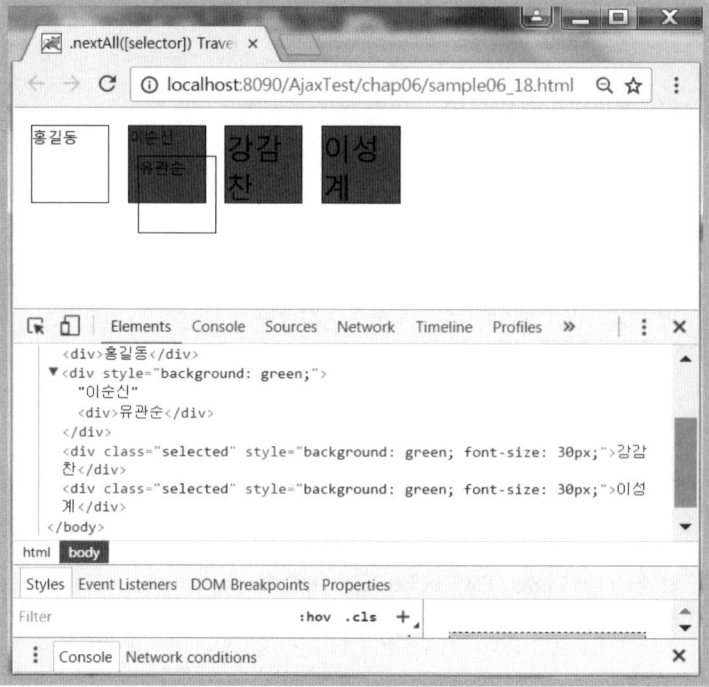

[그림 6.19] sample06_18.html 예제 실행 결과

3.6 .offsetParent( ) 메서드

.offsetParent() 메서드는 선택된 요소의 style 속성값 중 position(relative 또는 absolute) 속성값이 가장 가까운 위치에 있는 부모를 반환한다.

기본 사용 방법은 다음과 같다.

$(selector).offsetParent()

다음의 [예제 6.19]는 class 속성값이 item-b를 가진 〈li〉 태그에서 가장 근접한 position 속성값을 가진 부모 요소를 찾아서 배경색을 red로 설정하는 예제이다.

[예제 6.19] sample06_19.html

```
01:  <!DOCTYPE html>
02:  <html>
03:    <head>
04:      <meta charset="UTF-8">
05:      <title>.offsetParent() Traverse 메서드</title>
06:      <script type="text/javascript" src="jquery-3.1.1.js"></script>
07:      <script type="text/javascript">
08:        $(document).ready(function() {
09:          $("li.item-b").offsetParent().css("background-color", "red");
10:        });
11:      </script>
12:    </head>
13:    <body>
14:      <ul class="level-1">
15:        <li class="item-i">I</li>
16:        <li class="item-ii" style="position: relative;">II
17:          <ul class="level-2">
18:            <li class="item-a">A</li>
19:            <li class="item-b">B
20:              <ul class="level-3">
21:                <li class="item-1">1</li>
22:                <li class="item-2">2</li>
23:                <li class="item-3">3</li>
24:              </ul>
25:            </li>
26:            <li class="item-c">C</li>
27:          </ul>
28:        </li>
29:        <li class="item-iii">III</li>
30:      </ul>
31:    </body>
32:  </html>
```

09행   class 속성값이 item-b를 가진 <li> 태그(19행)에서 가장 가까운 position 속성값을 가진 부모
         요소를 찾아 배경색을 red로 설정한다. 따라서 16행의 <li> 태그가 선택되어, 선택된 요소의 범
         위인 16~28행까지의 범위에 배경색을 red로 설정한다.

실행 결과

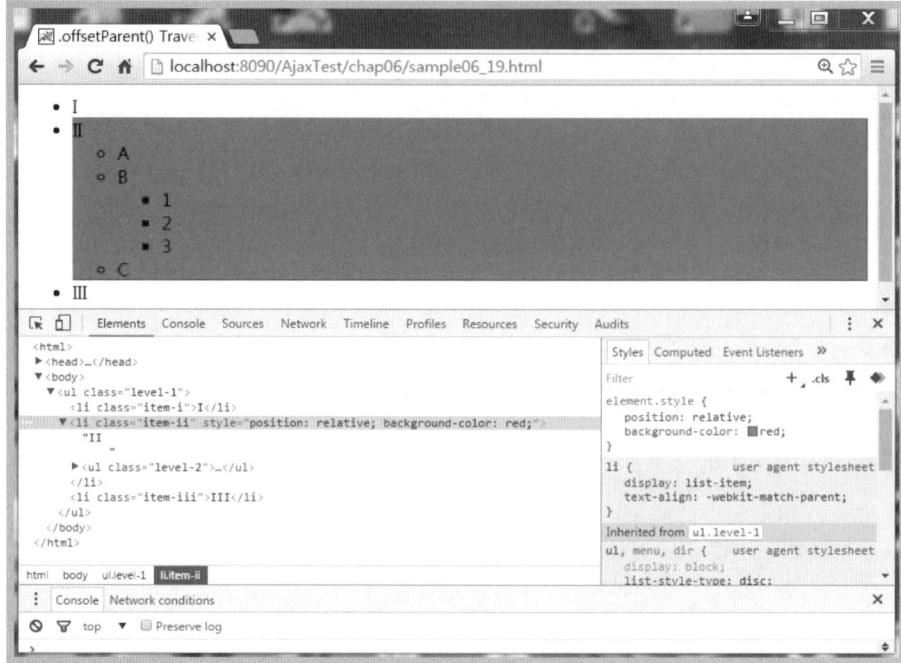

[그림 6.20] sample06_19.html 예제 실행 결과

3.7 .parent([selector]) 메서드

.parent([selector]) 메서드는 선택된 요소에서 selector와 일치하는 부모 요소를 반환한다. 만약, 부모 요소가 여러 개이면 배열로 반환된다.

기본 사용 방법은 다음과 같으며, selector1의 부모 요소 중에서 selector2와 일치하는 요소를 반환한다.

$(selector1).parent([selector2])

다음의 [예제 6.20]은 〈p〉 태그의 부모 요소를 찾아서 글꼴 크기를 30px로 설정하고, 〈p〉 태그의 부모 요소 중에서 class 속성값이 selected인 요소는 배경색을 yellow로 설정하는 예제이다.

[예제 6.20] sample06_20.html

```
01:  <!DOCTYPE html>
02:  <html>
03:    <head>
04:      <meta charset="UTF-8">
```

```
05:     <title>.parent([selector]) Traverse 메서드</title>
06:     <script type="text/javascript" src="jquery-3.1.1.js"></script>
07:     <script type="text/javascript">
08:       $(document).ready(function() {
09:         $("p").parent().css("font-size", "30px");
10:         $("p").parent(".selected").css("background", "yellow");
11:       });
12:     </script>
13:   </head>
14:   <body>
15:     <div><p>홍길동</p></div>
16:     <div class="selected"><p>이순신</p></div>
17:   </body>
18: </html>
```

09행   〈p〉 태그의 부모 요소를 찾아서 글꼴 크기를 30px로 설정한다. 이때 〈p〉 태그의 부모 요소인
       〈div〉 태그는 여러 개가 존재하기 때문에 배열로 반환된다. 따라서 15행과 16행의 〈div〉 태그
       가 선택된다.

10행   〈p〉 태그의 부모 요소 중에서 class 속성값이 selected인 요소를 찾아서 배경색을 yellow로
       설정한다. 따라서 16행의 〈div〉 태그에 CSS 스타일이 적용된다.

실행 결과

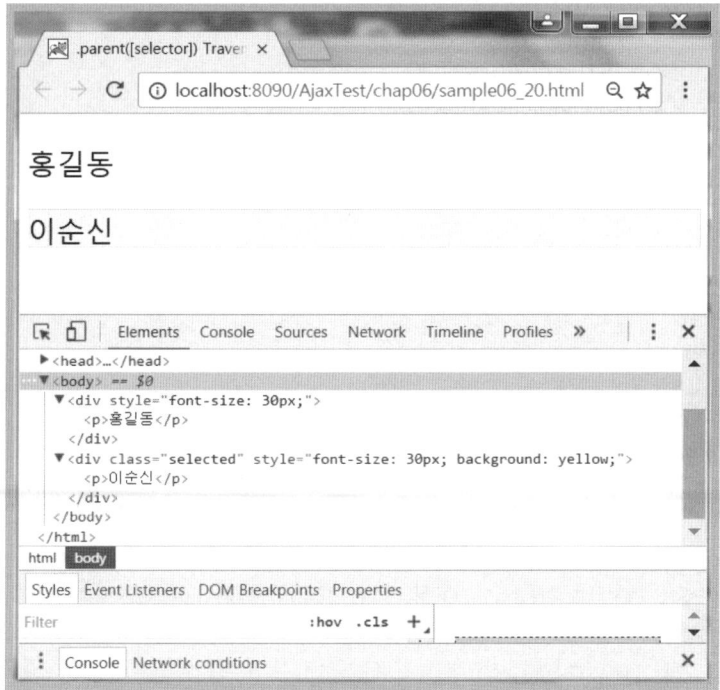

[그림 6.21] sample06_20.html 예제 실행 결과

3.8 .parents([selector]) 메서드

.parents([selector]) 메서드는 선택된 요소에서 selector와 일치하는 모든 조상 요소를 반환한다. 만약 selector를 생략하면 ⟨html⟩ 태그를 포함한 모든 조상 요소를 반환하게 된다. 반면에 앞에서 살펴보았던 .parent([selector]) 메서드는 부모 요소, 즉 바로 상위 요소만을 반환한다.

기본 사용 방법은 다음과 같으며, selector1의 모든 조상 요소 중에서 selector2와 일치하는 요소를 반환한다.

> **$(selector1).parents([selector2])**

다음의 [예제 6.21]은 ⟨p⟩ 태그의 모든 조상 요소를 .each() 메서드를 사용하여 반복적으로 순회하면서 콘솔에 출력하는 예제이다.

[예제 6.21] sample06_21.html

```
01:  <!DOCTYPE html>
02:  <html>
03:   <head>
04:    <meta charset="UTF-8">
05:    <title>.parents([selector]) Traverse 메서드</title>
06:    <script type="text/javascript" src="jquery-3.1.1.js"></script>
07:    <script type="text/javascript">
08:     $(document).ready(function() {
09:      $("p").parents().each(function() {
10:       console.log(this.tagName);
11:      });
12:     });
13:    </script>
14:   </head>
15:   <body>
16:    <div>
17:     <p>홍길동</p>
18:    </div>
19:   </body>
20:  </html>
```

09-11행 ⟨p⟩ 태그의 모든 조상 요소를 찾아서 콘솔에 출력한다. 이때 조상 요소가 여러 개이기 때문에 .each() 메서드를 사용하여 반복적으로 순회시키고, function 안에서 태그명을 얻기 위하여 this.tagName을 사용한다. 따라서 ⟨div⟩, ⟨body⟩, ⟨html⟩ 태그명이 출력된다.

실행 결과

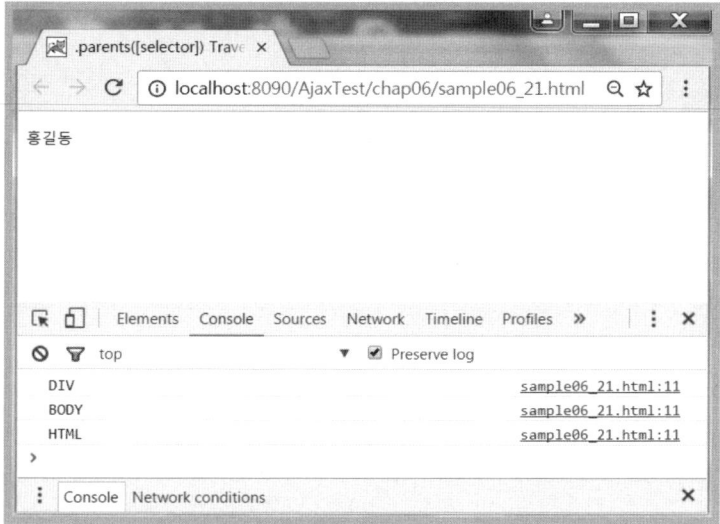

[그림 6.22] sample06_21.html 예제 실행 결과

3.9 .prev([selector]) 메서드

.prev([selector]) 메서드는 선택된 요소에서 selector와 일치하는 바로 앞의 형제 요소를 반환하고, selector를 생략하면 바로 앞의 형제 요소를 반환한다.

기본 사용 방법은 다음과 같으며, selector1 바로 앞의 형제 요소 중에서 selector2와 일치하는 요소를 반환한다.

$(selector1).prev([selector2])

다음의 [예제 6.22]는 모든 〈p〉 태그 바로 앞에 있는 형제 요소의 배경색을 yellow로 설정하고, class 속성값으로 "selected"를 가진 형제 요소는 글꼴 크기를 30px로 설정하는 예제이다.

[예제 6.22] sample06_22.html

```
01:  <!DOCTYPE html>
02:  <html>
03:    <head>
04:      <meta charset="UTF-8">
05:      <title>.prev([selector]) Traverse 메서드</title>
06:      <script type="text/javascript" src="jquery-3.1.1.js"></script>
07:      <script type="text/javascript">
08:        $(document).ready(function() {
```

```
09:          $("p").prev().css("background", "yellow" );
10:          $("p").prev(".selected").css("font-size", "30px");
11:        });
12:      </script>
13:    </head>
14:    <body>
15:      <div class="selected"><span>홍길동</span></div>
16:      <p class="selected">이순신</p>
17:      <p>유관순</p>
18:      <span class="selected">강감찬</span>
19:      <p>이성계</p>
20:    </body>
21: </html>
```

09행   모든 〈p〉 태그 바로 앞에 있는 형제 요소의 배경색을 yellow로 설정한다. 16행의 〈p〉 태그 앞 형제 요소인 15행의 〈div〉 태그와 17행의 〈p〉 태그 앞 형제 요소인 16행의 〈p〉태그 그리고 19행의 〈p〉 태그 앞 형제 요소인 18행의 〈span〉 태그에 CSS 스타일이 적용된다.

10행   모든 〈p〉 태그 바로 앞의 형제 요소 중에서 class 속성값이 selected인 요소는 글꼴 크기를 30px로 설정한다.

실행 결과

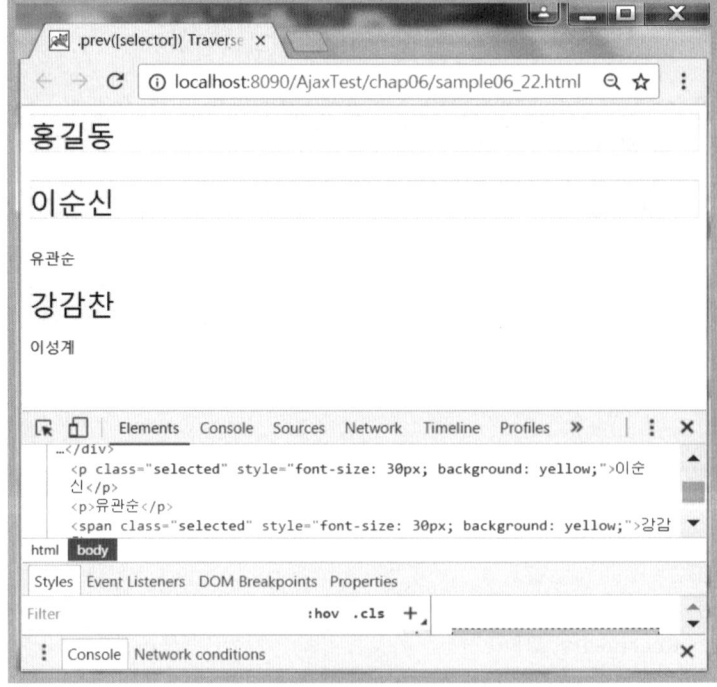

[그림 6.23] sample06_22.html 예제 실행 결과

3.1O .prevAll([selector]) 메서드

.prevAll([selector]) 메서드는 선택된 요소에서 selector와 일치하는 앞의 모든 형제 요소를 반환하고, selector를 생략하면 앞의 모든 형제 요소를 반환한다.

기본 사용 방법은 다음과 같으며, selector1 요소 앞의 모든 형제 요소 중에서 selector2와 일치하는 요소를 반환한다.

> $(selector1).**prevAll([selector2])**

다음의 [예제 6.23]은 class 속성값이 third-item인 〈li〉 태그 앞의 모든 형제 요소의 배경색을 red로 설정하고, 추가로 class 속성값으로 selected를 가진 〈li〉 태그는 글꼴 크기를 30px로 설정하는 예제이다.

[예제 6.23] sample06_23.html

```
01:  〈!DOCTYPE html〉
02:  〈html〉
03:    〈head〉
04:     〈meta charset="UTF-8"〉
05:     〈title〉.prevAll([selector]) Traverse 메서드〈/title〉
06:     〈script type="text/javascript" src="jquery-3.1.1.js"〉〈/script〉
07:     〈script type="text/javascript"〉
08:       $(document).ready(function() {
09:         $("li.third-item").prevAll().css("background-color", "red");
10:         $("li.third-item").prevAll(".selected").css("font-size", "30px");
11:       });
12:     〈/script〉
13:    〈/head〉
14:    〈body〉
15:     〈ul〉
16:       〈li class="selected"〉아이템 1〈/li〉
17:       〈li〉아이템 2〈/li〉
18:       〈li class="third-item"〉아이템 3〈/li〉
19:       〈li〉아이템 4〈/li〉
20:       〈li〉아이템 5〈/li〉
21:     〈/ul〉
22:    〈/body〉
23:  〈/html〉
```

09행   class 속성값이 third-item인 〈li〉 태그 앞에 있는 모든 형제 요소의 배경색을 red로 설정한다. 따라서 16행과 17행의 〈li〉 태그가 선택되어 CSS 스타일이 적용된다.

10행   추가로 class 속성값으로 selected를 가진 〈li〉 태그는 글꼴 크기를 30px로 설정한다.

[그림 6.24] sample06_23.html 예제 실행 결과

3.11 .siblings([selector]) 메서드

.sibllings([selector]) 메서드는 선택된 요소에서 selector와 일치하는 앞과 뒤의 모든 형제 요소를 반환하고, selector를 생략하면 선택된 요소의 앞과 뒤에 있는 모든 형제 요소를 반환한다.

기본 사용 방법은 다음과 같으며, selector1과 일치하는 앞과 뒤의 모든 형제 요소 중에서 selector2와 일치하는 요소를 반환한다.

$(selector1).siblings([selector2])

다음의 [예제 6.24]는 class 속성값이 third-item인 〈li〉 태그 앞과 뒤에 있는 모든 형제 요소의 배경색을 red로 설정하고, 추가로 class 속성값으로 selected를 가진 〈li〉 태그의 글꼴 크기를 30px로 설정하는 예제이다.

[예제 6.24] sample06_24.html

```
01:  <!DOCTYPE html>
02:  <html>
03:   <head>
04:    <meta charset="UTF-8">
05:    <title>.siblings([selector]) Traverse 메서드</title>
06:    <script type="text/javascript" src="jquery-3.1.1.js"></script>
07:    <script type="text/javascript">
08:     $(document).ready(function() {
09:       $("li.third-item").siblings().css("background-color", "red");
10:       $("li.third-item").siblings(".selected").css("font-size", "30px");
11:     });
12:    </script>
13:   </head>
14:   <body>
15:    <ul>
16:     <li class="selected">아이템 1</li>
17:     <li>아이템 2</li>
18:     <li class="third-item">아이템 3</li>
19:     <li>아이템 4</li>
20:     <li class="selected">아이템 5</li>
21:    </ul>
22:   </body>
23:  </html>
```

09행 class 속성값이 third-item인 <li> 태그 앞과 뒤에 있는 모든 형제 요소의 배경색을 red로 설정한다.

10행 추가로 class 속성값으로 selected를 가진 <li> 태그의 글꼴 크기를 30px로 설정한다.

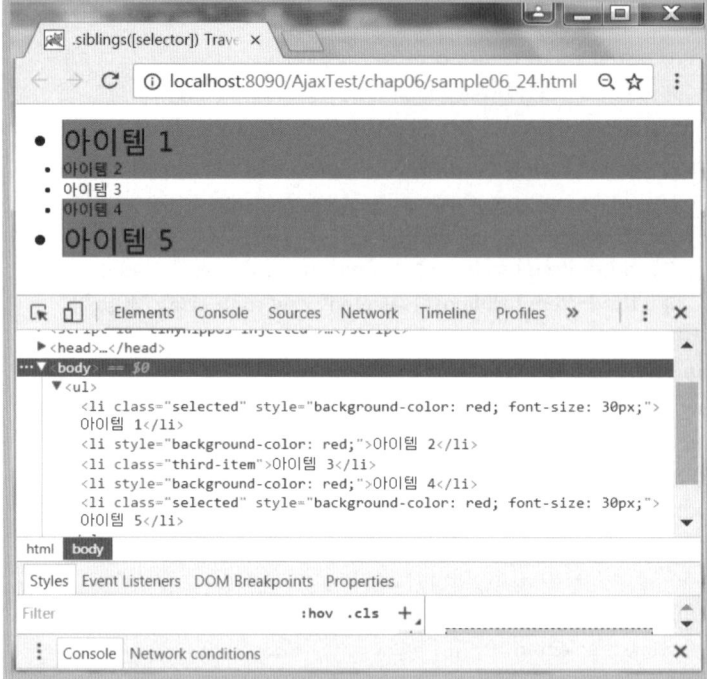

[그림 6.25] sample06_24.html 예제 실행 결과

jQuery Attributes

CHAPTER 07

[학습 목표]

- jQuery Attributes 메서드에 관하여 학습한다.
- .attr()과 .prop() 메서드에 관하여 학습한다.
- .val(), .text() 그리고 .html() 메서드에 관하여 학습한다.
- .addClass()와 .removeClass() 그리고 .toggleClass() 메서드에 관하여학습한다.

이 장에서 살펴볼 내용은 jQuery 메서드를 사용하여 HTML 태그의 속성을 제어하는 방법
이다. HTML 문서에서는 태그명을 제외하고는 모두 속성이라고 할 수 있다.

다음 [코드 7.1]은 대표적인 HTML 태그의 속성들이다.

[코드 7.1] HTML 태그와 속성 예

```
<img src="sample.jpg"  width="100" height="200" />
<input type="text" name="userid" value="inky4832" />
<input type="text" name="password" value="pw1234" />
<p style="background-color:red">Hello</p>
```

위의 [코드 7.1]을 보면 ⟨img⟩ 태그에서 src, width, height는 속성이 된다. jQuery에서
이 속성값을 변경하면 동적으로 image가 다르게 보일 수 있다. 또한, ⟨p⟩ 태그의 style 속
성을 변경하면 자연스럽게 배경색을 다르게 처리할 수도 있고, ⟨input⟩ 태그 내의 value
속성에 값을 가져오거나 동적으로 다른 값을 설정할 수도 있을 것이다. 이렇게 필요에 의
해서 HTML 태그 내의 속성을 jQuery에서 제어하는 방법을 이 장에서 살펴보자.

잠깐만

jQuery Attributes과 관련된 API Documentation 내용은 다음 URL의 사이트를 참조하면 자세한 내
용을 확인할 수 있다.

URL : http://api.jquery.com/category/attributes/

다음의 [표 7.1]은 jQuery에서 제공하는 Attributes 관련 메서드이다.

[표 7.1] Attributes 관련 메서드

메서드	설명
.attr(속성명)	지정된 속성명에 해당하는 속성값을 반환한다. 일치하는 요소가 많으면, 처음 일치하는 요소가 반환된다.
.attr(속성명, 속성값)	지정된 속성명에 속성값을 설정한다. 일치하는 요소가 많으면 모두 설정한다.
.removeAttr(속성명)	지정된 속성명과 일치하는 모든 속성을 제거한다.
.val()	선택된 요소의 값을 반환한다. 예) input, select, textarea
.val(값)	선택된 요소에 값을 설정한다.
.text()	선택된 요소의 자손을 포함한 text 값을 반환한다. 포함된 HTML 태그는 모두 제거된 후에 반환된다. 예) p
.text(값)	선택된 요소에 text 값을 설정한다.
.html()	선택된 요소의 자손을 포함한 text 값을 반환한다. 포함된 HTML 태그는 모두 포함되어 반환된다.
.html(값)	선택된 요소에 text 값을 설정한다. HTML 태그까지 포함할 수 있다.
.addClass(className)	선택된 요소에 className에 해당하는 class 속성을 설정(추가)한다. 한꺼번에 여러 개의 속성값을 설정할 수 있고, 기존에 class 속성이 존재하면 마지막에 추가된다.

.removeClass(className)	선택된 요소에 className에 해당하는 class 속성을 삭제한다. 한꺼번에 여러 개의 속성값을 제거할 수 있다.
.toggleClass(className)	선택된 요소에 className에 해당하는 class 속성이 존재하면 제거하고, 존재하지 않으면 설정한다.

01 .attr(속성명)와 .attr(속성명, 속성값) 메서드

.attr(속성명) 메서드는 지정된 속성명에 해당하는 속성의 값을 반환하고 .attr(속성명, 속성값) 메서드는 지정된 속성명에 속성값을 설정하는 메서드이다. 따라서 태그의 특정 속성값을 가져오기 위해서는 .attr(속성명) 메서드를 사용하고, 속성값을 설정하기 위해서는 .attr(속성명, 속성값) 메서드를 사용한다.

속성값을 가져오는 경우 일치하는 요소가 많으면, 처음 일치하는 요소가 반환된다. 따라서 반복적으로 요소를 가져오기 위해서는 일반적으로 .each() 메서드 또는 .map() 메서드를 같이 사용한다. 속성값을 설정하는 경우에, 만약 해당 속성명이 존재하면 기존 속성값에 덮어쓰기가 되고 속성명이 존재하지 않으면 새로운 속성값이 설정된다. 한꺼번에 여러 속성을 설정할 수도 있다.

잠깐만

checked, selected 또는 disabled와 같은 form 관련 객체 내의 상태값과 관련된 속성을 변경하거나 조회하는 경우는 .attr() 메서드가 아닌 .prop() 메서드를 사용해야 한다. .attr() 메서드는 HTML 문서 내 태그의 속성을 의미하고, .prop() 메서드는 DOM의 엘리먼트 속성을 의미한다. 우리말로는 모두 속성이라고 할 수 있으나, 실제로는 서로 다른 개념이다.

기본 사용 방법은 다음과 같다.

```
· 속성값 얻기
$(selector).attr(attributeName)

· 속성값 설정
$(selector).attr(attributeName, attributeValue)
$(selector).attr({
    attributeName1:attributeValue1,
    attributeName2:attributeValue2,
})
```

여러 속성을 한꺼번에 설정하기 위해서는 JSON 객체 표현식을 사용할 수 있다.

다음의 [예제 7.1]은 버튼을 클릭할 때 기존 〈img〉 태그의 속성인 src, width, height를 변경하여 새로운 이미지 파일을 보여주는 예제이다.

[예제 7.1] sample07_1.html

```
01:  <!DOCTYPE html>
02:  <html>
03:   <head>
04:    <meta charset="UTF-8">
05:    <title>.attr() Traverse 메서드</title>
06:    <script type="text/javascript" src="jquery-3.1.1.js"></script>
07:    <script type="text/javascript">
08:      $(document).ready(function() {
09:        $("button").on("click", function() {
10:          $("img").attr({
11:            src:"korea.png",
12:            width:200,
13:            height:200
14:          });
15:          console.log($("img").attr("src"))
16:        });
17:      });
18:    </script>
19:   </head>
20:   <body>
21:    <img src="france.png" width="100" height="100" />
22:    <button>이미지 변경</button>
23:   </body>
24:  </html>
```

09행 〈button〉 태그에 click 이벤트를 설정한다.

10~14행 button을 클릭할 때 〈img〉 태그의 속성 src에 "korea.png"를 설정하고 width와 height 속성을 각각 200으로 설정한다. 따라서 새로운 "korea.png" 이미지 파일이 너비와 높이가 200으로 설정되어 보이게 된다.

15행 〈img〉 태그의 속성 src에 해당하는 속성값을 콘솔에 출력한다. 따라서 korea.png 값이 출력된다.

실행 결과

[그림 7.1]은 [예제 7.1]을 처음 실행했을 때의 결과로 [예제 7.1]의 21행에 의하면 france. png 파일의 이미지가 보이게 되고, width와 height는 각각 100으로 설정되어 있다.

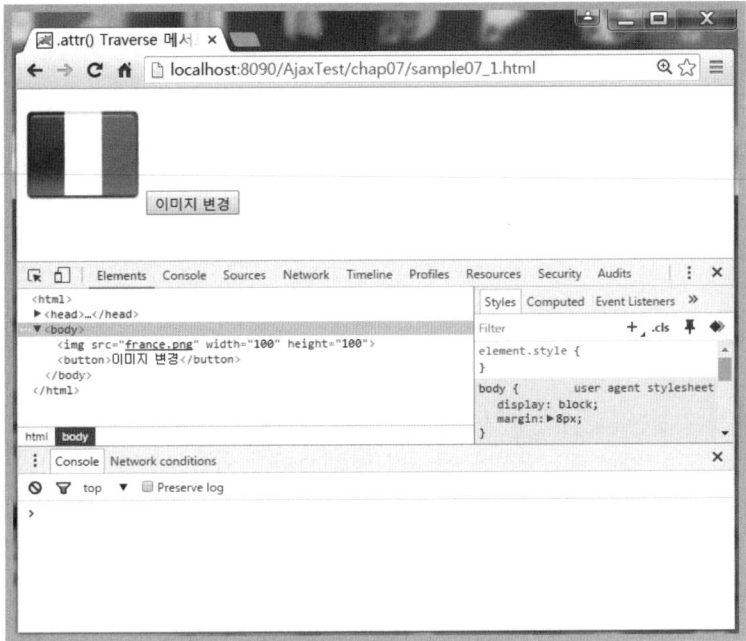

[그림 7.1] sample07_1.html 예제 실행 결과 : 초기 상태

[그림 7.2]는 [그림 7.1]의 초기 결과에서 [이미지 변경] 버튼을 클릭한 후의 결과로 korea. png 파일이 보이고, width와 height 속성은 각각 200으로 설정되어 있다. 콘솔에는 src 속성의 값인 korea.png가 출력된다.

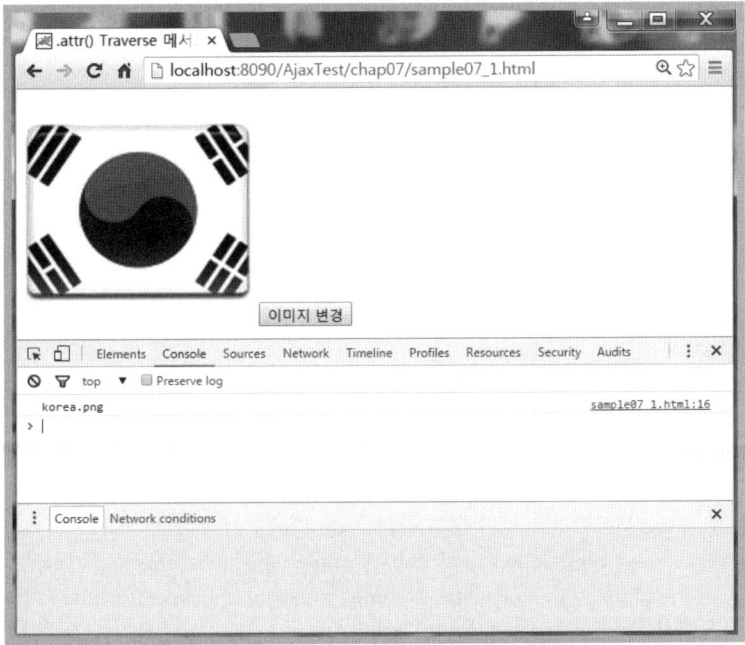

[그림 7.2] sample07_1.html 예제 실행 결과 : [이미지 변경] 버튼을 클릭한 후

02 .removeAttr(속성명) 메서드

.removeAttr(속성명) 메서드는 지정된 속성명과 일치하는 모든 속성을 제거한다.

기본 사용 방법은 다음과 같다.

> **$(selector).removeAttr(속성명)**

다음의 [예제 7.2]는 [전체해제] 버튼을 클릭할 때 선택되어 있던 모든 checkbox를 해제하고, 반대로 [전체선택] 버튼을 클릭하면 해제되어 있던 모든 checkbox를 선택하는 예제이다. 앞 절에서 설명했듯이 checked 속성과 관련된 처리는 .attr() 메서드가 아닌 .prop() 메서드를 사용해야 한다. .prop() 메서드 대신에 .attr() 메서드를 사용하면 checkbox 선택이 안 되는 것을 확인할 수 있다.

[예제 7.2] sample07_2.html

```
01:  <!DOCTYPE html>
02:  <html>
03:   <head>
04:    <meta charset="UTF-8">
05:    <title>.removeAttr() Traverse 메서드</title>
06:    <script type="text/javascript" src="jquery-3.1.1.js"></script>
07:    <script type="text/javascript">
08:     $(document).ready(function() {
09:      $("#allunCheck").on("click", function() {
10:       $("input").removeAttr("checked");
11:      });
12:      $("#allCheck").on("click", function() {
13:       $("input").prop("checked", true);
14:       // $("input").attr("checked", "checked");
15:      });
16:     });
17:    </script>
18:   </head>
19:   <body>
20:    <button id="allunCheck">전체해제</button>
21:    <button id="allCheck">전체선택</button><br>
22:    사과<input type="checkbox" name="apple" checked="checked"><br>
23:    바나나<input type="checkbox" name="banana" checked="checked"><br>
24:    오렌지<input type="checkbox" name="orange" checked="checked"><br>
25:   </body>
26:  </html>
```

09행	id가 allunCheck 값을 가진 〈button〉 태그에 click 이벤트를 설정한다.
10행	[전체해제] 버튼을 클릭할 때 기본으로 선택되어 있던 checkbox를 해제하기 위하여 checked 속성을 제거한다. 따라서 모든 checkbox의 선택이 해제된다.
12행	id가 allCheck 값을 가진 〈button〉 태그에 click 이벤트를 설정한다.
13행	[전체선택] 버튼을 클릭할 때 해제되어 있던 checkbox에 checked 속성을 설정하기 위하여 .prop() 메서드를 사용하여 checked 속성에 true 값을 설정하여 모든 checkbox가 선택된 상태로 한다.

실행 결과

[그림 7.3]은 초기 실행 결과로 기본적으로 모든 checkbox가 선택되어 보인다.

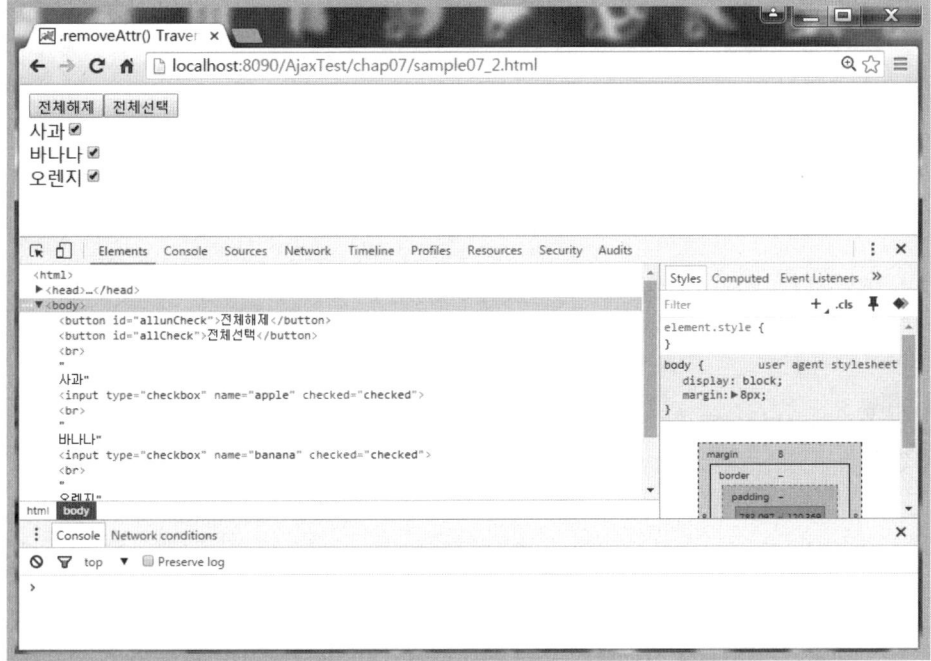

[그림 7.3] sample07_2.html 예제 실행 결과 : 초기 상태

[그림 7.4]는 [전체해제] 버튼을 클릭한 후의 실행 결과로 모든 checkbox가 해제되어 보인다. 다시 [전체선택] 버튼을 클릭하면 [그림 7.3]과 같이 모든 checkbox가 선택된다.

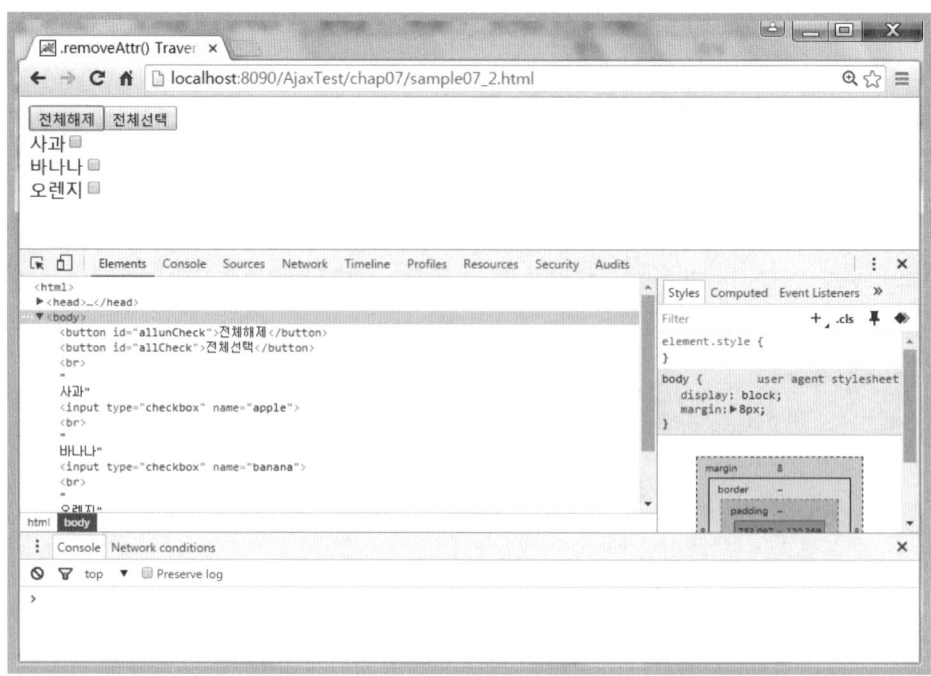

[그림 7.4] sample07_2.html 예제 실행 결과 : [전체해제] 버튼 클릭 후

03 .val() 메서드와 .val(값) 메서드

.val() 메서드는 〈input〉, 〈select〉, 〈textarea〉 등과 같은 폼 관련 태그에서 값을 가져올 때 사용할 수 있고, .val(값) 메서드는 해당 태그에 값을 설정할 때 사용할 수 있다. 일반적으로 선택되거나 체크된 요소를 찾기 위하여 :selected 또는 :checked 선택자와 같이 사용한다.

기본 사용 방법은 다음과 같다.

```
$(selector).val()
$(selector).val(값)
```

다음의 [예제 7.3]은 〈input〉 태그에 입력된 값을 복사하여 다른 〈input〉 태그의 값으로 설정하는 예제이다.

[예제 7.3] sample07_3.html

```
01:  <!DOCTYPE html>
02:  <html>
03:    <head>
04:      <meta charset="UTF-8">
05:      <title>.val() Traverse 메서드</title>
06:      <script type="text/javascript" src="jquery-3.1.1.js"></script>
07:      <script type="text/javascript">
08:        $(document).ready(function() {
09:          $("button").click(function() {
10:            var text = $("#source").val();
11:            $("#target").val(text);
12:          });
13:        });
14:      </script>
15:    </head>
16:    <body>
17:      입력:<input type="text" id="source"><br>
18:      <button>복사</button><br>
19:      출력<input type="text" id="target">
20:    </body>
21:  </html>
```

09행   <button> 태그에 대해서 click 이벤트를 설정한다.

10-11행 [복사] 버튼을 클릭하면 id가 source인 요소에서 값을 가져와서 text 변수에 저장하고, text 변수의 값을 id가 target인 요소에 설정한다.

실행 결과

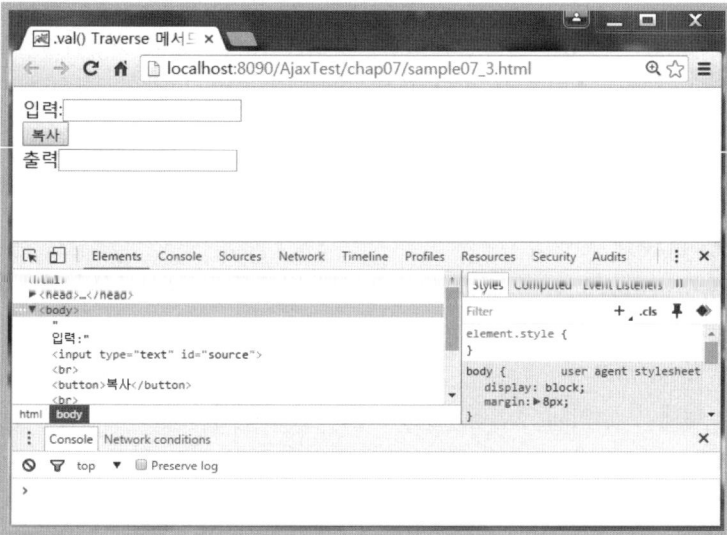

[그림 7.5] sample07_3.html 예제 실행 결과 : 초기 실행 결과

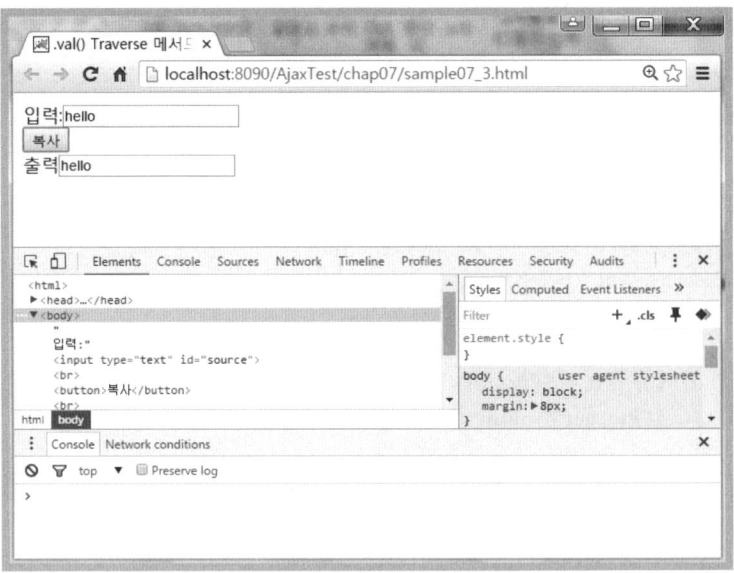

[그림 7.6] sample07_3.html 예제 실행 결과 : "입력" 항목에 문자열을 입력하고 [복사] 버튼을 클릭한 결과

04 .text()와 .text(값) 메서드

.text() 메서드는 선택된 요소의 자손을 포함한 text 값을 반환하고, text(값) 메서드는 값을 설정한다. 다음 절에서 살펴 볼 .html() 메서드와는 다르게 .text() 메서드는 XML과 HTML 문서에서 모두 사용할 수 있다. 그리고 자손 요소에 HTML 태그가 포함되면 모두 제거한 후에 문자열만 반환된다. 단, .text() 메서드는 〈input〉 태그 또는 〈script〉 내에서는 사용할 수 없다. 〈input〉 또는 〈textarea〉의 값을 얻거나 설정하기 위해서는 .val() 메서드를 사용해야 하고, 〈script〉의 값을 얻기 위해서는 .html() 메서드를 사용해야 한다.

기본 사용 방법은 다음과 같다.

```
$(selector).text()
$(selector).text(값)
```

[예제 7.4]은 html 태그가 포함된 〈p〉 태그 내의 text 값을 얻어서 다른 〈p〉 태그의 text에 설정하는 예제이다. 이때 포함된 HTML 태그는 모두 제거되고 문자열만 설정된다.

[예제 7.4] sample07_4.html

```
01: <!DOCTYPE html>
02: <html>
03:   <head>
04:     <meta charset="UTF-8">
05:     <title>.text() Traverse 메서드</title>
06:     <script type="text/javascript" src="jquery-3.1.1.js"></script>
07:     <script type="text/javascript">
08:       $(document).ready(function() {
09:         var str = $("p:first").text();
10:         $("p:last").text(str);
11:       });
12:     </script>
13:   </head>
14:   <body>
15:     <p><b>홍</b>길동</p>
16:     <p></p>
17:   </body>
18: </html>
```

09행   첫 번째 〈p〉 태그인 15행의 text 값을 얻어서 str 변수에 저장한다. .text() 메서드를 사용했기 때문에 HTML 태그가 모두 제외된 문자열이 저장된다.

10행   str 변수의 값을 마지막 〈p〉 태그인 16행에 설정한다.

실행 결과

[그림 7.7] sample07_4.html 예제 실행 결과

05 .html() 메서드와 .html(값) 메서드

.html()메서드는 선택된 요소의 text 값을 반환하고, html(값) 메서드는 선택된 요소에 값을 설정한다. .text()메서드와 다르게 HTML 형식의 문자열을 가져오거나 설정할 수 있다.

기본 사용 방법은 다음과 같다.

> $(selector).html()
> $(selector).html(값)

다음의 [예제 7.5]는 HTML 태그가 포함된 〈p〉 태그 내의 text 값을 얻어서 다른 〈p〉 태그의 text에 설정하는 예제이다. 이때 포함된 HTML 태그를 포함하는 문자열이 설정된다.

[예제 7.5] sample07_5.html

```
01:  <!DOCTYPE html>
02:  <html>
03:    <head>
04:      <meta charset="UTF-8">
05:      <title>.html() Traverse 메서드</title>
06:      <script type="text/javascript" src="jquery-3.1.1.js"></script>
07:      <script type="text/javascript">
08:        $(document).ready(function() {
09:          var str = $("p:first").html();
10:          $("p:last").html(str);
11:        });
12:      </script>
13:    </head>
14:    <body>
15:      <p><b>홍</b>길동</p>
16:      <p></p>
17:    </body>
18:  </html>
```

09행 첫 번째 〈p〉 태그인 15행의 text 값을 얻어서 str 변수에 저장한다. .html() 메서드를 사용했기 때문에 〈b〉 태그를 포함하는 문자열이 저장된다.

10행 str 변수의 값을 16행의 마지막 〈p〉 태그에 설정한다. HTML 태그를 포함하는 문자열이기 때문에 문자열 "홍"에는 〈b〉홍〈/br〉 형식으로 적용된다.

실행 결과

[**그림 7.8**] sample07_5.html 예제 실행 결과

06 .addClass(className) 메서드

.addClass(className) 메서드는 선택된 요소에 className에 해당하는 class 속성을 설정(추가)하는 메서드이다. 동시에 여러 개의 속성값을 설정할 수도 있고, 기존에 class 속성이 있으면 덮어쓰기 되지 않고 기존 속성값의 뒤에 추가된다. 일반적으로 CSS 스타일을 적용할 목적으로 사용 한다.

기본 사용 방법은 다음과 같다.

$(selector).addClass(className)

다음의 [예제 7.6]은 기존의 class 속성을 가진 〈p〉 태그에 새로운 class 속성을 추가하는 예제이다.

[예제 7.6] sample07_6.html

```
01:  <!DOCTYPE html>
02:  <html>
03:    <head>
04:      <meta charset="UTF-8">
05:      <title>.addClass(className) Traverse 메서드</title>
06:      <style>
07:        .size {
08:          margin: 8px;
09:          font-size: 16px;
10:        }
11:        .selected {
12:          color: red;
13:        }
14:        .highlight {
15:          background: yellow;
16:        }
17:      </style>
18:      <script type="text/javascript" src="jquery-3.1.1.js"></script>
19:      <script type="text/javascript">
20:        $(document).ready(function() {
21:          $("p:first").addClass("highlight");
22:          $("p:last").addClass("selected highlight");
23:        });
24:      </script>
25:    </head>
26:    <body>
27:      <p class="size">홍길동</p>
28:      <p>과</p>
29:      <p class="size">이순신</p>
30:    </body>
31:  </html>
```

07-16행 정의된 class에 적용할 CSS 스타일을 설정한다.

21행 첫 번째 <p> 태그인 27행의 <p> 태그에 class 속성 highlight를 추가로 설정한다. 27행의 <p> 태그에는 기존의 class 속성인 size가 있기 때문에 class 속성 highlight는 기존 속성의 뒤에 추가된다.

22행 마지막 <p> 태그인 29행의 <p> 태그에 기존의 class 속성 size 뒤에 class 속성 selected와 highlight를 추가한다.

실행 결과

크롬 웹 브라우저의 개발자 도구 화면에서 [Elements] 탭을 보면 <p> 태그의 class 속성에 추가된 값들을 확인할 수 있다.

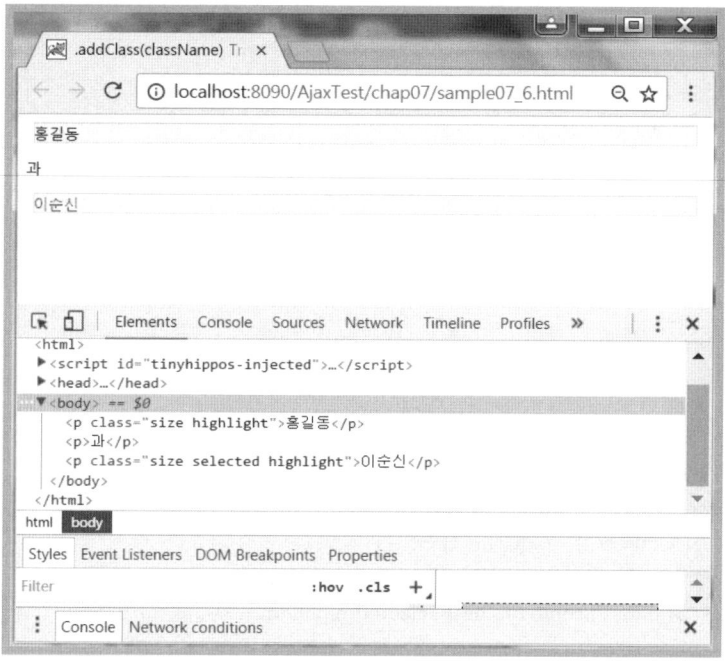

[그림 7.9] sample07_6.html 예제 실행 결과

07 .removeClass(className) 메서드

.removeClass(className) 메서드는 선택된 요소에서 className에 해당하는 class 속성을 제거하는 메서드이다. 동시에 여러 개의 class 속성값을 제거할 수도 있다.

기본 사용 방법은 다음과 같다.

> **$(selector).addClass(className)**

다음의 [예제 7.7]은 기존의 class 속성을 가진 〈p〉 태그에서 class 속성을 제거하는 예제이다.

[예제 7.7] sample07_7.html

```
01:  〈!DOCTYPE html〉
02:  〈html〉
03:   〈head〉
04:    〈meta charset="UTF-8"〉
```

```
05:      <title>.removeClass(className) Traverse 메서드</title>
06:      <style>
07:       .size {
08:         margin: 8px;
09:         font-size: 16px;
10:       }
11:       .selected {
12:         color: red;
13:       }
14:       .highlight {
15:         background: yellow;
16:       }
17:      </style>
18:      <script type="text/javascript" src="jquery-3.1.1.js"></script>
19:      <script type="text/javascript">
20:        $(document).ready(function() {
21:          $("p:first").removeClass("highlight");
22:          $("p:last").removeClass("selected highlight");
23:        });
24:      </script>
25:    </head>
26:    <body>
27:     <p class="size highlight">홍길동</p>
28:     <p>과</p>
29:     <p class="size selected highlight">이순신</p>
30:    </body>
31: </html>
```

07-16행 정의된 class에 적용할 CSS 스타일을 설정한다.

21행 첫 번째 <p> 태그인 27행의 <p> 태그에서 class 속성 highlight를 제거한다. 따라서 27행의 <p> 태그에는 class 속성 size만 적용된다.

22행 마지막 <p> 태그인 29행의 <p> 태그에서 class 속성 selected와 highlight를 제거한다. 따라서 29행의 <p> 태그에는 class 속성 size만 적용된다.

실행 결과

크롬 웹 브라우저의 개발자 도구 화면에서 [Elements] 탭을 보면 <p> 태그의 class 속성 값이 제거된 것을 확인할 수 있다.

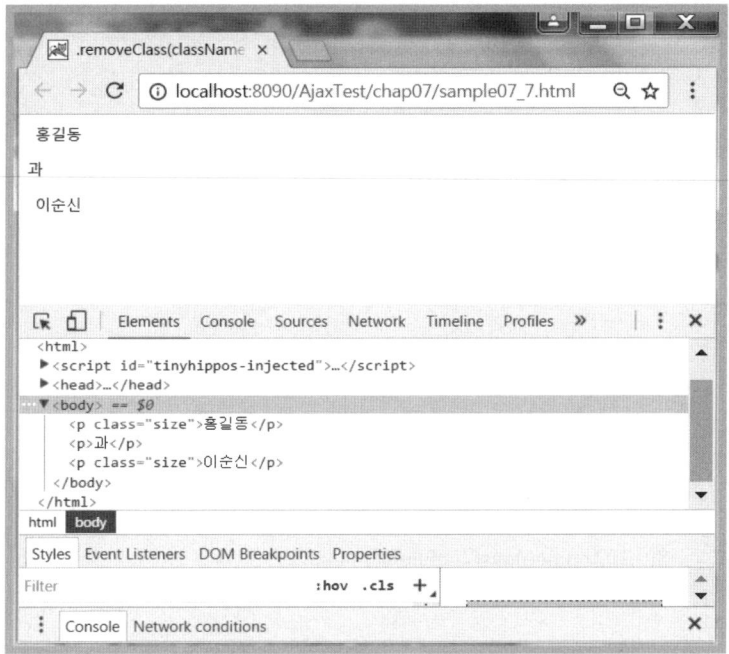

[그림 7.10] sample07_7.html 예제 실행 결과

08 .toggleClass(className) 메서드

.toggleClass(className)메서드는 선택된 요소에서 className에 해당하는 class 속성이 존재하면 제거하고, 존재하지 않으면 추가로 설정한다. 결국 addClass(className)와 removeClass(className) 메서드를 번갈아 실행하는 것과 같다.

기본 사용 방법은 다음과 같다.

$(selector).toggleClass(className)

다음의 [예제 7.8]은 〈p〉 태그를 클릭하면 배경색을 yellow로 설정하는 class 속성을 번갈아 설정하거나 제거하는 토글(toggle) 예제이다.

[예제 7.8] sample07_8.html

```
01:  <!DOCTYPE html>
02:  <html>
03:   <head>
04:    <meta charset="UTF-8">
05:    <title>.toggleClass(className) Traverse 메서드</title>
06:    <style>
07:      .highlight {
08:        background: yellow;
09:      }
10:    </style>
11:    <script type="text/javascript" src="jquery-3.1.1.js"></script>
12:    <script type="text/javascript">
13:     $(document).ready(function() {
14:       $("p").on("click", function() {
15:         $(this).toggleClass("highlight");
16:       });
17:     });
18:    </script>
19:   </head>
20:   <body>
21:    <p>홍길동</p>
22:    <p>이순신</p>
23:    <p>유관순</p>
24:   </body>
25:  </html>
```

07-09행 정의된 class에 적용할 CSS 스타일을 설정한다.

14행 <p> 태그에 click 이벤트를 설정한다.

15행 click 이벤트가 발생하는 <p> 태그의 class 속성을 토글(toggle) 시킨다. 따라서 번갈아 배경색이 yellow로 설정되었다가 해제된다.

실행 결과

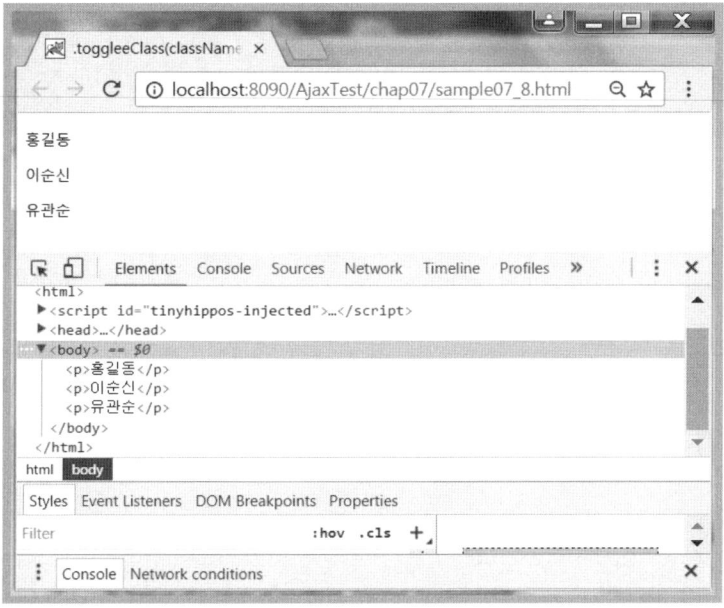

[그림 7.11] sample07_8.html 예제 실행 결과 : 초기 상태

[그림 7.12]는 '유관순' 값을 가진 ⟨p⟩ 태그를 클릭한 후의 실행 결과로 선택된 ⟨p⟩ 태그에 class 속성 highlight가 설정되어 배경색이 yellow로 변경된다. 다시 한 번 동일한 ⟨p⟩ 태그를 클릭하면 class 속성 highlight가 제거되어 배경색이 원래 색상으로 변경된다.

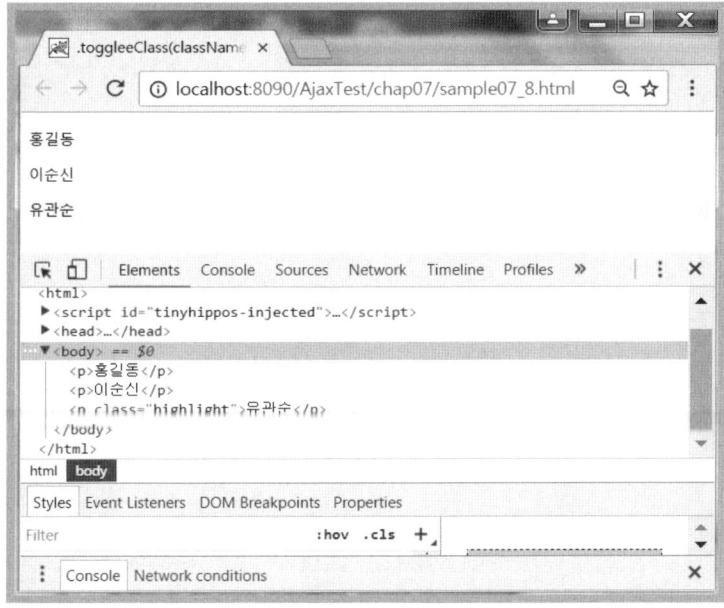

[그림 7.12] sample07_8.html 예제 실행 결과 : Goodbye 값을 가진 ⟨p⟩ 태그를 클릭한 후

jQuery Manipulation

CHAPTER 08

[학습 목표]

- jQuery Manipulation 메서드에 관하여 학습한다.
- append(), appendTo(), prepend(), prependTo() 메서드에 관하여 학습한다.
- after(), before(), wrap() 메서드에 관하여 학습한다.
- empty(), remove(), clone() 메서드에 관하여 학습한다.

No clear

이 장에서는 jQuery 메서드를 사용하여 DOM을 추가하거나 삭제 및 수정 또는 복사와 같은 처리를 손쉽게 할 수 있는 메서드에 관하여 살펴보자. 이 메서드를 사용하면 HTML 화면에 없던 특정 값을 보여주거나 또는 화면에 있던 값을 수정하거나 삭제하여 동적인 HTML 화면을 손쉽게 구현할 수 있다.

> **잠깐만**
>
> jQuery Manipulation과 관련된 API Documentation 내용은 다음 URL의 사이트를 참조하면 자세한 내용을 확인할 수 있다.
> URL : http://api.jquery.com/category/manipulation/

다음의 [표 8.1]은 jQuery에서 제공하는 Manipulation 관련 메서드이다.

[표 8.1] Manipulation 메서드

메서드	설명
.append(content)	선택된 요소의 text 노드 위치에 content를 설정한다. 대상 요소에 text 값이 존재하면 text 값 뒤에 추가된다.
.appendTo(target)	append(content) 메서드와 기능이 동일하다. 다만, content와 target의 위치가 서로 다르다. 예) target.append(content) = content.appendTo(target)
.prepend(content)	선택된 요소의 text 노드 위치에 content를 설정한다. 대상 요소에 text 값이 존재하면 text 값 앞에 추가된다.
.prependTo(target)	prepend(content) 메서드와 기능이 동일하다. 다만, content와 target의 위치가 서로 다르다. 예) target.prepend(content) = content.prependTo(target)
.after(content)	선택된 요소의 뒤에 content를 추가한다.
.insertAfter(target)	after(content) 메서드와 기능이 동일하다. 다만, content와 target의 위치가 서로 다르다. 예) target.after(content) = content.insertAfter(target)
.before(content)	선택된 요소의 앞에 content를 추가한다.
.wrap(html)	선택된 요소를 지정된 HTML 태그로 에워싼다.
.wrapAll(html)	선택된 요소를 각각 에워싸는 것이 아니고, 대상이 되는 요소를 한 번에 에워싼다.
.wrapInner(html)	선택된 요소의 text 값을 포함하여 자식 요소를 에워싼다.
.unwrap()	선택된 요소를 에워싼 부모 요소를 제거한다.
.replaceWith(content)	선택된 요소를 제거하고 새로운 content로 변경한다.
.replaceAll(target)	.replaceWith(content) 메서드와 기능이 동일하다. 다만, content와 target의 위치가 서로 다르다. 예) target.replaceWith(content) = content.replaceAll(target)
.empty()	선택된 요소의 text 값을 포함한 모든 자식(자손 포함) 요소를 제거한다.
.remove([selector])	선택된 모든 요소가 제거된다. 만약, selector를 지정하면, selector와 일치하는 요소가 제거한다.
.clone()	선택된 요소를 복제한다. 선택된 요소의 모든 하위 요소도 포함된다.
.clone(true)	복제할 때 이벤트 핸들러까지 복제할지 선택할 수 있다. true이면 이벤트 핸들러도 같이 복제된다. 기본값은 false이다.

01 .append(content) 메서드

.append(content) 메서드는 선택된 요소의 text 값 위치에 content를 설정한다. content는 HTML, 문자열, Element가 될 수 있고, 한꺼번에 여러 content를 설정할 수도 있다. 만약, 대상 요소에 text 값이 존재하면 text 값 뒤에 추가된다. 그리고 추가하려는 content가 HTML 문서 내에 존재하면 추가하려는 content가 대상 요소로 이동(move)하게 된다.

기본 사용 방법은 다음과 같다.

> **\$(selector).append(content)**

다음의 [예제 8.1]은 추가하려는 content가 HTML 문서 내에 없는 경우로 class 속성값이 inner인 〈div〉 태그의 text 값 위치에 "〈span〉장군〈/span〉" 값을 설정하는 예제이다. 〈div〉 태그에 기존 text 값이 존재하기 때문에 기존 text 값 바로 뒤에 추가된다.

[예제 8.1] sample08_1.html

```
01: <!DOCTYPE html>
02: <html>
03:   <head>
04:     <meta charset="UTF-8">
05:     <title>.append(content) Traverse 메서드</title>
06:     <script type="text/javascript" src="jquery-3.1.1.js"></script>
07:     <script type="text/javascript">
08:       $(document).ready(function() {
09:         $(".inner").append("<span>장군</span>");
10:       });
11:     </script>
12:   </head>
13:   <body>
14:     <h2>영웅들</h2>
15:     <div class="container">
16:     <div class="inner">이순신</div>
17:     <div class="inner">강감찬</div>
18:   </body>
19: </html>
```

09행   class 속성값이 inner인 태그의 text 값 위치에 "〈span〉장군〈/span〉" 값을 추가한다. 따라서 16행의 "이순신" 값과 17행의 "강감찬" 값 뒤에 각각 내용이 추가된다.

[그림 8.1] sample08_1.html 예제 실행 결과

다음의 [예제 8.2]는 추가하려는 content가 HTML 문서 내에 있는 경우로 class 속성값이 inner인 〈div〉 태그의 text 값 위치에 HTML 문서 내에 존재하는 〈h2〉 태그를 설정하는 예제이다. 따라서 기존의 〈h2〉 태그가 이동(move)된다.

[예제 8.2] sample08_2.html

```
01:  <!DOCTYPE html>
02:  <html>
03:    <head>
04:      <meta charset="UTF-8">
05:      <title>.append(content) Traverse 메서드</title>
06:      <script type="text/javascript" src="jquery-3.1.1.js"></script>
07:      <script type="text/javascript">
08:        $(document).ready(function() {
09:          $(".inner").append($("h2");
10:        });
11:      </script>
12:    </head>
13:    <body>
14:      <h2>영웅들</h2>
15:      <div class="container">
16:      <div class="inner">이순신</div>
17:      <div class="inner">강감찬</div>
18:    </body>
19:  </html>
```

09행   class 속성값이 inner인 태그의 text 값 위치에 HTML 문서 내에 존재하는 〈h2〉 태그를 설정한다. 기존의 〈h2〉 태그는 이동(move)된다.

실행 결과

[그림 8.2] sample08_2.html 예제 실행 결과

02 .appendTo(target) 메서드

.appendTo(target) 메서드는 .append(content) 메서드와 기능상으로는 동일하다. 다만, content와 target의 위치가 서로 다르다. 따라서 다음 코드는 서로의 실행 결과가 동일하다.

```
$("b").appendTo("#first") = $("#first").append($("b"))
```

위 코드는 id가 first인 요소의 text 값 위치에 〈b〉 태그를 추가하는 방법이다. 만약 text 값이 존재하면 text 값 뒤에 추가된다.

기본 사용 방법은 다음과 같다.

> **$(content).appendTo(target)**

target 요소에 content를 추가한다.

다음의 [예제 8.3]은 [예제 8.1]에서 사용한 .append(content) 메서드 대신에 기능상 차이가 없는 .appendTo(target) 메서드를 사용한 예제이다. [예제 8.1]과 비교해서 content와 target의 위치가 변경되었다.

[예제 8.3] sample08_3.html

```
01: <!DOCTYPE html>
02: <html>
03:   <head>
04:     <meta charset="UTF-8">
05:     <title>.appendTo(target) Traverse 메서드</title>
06:     <script type="text/javascript" src="jquery-3.1.1.js"></script>
07:     <script type="text/javascript">
08:       $(document).ready(function() {
09:         $("<span>장군</span>").appendTo(".inner");
10:       });
11:     </script>
12:   </head>
13:   <body>
14:     <h2>영웅들</h2>
15:     <div class="container">
16:     <div class="inner">이순신</div>
17:     <div class="inner">강감찬</div>
18:   </body>
19: </html>
```

09행   class 속성값이 inner인 태그의 text 값 위치에 "장군" 값을 추가한다. 따라서 16행의 "이순신" 값과 17행의 "강감찬" 값 뒤에 각각 추가된다.

[그림 8.3] sample08_3.html 예제 실행 결과

03 .prepend(content) 메서드

.prepend(content) 메서드는 선택된 요소의 text 값 위치에 content를 설정한다.
content는 HTML, 문자열, Element가 될 수 있고 한꺼번에 여러 content를 설정할 수
도 있다.

만약 대상 요소에 text 값이 존재하면 text 값 앞에 추가된다. 그리고 추가하려는
content가 HTML 문서 내에 존재하면 추가하려는 content가 대상 요소로 이동(move)
하게 된다. 앞서 배웠던 .append(content) 메서드처럼 요소의 text 값 위치에 설정되지
만, 기존 text 값이 존재하는 경우 text 값 앞에 추가되는 것이 다르다.

기본 사용 방법은 다음과 같다.

$(selector).prepend(content)

다음의 [예제 8.4]는 추가하려는 content가 HTML 문서 내에 없는 경우로 class 속성값
이 inner인 〈div〉 태그의 text 값 위치에 "〈span〉장군〈/span〉" 값을 설정하는 예제이다.
〈div〉 태그에 기존 text 값이 존재하기 때문에 기존 text값 바로 앞에 추가된다.

[예제 8.4] sample08_4.html

```
01:  <!DOCTYPE html>
02:  <html>
03:   <head>
04:    <meta charset="UTF-8">
05:    <title>.prepend(content) Traverse 메서드</title>
06:    <script type="text/javascript" src="jquery-3.1.1.js"></script>
07:    <script type="text/javascript">
08:      $(document).ready(function() {
09:        $(".inner").prepend("<span>장군</span>");
10:      });
11:    </script>
12:   </head>
13:   <body>
14:    <h2>영웅들</h2>
15:    <div class="container">
16:    <div class="inner">이순신</div>
17:    <div class="inner">강감찬</div>
18:   </body>
19:  </html>
```

09행   class 속성값이 inner인 태그의 text 값 위치에 "〈span〉장군〈/span〉" 값을 추가한다. 따라서
16행의 "이순신" 값과 17행의 "강감찬" 값 앞에 각각 추가된다.

실행 결과

[그림 8.4] sample08_4.html 예제 실행 결과

다음의 [예제 8.5]는 추가하려는 content가 HTML 문서 내에 있는 경우로 class 속성값이 "inner"인 〈div〉 태그의 text 값 위치에 HTML 문서 내에 존재하는 〈h2〉 태그를 이동하여 설정하는 예제이다.

[예제 8.5] sample08_5.html

```
01:  〈!DOCTYPE html〉
02:  〈html〉
03:   〈head〉
04:    〈meta charset="UTF-8"〉
05:    〈title〉.prepend(content) Traverse 메서드〈/title〉
06:    〈script type="text/javascript" src="jquery-3.1.1.js"〉〈/script〉
07:    〈script type="text/javascript"〉
08:     $(document).ready(function() {
09:       $(".inner").prepend($("h2");
10:     });
11:    〈/script〉
12:   〈/head〉
13:   〈body〉
14:    〈h2〉영웅들〈/h2〉
15:    〈div class="container"〉
16:     〈div class="inner"〉이순신〈/div〉
```

```
17:      <div class="inner">강감찬</div>
18:   </body>
19: </html>
```

09행   class 속성값이 inner인 태그의 text 값 위치에 HTML 문서 내에 존재하는 〈h2〉 태그를 설정
한다. 기존 〈h2〉 태그가 타깃 요소의 text 값 앞으로 이동(move)된다.

실행 결과

[그림 8.5] sample08_5.html 예제 실행 결과

04 .prependTo(target) 메서드

.prependTo(target) 메서드는 .prepend(content) 메서드와 기능상으로는 동일하다. 다
만, content와 target의 위치가 서로 다르다. 따라서 다음 코드는 서로의 실행 결과가 동
일하다.

```
$("b").prependTo("#first") = $("#first").prepend($("b"))
```

위 코드는 id가 first인 요소의 text 값 위치에 ⟨b⟩ 태그를 추가하는 방법이다. 만약 text 값이 존재하면 text 값 앞에 추가된다.

기본 사용 방법은 다음과 같다.

$(content).prependTo(target)

target 요소에 content를 추가한다.

다음의 [예제 8.6]은 [예제 8.4]에서 사용한 .prepend(content) 메서드 대신에 기능 상 차이가 없는 .prependTo(target) 메서드를 사용한 예제이다. [예제 8.4]와 비교해서 content와 target의 위치가 변경되었다.

[예제 8.6] sample08_6.html

```
01:  ⟨!DOCTYPE html⟩
02:  ⟨html⟩
03:   ⟨head⟩
04:    ⟨meta charset="UTF-8"⟩
05:    ⟨title⟩.prependTo(target) Traverse 메서드⟨/title⟩
06:    ⟨script type="text/javascript" src="jquery-3.1.1.js"⟩⟨/script⟩
07:    ⟨script type="text/javascript"⟩
08:     $(document).ready(function() {
09:       $("⟨span⟩장군⟨/span⟩").prependTo(".inner");
10:     });
11:    ⟨/script⟩
12:   ⟨/head⟩
13:   ⟨body⟩
14:    ⟨h2⟩영웅들⟨/h2⟩
15:    ⟨div class="container"⟩
16:    ⟨div class="inner"⟩이순신⟨/div⟩
17:    ⟨div class="inner"⟩강감찬⟨/div⟩
18:   ⟨/body⟩
19:  ⟨/html⟩
```

09행   class 속성값이 inner인 태그의 text 값 위치에 "⟨span⟩장군⟨/span⟩" 값을 추가한다. 따라서 16행의 "이순신" 값과 17행의 "강감찬" 값 앞에 각각 추가된다.

[그림 8.6] sample08_6.html 예제 실행 결과

05 .after(content) 메서드

.after(content) 메서드는 선택된 요소의 뒤에 content를 추가한다. 추가하려는 content가 HTML 문서 내에 있는 경우 추가하려는 content가 대상 요소로 이동(move)하게 된다.

기본 사용 방법은 다음과 같다.

```
$(selector).after(content)
```

다음의 [예제 8.7]은 추가하려는 content가 HTML 문서 내에 없는 경우로서 class 속성 값이 inner인 〈div〉 태그의 바로 뒤에 "〈span〉장군〈/span〉" 값을 설정하는 예제이다.

[예제 8.7] sample08_7.html

```
01:   <!DOCTYPE html>
02:   <html>
03:     <head>
04:       <meta charset="UTF-8">
05:       <title>.after(content) Traverse 메서드</title>
06:       <script type="text/javascript" src="jquery-3.1.1.js"></script>
07:       <script type="text/javascript">
08:         $(document).ready(function() {
09:           $(".inner").after("<span>장군</span>");
10:         });
11:       </script>
12:     </head>
13:     <body>
14:       <div class="container">
15:         <h2>영웅들</h2>
16:         <div class="inner">이순신</div>
17:         <div class="inner">강감찬</div>
18:       </div>
19:     </body>
20:   </html>
```

09행   class 속성값이 inner인 요소 뒤에 "장군" 값을 추가한다. 따라서 16행과 17
        행의 <div> 태그 뒤에 각각 "장군" 값이 추가된다.

실행 결과

[그림 8.7] sample08_7.html 예제 실행 결과

다음의 [예제 8.8]은 추가하려는 content가 HTML 문서 내에 있는 경우로서 class 속성
값이 "inner"인 〈div〉 태그 바로 뒤에 HTML 문서 내에 존재하는 〈h2〉 태그를 설정하는
예제이다. 결과는 기존의 〈h2〉 태그가 이동(move)된다.

[예제 8.8] sample08_8.html

```
01: <!DOCTYPE html>
02: <html>
03:   <head>
04:     <meta charset="UTF-8">
05:     <title>.after(content) Traverse 메서드</title>
06:     <script type="text/javascript" src="jquery-3.1.1.js"></script>
07:     <script type="text/javascript">
08:       $(document).ready(function() {
09:         $(".inner").after($("h2"));
10:       });
11:     </script>
12:   </head>
13:   <body>
14:     <div class="container">
15:       <h2>영웅들</h2>
16:       <div class="inner">이순신</div>
17:       <div class="inner">강감찬</div>
18:     </div>
19:   </body>
20: </html>
```

09행   class 속성값이 inner인 요소 뒤에 HTML 문서 내에 존재하는 〈h2〉 태그를 추가한다. 따라서
16행과 17행의 〈div〉 태그 뒤에 각각 〈h2〉 태그가 추가된다.

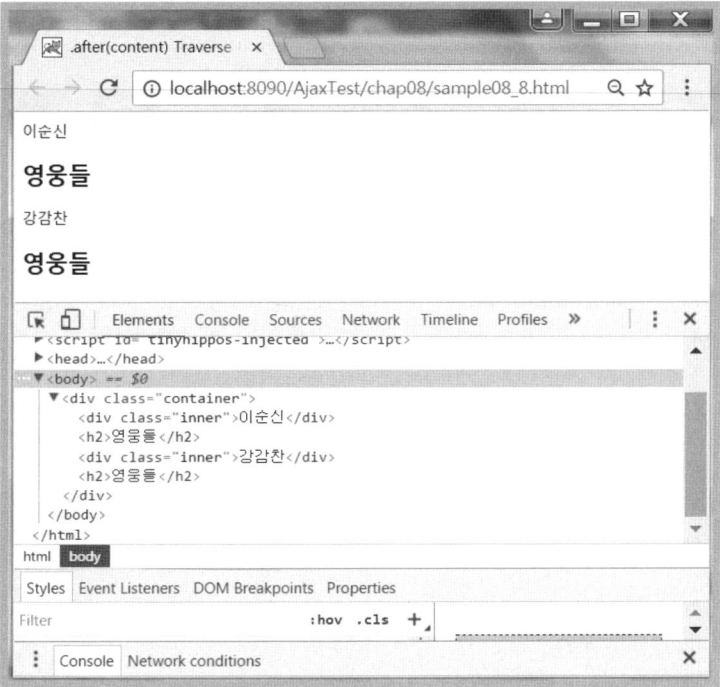

[그림 8.8] sample08_8.html 예제 실행 결과

06 .insertAfter(target) 메서드

.insertAfter(target) 메서드는 .after(content) 메서드와 기능상으로는 동일하다. 다만, content와 target의 위치가 서로 다르다. 따라서 다음 코드는 서로의 실행 결과가 동일하다.

```
$("b").insertAfter("#first") = $("#first").after($("b"))
```

위 코드는 id가 first인 요소의 뒤에 ⟨b⟩ 태그를 추가하는 방법이다. 만약 ⟨b⟩ 태그가 HTML 태그 내에 존재하면 ⟨b⟩ 태그는 이동(move)된다.

기본 사용 방법은 다음과 같다.

```
$(content).insertAfter(target)
```

다음의 [예제 8.9]는 [예제 8.7]에서 사용한 .after(content) 메서드 대신에 기능상 차이가 없는 .insertAfter(target) 메서드를 사용한 예제이다. [예제 8.7]과 비교해서 content와 target의 위치가 변경되었다.

[예제 8.9] sample08_9.html

```
01: <!DOCTYPE html>
02: <html>
03:   <head>
04:     <meta charset="UTF-8">
05:     <title>.insertAfter(content) Traverse 메서드</title>
06:     <script type="text/javascript" src="jquery-3.1.1.js"></script>
07:     <script type="text/javascript">
08:       $(document).ready(function() {
09:         $("<span>장군</span>").insertAfter(".inner");
10:       });
11:     </script>
12:   </head>
13:   <body>
14:     <div class="container">
15:     <h2>영웅들</h2>
16:     <div class="inner">이순신</div>
17:     <div class="inner">강감찬</div>
18:     </div>
19:   </body>
20: </html>
```

09행   class 속성값이 inner인 요소 뒤에 "장군" 값을 추가한다. 따라서 16행과 17행의 <div> 태그 뒤에 각각 "장군" 값이 추가된다.

실행 결과

[그림 8.9] sample08_9.html 예제실행 결과

07 .before(content) 메서드

.before(content) 메서드는 선택된 요소의 앞에 content를 추가한다. 추가하려는 content가 HTML 문서 내에 있는 경우 추가하려는 content가 대상 요소로 이동(move) 하게 된다.

기본 사용 방법은 다음과 같다.

$(selector).before(content)

다음의 [예제 8.10]은 추가하려는 content가 HTML 문서 내에 없는 경우로 class 속성값 이 "inner"인 〈div〉 태그의 바로 앞에 "〈span〉장군〈/span〉" 값을 설정하는 예제이다.

[예제 8.10] sample08_10.html

```
01:  <!DOCTYPE html>
02:  <html>
03:   <head>
04:     <meta charset="UTF-8">
05:     <title>.before(content) Traverse 메서드</title>
06:     <script type="text/javascript" src="jquery-3.1.1.js"></script>
07:     <script type="text/javascript">
08:       $(document).ready(function() {
09:         $(".inner").before("<span>장군</span>");
10:       });
11:     </script>
12:   </head>
13:   <body>
14:     <div class="container">
15:       <h2>영웅들</h2>
16:       <div class="inner">이순신</div>
17:       <div class="inner">강감찬</div>
18:     </div>
19:   </body>
20:  </html>
```

09행   class 속성값이 inner인 요소 앞에 "장군" 값을 추가한다. 따라서 16행과 17
행의 <div> 태그 앞에 각각 "장군" 값이 추가된다.

실행 결과

[그림 8.10] sample08_10.html 예제 실행 결과

다음의 [예제 8.11]은 추가하려는 content가 HTML 문서 내에 있는 경우로서 class 속성 값이 "inner"인 〈div〉 태그의 바로 앞에 HTML 문서 내에 존재하는 〈h2〉 태그를 설정하는 예제이다. 결과는 기존의 〈h2〉 태그가 이동(move)된다.

[예제 8.11] sample08_11.html

```
01:  〈!DOCTYPE html〉
02:  〈html〉
03:   〈head〉
04:    〈meta charset="UTF-8"〉
05:    〈title〉.before(content) Traverse 메서드〈/title〉
06:    〈script type="text/javascript" src="jquery-3.1.1.js"〉〈/script〉
07:    〈script type="text/javascript"〉
08:     $(document).ready(function() {
09:       $(".inner").before($("h2"));
10:     });
11:    〈/script〉
12:   〈/head〉
13:   〈body〉
14:    〈div class="container"〉
15:     〈h2〉영웅들〈/h2〉
16:     〈div class="inner"〉이순신〈/div〉
17:     〈div class="inner"〉강감찬〈/div〉
18:    〈/div〉
19:   〈/body〉
20:  〈/html〉
```

09행   class 속성값이 inner인 요소 앞에 HTML 문서 내에 존재하는 〈h2〉 태그를 추가한다. 따라서 16행과 17행의 〈div〉 태그 앞에 각각 〈h2〉 태그가 이동하여 추가된다.

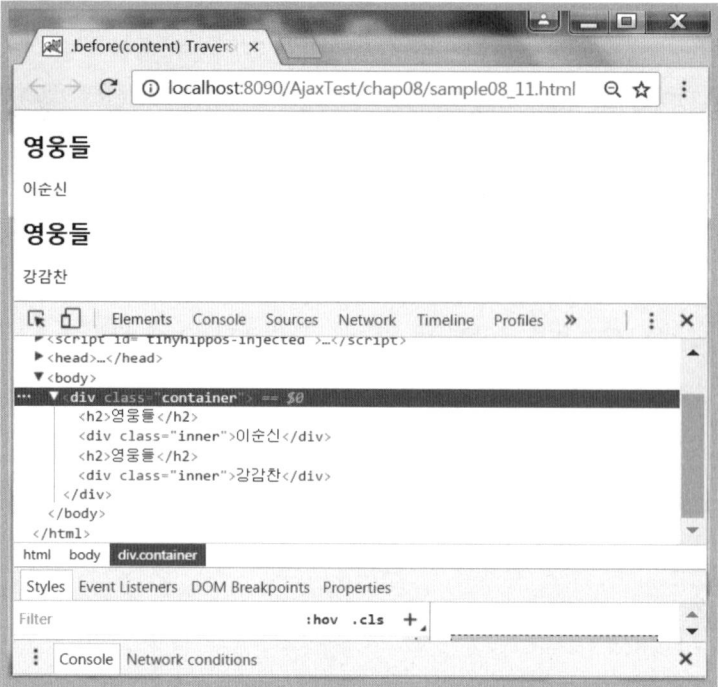

[그림 8.11] sample08_11.html 예제 실행 결과

08 .insertBefore(target) 메서드

.insertBefore(target) 메서드는 .before(content) 메서드와 기능상으로는 동일하다. 다만, content와 target의 위치가 서로 다르다. 따라서 다음 코드는 서로 실행 결과가 동일하다.

```
$("b").insertBefore("#first") = $("#first").before($("b"))
```

위 코드는 id가 first인 요소의 앞에 〈b〉 태그를 추가하는 방법이다. 만약 〈b〉 태그가 HTML 문서 내에 존재하면 〈b〉 태그는 이동(move)된다.

기본 사용 방법은 다음과 같다.

```
$(content).insertBefore(target)
```

다음의 [예제 8.12]는 [예제 8.9]에서 사용한 .before(content) 메서드 대신에 기능상 차이가 없는 .insertBefore(target) 메서드를 사용한 예제이다. [예제 8.9]와 비교해서 content와 target의 위치가 변경되었다.

[예제 8.12] sample08_12.html

```
01:  <!DOCTYPE html>
02:  <html>
03:    <head>
04:      <meta charset="UTF-8">
05:      <title>.insertBefore(content) Traverse 메서드</title>
06:      <script type="text/javascript" src="jquery-3.1.1.js"></script>
07:      <script type="text/javascript">
08:        $(document).ready(function() {
09:          $("<span>장군</span>").insertBefore(".inner");
10:        });
11:      </script>
12:    </head>
13:    <body>
14:      <div class="container">
15:      <h2>영웅들</h2>
16:      <div class="inner">이순신</div>
17:      <div class="inner">강감찬</div>
18:      </div>
19:    </body>
20:  </html>
```

09행 class 속성값이 inner인 요소 앞에 "장군" 값을 추가한다. 따라서 16행과 17 행의 <div> 태그 앞에 각각 "장군" 값이 추가된다.

[그림 8.12] sample08_12.html 예제 실행 결과

09 .wrap(html) 메서드

.wrap(html) 메서드는 선택된 요소를 지정된 HTML로 에워싼다. 지정된 HTML은 새로운 태그일 수도 있고 HTML 문서 내에 존재하는 태그일 수도 있다. HTML 문서 내에 존재하는 태그일 경우는 append(content) 및 prepend(content) 메서드와 다르게 기존의 태그가 이동(move)되지 않고 복사(copy)된다. 그리고 지정된 HTML에 text 값이 포함된 경우 text 값은 타깃 요소 앞에 위치한다.

기본 사용 방법은 다음과 같다.

$(selector).wrap(html)

다음의 [예제 8.13]은 class 속성값이 inner인 요소를 찾아서 새로운 태그인 "〈div class='new'〉〈/div〉" 값으로 에워싸는 예제이다.

[예제 8.13] sample08_13.html

```
01:  <!DOCTYPE html>
02:  <html>
03:    <head>
04:      <meta charset="UTF-8">
05:      <title>.wrap(html) Traverse 메서드</title>
06:      <style>
07:        .new {
08:          border: 5px solid blue;
09:        }
10:      </style>
11:      <script type="text/javascript" src="jquery-3.1.1.js"></script>
12:      <script type="text/javascript">
13:        $(document).ready(function() {
14:          $(".inner").wrap("<div class='new'></div>");
15:        });
16:      </script>
17:    </head>
18:    <body>
19:      <h2>영웅들</h2>
20:      <div class="container">
21:        <div class="inner">이순신</div>
22:        <div class="inner">강감찬</div>
23:      </div>
24:    </body>
25:  </html>
```

16행   class 속성값이 inner인 요소를 찾아서 "<div class='new'></div>" 값으로 에워싼다.

실행 결과

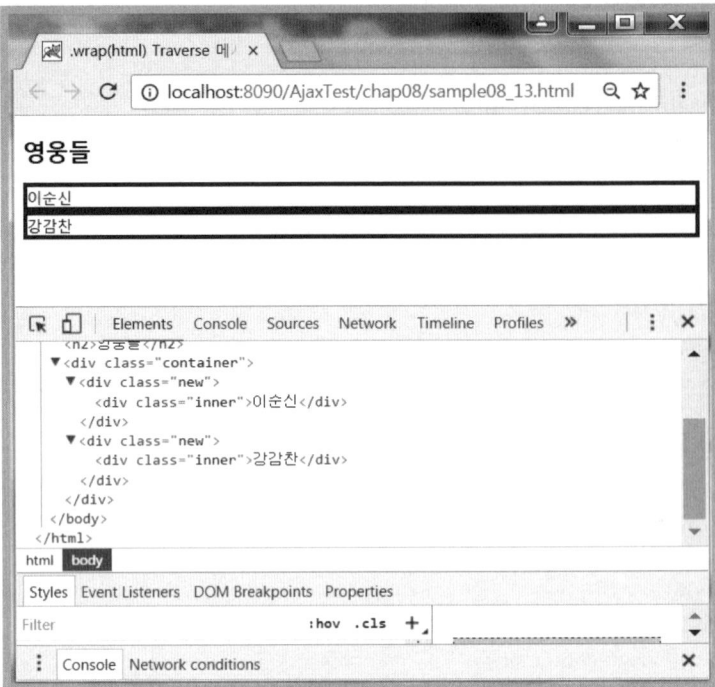

[그림 8.13] sample08_13.html 예제 실행 결과

다음의 [예제 8.14]는 class 속성값이 inner인 요소를 찾아서 HTML 문서 내에 존재하는
⟨h2⟩ 태그로 에워싸는 예제이다. 이때 append(content) 및 prepend(content) 메서드와
달리 기존의 태그가 이동(move)되지 않고 복사(copy)된다.

[예제 8.14] sample08_14.html

```
01:  ⟨!DOCTYPE html⟩
02:  ⟨html⟩
03:   ⟨head⟩
04:    ⟨meta charset="UTF-8"⟩
05:    ⟨title⟩.wrap(html) Traverse 메서드⟨/title⟩
06:    ⟨script type="text/javascript" src="jquery-3.1.1.js"⟩⟨/script⟩
07:    ⟨script type="text/javascript"⟩
08:      $(document).ready(function() {
09:        $(".inner").wrap($("h2"));
10:      });
11:   ⟨/script⟩
12:  ⟨/head⟩
13:  ⟨body⟩
14:   ⟨h2⟩영웅들⟨/h2⟩
15:   ⟨div class="container"⟩
16:    ⟨div class="inner"⟩이순신⟨/div⟩
```

```
17:        <div class="inner">강감찬</div>
18:      </div>
19:    </body>
20:  </html>
```

09행   class 속성값이 inner인 요소를 찾아서 HTML 문서 내의 〈h2〉 태그를 복사하여 에워싼다.

실행 결과

크롬 웹 브라우저의 개발 도구에서 [Elements] 탭을 살펴보면 기존의 〈h2〉 태그는 이동 되지 않고 복사(copy)된 것을 확인할 수 있다. 또한, 삽입될 〈h2〉 태그의 text 값인 "영 웅들"은 타깃 요소인 〈div〉 태그 앞에 놓이게 된다.

[그림 8.14] sample08_14.html 예제 실행 결과

10 .wrapAll(html) 메서드

.wrapAll(html) 메서드는 선택된 요소를 각각 에워싸는 것이 아니고, 대상이 되는 요소 모두를 한 번에 에워싼다. 만약에 〈image〉 태그가 3개가 있을 때 wrap(html) 메서드는 각각의 〈image〉 태그를 에워싸지만, wrapAll(html) 메서드는 3개의 〈image〉 태그를

하나의 대상으로 보고 한 번에 에워싸게 된다. 타깃 요소가 흩어져 있는 경우에는 첫 번째 타깃 요소로 모두 이동하여 에워싸게 된다는 것에 주의한다.

기본 사용 방법은 다음과 같다.

$(selector).wrapAll(html)

다음의 [예제 8.15]는 모든 ⟨p⟩ 태그를 "⟨div⟩⟨/div⟩" 값으로 한 번에 에워싸는 예제이다.

[예제 8.15] sample08_15.html

```
01:  <!DOCTYPE html>
02:  <html>
03:   <head>
04:    <meta charset="UTF-8">
05:    <title>.wrapAll(html) Traverse 메서드</title>
06:    <style>
07:     div {
08:      border: 2px solid blue;
09:     }
10:    </style>
11:    <script type="text/javascript" src="jquery-3.1.1.js"></script>
12:    <script type="text/javascript">
13:     $(document).ready(function() {
14:      $("p").wrapAll("<div></div>");
15:     });
16:    </script>
17:   </head>
18:   <body>
19:    <h2>영웅들</h2>
20:    <p>강감찬</p>
21:    <p>이순신</p>
22:    <p>유관순</p>
23:   </body>
24:  </html>
```

07-09행 ⟨div⟩ 태그에 적용될 CSS 스타일을 지정한다.

14행 모든 ⟨p⟩ 태그를 "⟨div⟩⟨/div⟩" 값으로 에워싼다. 결과적으로 20-22행의 내용을 ⟨div⟩ 태그로 에워싸게 된다.

실행 결과

[그림 8.15] sample08_15.html 예제 실행 결과

다음의 [예제 8.16]은 흩어져 있는 모든 〈p〉 태그를 "〈div〉〈/div〉" 값으로 한 번에 에워싸는 예제이다.

[예제 8.16] sample08_16.html

```
01:   〈!DOCTYPE html〉
02:   〈html〉
03:    〈head〉
04:     〈meta charset="UTF-8"〉
05:     〈title〉.wrapAll(html) Traverse 메서드〈/title〉
06:     〈style〉
07:       div {
08:         border: 2px solid blue;
09:       }
10:     〈/style〉
11:     〈script type="text/javascript" src="jquery-3.1.1.js"〉〈/script〉
12:     〈script type="text/javascript"〉
13:       $(document).ready(function() {
14:         $("p").wrapAll("〈div〉〈/div〉");
15:       });
16:     〈/script〉
17:    〈/head〉
```

```
18:    〈body〉
19:      〈h2〉영웅들〈/h2〉
20:      〈div〉〈p〉이순신〈/p〉〈/div〉
21:      〈span〉강감찬〈/span〉
22:      〈p〉유관순〈/p〉
23:      〈p〉윤봉길〈/p〉
24:    〈/body〉
25: 〈/html〉
```

07-09행 〈div〉 태그에 적용할 CSS 스타일을 지정한다.

14행 모든 〈p〉 태그를 "〈div〉〈/div〉" 값으로 에워싼다.

19-23행 〈p〉 태그가 여러 위치에 분산되어 지정되어 있기 때문에 첫 번째 〈p〉 태그인 20행으로 다른 〈p〉 태그(22행과 23행)가 모두 이동되어 에워싸게 된다. 따라서 21행의 〈span〉 태그가 맨 마지막에 보이게 된다.

실행 결과

[그림 8.16]은 분산되어 있던 〈p〉 태그들이 첫 번째 〈p〉 태그의 위치로 이동되어 〈div〉 태그로 에워싸게 된다. 따라서 〈span〉 태그의 text 값인 "강감찬" 문자열이 맨 마지막에 보이게 된다.

[그림 8.16] sample08_16.html 예제 실행 결과

11 **.wrapInner(html) 메서드**

.wrapInner(html) 메서드는 선택된 요소의 자식 요소까지를 에워싼다.

기본 사용 방법은 다음과 같다.

> **$(selector).wrapInner(html)**

다음의 [예제 8.17]은 class 속성값이 inner인 요소의 자식 요소를 포함하여 에워싸는 예제이다.

[예제 8.17] sample08_17.html

```
01: <!DOCTYPE html>
02: <html>
03:  <head>
04:   <meta charset="UTF-8">
05:   <title>.wrapInner(html) Traverse 메서드</title>
06:   <style>
07:    .new {
08:      border: 2px solid blue;
09:    }
10:   </style>
11:   <script type="text/javascript" src="jquery-3.1.1.js"></script>
12:   <script type="text/javascript">
13:    $(document).ready(function() {
14:     $(".inner").wrapInner("<div class='new'></div>");
15:    });
16:   </script>
17:  </head>
18:  <body>
19:   <h2>영웅들</h2>
20:   <div class="container">
21:    <div class="inner">이순신</div>
22:    <div class="inner">강감찬</div>
23:   </div>
24:  </body>
25: </html>
```

07-09행 <div> 태그에 적용할 CSS 스타일을 지정한다.

14행 class 속성값이 inner인 요소의 자식 요소까지를 에워싼다.

[그림 8.17] sample08_17.html 예제 실행 결과

12 .unwrap() 메서드

.unwrap() 메서드는 .wrap() 메서드와 반대로 선택된 요소를 감싼 부모 요소를 제거한다.

기본 사용 방법은 다음과 같다.

$(selector).unwrap()

다음의 [예제 8.18]은 button을 클릭하면 〈p〉 태그에 〈div〉 태그를 wrap하거나 unwrap하는 예제이다.

[예제 8.18] sample08_18.html

```
01:  <!DOCTYPE html>
02:  <html>
03:   <head>
04:     <meta charset="UTF-8">
05:     <title>.unwrap() Traverse 메서드</title>
06:     <style>
07:       div {
08:         border: 2px solid blue;
09:       }
10:     </style>
11:     <script type="text/javascript" src="jquery-3.1.1.js"></script>
12:     <script type="text/javascript">
13:       $(document).ready(function() {
14:         $("button").on("click",function() {
15:           if ($("p").parent().is("div")) {
16:             $("p").unwrap();
17:           } else {
18:             $("p").wrap("<div></div>");
19:           }
20:         });
21:       });
22:     </script>
23:   </head>
24:   <body>
25:    <h2>영웅들</h2>
26:    <button>wrap/unwrap</button>
27:    <div class="container">
28:      <p>이순신</p>
29:      <p>강감찬</p>
30:    </div>
31:   </body>
32:  </html>
```

07-09행 〈div〉 태그에 적용할 CSS 스타일을 지정한다.

15-19행 〈p〉 태그의 부모 요소를 찾아 부모가 〈div〉 태그이면 〈p〉 태그의 부모 요소를 제거하고, 〈p〉 태그의 부모 요소가 〈div〉 태그가 아니면 〈div〉 태그를 사용하여 〈p〉 태그를 에워싼다.

실행 결과

[그림 8.18] sample08_18.html 예제 실행 결과 : 초기 상태

[그림 8.19] sample08_18.html 예제실행 결과 :
[wrap/unwrap] 버튼을 클릭하면 <p> 태그가 wrap 하거나 unwrap 처리

13 .replaceWith(content) 메서드

.replaceWith(content) 메서드는 선택된 요소를 제거하고 새로운 content로 변경한다. 만약 HTML 문서 내에 content와 일치하는 요소가 있으면 타깃 요소로 이동(move)하여 변경시킨다.

기본 사용 방법은 다음과 같다.

> **$(selector).replaceWith(content)**

다음의 [예제 8.19]는 class 속성값이 second인 〈div〉 태그를 찾아서 HTML 문서 내에 존재하지 않는 새로운 〈h2〉 태그로 변경하는 예제이다.

[예제 8.19] sample08_19.html

```
01:  <!DOCTYPE html>
02:  <html>
03:   <head>
04:     <meta charㅁet="UTF-8">
05:     <title>.replaceWith(content) Traverse 메서드</title>
06:     <script type="text/javascript" src="jquery-3.1.1.js"></script>
07:     <script type="text/javascript">
08:       $(document).ready(function() {
09:         $("div.second").replaceWith("<h2>강감찬 장군</h2>");
10:       });
11:     </script>
12:   </head>
13:   <body>
14:     <div class="container">
15:       <div class="inner first">이순신</div>
16:       <div class="inner second">강감찬</div>
17:       <div class="inner third">유관순</div>
18:     </div>
19:   </body>
20:  </html>
```

09행   class 속성값이 second인 〈div〉 태그를 찾아서 text 값을 "〈h2〉강감찬 장군〈/h2〉" 값으로 변경한다. 따라서 16행의 "강감찬" 값이 "강감찬 장군" 값으로 변경된다.

실행 결과

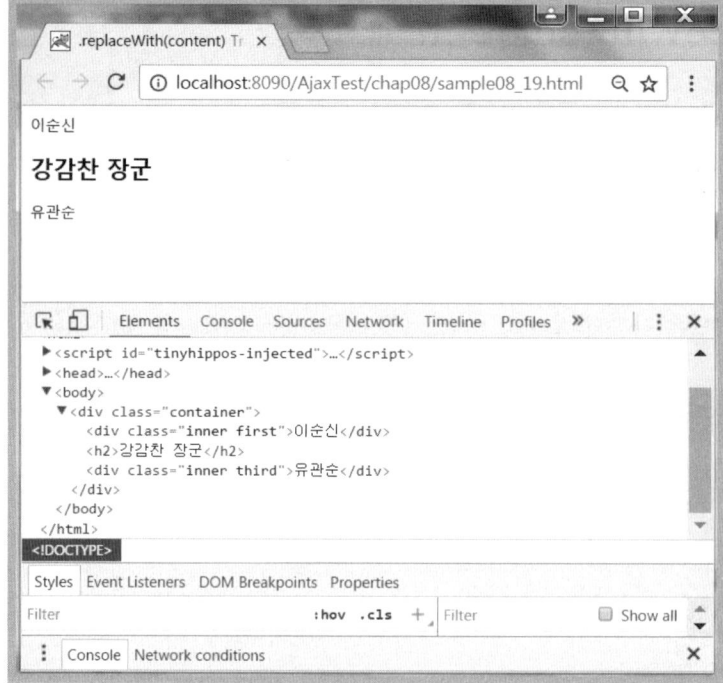

[그림 8.20] sample08_19.html 예제 실행 결과

다음의 [예제 8.20]은 class 속성값이 third인 〈div〉 태그를 찾아서 HTML 문서 내에 존재하는 class 속성값이 first인 태그로 변경하는 예제이다. 이때 class 속성값이 first인 태그는 이동(move)된다.

[예제 8.20] sample08_20.html

```
01:  〈!DOCTYPE html〉
02:  〈html〉
03:    〈head〉
04:      〈meta charset="UTF-8"〉
05:      〈title〉.replaceWith(content)  Traverse 메서드〈/title〉
06:      〈script type="text/javascript" src="jquery-3.1.1.js"〉〈/script〉
07:      〈script type="text/javascript"〉
08:         $(document).ready(function() {
09:             $("div.third").replaceWith($(".first"));
10:         });
11:      〈/script〉
12:    〈/head〉
13:    〈body〉
14:      〈div class="container"〉
15:        〈div class="inner first"〉이순신〈/div〉
16:        〈div class="inner second"〉강감찬〈/div〉
17:        〈div class="inner third"〉유관순〈/div〉
18:      〈/div〉
```

```
19:    </body>
20:  </html>
```

09행   class 속성값이 third인 〈div〉 태그를 찾아서 HTML 문서 내에 존재하는 class 속성값이 first 인 태그로 변경한다. 이때 15행은 17행으로 이동(move)하기 때문에 출력 결과는 "강감찬"과 "이순신"이 출력된다.

실행 결과

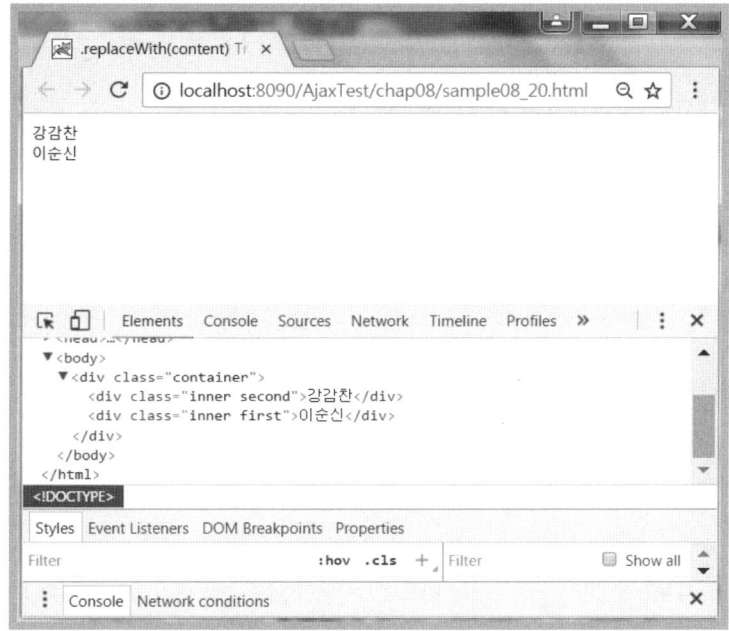

[그림 8.21] sample08_20.html 예제 실행 결과

14 .replaceAll(target) 메서드

.replaceAll(target) 메서드는 replaceWith(content) 메서드와 기능이 동일하다. 다만, content와 target의 위치가 서로 다르다.

기본 사용 방법은 다음과 같다.

$(content).replaceAll(target)

target 요소를 지우고 새로운 content로 변경한다.

다음의 [예제 8.21]은 class 속성값이 inner인 태그를 찾아서 HTML 문서 내에 존재하지 않는 새로운 〈h2〉 태그로 변경하는 예제이다.

[예제 8.21] sample08_21.html

```
01:  <!DOCTYPE html>
02:  <html>
03:    <head>
04:      <meta charset="UTF-8">
05:      <title>.replaceAll(target)  Traverse 메서드</title>
06:      <script type="text/javascript" src="jqucry-3.1.1.js"></script>
07:      <script type="text/javascript">
08:        $(document).ready(function() {
09:          $("<h2>영웅들</h2>").replaceAll(".inner");
10:        });
11:      </script>
12:    </head>
13:    <body>
14:      <div class="container">
15:        <div class="inner first">이순신</div>
16:        <div class="inner second">강감찬</div>
17:        <div class="inner third">유관순</div>
18:      </div>
19:    </body>
20:  </html>
```

09행　　　class 속성값이 inner인 태그를 찾아서 새로운 〈h2〉 태그로 변경한다. 따라서 15~17행의 모든 〈div〉 태그가 〈h2〉 태그로 변경된다.

실행 결과

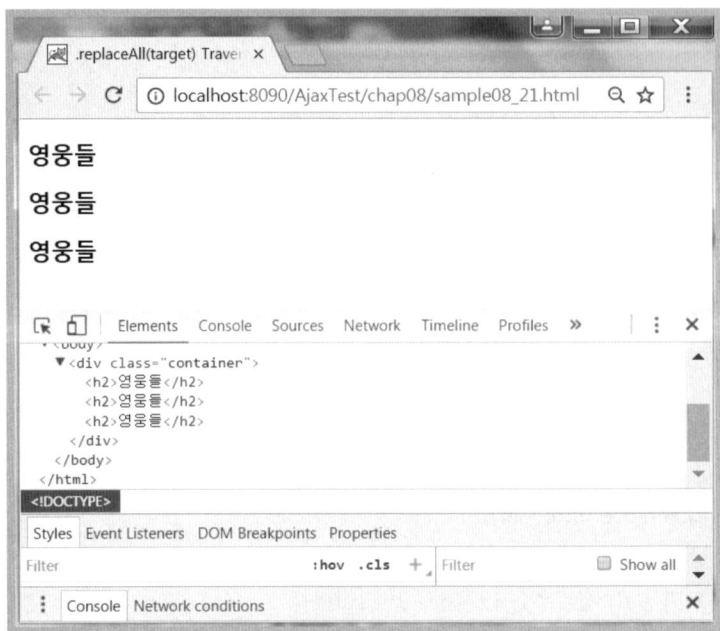

[그림 8.22] sample08_21.html 예제 실행 결과

15 .empty() 메서드

.empty() 메서드는 text 값을 포함한 모든 자식(자손 포함) 요소를 제거하고, 태그는 그 대로 남는다.

기본 사용 방법은 다음과 같다.

> **$(selector).empty()**

다음의 [예제 8.22]는 class 속성값이 hello인 태그의 text 값을 포함한 모든 자식(자손 포함) 요소를 제거하는 예제이다.

> **[예제 8.22]** sample08_22.html

```
01:  <!DOCTYPE html>
02:  <html>
03:    <head>
04:      <meta charset="UTF-8">
05:      <title>.empty()  Traverse 메서드</title>
06:      <script type="text/javascript" src="jquery-3.1.1.js"></script>
07:      <script type="text/javascript">
08:        $(document).ready(function() {
09:          $(".hello").empty();
10:        });
11:      </script>
12:    </head>
13:    <body>
14:      <div class="container">
15:        <div class="hello">이순신<p>강감찬</p></div>
16:        <div class="goodbye">유관순</div>
17:      </div>
18:    </body>
19:  </html>
```

09행   class 속성값이 hello인 태그의 text 값을 포함한 모든 자식(자손 포함) 요소를 제거한다. 따라서 15행에서 <div>태그의 내용이 삭제되어 빈 <div> 태그만 남게된다. 화면에는 16행의 "유관순" 값만 출력된다.

실행 결과

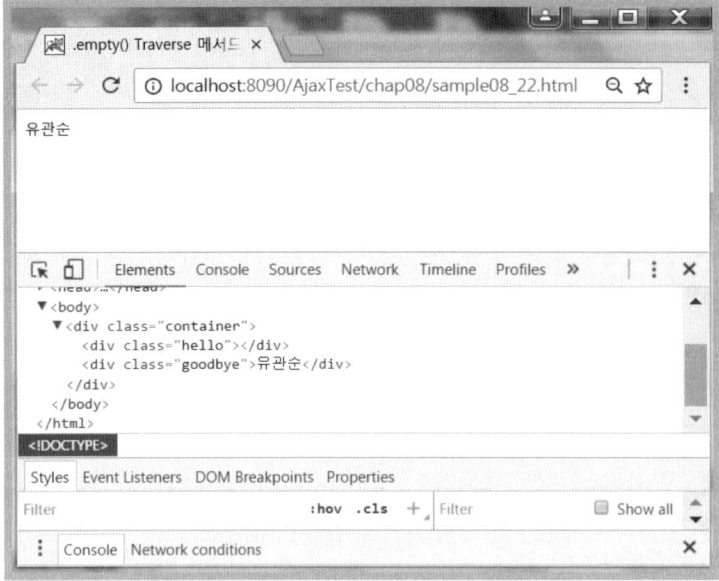

[그림 8.23] sample08_22.html 예제 실행 결과

16 .remove([selector]) 메서드

.remove([selector]) 메서드는 선택된 모든 요소를 제거한다. 만약 selector가 지정되면, selector와 일치하는 요소가 제거된다.

기본 사용 방법은 다음과 같다.

> **$(selector).remove([selector])**

다음의 [예제 8.23]은 class 속성값이 hello인 〈div〉 태그를 삭제하는 예제이다.

[예제 8.23] sample08_23.html

```
01:  <!DOCTYPE html>
02:  <html>
03:   <head>
04:    <meta charset="UTF-8">
05:    <title>.remove([selector]) Traverse 메서드</title>
06:    <script type="text/javascript" src="jquery-3.1.1.js"></script>
07:    <script type="text/javascript">
08:     $(document).ready(function() {
09:       $("div").remove(".hello");
10:     });
11:    </script>
12:   </head>
13:   <body>
14:    <div class="container">
15:     <div class="hello">이순신</div>
16:     <div class="goodbye">강감찬</div>
17:    </div>
18:   </body>
19:  </html>
```

09행　　모든 <div> 태그 중에서 class 속성값이 hello인 모든 태그를 삭제한다. 따라서 15행의 내용이
　　　　<div> 태그를 포함하여 모두 삭제되고 16행인 "강감찬" 값만 출력된다.

실행 결과

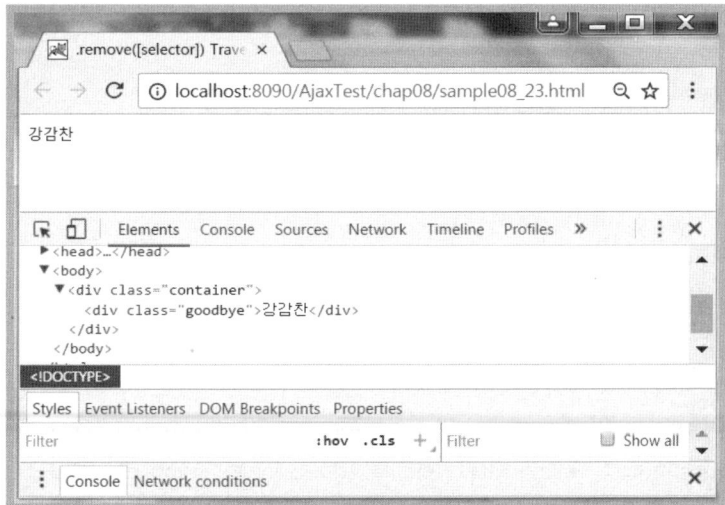

[그림 8.24] sample08_23.html 예제 실행 결과

17 .clone() 메서드

.clone() 메서드는 선택된 요소를 복제한다. 이때 복제되는 요소는 모든 하위 요소까지도 포함된다.

기본 사용 방법은 다음과 같다.

> $(selector).clone()

다음의 [예제 8.24]는 class 속성값이 "hello"인 요소를 복제하여 class 속성이 "goodbye"인 요소에 추가하는 예제이다.

[예제 8.24] sample08_24.html

```
01:  <!DOCTYPE html>
02:  <html>
03:   <head>
04:    <meta charset="UTF-8">
05:    <title>.clone() Traverse 메서드</title>
06:    <script type="text/javascript" src="jquery-3.1.1.js"></script>
07:    <script type="text/javascript">
08:      $(document).ready(function() {
09:        $(".hello").clone().appendTo(".goodbye");
10:      });
11:    </script>
12:   </head>
13:   <body>
14:    <div class="container">
15:     <div class="goodbye">
16:       홍길동
17:       <div class="hello">이순신</div>
18:     </div>
19:    </div>
20:   </body>
21:  </html>
```

09행   class 속성값이 hello인 요소(17행)를 복제하여 class 속성이 goodbye인 요소(15행)에 추가 한다. 따라서, "홍길동", "이순신", "이순신"의 순서로 출력된다.

실행 결과

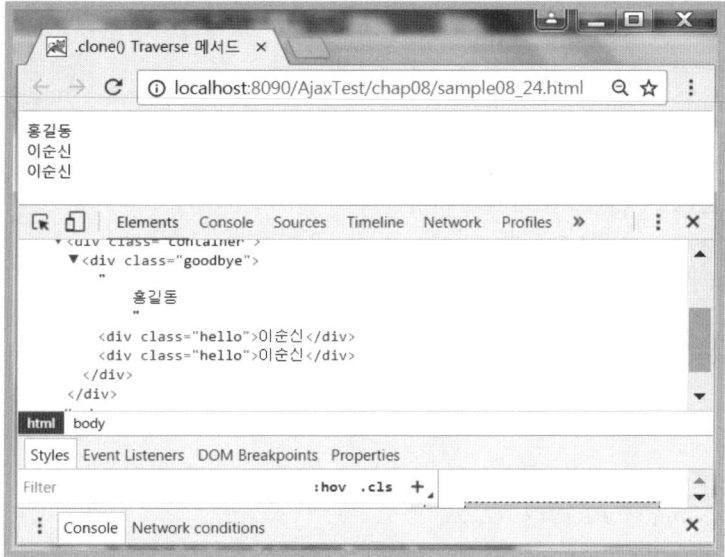

[그림 8.25] sample08_24.html 예제 실행 결과

18 .clone(true) 메서드

.clone(true) 메서드는 선택된 요소를 복제할 때, 이벤트 핸들러까지 함께 복제한다. 인자값이 true이면 이벤트 핸들러까지 복제하고 false이면 이벤트 핸들러는 복제하지 않는다. 기본값은 false이다.

기본 사용 방법은 다음과 같다.

$(selector).clone(true)

다음의 [예제 8.25]는은 button을 클릭할 때 클릭된 button을 복제하여 선택된 button 이후에 추가하는 예제이다. 이때 clone(true) 값으로 설정했기 때문에 이벤트 핸들러도 포함하여 복제된다.

[예제 8.25] sample08_25.html

```
01:  <!DOCTYPE html>
02:  <html>
03:    <head>
04:      <meta charset="UTF-8">
05:      <title>.clone(true)  Traverse 메서드</title>
06:      <script type="text/javascript" src="jquery-3.1.1.js"></script>
07:      <script type="text/javascript">
08:        $(document).ready(function() {
09:          $("button").on("click",function() {
10:            $(this).clone(true).insertAfter(this);
11:          });
12:        });
13:      </script>
14:    </head>
15:    <body>
16:      <button>press me!</button>
17:    </body>
18:  </html>
```

09행   button에 대한 이벤트 핸들러를 설정한다.

10행   [press me!] 버튼을 클릭하면, 클릭된 button 요소를 복제하여 선택된 button 요소 이후에
        button 요소를 추가한다. 추가한다.

실행 결과

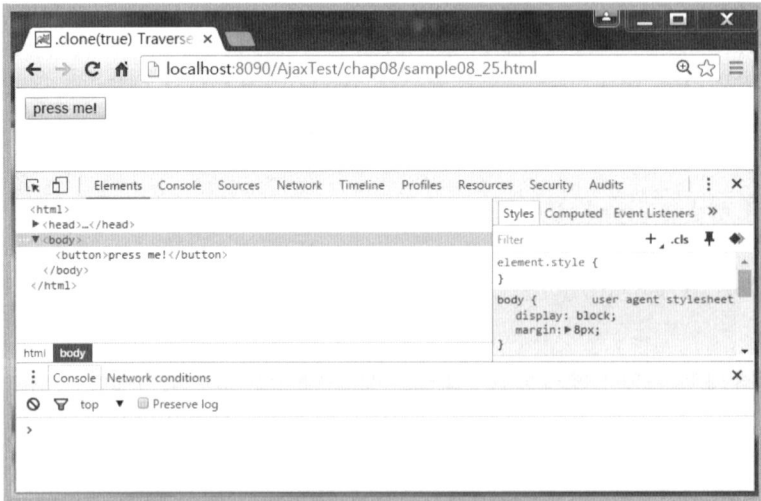

[그림 8.26] sample08_25.html 예제 실행 결과 : 초기 상태

[그림 8.27]은 [press me!] 버튼을 한 번 클릭한 후의 실행 결과로 이벤트 핸들러까지 포함하여 복제된다. 따라서 화면에서 어떤 버튼을 클릭해도 이벤트가 동작한다.

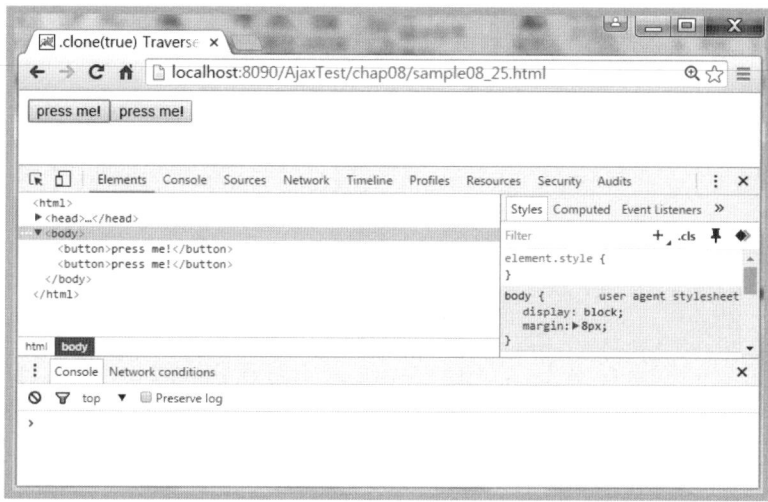

[그림 8.27] sample08_25.html 예제 실행 결과 : [press me!] 버튼을 한 번 클릭한 후

jQuery Utilities

CHAPTER 09

[학습 목표]

- jQuery Utilities 메서드에 관하여 학습한다.
- jQuery.each() 메서드와 jQuery.grep(), jQuery.map() 메서드에 관하여 학습한다.
- jQuery.makeArray() 메서드와 jQuery.inArray() 메서드에 관하여 학습한다.
- jQuery.parseXML() 메서드와 jQuery.parseJSON() 메서드에 관하여 학습한다.
- jQuery.data() 메서드와 jQuery.type() 메서드에 관하여 학습한다.
- .each() 메서드와 jQuery.each() 메서드 차이점에 관하여 학습한다.
- .get(index) 메서드와 .eq(index) 메서드 차이점에 관하여 학습한다.

이 장에서는 jQuery를 이용하여 코드를 작성할 때 배열을 순회하거나, 배열을 필터링하거나 또는 데이터를 배열 형식으로 변경하거나 배열 복제, 데이터의 공백 제거, XML 및 JSON 파싱 처리 방법과 같이 프로그램을 개발할 때 효율적으로 사용 가능한 유틸리티 메서드에 관하여 살펴보자.

잠깐만

jQuery Utilities와 관련된 API Documentation 내용은 다음 URL을 참조하면 자세한 내용을 확인할 수 있다.
URL : http://api.jquery.com/category/utilities/

다음은 jQuery에서 제공하는 유틸리티 관련 메서드이다.

[표 9.1] Utilities 관련 메서드

메서드	설명
jQuery.each(object, function)	배열 및 Map 형태의 반복되는 데이터를 순회하면서 얻어온다. function 내에서 false를 반환하면 반복 순회를 중지한다.
jQuery.grep(array,function[, inverter])	배열 형식의 데이터를 입력받아서 function에서 필터링 처리 후 다시 배열 형태로 반환한다. inverter 값은 function의 동작 방식을 역으로 동작하게 하는 boolean 값을 지정할 수 있다.
jQuery.map(array, function)	입력받은 배열을 가공하여 다시 배열 형태로 반환한다. 예〉 대문자 및 소문자로 변경
jQuery.merge(arr1, arr2)	arr1과 arr2를 병합(merge)하여 arr1에 저장한다. 중복된 값은 덮어쓰지 않고 그냥 중복으로 처리한다.
jQuery.extend(target, obje1[, objN])	2개 이상의 객체를 병합하여 첫 번째 인자인 target에 저장한다. 중복된 데이터는 나중에 입력된 값으로 덮어쓴다.
jQuery.makeArray(obj)	배열 형태로 변경한 obj를 입력받아서 배열 객체로 변환한다.
jQuery.inArray(value, array)	첫 번째 value 값이 두 번째 array 배열 안에 존재하는지 검사하고 일치하는 배열 요소의 index 값을 반환한다. 존재하지 않으면 −1을 반환한다.
jQuery.trim(str)	지정된 str 문자열의 앞과 뒤의 공백을 제거하여 반환한다.
jQuery.isArray(obj)	지정된 obj가 배열인지 boolean 값으로 반환한다.
jQuery.isEmptyObject(obj)	지정된 obj가 비어 있는지 boolean 값으로 반환한다. 비어 있으면 true 값을 반환하고 아니면 false 값을 반환한다.
jQuery.isNumeric(value)	지정된 value가 숫자인지 판별하여 boolean 값으로 반환한다. 숫자이면 true 값을 반환하고 아니면 false 값을 반환한다.
jQuery.isPlainObject(obj)	지정한 obj가 {} 또는 new Object 방식으로 생성된 Plain Object 객체인지 판별하여 boolean 값으로 반환한다. Plain Object 객체이면 true 값을 반환하고 아니면 false 값을 반환한다.
jQuery.parseXML(data)	지정한 data를 XML 문서로 파싱 처리한다. 처리된 데이터는 jQuery의 탐색 및 조작 기능을 사용할 수 있다.
jQuery.parseJSON(json)	지정한 json 문자열을 JavaScript 객체인 JSON 객체로 반환한다. 만약 json 문자열이 JSON 문법에 어긋나면 에러가 발생한다.

jQuery.type(obj)	지정한 obj의 타입을 반환한다. JavaScript의 typeof 연산자에 비해 더욱 정확하게 타입을 알 수 있다.
jQuery.uniqueSort(domArray)	지정된 DOM 요소의 배열인 domArray에서 중복된 노드를 제거하고 반환한다. 이 메서드는 DOM 요소의 배열에서만 사용 가능하고 일반적인 string 또는 number 배열에서는 사용할 수 없다.
jQuery.data(element,key,value)	선택된 element에 key/value 쌍으로 데이터를 저장한다.
jQuery.data(element, key)	선택된 element에 저장된 데이터를 key를 사용하여 value를 얻는다.
jQuery.removeData(element [, key])	선택된 element에 저장된 key에 해당하는 value를 삭제한다. key를 생략할 때 element에 저장된 모든 데이터가 삭제된다.
.each(function(idx,element)	선택된 요소들을 반복처리 한다. idx는 반복 처리할 때 index 값이고 element는 요소이다.
.get([index])	선택된 요소에서 지정된 index 값에 해당되는 DOM 요소를 반환한다. 만약 index 값이 생략되면 모든 DOM 요소가 반환된다.

01 jQuery.each(object, function) 메서드

jQuery.each(object, function) 메서드는 배열 또는 Map 형태의 반복되는 데이터를 손쉽게 순회하면서 얻어올 수 있다. 동작 방식은 배열 및 Map 형태의 첫 번째 인자인 object에서 두 번째 인자인 함수(function)를 통해서 데이터를 얻는다. 일반적으로 이 함수를 콜백 함수(callback function)라고 부르고, 콜백 함수의 형태가 function(Integer, Object)인 경우 Integer는 배열의 index 값을 의미하고 Object는 index에 해당하는 위치의 요소를 의미한다(index는 0부터 시작). 만약 콜백 함수의 형태가 function(String, Object)인 경우 String은 Map의 키(key)를 의미하고 Object는 키(key)에 해당하는 값(value)을 의미한다.

만약 배열 또는 Map 형식으로 저장된 데이터를 모두 순회하지 않고 중간에 순회를 멈추고 반복을 빠져나오기 위해서는 콜백 함수 내에서 false 값을 반환하면 된다. 즉, return false; 문장은 break 기능과 동일하다.

잠깐만

jQuery.each()와 $(selector).each() 메서드는 서로 다르다. jQuery.each() 메서드는 배열 및 Map 형태의 반복되는 데이터에 사용되고, $(selector).each() 메서드는 selector에 의해서 배열 형식으로 반환된 태그에서 사용된다. 대표적으로 〈li〉 및 〈table〉 태그의 〈tr〉 태그와 같이 반복되는 태그에서 주로 사용된다.

기본 사용 방법은 다음과 같다.

jQuery.each(Object, function)

다음의 [예제 9.1]은 5개의 문자열이 저장된 배열과 5개의 key/value 형식으로 저장된 JSON 객체 데이터를 jQuery.each() 메서드를 사용하여 순회하면서 데이터를 콘솔에 출력하는 예제이다.

[예제 9.1] sample09_1.html

```
01: <!DOCTYPE html>
02: <html>
03:   <head>
04:     <meta charset="UTF-8">
05:     <title>jQuery..each(Object,function) Traverse 메서드</title>
06:     <script type="text/javascript" src="jquery-3.1.1.js"></script>
07:     <script type="text/javascript">
08:       $(document).ready(function() {
09:         var arr = ["one", "two", "three", "four", "five"];
10:         jQuery.each(arr, function(idx, obj) {
11:           console.log("index:" + idx + "\t value: " + obj);
12:         });
13:
14:         var m = {one: 1, two: 2, three: 3, four: 4, five: 5};
15:         jQuery.each(m ,function(key,obj) {
16:           console.log("key:" + key + "\t value: " + obj);
17:         });
18:       });
19:     </script>
20:   </head>
21:   <body>
22:   </body>
23: </html>
```

09행   5개의 데이터를 가진 문자열 배열을 생성한다.

10-12행 배열을 순회하면서 데이터를 출력하기 위하여 jQuery.each() 메서드를 사용한다. 첫 번째 인자에는 배열을 지정하고, 두 번째 인자에는 함수(function)를 지정한다. 함수의 첫 번째 인자인 idx는 배열의 index 값으로 0부터 시작되고, 두 번째 인자는 index 위치에 해당하는 실제 데이터 값이다.

14행   key/value인 Map 형식의 JSON 객체를 생성한다.

15-17행 Map 형식의 데이터를 순회하면서 데이터를 출력하기 위하여 jQuery.each() 메서드를 사용한다. 첫 번째 인자에는 Map을 지정하고 두 번째 인자에는 함수(function)를 지정한다. 함수의 첫 번째 인자인 key는 Map의 key 값이고, 두 번째 인자는 key 위치에 해당하는 실제 데이터 값이다.

실행 결과

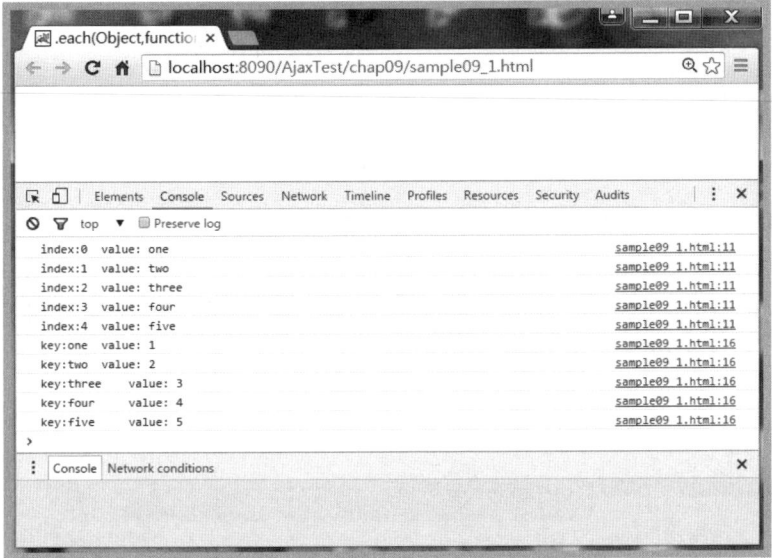

[그림 9.1] sample09_1.html 예제 실행 결과

다음의 [예제 9.2]는 앞서 실습했던 [예제 9.1]의 코드에서 사용된 콜백 함수에 조건식을 추가로 지정해서 반복 순회를 중지하도록 구현한 예제이다. 배열은 값이 "three"인 경우에 빠져나오고 Map 데이터는 value 값이 2인 경우에 반복을 중지하고 빠져나온다.

[예제 9.2] sample09_2.html

```html
01:  <!DOCTYPE html>
02:  <html>
03:   <head>
04:    <meta charset="UTF-8">
05:    <title>jQuery..each(Object,function) Traverse 메서드</title>
06:    <script type="text/javascript" src="jquery-3.1.1.js"></script>
07:    <script type="text/javascript">
08:     $(document).ready(function() {
09:       var arr = ["one", "two", "three", "four", "five"];
10:       jQuery.each(arr, function(idx, obj) {
11:         console.log("index:" + idx + "\t value: " + obj);
12:         return (obj != "three");
13:       });
14:
15:       var m = {one: 1, two: 2, three: 3, four: 4, five: 5};
16:       jQuery.each(m , function(key, obj) {
17:         console.log("key:" + key + "\t value: " + obj);
18:         return (obj != 2);
```

```
19:          });
20:        });
21:      </script>
22:    </head>
23:    <body>
24:    </body>
25: </html>
```

10-13행 09행에 정의된 배열을 순회하면서 배열 요소의 값이 three인 경우에 순회를 중지하고 빠져나온다. 따라서 "one", "two", "three" 값이 출력된다.

16-19행 15행에 선언된 Map을 순회하면서 value 값이 2인 경우에 순회를 중지하고 빠져나온다. 따라서 value 값은 1, 2 값이 출력된다.

실행 결과

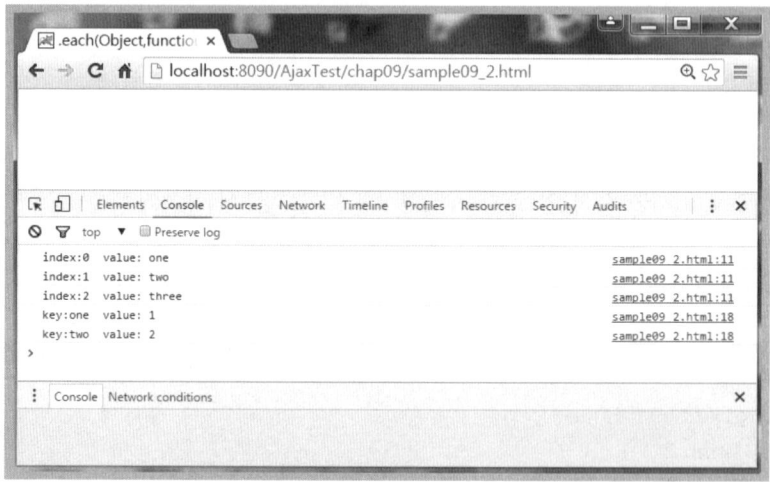

[그림 9.2] sample09_2.html 예제 실행 결과

02 jQuery.grep(array, function[, inverter]) 메서드

jQuery.grep(array, function[, inverter]) 메서드는 첫 번째 인자로 입력된 배열 형식의 데이터를 함수(function)에서 필터링 처리 후에 다시 배열로 반환하는 메서드이다. 이때 원본 배열은 변경되지 않는다.

두 번째 인자인 함수(function)는 function(Object, Integer) 형식으로 Integer는 배열의 index 값이고 Object는 index 위치에 해당하는 값이다. 1.1절에서 배웠던 each() 메서드의 함수(function)와는 Integer와 Object 인자의 순서가 서로 다르다.

마지막 인자인 inverter는 boolean 값으로 기본값은 false이다. 기능은 기본적인 function 기능을 역으로 실행하게 할 수 있다. 기본적으로 function은 return 조건식이 true인 경우에만 결과값이 반환되지만, inverter 값을 true로 지정하면 역으로 실행되기 때문에, function의 return 조건식이 true인 경우를 제외한 나머지가 반환된다.

기본 사용 방법은 다음과 같다.

jQuery.grep(array, function [, inverter])

다음의 [예제 9.3]은 배열에 저장된 데이터를 필터링 처리한 뒤에 콘솔에 출력하는 예제이다. 이때 grep() 메서드의 세 번째 인자인 inverter 값을 true로 설정하는 경우와 false로 설정하는 경우의 동작 방식을 비교한다.

inverter 값을 true로 지정하면 function의 return 조건식이 만족하는 것만 반환하고, false인 경우에는 function이 역으로 동작하기 때문에 return 조건식이 만족하는 것을 제외한 나머지가 반환된다.

[예제 9.3] sample09_3.html

```
01:  <!DOCTYPE html>
02:  <html>
03:    <head>
04:      <meta charset="UTF-8">
05:      <title>jQuery..grep() Traverse 메서드</title>
06:      <script type="text/javascript" src="jquery-3.1.1.js"></script>
07:      <script type="text/javascript">
08:        $(document).ready(function() {
09:          var arr = [1, 2, 3, 4, 5, 6, 7, 8, 9];
10:          var arr2 = jQuery.grep(arr, function(obj, idx) {
11:            return obj == 2;
12:          }, false);
13:          console.log("inverter값이 false인경우: " + arr2.join(","));
14:
15:          var arr3 = jQuery.grep(arr, function(obj, idx) {
16:            return obj == 2;
17:          }, true);
18:          console.log("inverter값이 true인경우: " + arr3.join(","));
19:        });
20:      </script>
21:    </head>
22:    <body>
23:    </body>
24:  </html>
```

09행　　　　배열에 1부터 9까지 정수값을 저장한다.

10-13행　grep() 메서드를 사용하여 배열을 필터링 처리한다. inverter 값이 false이기 때문에 function
은 obj가 2인 값만 반환한다. join(",") 메서드는 배열값을 각각 " ,"로 구분하여 연결해서 반환한다.

15-18행　grep() 메서드를 사용하여 배열을 필터링 처리한다. inverter 값이 true이기 때문에 function
은 obj가 2인 값을 제외한 나머지가 반환한다.

실행 결과

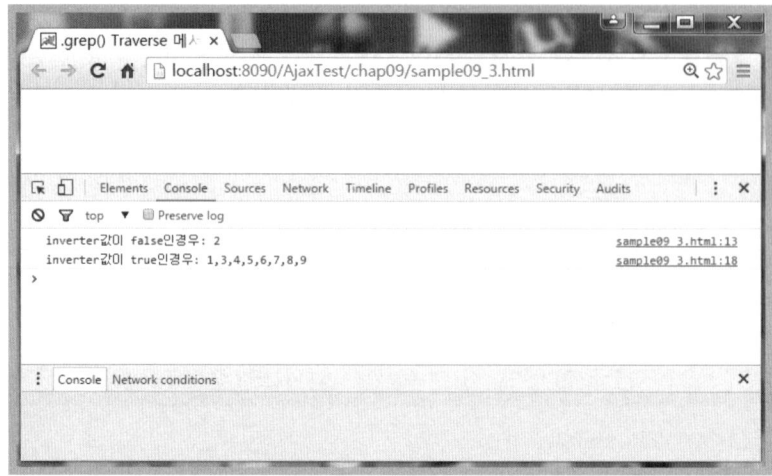

[그림 9.3] sample09_3.html 예제 실행 결과

03 jQuery.map(array, function) 메서드

jQuery.map(array, function) 메서드는 입력된 배열을 가공하여 새로운 배열로 다시 반
환하는 메서드이다. 배열에 저장된 값을 대문자 또는 소문자로 모두 변경하거나 값의 일
부분만 반환받는 작업 등이 가능하다.

기본 사용 방법은 다음과 같다.

> **jQuery.map(array, function)**

다음의 [예제 9.4]는 배열에 저장된 축약되지 않은 '월'이름을 3자리로 축약시킨 '월'이름
으로 콘솔에 출력하는 예제이다.

[예제 9.4] sample09_4.html

```
01:  <!DOCTYPE html>
02:  <html>
03:    <head>
04:      <meta charset="UTF-8">
05:      <title>jQuery.map() Traverse 메서드</title>
06:      <script type="text/javascript" src="jquery-3.1.1.js"></script>
07:      <script type="text/javascript">
08:        $(document).ready(function() {
09:          var months = ['January', 'February', 'March', 'April', 'May',
10:                        'June', 'July', 'August', 'September', 'October',
11:                        'November', 'December'];
12:          var months2 = jQuery.map(months, function(value, i) {
13:                          return value.substring(0,3);
14:          });
15:          console.log("months: " + months.join(","));
16:          console.log("months2: " + months2.join(","));
17:        });
18:      </script>
19:    </head>
20:    <body>
21:    </body>
22:  </html>
```

09행   배열에 축약되지 않은 '월'이름을 1월부터 12월까지 영문으로 저장한다.

12-14행   map() 메서드를 사용하여 배열에 저장된 값을 3글자만 부분 문자열로 반환한다.

15-16행   원래 배열에 저장된 값과 map() 메서드가 반환한 배열값을 콘솔에 출력한다.

실행 결과

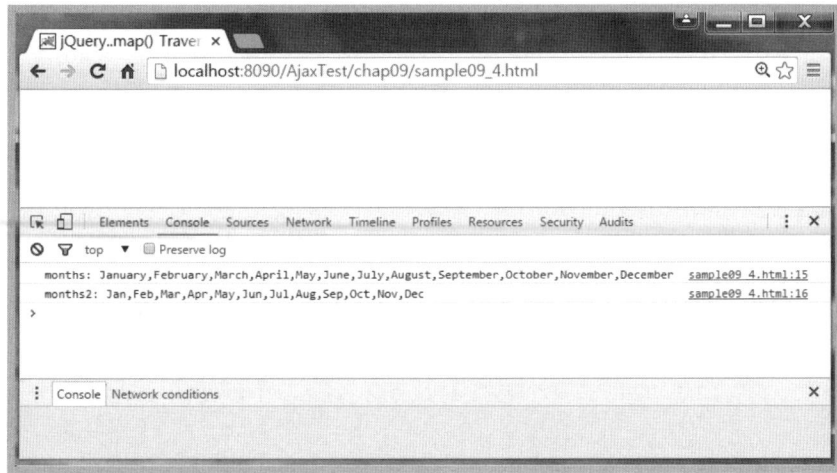

[그림 9.4] sample09_4.html 예제 실행 결과

04 jQuery.merge(arr1, arr2) 메서드

jQuery.merge(arr1, arr2) 메서드는 두 개의 배열을 병합(merge)하는 메서드이다. 만약 병합할 배열이 여러 개인 경우는 두 개씩 먼저 병합하고 추가로 병합하는 방법을 사용해야 한다. 처리 방식은 먼저 arr1과 arr2 배열을 병합하여 arr1에 저장한다. 결과값은 arr1 배열값 뒤에 arr2가 추가되는 형태로 병합되며, 만일 중복되는 값이 있으면 덮어쓰지 않고 중복으로 처리한다.

기본 사용 방법은 다음과 같다.

> **jQuery.merge(arr1, arr2)**

다음의 [예제 9.5]는 두 개의 배열에 저장된 값을 병합(merge)하는 예제이다. 중복된 값은 덮어쓰지 않고 중복으로 그냥 처리한다.

[예제 9.5] sample09_5.html

```
01:  <!DOCTYPE html>
02:  <html>
03:    <head>
04:      <meta charset="UTF-8">
05:      <title>jQuery.merge() Traverse 메서드</title>
06:      <script type="text/javascript" src="jquery-3.1.1.js"></script>
07:      <script type="text/javascript">
08:        $(document).ready(function() {
09:          var first = ["a", "b", "c" ,"d"];
10:          var second = ["d", "e", "f"];
11:          var result = jQuery.merge(first, second);
12:          console.log("result: " + result.join(","));
13:        });
14:      </script>
15:    </head>
16:    <body>
17:    </body>
18:  </html>
```

09-10행 두 개의 배열에 값을 저장한다. 두 개의 배열에 공통으로 "d" 값을 갖는다.

11-12행 jQuery.merge() 메서드를 사용하여 두 개의 배열을 병합한다. 이때 중복된 "d" 값은 덮어쓰지 않고 중복으로 처리하기 때문에 a, b, c, d, d, e, f가 출력된다.

실행 결과

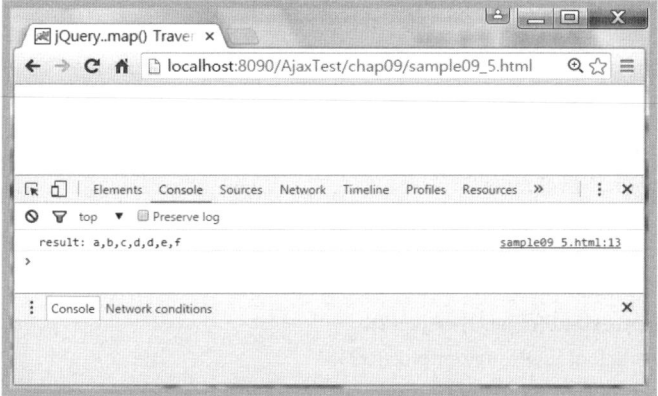

[그림 9.5] sample09_5.html 예제 실행 결과

05 jQuery.extend(target, obj1[, objN]) 메서드

jQuery.extend(target, obj1[, objN]) 메서드는 두 개 이상의 객체를 병합하여 첫 번째 인자인 target에 저장한다. 만약 중복된 데이터가 존재하는 경우는 나중에 입력된 값으로 덮어쓰게 된다.

기본 사용 방법은 다음과 같다.

jQuery.extend(target, obj1[, objN])

다음의 [예제 9.6]은 두 개의 객체에 저장된 값을 병합(merge)하는 예제이다. 중복된 값은 나중에 입력된 값으로 덮어쓰게 된다.

[예제 9.6] sample09_6.html

```
01:  ⟨!DOCTYPE html⟩
02:  ⟨html⟩
03:    ⟨head⟩
04:      ⟨meta charset="UTF-8"⟩
05:      ⟨title⟩jQuery.extend() Traverse 메서드⟨/title⟩
06:      ⟨script type="text/javascript" src="jquery-3.1.1.js"⟩⟨/script⟩
07:      ⟨script type="text/javascript"⟩
08:        $(document).ready(function() {
```

```
09:        var object1 = {
10:          apple: 0,
11:          banana: {price: 200},
12:          cherry: 97
13:        };
14:
15:        var object2 = {
16:          banana: {weight: 52, price: 100},
17:          durian: 100
18:        };
19:
20:        jQuery.extend(object1, object2);
21:        console.log(JSON.stringify(object1));
22:      })
23:    </script>
24:  </head>
25:  <body>
26:  </body>
27: </html>
```

09-18행 banana 속성이 중복된 서로 다른 2개의 객체를 작성한다. 병합할 때 중복된 속성은 나중에 입력된 값에 의해서 덮어쓰게 된다. 따라서 병합된 결과의 banana는 weight 값이 52이고 price 값은 100이 설정된다.

실행 결과

[그림 9.6] sample09_6.html 예제 실행 결과

06 jQuery.makeArray(obj) 메서드

jQuery.makeArray(obj) 메서드는 배열 형태로 변경 가능한 obj를 입력받아서 실제 배열 객체로 변환한다. 일반적으로 jQuery 또는 Javascript를 사용하다 보면 배열 형태의 객체를 반환받는 경우는 실제 배열 객체로 변환하여 사용할 수 있다. 대표적으로 여러 개의 〈div〉 태그 또는 〈li〉 태그, 〈table〉의 〈tr〉 태그 등에 사용될 수 있다.
기본 사용 방법은 다음과 같다.

> **jQuery.makeArray(obj)**

다음의 [예제 9.7]은 여러 개의 〈div〉 태그를 반환받아서 실제 배열로 변환하고, jQuery.each() 메서드를 사용하여 순회하면서 콘솔에 값을 출력하는 예제이다.

[예제 9.7] sample09_7.html

```
01: <!DOCTYPE html>
02: <html>
03:   <head>
04:     <meta charset="UTF-8">
05:     <title>jQuery.makeArray(obj) Traverse 메서드</title>
06:     <script type="text/javascript" src="jquery-3.1.1.js"></script>
07:     <script type="text/javascript">
08:       $(document).ready(function() {
09:         var arr = jQuery.makeArray($("div"));
10:         jQuery.each(arr, function(idx, obj) {
11:           console.log("index: " + idx + "\t" + $(this).text());
12:         });
13:       });
14:     </script>
15:   </head>
16:   <body>
17:     <div>First</div>
18:     <div>Second</div>
19:     <div>Third</div>
20:     <div>Fourth</div>
21:   </body>
22: </html>
```

09행 모든 〈div〉 태그를 반환받아서 배열로 변환하여 arr 변수에 저장한다.

10-12행 arr 변수에 저장된 배열을 jQuery.each() 메서드를 사용하여 반복 순회하면서 〈div〉 태그의 값을 콘솔에 출력한다.

실행 결과

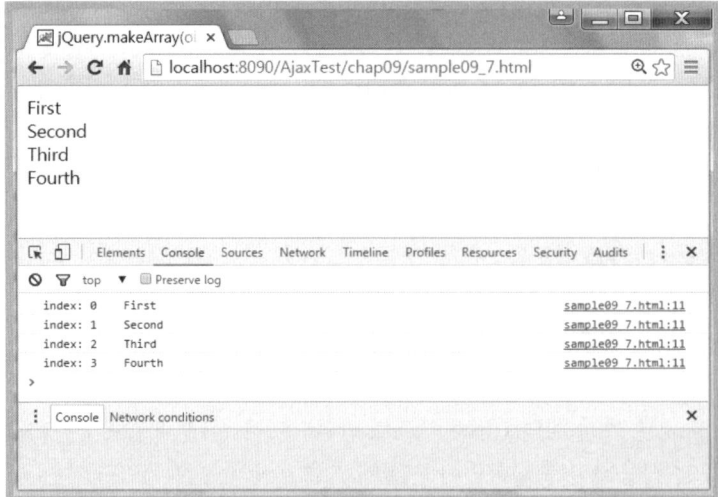

[그림 9.7] sample09_7.html 예제 실행 결과

07 jQuery.inArray(value, array) 메서드

jQuery.inArray(value, array) 메서드는 첫 번째 value 값이 두 번째 array 배열 안에 존재하는지 검사하고, 존재하면 일치하는 배열 요소의 index 값을 반환한다. 첫 번째 배열 요소에 일치하는 값이 존재한다면 index 값 0을 반환하게 된다. 만약 일치하는 값이 없으면 −1을 반환한다. 이 메서드는 Javascript의 indexOf() 메서드와 비슷하다.

기본 사용 방법은 다음과 같다.

jQuery.inArray(value, array)

다음의 [예제 9.8]은 지정한 값이 배열에 저장되어 있는지 검사하고, 존재하는 경우 저장된 index 값을 반환하여 출력하는 예제이다.

[예제 9.8] sample09_8.html

```
01:  <!DOCTYPE html>
02:  <html>
03:    <head>
04:      <meta charset="UTF-8">
```

```
05:        <title>jQuery.inArray(value, array) Traverse 메서드</title>
06:        <script type="text/javascript" src="jquery-3.1.1.js"></script>
07:        <script type="text/javascript">
08:          $(document).ready(function() {
09:            var arr = [4, "홍길동", 8, "이순신"];
10:            var $spans = $("span");
11:            $spans.eq(0).text(jQuery.inArray("홍길동", arr));
12:            $spans.eq(1).text(jQuery.inArray(4, arr));
13:            $spans.eq(2).text(jQuery.inArray("유관순", arr));
14:          });
15:        </script>
16:      </head>
17:      <body>
18:        <div>홍길동 위치값 : <span></span></div>
19:        <div>4 위치값 : <span></span></div>
20:        <div>유관순 위치값 : <span></span></div>
21:      </body>
22:    </html>
```

09행   배열을 생성하고 변수 arr에 저장한다.

10행   모든 〈span〉 태그를 반환받고 참조할 수 있도록 jQuery 타입의 $spans 변수에 저장한다.

11-14행 순서대로 〈span〉 태그에 지정한 값과 일치하는 index 값을 찾아서 출력한다. "유관순" 값은 배열에 존재하지 않기 때문에 −1을 반환한다.

실행 결과

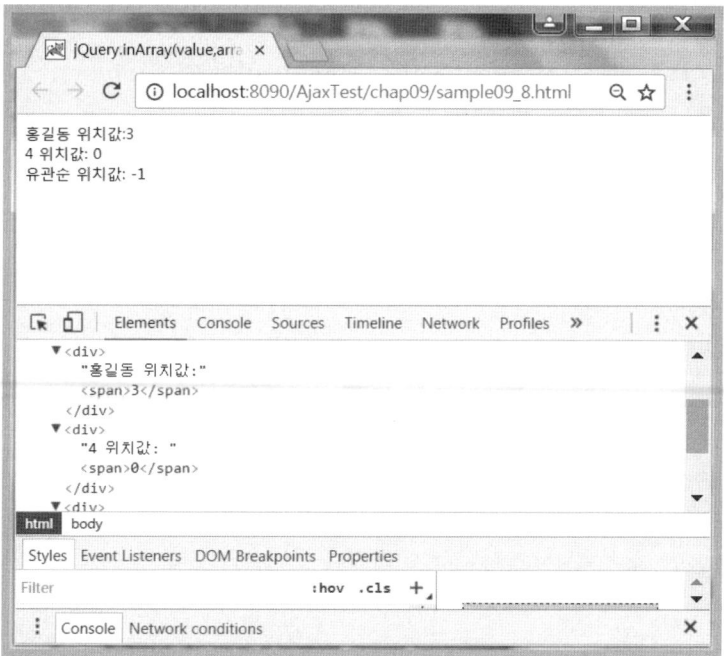

[그림 9.8] sample09_8.html 예제 실행 결과

08 jQuery.trim(str) 메서드

jQuery.trim(str) 메서드는 입력값으로 받은 str 문자열의 앞과 뒤의 공백을 제거하여 반환한다. 문자열의 중간에 존재하는 공백은 제거되지 않고 유지된다.

기본 사용 방법은 다음과 같다.

> **jQuery.trim(str)**

다음의 [예제 9.9]는 공백을 포함한 문자열을 사용하여 앞과 뒤의 공백을 제거한 뒤에 문자열을 출력하는 예제이다. HTML 문서에서 공백 및 줄 바꿈 등을 포함하는 입력 형태를 그대로 유지하여 보여주기 위해서 〈pre〉 태그를 사용한다.

[예제 9.9] sample09_9.html

```
01:  <!DOCTYPE html>
02:  <html>
03:    <head>
04:      <meta charset="UTF-8">
05:      <title>jQuery.trim(str) Traverse 메서드</title>
06:      <script type="text/javascript" src="jquery-3.1.1.js"></script>
07:      <script type="text/javascript">
08:        $(document).ready(function() {
09:          var str = "      Ajax      와 jQuery 프레임워크      ";
10:          $("#original").html("Original String: '" + str + "'");
11:          $("#trimmed").html("$.trim() : '" + jQuery.trim(str) + "'");
12:        });
13:      </script>
14:    </head>
15:    <body>
16:      <pre id="original"></pre>
17:      <pre id="trimmed"></pre>
18:    </body>
19:  </html>
```

09행 앞뒤에 공백이 들어간 문자열을 생성한다.

10행 공백이 들어간 문자열을 id가 original인 16행의 〈pre〉 태그에 지정한다.

11행 공백이 들어간 문자열을 jQuery.trim() 메서드를 사용하여 앞과 뒤의 공백을 제거한 뒤에 id가 trimmed인 17행의 〈pre〉 태그에 지정한다.

실행 결과

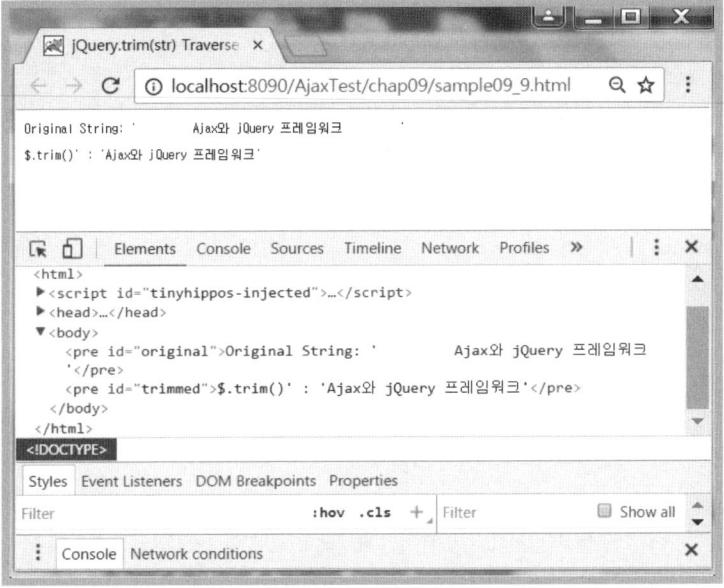

[그림 9.9] sample09_9.html 예제 실행 결과

09 jQuery.isArray(obj) 메서드

jQuery.isArray(obj) 메서드는 지정된 값 obj가 배열인지를 확인하여 boolean 값으로 반환한다. 배열이면 true 값을 반환하고, 배열이 아니면 false 값을 반환한다. 주의할 점은 jQuery 객체의 배열 형식이 아닌 Javascript에서의 배열을 의미한다.

기본 사용 방법은 다음과 같다.

> **jQuery.isArray(obj)**

다음의 [예제 9.10] 은 변수에 저장된 값이 배열인지를 확인하여 결과를 boolean 값으로 출력하는 예제이다.

[예제 9.10] sample09_10.html

```
01:   <!DOCTYPE html>
02:   <html>
03:     <head>
```

```
04:        <meta charset="UTF-8">
05:        <title>jQuery.isArray(obj) Traverse 메서드</title>
06:        <script type="text/javascript" src="jquery-3.1.1.js"></script>
07:        <script type="text/javascript">
08:          $(document).ready(function() {
09:            var arr = [];
10:            $("b").append("" + jQuery.isArray(arr));
11:          });
12:        </script>
13:      </head>
14:      <body>
15:        Is [] an Array? <b></b>
16:      </body>
17:    </html>
```

09행   빈 배열을 생성해서 arr 변수에 저장한다.

10행   arr 변수에 저장된 값이 배열인지를 확인하여, 반환된 boolean 값을 15행의 <b> 태그에 지정
        한다. arr 변수에 저장된 값은 배열이기 때문에 true 값이 설정된다.

실행 결과

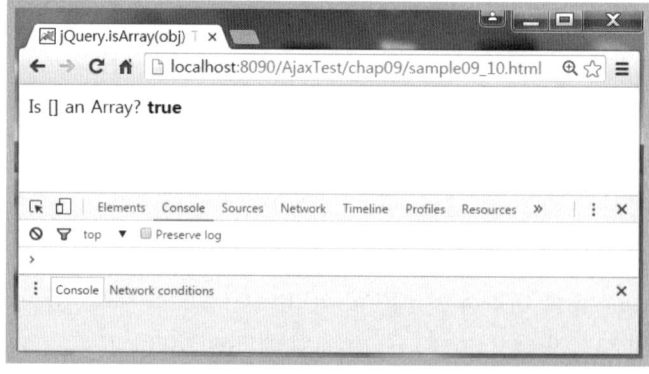

[그림 9.10] sample09_10.html 예제 실행 결과

10 jQuery.isEmptyObject(obj) 메서드

jQuery.isEmptyObject(obj) 메서드는 지정된 obj 객체 안이 empty인지 boolean 값으로
반환한다. 즉, 객체 안에 아무런 속성을 포함하고 있지 않은지 확인할 수 있다. 지정된
obj는 일반적인 Javascript 객체여야 하며 다른 형태의 객체(DOM 요소, 기본형 데이터

인 String 또는 Number)들은 브라우저에 따라서 결과가 달라질 수 있다. 만약 일반적인 Javascript 객체인지를 확인하려면 jQuery.isPlainObject() 메서드를 사용하면 된다.

기본 사용 방법은 다음과 같다.

> jQuery.isEmptyObject(obj)

다음의 [예제 9.11]은 변수에 저장된 객체가 empty인지 판단하여 boolean 값으로 출력하는 예제이다.

[예제 9.11] sample09_11.html

```
01:  <!DOCTYPE html>
02:  <html>
03:   <head>
04:    <meta charset="UTF-8">
05:    <title>jQuery.isEmptyObject(obj) Traverse 메서드</title>
06:    <script type="text/javascript" src="jquery-3.1.1.js"></script>
07:    <script type="text/javascript">
08:     $(document).ready(function() {
09:       var obj = {};
10:       var obj2 = {foo: "bar"};
11:       console.log("obj: " + jQuery.isEmptyObject(obj));
12:       console.log("obj2: " + jQuery.isEmptyObject(obj2));
13:     });
14:    </script>
15:   </head>
16:   <body>
17:   </body>
18:  </html>
```

09행 속성이 empty인 객체를 생성하여 obj 변수에 저장한다.

10행 foo 속성을 가진 객체를 생성하여 obj2 변수에 저장한다.

11-12행 obj 객체와 obj2 객체 안에 속성이 포함되었는지를 jQuery.isEmptyObject() 메서드를 사용하여 확인하고 결과를 boolean 값으로 반환받아서 콘솔에 출력한다. obj 변수는 속성을 포함하지 않기 때문에 true 값이 출력되고, obj2는 속성을 포함하기 때문에 false 값이 출력된다.

실행 결과

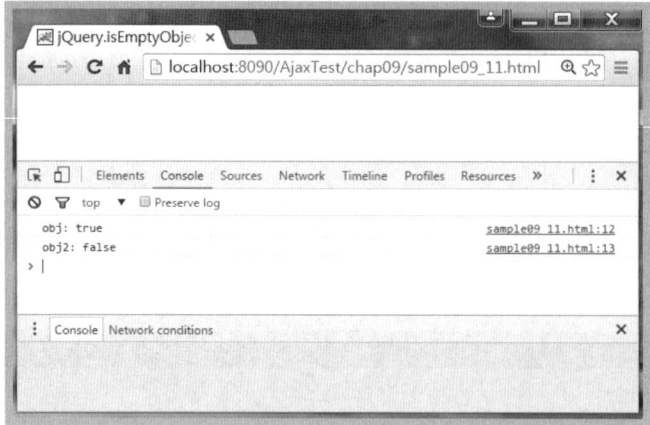

[그림 9.11] sample09_11.html 예제 실행 결과

11 jQuery.isNumeric(value) 메서드

jQuery.isNumeric(value) 메서드는 지정한 value 값이 숫자인지 판별하여 결과를 boolean 값으로 반환한다. 숫자이면 true 값을 반환하고, 아니면 false 값을 반환한다. value 값으로 JavaScript에서 사용 가능한 모든 데이터형이 가능하기 때문에 매우 유용한 메서드이다.

기본 사용 방법은 다음과 같다.

jQuery.isNumeric(value)

다음의 [예제 9.12]는 JavaScript에서 사용 가능한 데이터형이 Number형인지 판별하여 결과를 boolean 값으로 출력하는 예제이다.

[예제 9.12] sample09_12.html

```
01: <!DOCTYPE html>
02: <html>
03:   <head>
04:     <meta charset="UTF-8">
05:     <title>jQuery.isNumeric(value) Traverse 메서드</title>
06:     <script type="text/javascript" src="jquery-3.1.1.js"></script>
```

```
07:    <script type="text/javascript">
08:      $(document).ready(function() {
09:        console.log("Is -100 a Numeric? " + jQuery.isNumeric("-100"));
10:        console.log("Is 20 a Numeric? " + jQuery.isNumeric(20));
11:        console.log("Is 0xFE a Numeric? " + jQuery.isNumeric(0xFE));
12:        console.log("Is '0xFE' a Numeric? " + jQuery.isNumeric('0xFE'));
13:        console.log("Is '8e5' a Numeric? " + jQuery.isNumeric('8e5'));
14:        console.log("Is 3.14  a Numeric? " + jQuery.isNumeric(3.14));
15:        console.log("Is +10 a Numeric? " + jQuery.isNumeric(+10));
16:        console.log("Is 0234 a Numeric? " + jQuery.isNumeric(0234));
17:        console.log("Is '' a Numeric? " + jQuery.isNumeric(''));
18:        console.log("Is {} a Numeric? " + jQuery.isNumeric({}));
19:        console.log("Is NaN a Numeric? " + jQuery.isNumeric(NaN));
20:        console.log("Is null a Numeric? " + jQuery.isNumeric(null));
21:        console.log("Is true a Numeric? " + jQuery.isNumeric(true));
22:        console.log("Is Infinity a Numeric? " + jQuery.isNumeric(Infinity));
23:        console.log("Is undefined a Numeric? " + jQuery.isNumeric(undefined));
24:      });
25:    </script>
26:  </head>
27:  <body>
28:  </body>
29: </html>
```

09-23행 JavaScript에서 사용 가능한 데이터를 사용하여 Number형인지 판별하여 결과를 boolean 값으로 콘솔에 출력한다. 12행과 13행의 '0xFE'와 '8e5' 값은 내부적으로 수치 데이터로 자동 형변환되기 때문에 결과값은 true가 출력된다.

실행 결과

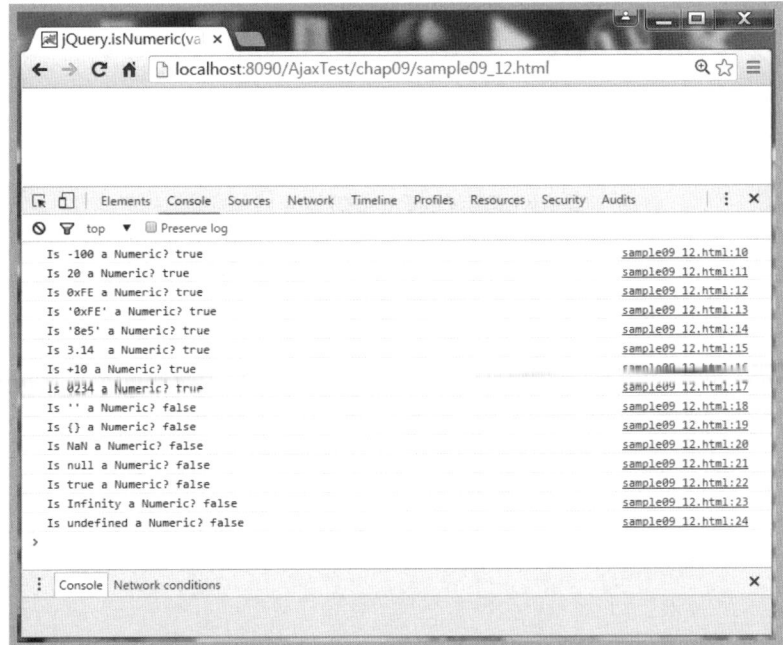

[그림 9.12] sample09_12.html 예제 실행 결과

12 jQuery.isPlainObject(obj) 메서드

jQuery.isPlainObject(obj) 메서드는 지정된 obj가 {} 또는 new Object 방식으로 생성된 일반적인 객체(Plain Object)인지 판별하여 결과를 boolean 값으로 반환한다. Plain Object 객체이면 true 값을 반환하고, 아니면 false 값을 반환한다.

기본 사용 방법은 다음과 같다.

> **jQuery.isPlainObject(obj)**

다음의 [예제 9.13]은 {}와 new Object 방식으로 생성된 객체와 'hello' 값을 직접 지정하여 생성한 객체가 Plain Object 객체인지 판별하여 결과를 boolean 값으로 콘솔에 출력하는 예제이다.

[예제 9.13] sample09_13.html

```
01:  <!DOCTYPE html>
02:  <html>
03:   <head>
04:    <meta charset="UTF-8">
05:    <title>jQuery.isPlainObject(obj) Traverse 메서드</title>
06:    <script type="text/javascript" src="jquery-3.1.1.js"></script>
07:    <script type="text/javascript">
08:     $(document).ready(function() {
09:       var obj = {};
10:       var obj2 = new Object();
11:       var obj3 = 'hello';
12:       console.log("Is {} a PlainObject? " + jQuery.isPlainObject(obj));
13:       console.log("Is new Object() a PlainObject? " +
14:               jQuery.isPlainObject(obj2) );
15:       console.log("Is 'hello' a PlainObject? " + jQuery.isPlainObject(obj3));
16:     });
17:    </script>
18:   </head>
19:   <body>
20:   </body>
21:  </html>
```

09~11행 {}을 사용한 방식 및 new Object를 사용한 방식 그리고 문자열 "hello" 값을 직접 지정하는 3가지 방식으로 데이터를 생성한다.

12~15행 3가지 데이터 중에서 Plain Object 객체인지를 판별하기 위하여 jQuery.isPlainObject() 메
서드를 사용하여 결과를 boolean 값으로 콘솔에 출력한다. 따라서 {}와 new Object 방식으
로 생성된 12행과 13~14행의 결과는 true 값을 출력하고 15행은 false 값이 출력된다.

실행 결과

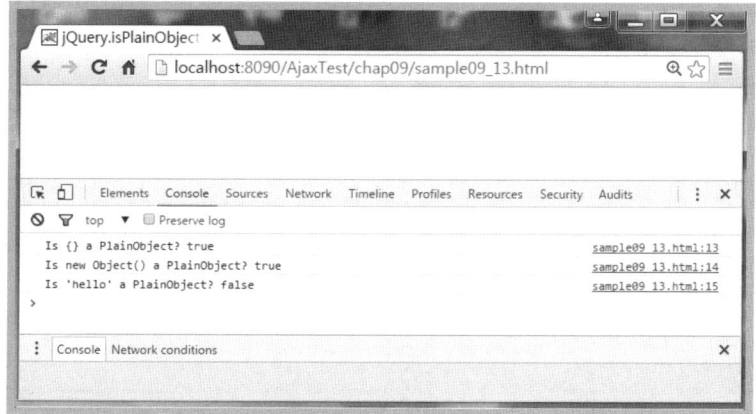

[그림 9.13] sample09_13.html 예제 실행 결과

13 | jQuery.parseXML(data) 메서드

jQuery.parseXML(data) 메서드는 지정된 data을 XML 문서로 파싱 처리한다. 이 메서
드는 XML 형식으로 구성된 일반 문자열을 XML 객체로 변환하여 jQuery에서 제공하는
탐색 및 조작 기능을 효율적으로 구현할 수 있다.

기본 사용 방법은 다음과 같다.

jQuery.parseXML(data)

다음의 [예제 9.14]는 XML 형식으로 구성된 문자열을 XML 객체로 파싱 처리한 후에
jQuery의 find() 메서드를 사용하여 원하는 값을 찾아서 출력하는 예제이다.

[예제 9.14] sample09_14.html

```
01:  <!DOCTYPE html>
02:  <html>
03:    <head>
```

```
04:      <meta charset="UTF-8">
05:      <title>jQuery.parseXML(data) Traverse 메서드</title>
06:      <script type="text/javascript" src="jquery-3.1.1.js"></script>
07:      <script type="text/javascript">
08:        $(document).ready(function() {
09:          var xmlString = "<rss version='2.0'><person>" +
10:            "<name>홍길동</name><age>20</age></person></rss>";
11:          var xmlObject = jQuery.parseXML(xmlString);
12:          var $name = $(xmlObject).find("name");
13:          var $age = $(xmlObject).find("age");
14:          $("#someElement").append($name.text() + "\t" + $age.text());
15:        });
16:      </script>
17:    </head>
18:    <body>
19:      <p id="someElement"></p>
20:    </body>
21:  </html>
```

09-10행 XML 형식으로 구성된 문자열을 JavaScript 변수 xmlString 에 저장한다.

11행 문자열 데이터인 xmlString 변수의 값을 XML 객체로 변경하기 위하여 jQuery.parseXML() 메서드를 사용한 후에 JavaScript 변수인 xmlObject에 저장한다.

12행 JavaScript 변수인 xmlObject를 jQuery 객체로 변경하기 위하여 $(xmlObject)로 감싼 뒤에 find("name") 메서드를 이용하여 XML 문자열의 <name> 태그를 참조하는 값을 jQuery 변수 $name에 저장한다. 13행도 같은 방법으로 XML 문자열의 <age> 태그를 참조할 수 있다.

14행 jQuery의 text() 메서드를 사용하여 각 태그의 text 값인 "홍길동"과 "20" 값을 얻는다.

실행 결과

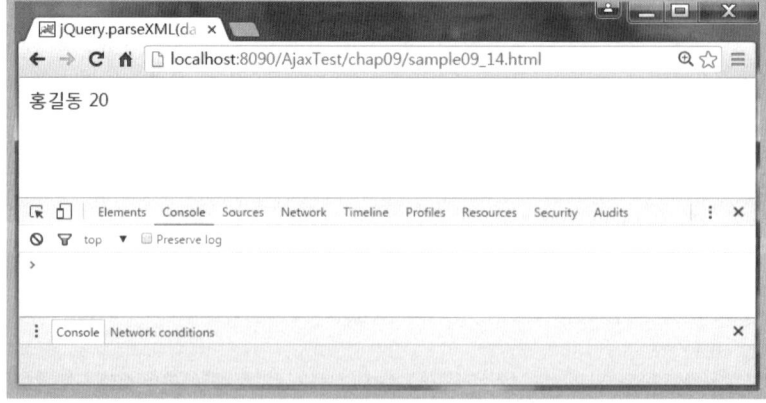

[그림 9.14] sample09_14.html 예제 실행 결과

14 jQuery.parseJSON(json) 메서드

jQuery.parseJSON(json) 메서드는 지정한 JSON 문자열을 JavaScript 객체인 JSON 객체로 변환한다. 만약 JSON 형식에 맞지 않은 문자열이면 예외가 발생한다.

다음의 [표 9.2]는 JSON 형식에 맞지 않은 대표적인 코드의 예이다.

[표 9.2] JSON 형식에 맞지 않은 대표적인 코드 예

코드	설명
"{test: 1}"	test 값에 쌍따옴표를 사용해야 한다.
"{'test': 1}"	'test'에서 홑따옴표 대신에 쌍따옴표를 사용해야 한다.
"'test'"	'test'에서 홑따옴표 대신에 쌍따옴표를 사용해야 한다.
".1"	수치 데이터는 숫자로 시작해야 한다. 즉, "0.1"로 사용해야 한다.
"undefined"	JSON 문자열로 사용하지 않는다.
"NaN"	JSON 문자열로 사용하지 않는다.

기본 사용 방법은 다음과 같다.

jQuery.parseJSON(json)

다음의 [예제 9.15]는 JSON 형식으로 구성된 문자열을 JSON 객체로 변환한 뒤에 .(dot)를 사용하여 원하는 값에 접근해서 출력하는 예제이다.

[예제 9.15] sample09_15.html

```
01: <!DOCTYPE html>
02: <html>
03:   <head>
04:     <meta charset="UTF-8">
05:     <title>jQuery.parseJSON(json) Traverse 메서드</title>
06:     <script type="text/javascript" src="jquery-3.1.1.js"></script>
07:     <script type="text/javascript">
08:       $(document).ready(function() {
09:         var jsonString = '{"name":"홍길동", "age":20, "address":"서울"}';
10:         var jsonObject = jQuery.parseJSON(jsonString);
11:         var name = jsonObject.name;
12:         var age = jsonObject.age;
13:         var address = jsonObject.address;
14:         $("#someElement").append(name + "\t"+ age + "\t" + address);
15:       });
16:     </script>
17:   </head>
```

```
18:    <body>
19:      <p id="someElement"></p>
20:    </body>
21:  </html>
```

09행   JSON 형식으로 구성된 문자열을 JavaScript 변수 jsonString에 저장한다.

10행   문자열 데이터인 jsonString 변수의 값을 JSON 객체로 변경하기 위하여 jQuery. parseJSON() 메서드를 사용한 뒤에 결과를 JavaScript 변수인 jsonObject에 저장한다.

11-13행   JSON 객체의 속성값을 얻기 위하여 jsonObject.name과같이 .(dot)를 사용한다.

14행   name, age, address 값을 id가 "someElement"인 태그의 text 값에 추가한다.

실행 결과

[그림 9.15] sample09_15.html 예제 실행 결과

15 jQuery.type(obj) 메서드

jQuery.type(obj) 메서드는 지정한 obj의 데이터 타입을 문자열로 반환한다. JavaScript 의 typeof 연산자에 비해 더욱 정확한 데이터 타입을 알 수 있다.

기본 사용 방법은 다음과 같다.

jQuery.type(obj)

다음의 [예제 9.16]은 jQuery.type() 메서드를 사용하여 JavaScript의 모든 데이터의 타입을 문자열로 출력하는 예제이다. JavaScript의 typeof 연산자보다 더욱 정확하게 타입을 알 수 있다.

[예제 9.16] sample09_16.html

```
01:  <!DOCTYPE html>
02:  <html>
03:    <head>
04:      <meta charset="UTF-8">
05:      <title>jQuery.type(obj) Traverse 메서드</title>
06:      <script type="text/javascript" src="jquery-3.1.1.js"></script>
07:      <script type="text/javascript">
08:        $(document).ready(function() {
09:        console.log("jQuery.type(undefined)결과: " + jQuery.type(undefined));
10:        console.log("jQuery.type()결과: " + jQuery.type());
11:        console.log("jQuery.type( null )결과: " + jQuery.type(null));
12:        console.log("jQuery.type( true )결과: " + jQuery.type(true));
13:        console.log("jQuery.type( new Boolean() )결과: " + jQuery.type(new Boolean()));
14:        console.log("jQuery.type( 30 )결과: " + jQuery.type(30));
15:        console.log("jQuery.type( new Number(3) )결과: " + jQuery.type(new Number(3)));
16:        console.log("jQuery.type( 'hello' )결과: " + jQuery.type("hello"));
17:        console.log("jQuery.type( new String('hello') )결과: " +
18:                      jQuery.type(new String("hello")));
19:        console.log("jQuery.type( function() {} )결과: " + jQuery.type(function() {}));
20:        console.log("jQuery.type( [] )결과: " + jQuery.type([]));
21:        console.log("jQuery.type( new Array() )결과: " + jQuery.type(new Array()));
22:        console.log("jQuery.type( new Date() )결과: " + jQuery.type(new Date()));
23:        console.log("jQuery.type( /hello/ )결과: "+ jQuery.type(/hello/));
24:        });
25:      </script>
26:    </head>
27:    <body>
28:    </body>
29:  </html>
```

09-23행 typeof 연산자는 대부분을 object로 반환하는데, jQuery.type() 메서드는 더욱 정확하게 타입을 반환한다.

실행 결과

[그림 9.16] sample09_16.html 예제 실행 결과

16 jQuery.uniqueSort(domArray) 메서드

jQuery.uniqueSort(domArray) 메서드는 지정된 DOM 요소의 배열인 domArray에서 중복된 노드를 제거하고 반환한다. 이 메서드는 DOM 요소의 배열에서만 사용 가능하고 일반적인 string 또는 number 배열에서는 사용할 수 없다.

기본 사용 방법은 다음과 같다.

jQuery.uniqueSort(domArray)

다음의 [예제 9.17]은 5개의 〈li〉 태그를 작성하고, 동일한 〈li〉 태그를 concat 메서드로 연결한 후에 중복을 제거하기 전의 〈li〉 태그 개수와 중복을 제거한 뒤의 〈li〉 태그 개수를 콘솔에 출력하는 예제이다.

[예제 9.17] sample09_17.html

```
01:  〈!DOCTYPE html〉
02:  〈html〉
03:   〈head〉
```

```
30:      <meta charset="UTF-8">
31:      <title>jQuery.uniqueSort(domArray) Traverse 메서드</title>
32:      <script type="text/javascript" src="jquery-3.1.1.js"></script>
33:      <script type="text/javascript">
34:        $(document).ready(function() {
35:          var lis = $("li").get();
36:          lis = lis.concat($("li").get() );
37:          console.log("중복된 값 길이: " + lis.length);
38:          var lis1 = jQuery.uniqueSort(lis);
39:          console.log("중복제거된 값 길이: " + lis1.length);
40:        });
41:      </script>
42:    </head>
43:    <body>
44:      <ul>
45:        <li>A</li>
46:        <li>B</li>
47:        <li>C</li>
48:        <li>D</li>
49:        <li>E</li>
50:      </ul>
51:    </body>
52:  </html>
```

09-11행 `<li>` 태그와 일치하는 요소를 얻고, 동일한 `<li>` 태그 요소를 추가로 연결한다. 따라서 동일한 요소가 중복된 상태이다. 결국, `<li>` 태그 요소 길이는 원래 5였으나 연결했기 때문에 10이 콘솔에 출력된다.

12-13행 jQuery.uniqueSort() 메서드를 사용하여 중복된 `<li>` 태그 중에서 중복 요소를 제거하고 반환한다. 따라서 요소 길이는 5가 콘솔에 출력된다.

19-23행 5개의 `<div>` 태그를 작성한다.

실행 결과

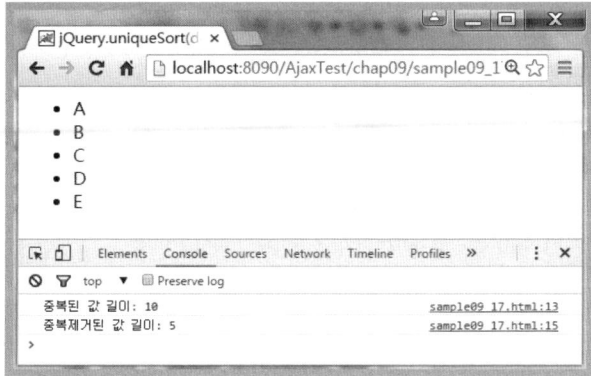

[그림 9.17] sample09_17.html 예제 실행 결과

17 jQuery.data(element, key, value)와 jQuery.data(element, key) 메서드

jQuery.data(element, key, value) 메서드는 선택된 element에 key/value 쌍으로 데이터를 저장하고, 나중에 jQuery.data(element, key) 메서드를 사용하여 지정된 key에 해당하는 value 값을 얻는다. 결국, 이 메서드는 HTML 태그 내에 데이터를 저장하고 필요할 때 읽는 역할을 하는 메서드이다. 이 메서드의 사용 용도는 서버에서 조회된 데이터를 ajax 통신할 때 사용하거나 form의 〈input〉 태그를 사용할 때 데이터의 유효성(validation) 점검에 유용하게 사용할 수 있다.

기본 사용 방법은 다음과 같다.

```
jQuery.data(element, key, value)    // key/value 쌍으로 데이터 저장
jQuery.data(element, key)           // key 이용하여 value 얻기
jQuery.removeData(element[, key])   // key에 해당하는 value 삭제
```

다음의 [예제 9.18]은 〈div〉 태그에 key 값이 sample이고 JSON 객체를 value로 갖는 데이터를 저장한 뒤에, 나중에 〈span〉 태그에 value 값을 설정하는 예제이다.

[예제 9.18] sample09_18.html

```
01:  <!DOCTYPE html>
02:  <html>
03:   <head>
04:    <meta charset="UTF-8">
05:    <title>jQuery.data() Traverse 메서드</title>
06:    <script type="text/javascript" src="jquery-3.1.1.js"></script>
07:    <script type="text/javascript">
08:     $(document).ready(function() {
09:       $("span").css("font-size", "30px");
10:
11:       var div = $("div")[0];
12:       jQuery.data(div, "sample", {
13:         firstValue: 16,
14:         lastValue: "pizza!"
15:       });
16:       $("span:first").text(jQuery.data(div, "sample").firstValue);
17:       $("span:last").text(jQuery.data(div, "sample").lastValue);
18:     });
19:    </script>
20:   </head>
21:   <body>
```

```
22:    <div>
23:       저장된 값은
24:       <span></span>
25:       그리고
26:       <span></span>
27:    </div>
28:  </body>
29: </html>
```

09행 〈span〉 태그에 글꼴 크기가 30px인 CSS 스타일을 설정한다.

11행 첫 번째 〈div〉 태그를 찾아서 div 변수에 저장한다.

12-15행 〈div〉 태그에 key 값이 sample이고 value 값이 JSON 객체인 데이터를 생성한다.

16행 첫 번째 〈span〉 태그의 text 값으로 d〈iv〉 태그에 저장했던 key 값이 sample인 데이터의 firstValue 속성값을 설정한다.

17행 마지막 〈span〉 태그의 text 값으로 〈div〉 태그에 저장했던 key 값이 sample인 데이터의 lastValue 속성값을 설정한다.

실행 결과

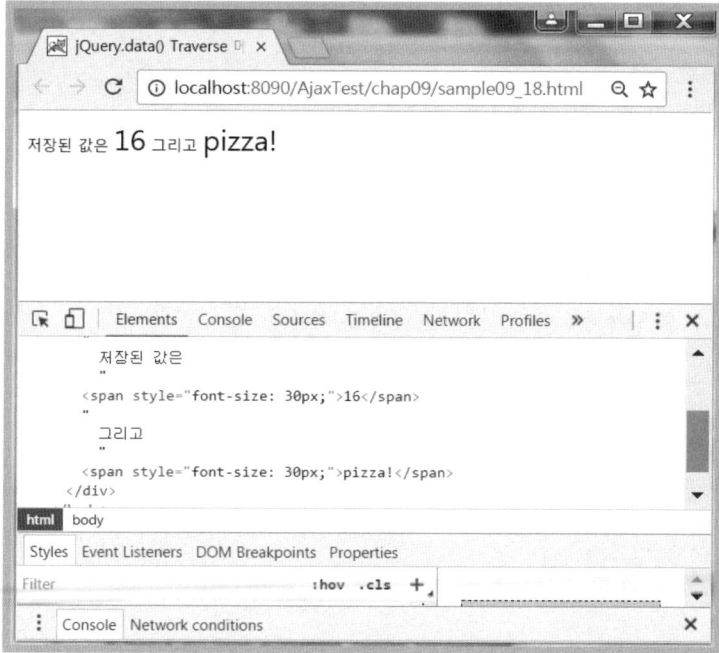

[그림 9.18] sample09_18.html 예제 실행 결과

18 .each(function) 메서드

.each(function) 메서드는 선택된 DOM 요소들을 손쉽게 반복적으로 순회할 수 있다. 프로그램 언어의 반복문과 비슷하고 HTML 문서 내의 동일한 태그로 구성된 요소를 반복 처리할 때 유용하게 사용할 수 있다.

기본 사용 방법은 다음과 같다.

> **$(selector).each(function(idx,element)**

선택된 selector 요소를 반복처리하며 idx는 반복할 때의 인덱스값이고, element는 요소이다.

다음의 [예제 9.19]는 3개 ⟨li⟩ 태그의 text 값을 반복적으로 출력하기 위한 예제이다.

[예제 9.19] sample09_19.html

```
01:  <!DOCTYPE html>
02:  <html>
03:    <head>
04:      <meta charset="UTF-8">
05:      <title>$(selector).each(function) Traverse 메서드</title>
06:      <script type="text/javascript" src="jquery-3.1.1.js"></script>
07:      <script type="text/javascript">
08:        $(document).ready(function() {
09:          $("li").each(function(index, element) {
10:            console.log(index + ": " + $(this).text());
11:          });
12:        });
13:      </script>
14:    </head>
15:    <body>
16:      <ul>
17:        <li>홍길동</li>
18:        <li>이순신</li>
19:        <li>유관순</li>
20:      </ul>
21:    </body>
22:  </html>
```

09-11행 ⟨li⟩ 태그를 반복적으로 순회하기 위하여 .each(function) 메서드를 사용한다. 메서드 내에서 사용된 $(this)는 반복 순회할 때 요소 자신을 의미한다. 따라서 $(this).text()는 반복적으로 순회할 때 ⟨li⟩ 태그의 text 값을 얻는다.

실행 결과

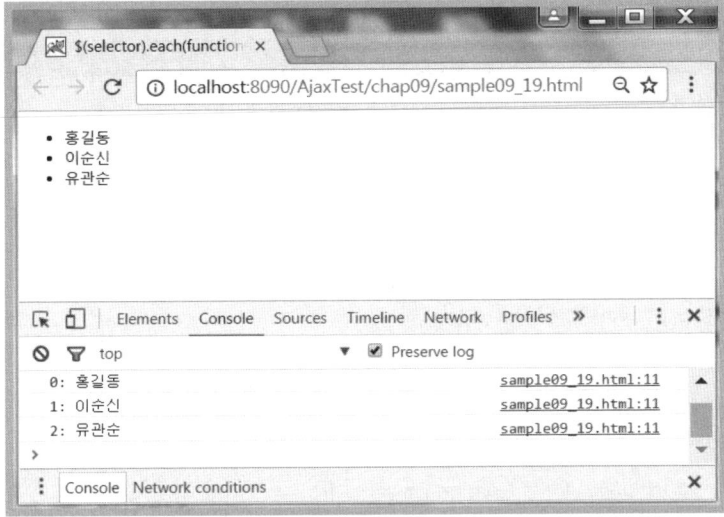

[그림 9.19] sample09_19.html 예제 실행 결과

19 .get([index]) 메서드

.get([index]) 메서드는 선택된 요소에서 지정된 index 값에 해당되는 DOM 요소를 반환한다. 만약 index 값이 생략되면 모든 DOM 요소를 반환하고 index 값에 음수값을 지정하면 맨뒤의 요소에서 시작한다.

🔍 **잠깐만**

.get([index]) 메서드는 6장의 .eq(index) 메서드와 비슷하다. 가장 큰 차이점은 .eq(index) 메서드는 jQuery 객체를 반환하고, .get(index) 메서드는 DOM 요소를 반환하는 것이다. 따라서 메서드 체인을 사용한 $("li").eq(0).css() 형식은 가능하지만 $("li").get(0).css() 형식을 사용하면 에러가 발생한다. 이유는 get(0) 메서드는 DOM 요소를 반환하기 때문에 jQuery 객체의 css() 메서드를 사용할 수 없기 때문이다.

기본 사용 방법은 다음과 같다.

$(selector).get([index])

다음의 [예제 9.20]은 지정한 index 값과 일치하는 위치의 〈li〉 태그에 해당하는 text 값을 출력하고, index 값을 지정하지 않고 모든 〈li〉 태그의 text 값을 출력하는 예제이다.

앞에서 언급한 것처럼 .get(index) 메서드는 DOM 요소를 반환하기 때문에 jQuery 객체에서 사용했던 css 메서드를 사용할 수 없다.

[예제 9.20] sample09_20.html

```
01:  <!DOCTYPE html>
02:  <html>
03:    <head>
04:      <meta charset="UTF-8">
05:      <title>$(selector).get(index) Traverse 메서드</title>
06:      <script type="text/javascript" src="jquery-3.1.1.js"></script>
07:      <script type="text/javascript">
08:        $(document).ready(function() {
09:          console.log("li의 첫 번째 요소: " + $("li").get(0).innerHTML);
10:          console.log("li의 마지막 요소: " + $("li").get(-1).innerHTML);
11:          var all = $("li").get();
12:          for(var i = 0 ; i < all.length; i++) {
13:            console.log("li의 모든 요소: " + all[i].innerHTML);
14:          }
15:        });
16:      </script>
17:    </head>
18:    <body>
19:      <ul>
20:        <li>홍길동</li>
21:        <li>이순신</li>
22:        <li>유관순</li>
23:      </ul>
24:    </body>
25:  </html>
```

09행 `<li>` 태그 중에서 첫 번째 DOM 요소를 찾기 위하여 index 값에 0을 지정하고 innerHTML을 이용하여 `<li>` 태그의 text 값을 얻는다.

10행 마지막 DOM 요소를 찾기 위하여 음수값으로 −1을 지정하고 innerHTML을 통하여 `<li>` 태그의 text 값을 얻는다. 음수값을 지정하면 가장 마지막 요소부터 시작한다.

11−14행 모든 DOM 요소를 얻기 위하여 index 값이 없는 get() 메서드를 지정하고 for 문을 사용하여 각 DOM 요소의 text 값을 얻는다.

실행 결과

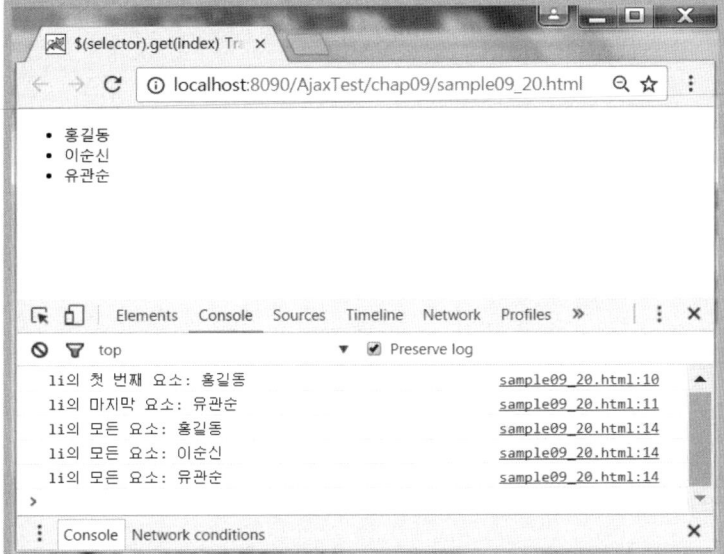

[그림 9.20] sample09_20.html 예제 실행 결과

jQuery Events

CHAPTER 10

[학습 목표]

- jQuery에서 이벤트 사용 방법에 관하여 학습한다.
- Event 설정 및 해제 메서드에 관하여 학습한다.
- .ready() 메서드 및 .on()과 .off() 메서드에 관하여 학습한다.
- .trigger() 메서드와 .bind() 및 .unbind() 메서드에 관하여 학습한다.
- Form 관련 Event 메서드에 관하여 학습한다.
- .focus() 및 .change()와 .select() 메서드에 관하여 학습한다.
- .submit() 및 .keydown()과 .keyup() 메서드에 관하여 학습한다.
- Mouse 관련 Event 메서드에 관하여 학습한다.
- .click() 메서드와 .dbclick() 메서드에 관하여 학습한다.
- .mouseenter() 메서드와 .mouseleave() 메서드에 관하여 학습한다.
- .mousemove() 메서드와 .hover() 메서드에 관하여 학습한다.
- .mouseenter() 메서드와 .mouseover() 메서드의 차이점에 관하여 학습한다.
- .mouseleave() 메서드와 .mouseout() 메서드의 차이점에 관하여 학습한다.

이 장에서는 버튼을 클릭하거나, 〈select〉 태그와 〈option〉 태그를 이용하여 표현되는 콤보 상자의 항목을 선택하거나, 이미지 위에 마우스 포인터를 올려놓거나, HTML 문서가 웹 브라우저에서 로딩이 완료되거나, 〈input〉 태그를 이용한 입력란에 키보드로 값을 입력하는 작업처럼 사용자 또는 시스템에서 발생하는 특정 이벤트를 jQuery 메서드를 사용하여 처리하는 방법을 학습한다.

> **잠깐만**
>
> jQuery Events와 관련된 API Documentation내용은 다음 URL의 사이트를 참조하면 자세한 내용을 확인할 수 있다.
>
> URL : http://api.jquery.com/category/events/ 사이트를 참조

01 Event 설정 및 해제 관련 메서드

다음의 [표 10.1]은 jQuery에서 제공하는 대상 요소에 Event를 설정하거나 해제하는 방법에 관한 메서드이다.

[표 10.1] Events 설정 및 해제 메서드

메서드	설명
.ready(function)	HTML의 DOM 요소들이 모두 사용할 준비가 되면 function 함수가 실행된다. window.onload 이벤트 처리와 차이가 있으며 [표 10.2]를 참고한다.
.bind(eventType[,eventData], function(eventObject))	요소에 이벤트 핸들러를 연결한다. eventType에 해당하는 이벤트가 발생하면 function에 이벤트를 전달한다.
.on(events[,selector] [, data], function)	요소에 이벤트 핸들러를 연결한다. jQuery 1.7 버전부터 모든 이벤트 처리는 .on() 메서드를 사용할 것을 권장한다.
.one(events[,selector] [, data], function)	.on() 메서드와 동일하다. 차이점은 한 번만 이벤트가 실행된다.
.trigger(eventType [, extraParameters])	이벤트가 발생할 때 실행될 함수나 .on() 메서드로 연결된 어떤 이벤트 핸들러를 강제적으로 실행하는 메서드이다. 즉, 함수를 강제적으로 실행할 때 사용한다.
.unbind(eventType[, function])	이전에 .bind() 메서드로 설정했던 이벤트 핸들러를 제거한다.
.off(events[, selector] [, function])	이전에 .on() 메서드로 설정했던 이벤트 핸들러를 제거한다.

1.1 .ready(function) 메서드

.ready(function) 메서드는 HTML 문서의 모든 DOM 요소들이 완벽하게 사용할 준비가 되면 호출되어 function 함수가 실행된다. 따라서 다른 이벤트 핸들러를 추가하거나 또 다른 jQuery 코드가 위치하기에 최적의 장소가 된다. 일반적으로 JavaScript의 window.onload 이벤트와 동일한 기능을 수행하는 메서드로 알려졌지만, [표 10.2]와 같은 차이가 존재한다.

[표 10.2] jQuery의 .ready()와 HTML의 onload() 차이점

.ready(function) 메서드	window.onload
외부 리소스 및 이미지와 상관없이 모든 DOM 요소들이 완벽하게 사용할 준비가 되면 바로 호출된다. 따라서 사용자 입장에서는 onload보다 빠르다는 느낌을 받을 수 있다.	외부 리소스 및 이미지를 포함한 모든 HTML 요소가 로드된 후에 수행된다. 따라서 이미지가 나타나지 않거나 늦게 보이면 그만큼 수행이 지연된다.
.ready() 메서드를 여러 개 지정해도 순차적으로 모두 수행된다.	window.onload를 여러 개 지정해도 마지막 1개만 수행된다.
만약 이미지의 크기 정보 같은 데이터가 필요한 경우에는 모든 이미지가 다운로드된 후에야 알 수 있기 때문에 .ready() 메서드는 적합하지 않다.	만약 이미지의 크기 정보 같은 데이터가 필요한 경우에는 모든 이미지가 다운로드된 뒤에 알 수 있기 때문에 onload가 적합하다.

🔍 잠깐만

.ready(function) 메서드는 일반적으로 ⟨body onload=""⟩와 동시에 사용하기에는 부적합하다. 만약 onload를 반드시 사용해야 한다면, .ready(function) 메서드를 사용하지 않거나, jQuery의 load() 메서드를 이미지와 같은 구체적인 요소에 사용할 것을 권장한다.

기본 사용 방법은 다음과 같이 다양하게 사용 가능하다.

```
$(document).ready(function)
또는
jQuery(document).ready(function)
또는
$().ready(function)    // 권장 안 함
또는
$(function)
```

ready() 메서드는 현재 document 요소로 호출될 수 있기 때문에 선택자를 생략할 수 있으며 일반적으로 다음과 같이 anonymous 형태로 많이 사용된다.

```
$(document).ready(function() {
    // 코드
});
```

jQuery는 'jQuery'에 대한 alias로서 $를 사용하는데, 많은 다른 JavaScript 라이브러리에서도 함수 또는 변수명에 $를 사용한다. 따라서 다른 JavaScript 라이브러리와 jQuery를 함께 사용한다면 네임스페이스(namespace)가 충돌될 가능성이 커지게 된다. 이 경우에는 $.noConflict() 메서드를 사용하여 네임스페이스(namespace)의 충돌을 피할 수 있으며, 이 메서드를 호출하면 $ 표현은 더는 사용하지 못하기 때문에 반드시 $ 대신에 jQuery라고 명시적으로 사용해야 한다. 하지만, .ready() 메서드에 $ 값을 function 인자에 설정하면 사용할 수 있다. 이것은 .ready() 메서드 내에서 다른 코드에 영향을 주지 않고 로컬 형태로 $ 표현식을 사용할 수 있음을 의미한다.

```
jQuery(document).ready(function($) {
  // 코드 내에서 $ 표현식 가능
});
```

function($)로 설정되었기 때문에, 위의 함수 내에서는 $ 표현식을 사용할 수 있다.

다음의 [예제 10.1]은 .ready(function) 메서드와 window.onload 이벤트의 차이점을 알아보기 위한 예제이다.

[예제 10.1] sample10_1.html

```
01:  <!DOCTYPE html>
02:  <html>
03:    <head>
04:      <meta charset="UTF-8">
05:      <title>.ready(function) 메서드</title>
06:      <script type="text/javascript" src="jquery-3.1.1.js"></script>
07:      <script type="text/javascript">
08:
09:        window.onload = function() {
10:          console.log("onload1");
11:        };
12:        window.onload = function() {
13:          console.log("onload2");
14:        };
15:
16:        $(document).ready(function() {
17:          console.log("ready1");
18:        });
19:        $(document).ready(function() {
20:          console.log("ready2");
21:        });
22:
23:      </script>
24:    </head>
```

```
25:    〈body〉
26:    〈/body〉
27:  〈/html〉
```

09-14행 JavaScript의 window.onload 이벤트 핸들러를 설정한다. HTML의 모든 태그가 로드된 후에 function이 호출된다. window.onload 이벤트 핸들러를 여러 번 설정해도 마지막 하나만 수행된다. 따라서 13행만 수행되어 'onload2'가 출력된다.

16-21행 모든 DOM이 준비되면 function이 수행된다. .ready() 이벤트 핸들러를 여러 번 설정해도 모두 수행되기 때문에 'ready1'과 'ready2'가 모두 출력된다.

실행 결과

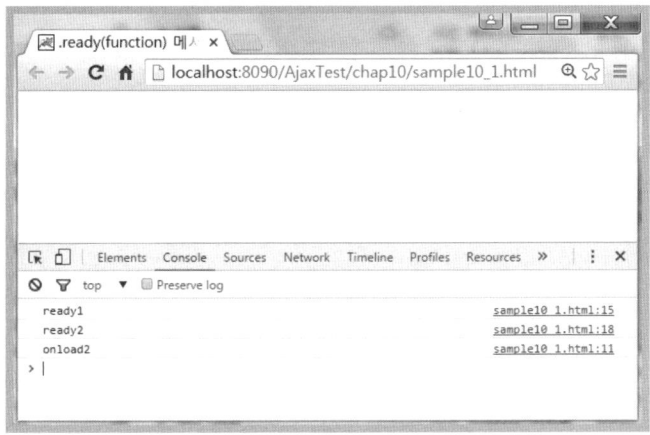

[그림 10.1] sample10_1.html 예제 실행 결과

1.2 .bind(eventType[, eventData], function(eventObject)) 메서드

.bind() 메서드는 특정 요소에서 이벤트를 발생시키기 위하여 요소에 이벤트 핸들러를 설정(바인드)하는 메서드로서 다음과 같이 3가지 인자를 가질 수 있다.

- eventType은 하나 이상의 DOM 이벤트를 표현하는 문자열로서 "click", "sumbit" 등을 설정할 수 있고, "mouseenter mouseleave"처럼 공백으로 구분된 여러 이벤트 문자열을 한꺼번에 설정하는 것도 가능하다. 또한, 사용자가 필요에 따라 만든 Custom Event도 사용할 수 있다. Custom Event를 사용하는 예제는 .trigger() 메서드에서 살펴보기로 한다.
- eventData는 이벤트 핸들러에 전달하기 위한 데이터로 생략할 수 있다.
- function(eventObject)는 이벤트가 발생할 때 실행될 함수로서, $(this) 표현식을 사용하여 이벤트가 발생한 요소 자신을 참조할 수 있다. 인자값인 eventObject는 이벤트가 발생한 이벤트 객체를 참조하는 값이다. 이 값을 이용하여 버블링(bubbling)을 방지하기 위한 stopPropagation() 메서드를 호출하거나 기본 액션을 방지할 수 있는 preventDefault() 메서드를 호출할 수 있다.

.bind() 메서드는 DOM 조작에 의해서 동적으로 생성된 요소에 대한 이벤트 처리는 수행되지 않고, 반드시 요소가 존재해야 메서드가 정상적으로 수행된다. 유연한 이벤트 처리를 위해서 .on() 메서드를 사용할 것을 권장한다.

두 번째 인자인 eventData는 생략 가능한 옵션으로서 이벤트가 발생할 때 이벤트 핸들러에게 데이터를 넘겨 줄 수 있다.

다음 코드를 살펴보면서 eventData를 언제 사용할 수 있는지 살펴보자. 하나의 message 변수를 id가 'foo'인 요소와 'bar'인 두 개의 요소에서 접근한다. 모든 이벤트가 발생할 때 콘솔에 출력되는 message 값은 가장 마지막에 변경된 'world' 값이 출력된다. 즉, 특정 요소 내에서만 사용할 수 있는 로컬 데이터 저장이 불가능함을 의미한다.

```javascript
var message = 'hello';
$('#foo').bind('click', function() {
  console.log(message);  // 'world' 출력
});
message = 'world';
$('#bar').bind('click', function() {
  console.log(message);  // 'world' 출력
});
```

이 문제점은 eventData와 event 인자를 사용하면 해결할 수 있다. 다음과 같이 변수를 함수의 메시지 형태로 전달하면 로컬 데이터 저장이 가능해진다.

```javascript
var message = 'hello';
$('#foo').bind('click', {msg: message}, function(event) {
  console.log(event.data.msg);  // 'hello'; 출력
});
message = 'world';
$('#bar').bind('click', {msg: message}, function(event) {
  console.log(event.data.msg);  // 'world' 출력
});
```

function 내에서 이벤트가 발생한 요소에 접근하기 위해서는 $(this) 표현식을 사용하면 된다.

다음은 id가 foo인 요소에서 click 이벤트가 발생하면, 이벤트가 발생한 요소의 text 값을 콘솔에 출력하는 코드이다. $(this)는 이벤트가 발생한 button을 참조하기 때문에 '새로고침' 문자열이 출력된다.

```
$('#foo').bind('click', function() {
  console.log($(this).text());
});
..
<button id="foo">새로고침</button>
```

function 내에서 이벤트가 발생한 객체를 참조하기 위하여 function(event) 형식을 사용할 수 있다. event 변수를 이용하면, function에 eventData를 전송하거나, 버블링(bubbling)을 방지하기 위한 event.stopPropagation() 메서드를 호출할 수 있고 또한 기본 액션을 실행하지 않도록 event.preventDefault() 메서드를 호출할 수 있다. 만약 버블링 방지 및 기본 액션방지 기능을 한꺼번에 지정하기 위해서는 function에서 return false; 값을 설정하면 된다.

다음 코드는 이벤트 버블링(bubbling)을 방지하는 코드이다.

```
$('#foo').bind('click', function(event) {
  event.stopPropagation();
});
```

잠깐만

JavaScript는 기본적으로 버블링(bubbling) 방식으로 이벤트를 전달한다. 이벤트 버블링은 자식 요소에서 부모 요소의 순서로 이벤트가 실행됨을 의미한다. 다음과 같이 중첩된 태그에서 이벤트가 발생했다고 가정하자.

```
<script>
  $('div').bind('click',  function(event) {
    console.log($(this).text());
    // event.stopPropagation();
  });
</script>

<div id="a" style="background:red">
  a
  <div id="b" style="background:yellow">
    b
  </div>
</div>
```

b 영역을 클릭했을 때 기본적으로 이벤트 버블링에 의해서 a 영역까지 이벤트가 전파되어 출력값은 'b'가 출력되고 추가로 'a b'까지 출력된다. 이렇게 의도하지 않게 상위 요소로 이벤트가 전달될 수 있는데 이것을 '이벤트 버블링(bubbling)'이라고 한다. 따라서 'b' 값만 출력하기 위해서는 버블링을 방지해야 하는데, 이때 사용 가능한 방법이 stopPropagation() 메서드를 호출하는 것이다.

다음 코드는 기본 액션이 동작하지 않도록 방지하는 코드이다.

```
$('form').bind('submit', function(event) {
    event.preventDefault();
});
```

기본 액션이란, 〈submit〉 버튼이나 〈a〉 태그는 기본적으로 클릭하면 지정된 타깃으로 무조건 요청이 된다. 만약 〈form〉 태그 내의 요소 중에서 사용자 아이디와 같이 반드시 값을 입력해야 함에도 데이터를 입력하지 않았는데 무조건 요청이 되도록 처리하면 문제가 발생할 수 있다. 따라서 기본 액션이 동작하지 않도록 하는 방법으로 preventDefault() 메서드가 제공된다.

다음은 stopPropagation() 기능과 preventDefault() 기능을 한꺼번에 설정하기 위한 코드로서 return false; 값을 사용하면 된다.

```
$('form').bind('submit', function(event) {
    return false;
});
```

기본 사용 방법은 다음과 같다.

```
$(selector).bind(eventType[,data],function )
```

다음의 [예제 10.2]는 id가 foo인 버튼에 대한 이벤트 처리를 위해 .bind() 메서드로 등록 처리하는 예제이다. 버튼을 클릭할 때 콘솔에 문자열을 출력한다.

[예제 10.2] sample10_2.html

```
01:  <!DOCTYPE html>
02:  <html>
03:    <head>
04:      <meta charset="UTF-8">
05:      <title>.bind() 메서드</title>
06:      <script type="text/javascript" src="jquery-3.1.1.js"></script>
07:      <script type="text/javascript">
08:        $(document).ready(function() {
09:          $("#foo").bind("click", function() {
10:            console.log("button click!");
11:          });
12:        });
13:      </script>
14:    </head>
15:    <body>
```

```
16:     <button id="foo">버튼</button>
17:   </body>
18: </html>
```

09-11행 id가 foo인 버튼을 클릭했을 때 이벤트 처리를 하기 위하여 이벤트 핸들러를 등록한다. 모든 DOM 요소가 로드되었을 때 바인드하기 위해 .ready() 메서드 내에서 구현한다.

실행 결과

[버튼]을 클릭하면 콘솔에 "button click!" 문자열이 출력된다.

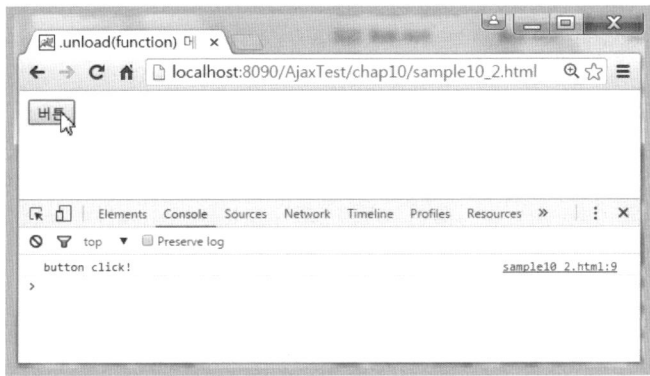

[그림 10.2] sample10_2.html 예제 실행 결과

다음의 [예제 10.3]은 버튼에 대한 이벤트를 처리할 때 메시지를 전달하고 function 함수 내에서 메시지를 출력하는 예제이다.

[예제 10.3] sample10_3.html

```
01: <!DOCTYPE html>
02: <html>
03:   <head>
04:     <meta charset="UTF-8">
05:     <title>.bind() 메서드</title>
06:     <script type="text/javascript" src="jquery-3.1.1.js"></script>
07:     <script type="text/javascript">
08:       $(document).ready(function() {
09:         var message = 'hello';
10:         $('#foo').bind('click', {msg: message}, function(event) {
11:           console.log(event.data.msg);  // 'hello' 출력
12:         });
13:         message = 'world';
14:         $('#bar').bind('click', {msg: message}, function(event) {
15:           console.log(event.data.msg); // 'world' 출력
16:         });
17:       });
```

```
18:    </script>
19:   </head>
20:   <body>
21:    <button id="foo">hello 버튼</button>
22:    <button id="bar">world 버튼</button>
23:   </body>
24: </html>
```

09-12행   message 변수에 'hello' 값을 저장하고 id가 foo인 요소에 message 값을 전달하여 msg 변수에 저장하고 바인드 처리한다. event.data.msg에는 'hello'가 저장되어 있다.

13-16행   message 변수에 'world' 값을 저장하고 id가 bar인 요소에 message 값을 전달하여 msg 변수에 저장하고 바인드 처리한다. event.data.msg 에는 'world'가 저장되어 있다.

21-22행   버튼을 작성한다.

실행 결과

[hello 버튼]을 클릭하면 "hello" 문자열이 출력되고 [world 버튼]을 클릭하면 "world" 문자열이 콘솔에 출력된다.

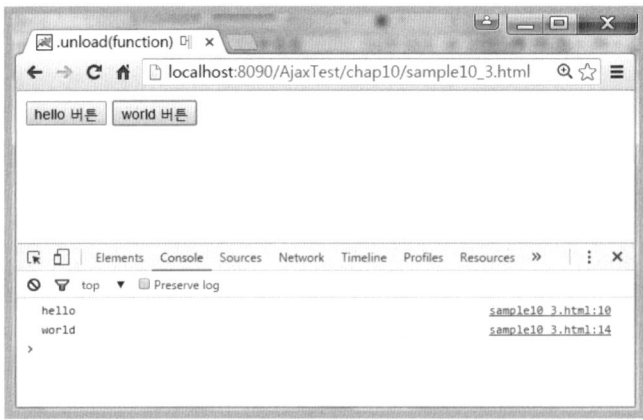

[그림 10.3] sample10_3.html 예제 실행 결과

1.3 .on (events [, selector] [, data] , function) 메서드

.on() 메서드는 .bind() 메서드와 마찬가지로 이벤트 핸들러를 등록하기 위해 사용하는 메서드이다. jQuery 1.7 버전부터 .on() 메서드는 이벤트 핸들러에 필요한 모든 기능을 제공하기 때문에 이벤트를 처리할 때 사용하기를 권장한다.

.bind() 메서드는 DOM 조작에 의해서 동적으로 생성된 요소에 대한 이벤트 처리는 수행되지 않고, 반드시 요소가 존재해야 메서드가 제대로 수행된다. 하지만, .on() 메서드는 동적으로 생성될 요소에 대해서도 이벤트 처리가 가능하다.

잠깐만

현재 요소 및 실행 중 동적으로 만들어질 요소에 대한 이벤트 처리는 .live() 메서드를 사용했으나 jQuery 1.7 버전부터는 지원하지 않을 예정(deprecated)으로 되었고, jQuery 1.9 버전부터 완전히 제거되었다. 따라서 jQuery 1.9 이후부터는 .on() 메서드를 사용해야 한다.

기본 사용 방법은 다음과 같다.

> **$(selector).on(events[, selector][, data], function)**

● events는 하나 이상의 DOM 이벤트를 표현하는 문자열로 "click", "sumbit" 등을 설정할 수 있고 "mouseenter mouseleave"처럼 공백으로 구분된 여러 이벤트 문자열을 한꺼번에 설정하는 것도 가능하다.

● selector는 이벤트가 발생할 요소의 자식들을 필터링할 문자열이다. null이거나 생략하면 이벤트는 선택된 요소까지만 도달하여 이벤트가 처리된다.

● data는 이벤트 핸들러에 전달하기 위한 데이터로 생략할 수 있다.

● function(eventObject)는 이벤트가 발생할 때 실행할 함수로서, $(this) 표현식을 사용하여 이벤트가 발생한 요소 자신을 참조할 수 있다. 인자값 eventObject는 이벤트가 발생한 이벤트 객체를 참조하는 값이다. 이 값을 이용하여 버블링(bubbling)을 방지하기 위한 stopPropagation() 메서드를 호출하거나 기본 액션을 방지할 수 있는 preventDefault() 메서드를 호출할 수 있다.

다음은 〈p〉 태그를 클릭했을 때, 선택된 〈p〉 태그의 text 값을 경고창에 보여주는 코드이다.

```
$("p").on("click", function() {
    alert($(this).text());
});
```

function 내에서 $(this)는 이벤트가 발생한 요소 자신을 참조한다.

다음은 〈p〉 태그를 클릭했을 때, 이벤트 핸들러 함수에 데이터 'bar'를 전달하여 경고창에서 보여주는 코드이다.

```
$("p").on("click", {foo: "bar"}, function(event) {
    alert(event.data.foo);
});
```

다음은 이벤트 버블링(bubbling)을 방지하기 위한 코드이다.

```
$('#foo').on('click', function(event) {
    event.stopPropagation();
});
```

다음은 기본 액션 동작이 실행되지 않도록 하는 코드이다.

```
$('form').on('submit', function(event) {
    event.preventDefault();
});
```

다음은 stopPropagation() 기능과 preventDefault() 기능을 한꺼번에 설정하기 위한 코드로서 마지막 인자값으로 false 값을 설정한다.

```
$('form').on('submit', false);
```

다음은 DOM 조작에 의해서 미래에 동적으로 만들어질 요소에 대한 이벤트 처리 코드이다. 만약 id가 "newButton"인 button 요소가 동적으로 만들어질 요소라고 가정하고, 생성될 button에 click 이벤트를 활성화하는 방법이다.

```
$(body).on('click', "#newButton", function(event) {
    // 이벤트 처리
});
```

최초 이벤트 타깃은 body로 지정하고, .on() 메서드의 두 번째 인자값으로 미래에 동적으로 만들어질 요소를 지정하면 된다. 두 번째 인자값은 이벤트가 발생할 요소의 자식들을 필터링할 문자열이다. 따라서 body의 자식으로 id가 newButton인 요소를 찾아서 이벤트 핸들러가 등록된다.

다음의 [예제 10.4]는 기존에 존재하는 button을 클릭해서 id가 newButton인 새로운 버튼을 〈div〉 태그 내에 생성하고, 동적으로 생성된 버튼에 이벤트 핸들러를 추가로 설정하는 예제이다.

[예제 10.4] sample10_4.html

```
01:  <!DOCTYPE html>
02:  <html>
03:    <head>
04:      <meta charset="UTF-8">
05:      <title>.on() 메서드</title>
```

```
06:      <script type="text/javascript" src="jquery-3.1.1.js"></script>
07:      <script type="text/javascript">
08:        $(document).ready(function() {
09:          $("#create").on("click",function() {
10:            $("div").html("<button id='newButton'>ok</button>");
11:          });
12:
13:          // 실행 중 동적으로 추가되는 요소에 대한 이벤트 처리
14:          $("body").on("click","#newButton" , function(event) {
15:            console.log("click");
16:          });
17:        });
18:      </script>
19:    </head>
20:    <body>
21:      <button id="create">new</button>
22:      <div>
23:      </div>
24:    </body>
25: </html>
```

09-11행 id가 create인 요소를 클릭하면 〈div〉 태그 내에 id가 newButton인 새로운 〈button〉 태그를 추가한다.

14-16행 〈body〉 태그 내에 id가 newButton인 요소를 찾아서 click 이벤트 핸들러를 설정한다. 이런 방식으로 미래에 동적으로 추가될 요소에 대한 이벤트 처리 작업을 할 수 있다.

21행 id가 create인 버튼을 설정한다.

22-23행 비어 있는 〈div〉 태그를 설정한다. 새로운 〈button〉 태그가 추가되는 곳이다.

실행 결과

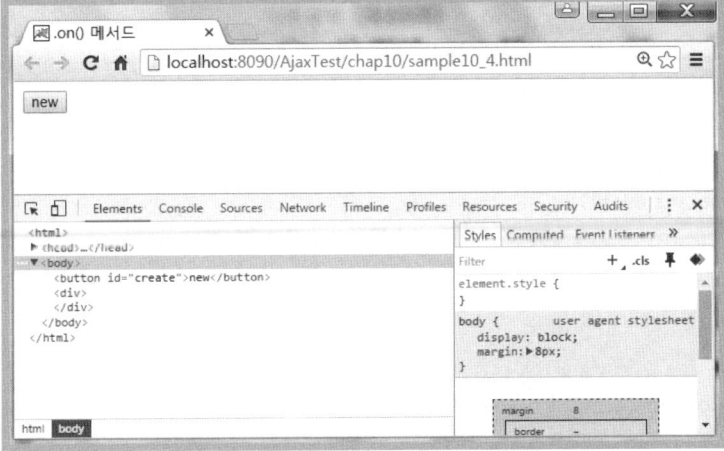

[그림 10.4] sample10_4.html 예제 실행 결과

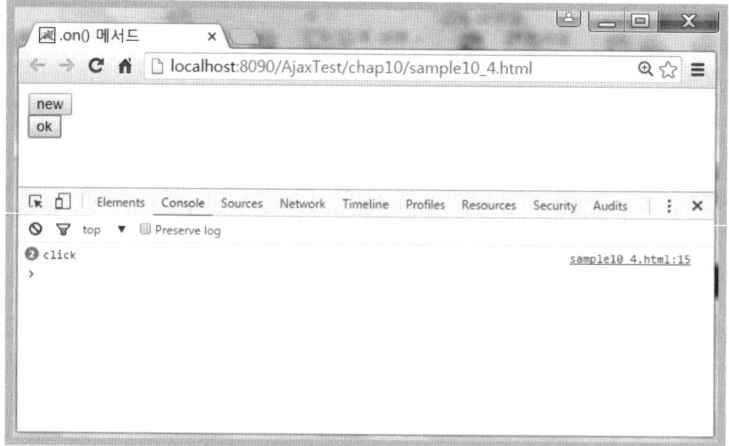

[그림 10.5] sample10_4.html 예제 실행 결과 -
[new] 버튼을 클릭하고, 새로 추가된 [ok] 버튼을 클릭한 결과

1.4 .one(events[, selector][, data], function) 메서드

.one() 메서드는 .on() 메서드와 동일한 기능을 수행한다. 차이점은 .one() 메서드는 메서드 이름처럼 단 한 번만 이벤트가 처리된다. 이벤트가 처리된 후에 자동으로 이벤트 핸들러가 제거(unbound)된다. .on() 메서드로 설정한 이벤트 핸들러를 제거하는 방법은 명시적으로 .off(event) 메서드를 사용해야 하는데, .one() 메서드는 이벤트 실행 후에 자동으로 이벤트가 해제된다. 따라서 이벤트를 한 번만 사용하고 자동으로 해제하고 싶은 경우에 사용할 수 있다.

따라서 다음 코드의 실행 결과는 동일하다.

```
// .one() 메서드 사용
$("#foo").one("click", function() {
    alert("hello");
});

// .on() 메서드 사용 후 .off(event) 메서드로 해제
$("#foo").on("click", function(event) {
    alert("hello");
    $(this).off(event);
});
```

기본 사용 방법은 다음과 같다.

```
$(selector).one(events[,selector][,data],function)
```

다음의 [예제 10.5]는 button에 대한 click 이벤트를 단 한 번만 실행하도록 구현한 예제이다.

[예제 10.5] sample10_5.html

```
01:  <!DOCTYPE html>
02:  <html>
03:   <head>
04:     <meta charset="UTF-8">
05:     <title>.one() 메서드</title>
06:     <script type="text/javascript" src="jquery-3.1.1.js"></script>
07:     <script type="text/javascript">
08:       $(document).ready(function() {
09:         $("#pressMe").one("click", function() {
10:           console.log("단 한번만 이벤트 실행");
11:         });
12:       });
13:     </script>
14:   </head>
15:   <body>
16:     <button id="pressMe">Press Me</button>
17:   </body>
18:  </html>
```

09-11행   id가 pressMe 값을 가진 요소에서 click 이벤트가 발생할 때 콘솔에 문자열을 출력하고, 자동으로 이벤트를 해제한다. 따라서 이벤트는 단 한 번만 발생한다.

16행   id가 pressMe 값을 갖는 <button> 태그를 작성한다.

실행 결과

[Press Me] 버튼을 클릭하면 콘솔에 문자열이 출력된다. 다시 [Press Me] 버튼을 클릭해도 이벤트가 발생하지 않는다. 맨 처음 이벤트가 단 한 번만 발생하고 자동으로 이벤트가 해제되었기 때문이다.

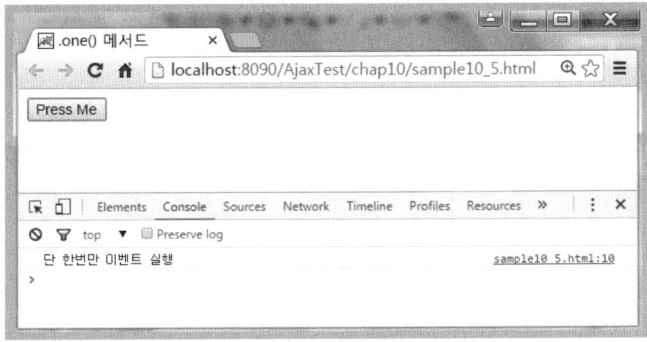

[그림 10.6] sample10_5.html 예제 실행 결과

1.5 .trigger(eventType[, extraParameters]) 메서드

.trigger() 메서드는 이벤트가 발생할 때 실행될 함수나 .on() 메서드로 연결된 어떤 이벤트 핸들러를 강제적으로 실행하는 메서드이다. 따라서 .trigger() 메서드를 사용하면 사용자가 실행시키는 이벤트에 순서를 지정해서 실행할 수 있다.

- eventType은 DOM 이벤트를 표현하는 문자열로서 "click", "sumbit" 등과 custom event를 설정할 수 있다.
- extraParameters는 이벤트 핸들러에 전달하기 위한 데이터로서 생략할 수 있다.

다음은 기본적인 .trigger() 메서드의 사용 예이다. 코드가 실행되면 .trigger() 메서드에 의해서 'click' 이벤트가 등록된 이벤트 핸들러가 자동으로 실행된다. 따라서 button을 명시적으로 클릭하지 않아도 .trigger() 메서드에 의해서 button에 대한 click 이벤트 처리를 할 수 있다.

```
$("#foo").on("click", function() {
   console.log($(this).text());
});
$("#foo").trigger("click");
..
<button id="foo">press</button>
```

또한, .on() 메서드를 사용하여 custom event를 적용할 때도 .trigger() 메서드를 유용하게 사용할 수 있다.

다음은 click 이벤트 대신에 custom event인 myCustom 이벤트를 적용하는 코드이다.

```
$("#foo").on("myCustom", function() {
   console.log($(this).text());
});
$("#foo").trigger("myCustom");
..
<button id="foo">press</button>
```

다음은 .trigger() 메서드를 사용하여 이벤트 핸들러에게 파라미터 값을 전송하는 코드이다. 파라미터 값이 많은 경우는 배열 표기법을 사용하여 명시한다.

```
$('#foo').bind('myCustom', function(event, param1, param2) {
   console.log(param1 + "\n" + param2);  // 홍길동 이순신
});
$('#foo').trigger('myCustom', ['홍길동', '이순신']);
```

다음의 [예제 10.6]은 button을 명시적으로 클릭하지 않고도 .trigger() 메서드를 사용하여 버튼을 클릭한 효과를 구현한 예제이다.

[예제 10.6] sample10_6.html

```
01:  <!DOCTYPE html>
02:  <html>
03:    <head>
04:      <meta charset="UTF-8">
05:      <title>.trigger() 메서드</title>
06:      <script type="text/javascript" src="jquery-3.1.1.js"></script>
07:      <script type="text/javascript">
08:        $(document).ready(function() {
09:          $("#foo").on("click", function() {
10:            console.log($(this).text());
11:          });
12:
13:          $("#foo").trigger("click");
14:        });
15:      </script>
16:    </head>
17:    <body>
18:      <button id="foo">press</button>
19:    </body>
20:  </html>
```

09-11행 id가 foo인 요소에 click 이벤트 핸들러를 설정한다. 클릭 이벤트가 발생하면 해당 요소의 text 값을 콘솔에 출력한다.

13행 id가 foo인 요소에 등록된 click 이벤트 핸들러를 강제로 실행한다. 따라서 09행의 function이 실행되어 콘솔에 text 값이 출력된다.

18행 id가 foo인 버튼을 설정한다.

실행 결과

button을 명시적으로 클릭하지 않아도 trigger에 의해서 버튼을 클릭한 효과를 얻을 수 있다.

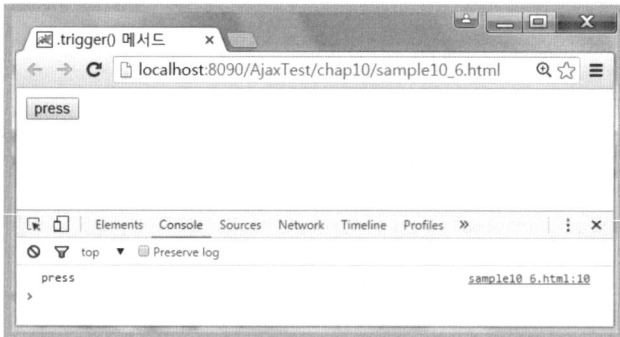

[그림 10.7] sample10_6.html 예제 실행 결과

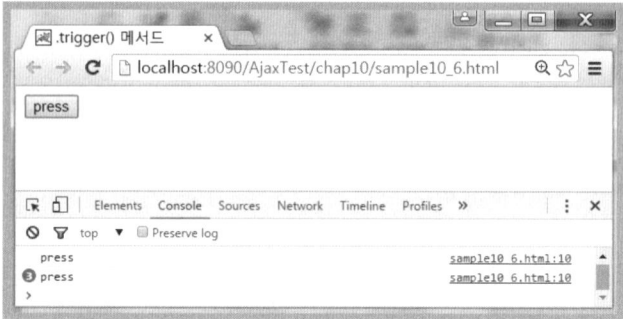

[그림 10.8] sample10_6.html 예제 실행 결과 - [press] 버튼을 연속적으로 3번 클릭한 결과

다음의 [예제 10.7]은 button을 클릭했을 때, 〈input〉 태그에 어떤 값을 입력해야 하는 지를 custom event와 trigger를 사용하여 문자열로 알려주는 예제이다.

[예제 10.7] sample10_7.html

```
01:  <!DOCTYPE html>
02:  <html>
03:    <head>
04:    <meta charset="UTF-8">
05:    <title>.trigger() 메서드</title>
06:    <script type="text/javascript" src="jquery-3.1.1.js"></script>
07:    <script type="text/javascript">
08:      $(document).ready(function() {
09:        $("button").on("click",function(event) {
10:          $("[name=message]").trigger("myCustom");
11:        });
12:
13:        $("[name=message]").on("myCustom",function(event) {
14:          $(this).val("메시지를 입력하세요");
15:        });
16:
```

```
17:        $("[name=message]").on("focus",function(event) {
18:          $(this).val("");
19:        });
20:      });
21:    </script>
22:  </head>
23:  <body>
24:    <input type="text" name="message" id="message">
25:    <button>press</button>
26:  </body>
27: </html>
```

09-11행 button을 클릭하면 custom event인 myCustom 이벤트를 trigger로 실행한다. 따라서 myCustom 이벤트로 등록된 13행의 이벤트 핸들러가 자동으로 실행되어 name='message' 를 가진 〈input〉 태그의 값으로 '메시지를 입력하세요'라는 문자열이 설정된다.

17-19행 〈input〉 태그에 focus를 주면 빈 문자열로 value 값을 설정한다.

실행 결과

[그림 10.9] sample10_7.html 예제 실행 결과

다음의 [그림 10.10]은 [press] 버튼을 클릭하면 trigger에 의해서 자동으로 〈input〉 태그의 값으로 '메시지를 입력하세요'라는 문자열이 설정된 결과를 보인 것이다.

[그림 10.10] sample10_7.html 예제 실행 결과 - [press] 버튼을 클릭한 결과

다음 [그림 10.11]은 〈input〉 태그에 포커스를 주면 '메시지를 입력하세요'라는 문자열이 제거된 결과를 보인 것이다.

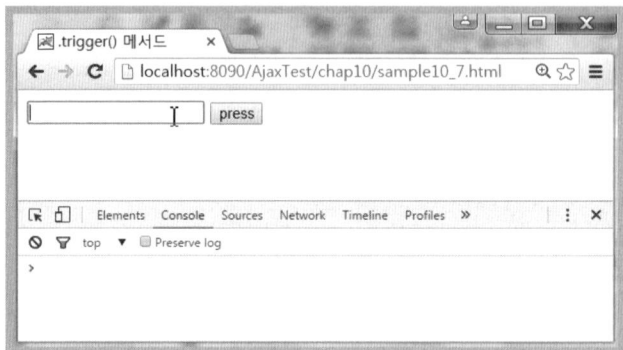

[그림 10.11] sample10_7.html 예제 실행 결과 - 〈input〉 태그에 마우스로 포커스를 설정한 결과

1.6 .unbind(eventType[, function]) 메서드

.unbind() 메서드는 .bind() 메서드를 사용하여 등록된 이벤트 핸들러를 제거하는 메서드이다.

다음은 id가 foo인 요소에 등록된 모든 이벤트 핸들러를 제거하는 코드이다.

```
$("#foo").unbind();
```

세밀하게 특정 이벤트 핸들러만 제거하기 위해서는 eventType을 명시한다.

다음은 id가 foo인 요소에 등록된 이벤트 중에서 click 이벤트 핸들러만 제거한다.

```
$("#foo").unbind("click");
```

다음은 이벤트 핸들러가 제거되면서 특정 동작을 실행하기 위한 function이 추가된 코드
이다. 하나의 handler를 .bind() 메서드와 .unbind() 메서드가 공유해서 사용한다. 다음
코드는 문제없이 click 이벤트 핸들러를 제거한다.

```
var handler = function(event) {
        console.log("hello");
    };
$('#foo').bind('click', handler);
$('#foo').unbind('click', handler);
```

주의할 점은 다음과 같이 .bind() 메서드와 .unbind() 메서드가 서로 다른 function을 가
지고 동작하면 click 이벤트 핸들러가 제거되지 않는다. 반드시 같은 function을 참조하
도록 설정해야 한다.

```
$('#foo').bind('click', function(event) {
    console.log("hello");
});
$('#foo').unbind('click', function(event) {
    console.log("hello");
});
```

다음의 [예제 10.8]은 function을 공유했을 때와 공유하지 않았을 때의 .unbind() 메서
드 동작 방식을 확인하기 위한 예제로서, function을 공유하면 이벤트 핸들러 해제가 정
상적으로 되고 공유하지 않으면 이벤트 핸들러 해제가 실패한다.

[예제 10.8] sample10_8.html

```
01:  <!DOCTYPE html>
02:  <html>
03:   <head>
04:    <meta charset="UTF-8">
05:    <title>.unbind() 메서드</title>
06:    <script type="text/javascript" src="jquery-3.1.1.js"></script>
07:    <script type="text/javascript">
08:     $(document).ready(function() {
09:       var handler = function(event) {
10:         console.log("hello");
11:       };
12:       $('#foo').bind('click', handler);
13:       $('#foo').unbind("click",handler);
14:
15:       $('#foo2').bind('click', function(event) {
```

```
16:            console.log("hello2");
17:        });
18:        $('#foo2').unbind("click",function(event) {
19:            console.log("hello2");
20:        });
21:      });
22:    </script>
23:  </head>
24:  <body>
25:    <button id="foo">press</button>
26:    <button id="foo2">press2</button>
27:  </body>
28: </html>
```

09-11행 이벤트 핸들러 함수를 설정한다.

12-13행 동일한 핸들러 함수를 .bind()로 등록하고 .unbind()로 해제한다. 동일한 함수를 참조하기 때문에 이벤트 핸들러가 정상적으로 해제된다. 따라서 25행의 [press] 버튼을 클릭해도 이벤트가 발생하지 않는다.

15-20행 각각의 함수를 .bind()로 등록하고 .unbind()로 해제한다. 각각 다른 함수가 등록되어 이벤트 핸들러가 정상적으로 해제되지 않는다. 따라서 26행의 [press2] 버튼을 클릭하면 이벤트가 발생한다.

실행 결과

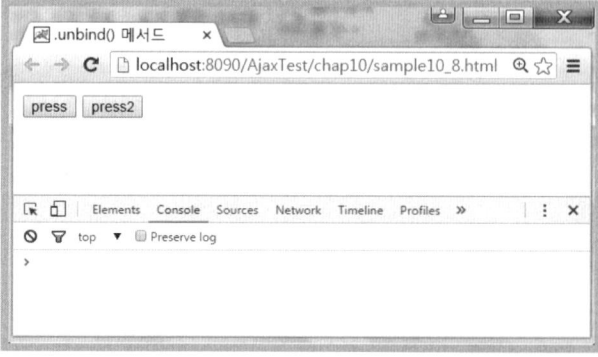

[그림 10.12] sample10_8.html 실행 결과와 [press] 버튼 클릭한 결과

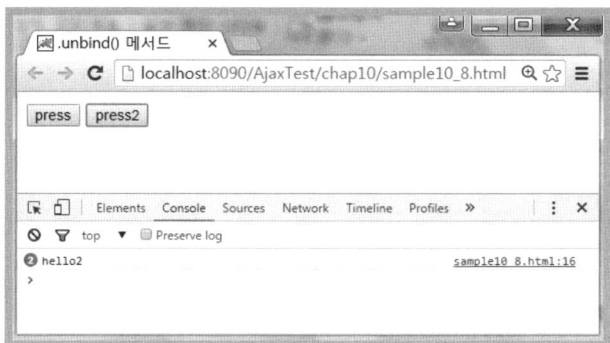

[그림 10.13] sample10_8.html 실행 결과와 [press2] 버튼 클릭한 결과

1.7 .off(events[,selector][,function]) 메서드

.off() 메서드는 .on() 메서드를 사용하여 등록된 이벤트 핸들러를 제거하는 메서드이다. .unbind()와는 다르게 .off() 메서드는 두 번째 인자인 selector에 필터링할 수 있는 값을 설정할 수 있어서 훨씬 세밀하게 이벤트 핸들러를 제거할 수 있다. 하지만, 반드시 .on() 메서드에서 사용했던 인자와 동일해야 한다. .on() 메서드와 마찬가지로 events에는 공백으로 구분된 "click focus"와 같은 여러 문자열이 올 수 있다.

다음은 모든 〈p〉 태그에서 이벤트 핸들러를 제거하는 코드이다.

```
$("p").off()
```

다음은 모든 〈p〉 태그에서 click 이벤트 핸들러를 제거하는 코드이다.

```
$("p").off("click");
```

다음의 [예제 10.9]는 .on() 메서드를 사용하여 등록된 이벤트 핸들러를 .off() 메서드를 사용하여 해제하는 예제이다.

[예제 10.9] sample10_9.html

```
01:  <!DOCTYPE html>
02:  <html>
03:    <head>
04:      <meta charset="UTF-8">
05:      <title>.off() 메서드</title>
06:      <script type="text/javascript" src="jquery-3.1.1.js"></script>
07:      <script type="text/javascript">
08:        $(document).ready(function() {
09:          $("#on").on("click",function() {
```

```
10:            console.log("on~")
11:         });
12:         $("#off").on("click",function() {
13:           $("#on").off("click");
14:         });
15:       });
16:     </script>
17:   </head>
18:   <body>
19:     <button id="on">on</button>
20:     <button id="off">off</button>
21:   </body>
22: </html>
```

09-11행 id가 on인 요소(19행)에 click 이벤트 핸들러를 설정한다. 이벤트가 발생하면 "on~" 문자열을 콘솔에 출력한다.

12-14행 id가 off인 요소(20행)에 click 이벤트 핸들러를 설정한다. id가 on인 요소의 click 이벤트 핸들러를 제거한다. 따라서 19행의 button을 클릭해도 이벤트가 발생하지 않는다.

실행 결과

[on] 버튼을 클릭할 때마다 콘솔에 "on~" 문자열이 출력된다. [off] 버튼을 클릭한 후에 [on] 버튼을 클릭하면 이벤트가 제거되어 더는 "on~" 문자열이 출력되지 않는다.

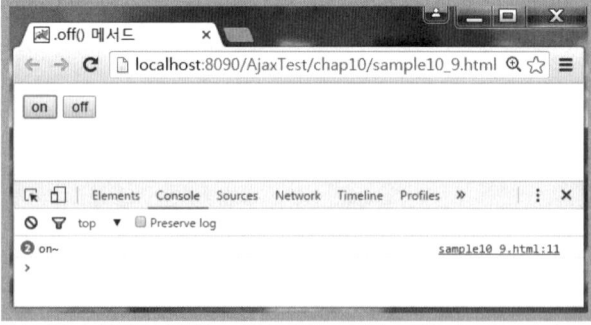

[그림 10.14] sample10_9.html 예제 실행 결과

02 Form 관련 Event 메서드

다음은 jQuery에서 제공하는 Form 관련 Event 메서드이다.

[표 10.3] Form 관련 Event 메서드

메서드	설명
.focus([function])	대상 요소에 focus가 지정될 때 function이 실행된다. function은 생략 가능하다.
.blur([function])	대상 요소가 focus를 잃었을 때 function이 실행된다. function은 생략 가능하다.
.focusin([function])	.focus(function)와 동일한 기능. 차이점은 버블링이 지원된다. function은 생략 가능하다.
.focusout([function])	.blur(function)와 동일한 기능. 차이점은 버블링이 지원된다. function은 생략 가능하다.
.change([function])	⟨select⟩, ⟨input⟩, ⟨textarea⟩ 태그에서 값을 변경하는 change 이벤트가 발생할 때 function이 실행된다. function은 생략 가능하다.
.select([function])	⟨input type="text"⟩, ⟨textarea⟩에서 특정 텍스트 값을 선택했을 때 function을 실행한다. function은 생략 가능하다.
.submit([function])	form에서 [submit] 버튼 또는 button을 클릭해서 submit 이벤트가 발생할 때 function을 실행한다. function은 생략 가능하다.
.keydown([function])	사용자가 키보드를 누르는 순간 keydown 이벤트가 발생하여 function을 실행한다. function은 생략 가능하다.
.keypress([function])	.keydown() 메서드와 비슷하지만, 차이점은 보조키(Shift, Esc, Delete 등)를 인식하지 못한다.
.keyup([function])	사용자가 키보드로 눌렀다 뗄 때 keyup 이벤트가 발생하여어 function을 실행한다. function은 생략 가능하다.

2.1 .focus([function]) 메서드 및 .blur([function]) 메서드

.focus([function]) 메서드는 대상 요소에 focus 이벤트가 발생하면 function을 실행하는 메서드이다. 이 메서드는 .on("focus", function) 메서드와 동일하며 인자 없는 .focus() 메서드는 .trigger("focus")를 줄여서 표현한 것이다. 대상 요소가 포커스를 획득했을 때 발생하는 이벤트로서, form 요소들(⟨input⟩, ⟨select⟩ 등)과 링크(⟨a href⟩)와 같은 제한된 요소들에 사용된다.

반대로, .blur(function) 메서드는 대상 요소가 focus를 잃었을 때 function을 실행하는 메서드이다. 이 메서드는 .on("blur", function) 메서드와 동일하며 인자 없는 .blur() 메서드는 .trigger("blur")를 줄여서 표현한 것으로 ⟨input⟩ 태그와 같은 form 요소에 적용하는 메서드이다. 간단한 예제 코드를 보면서 사용 방법을 살펴보도록 하자.

```
<form>
  <input id="target" type="text" value="필드 1">
  <input type="text" value="필드 2">
</form>
<div id="other">
  포커스 실습
</div>
```

다음은 id가 target인 첫 번째 〈input〉 태그에 focus 이벤트 핸들러를 설정하는 코드이다.

```
$("#target").focus(function() {
  alert("타깃 포커스");
});
```

마우스를 이용하여 첫 번째 〈input〉 요소를 선택하거나 키보드의 탭(Tab) 키를 이용하여 선택하면 경고창이 출력된다.

다음과 같이 다른 요소를 통해서 이벤트를 발생시킬 수도 있다.

```
$('#other').on("click", function() {
  $('#target').focus();
});
```

〈div〉 태그를 클릭하면 마찬가지로 첫 번째 요소에 focus가 설정되어 경고창이 출력된다.

다음의 [예제 10.10]은 〈form〉 태그의 〈input〉 요소에서 포커스를 얻었을 때와 잃었을 때의 이벤트 처리를 실습하는 예제이다.

[예제 10.10] sample10_10.html

```
01:  <!DOCTYPE html>
02:  <html>
03:   <head>
04:    <meta charset="UTF-8">
05:    <title>.focus() 및 .blur() 메서드</title>
06:    <script type="text/javascript" src="jquery-3.1.1.js"></script>
07:    <script type="text/javascript">
08:      $(document).ready(function() {
09:        $("#target").focus(function() {
10:          $(this).css("background","yellow");
11:        });
```

```
12:          $("#target").blur(function() {
13:            $(this).css("background", "");
14:          });
15:          // 다른 요소에 의해서 이벤트 설정
16:          $("#other").on("click",function() {
17:            $("#target").focus();
18:          });
19:          $("#other2").on("click",function() {
20:            $("#target").blur();
21:          });
22:        });
23:      </script>
24:   </head>
25:   <body>
26:     <form>
27:       <input id="target" type="text">
28:       <input type="text"  >
29:     </form>
30:     <button id="other">focus</button>
31:     <button id="other2">blur</button>
32:   </body>
33: </html>
```

09-14행 26행의 〈input〉 태그가 포커스를 얻었을 때는 배경색을 yellow로 설정하고, 포커스를 잃었을 때는 배경색을 제거한다. 첫 번째 〈input〉 태그를 클릭하면 포커스를 얻고, 두 번째 〈input〉 태그를 클릭하면 첫 번째 〈input〉 태그는 포커스를 잃는다.

15-21행 다른 요소인 button을 사용하여 27행의 〈input〉 태그에 포커스를 설정하거나 제거한다. 이 경우에는 focus() 메서드와 blur() 메서드를 사용하면 된다.

실행 결과

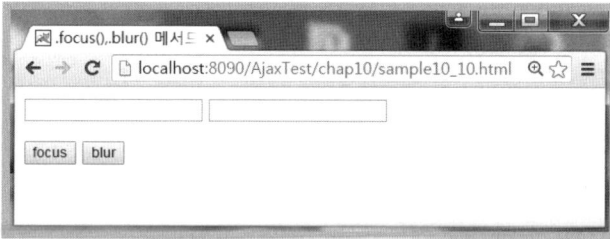

[그림 10.15] sample10_10.html 예제 실행 결과

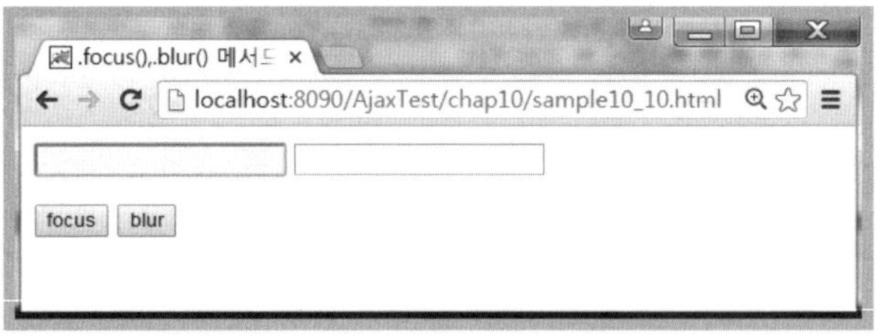

[그림 10.16] sample10_10.html 예제 실행 결과 - 첫 번째 〈input〉 태그가 포커스를
획득한 결과(직접 선택 또는 [focus] 버튼 클릭)

[그림 10.17] sample10_10.html 예제 실행 결과 - 두 번째 〈input〉 태그를 선택하여
첫 번째 〈input〉 태그가 포커스를 잃었을 때의 결과(또는, [blur] 버튼 클릭)

다음의 [예제 10.11]은 .focusin([function])과 .focus([function]) 메서드의 차이점
에 관한 예제이다. .focus([function]) 메서드는 버블링(bubbling)을 지원하지 않지만,
.focusin([function]) 메서드는 버블링(bubbling)을 지원한다.

[예제 10.11] sample10_11.html

```
01: <!DOCTYPE html>
02: <html>
03:  <head>
04:   <meta charset="UTF-8">
05:   <title>.focusin() 및 .focusout() 메서드</title>
06:   <script type="text/javascript" src="jquery-3.1.1.js"></script>
07:   <script type="text/javascript">
08:    $(document).ready(function() {
09:     $("#parent").focusin(function() {
10:       console.log("parent focusin.");
11:     });
12:     $("input").focusin(function() {
13:       console.log("input focusin.");
14:     });
15:     $("#parent").focus(function() {
16:       console.log("parent focus.");
17:     });
18:     $("input").focus(function() {
19:       console.log("input focus.");
20:     });
```

```
21:        });
22:      </script>
23:    </head>
24:    <body>
25:      <div class="parent">
26:        <input type="text">
27:      </div>
28:    </body>
29:  </html>
```

09-14행 ⟨div⟩ 태그와 ⟨input⟩ 태그에 각각 .focusin() 메서드를 설정한다. .focusin() 메서드는 버블링을 지원하기 때문에 ⟨input⟩ 태그가 포커스를 획득하면 ⟨div⟩ 태그까지 이벤트가 전파된다.

15-20행 ⟨div⟩ 태그와 ⟨input⟩ 태그에 각각 .focus() 메서드를 설정한다. 버블링를 지원하지 않기 때문에 ⟨input⟩ 태그가 포커스를 획득해도 ⟨div⟩ 태그까지 이벤트가 전파되지 않는다.

실행 결과

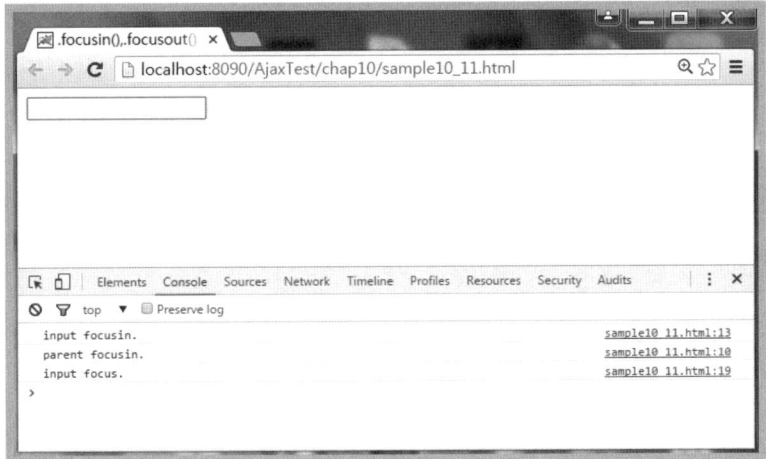

[그림 10.18] sample10_11.html 예제 실행 결과 - ⟨input⟩ 태그를 선택하여 focus를 획득한 결과

2.2 .change ([function]) 메서드

.change([function]) 메서드는 대상 요소에 change 이벤트가 발생하면 function을 실행하는 메서드이다. 이 메서드는 .on("change", function) 메서드와 동일하며 인가 없는 .change() 메서드는 .trigger("change") 메서드를 줄여서 표현한 것이다. change 이벤트는 값이 변경되었을 경우 발생하는 이벤트로서, ⟨input⟩ 요소 및 ⟨textarea⟩와 ⟨select⟩ 요소에서만 제한적으로 발생하는 이벤트이다.

⟨select⟩, ⟨checkbox⟩, ⟨radio⟩ 버튼들은 값을 변경하는 즉시 이벤트가 발생하고, 그 이외의 요소들은 값을 변경하고 다른 요소를 선택하여 값이 변경된 요소가 포커스를 잃었

을 때 이벤트가 발생한다. 간단한 예제 코드를 통해 사용 방법을 살펴보도록 하자.

```
<form>
  <input class="target" type="text" value="필드1" />
  <select class="target">
    <option value="option1" selected="selected">옵션1</option>
    <option value="option2">옵션2</option>
  </select>
</form>
<div id="other">
  change 이벤트 실습
</div>
```

먼저 〈input〉 태그와 〈select〉 태그에 같은 class 속성을 이용하여 이벤트를 설정한다.

```
$(".target").change(function() {
  alert("change 이벤트 실습");
});
```

〈select〉 태그의 값을 변경하면 바로 경고창이 보이고, 〈input〉 태그는 값을 변경한 후에 다른 곳을 클릭하면 경고창이 보이게 된다.

만약 명시적으로 change 이벤트를 발생시키려면 다음 코드와 같이 인자 없는 change() 메서드를 사용할 수 있다.

```
$("#other").click(function() {
  $(".target").change();
});
```

〈div〉 태그를 클릭했을 때 클래스가 target으로 설정된 요소에 대하여 change 메서드가 호출되어 실행된다. 이때 경고창이 2번 보이게 되는데, target 클래스를 가진 요소가 2개 있기 때문이다.

다음의 [예제 10.12]는 〈select〉 태그에서 값을 변경했을 때, 변경된 값을 〈div〉 태그에 출력하는 예제이다.

[예제 10.12] sample10_12.html

```
01: <!DOCTYPE html>
02: <html>
03:   <head>
04:     <meta charset="UTF-8">
05:     <title>.change() 메서드</title>
```

```
06:    <script type="text/javascript" src="jquery-3.1.1.js"></script>
07:    <script type="text/javascript">
08:     $(document).ready(function() {
09:       $("select").change(function () {
10:         $("div").text($("option:selected").text());
11:       });
12:     });
13:    </script>
14:   </head>
15:   <body>
16:    <select name="sweets">
17:      <option>초콜릿</option>
18:      <option>캔디</option>
19:      <option selected="selected">사탕</option>
20:      <option>아이스크림</option>
21:      <option>쿠키</option>
22:    </select>
23:    <div></div>
24:   </body>
25:  </html>
```

09-11행 〈select〉 태그에서 change 이벤트가 발생하면, 선택한 option 값을 〈div〉 태그에 설정한다.

16-23행 〈select〉 태그와 〈div〉 태그를 작성한다.

실행 결과

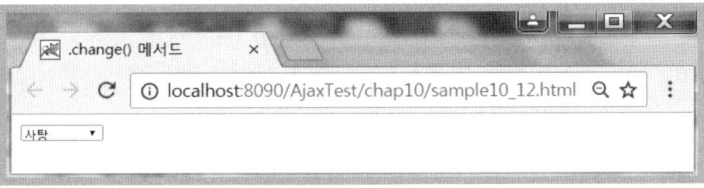

[그림 10.19] sample10_12.html 예제 실행 결과

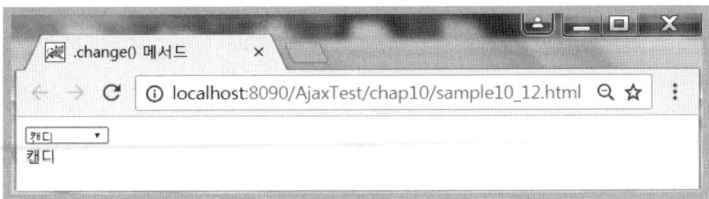

[그림 10.20] sample10_12.html 예제 실행 결과 - '캔디' 옵션을 선택한 결과

2.3 .select([function]) 메서드

.select([function]) 메서드는 대상 요소에서 select 이벤트가 발생하면 function을 실행하는 메서드이다. 이 메서드는 .on("select", function) 메서드와 동일하며 인자 없는 .select() 메서드는 .trigger("select") 메서드를 줄여서 표현한 것이다. select 이벤트는 사용자가 텍스트를 선택할 때 발생하는 이벤트로서, 〈input type="text"〉 요소와 〈textarea〉 요소에서만 제한적으로 발생하는 이벤트이다. 주의할 점은 〈select〉 태그와는 무관하다.

간단한 예제 코드를 통해 사용 방법을 살펴보도록 하자.

```
<form>
  <input id="target" type="text" value="아이템 1" />
</form>
<div id="other">
  select 이벤트 실습
</div>
```

다음과 같이 text input 요소에 select 이벤트를 설정한다.

```
$("#target").select(function() {
  alert("select 이벤트 실습");
});
```

〈input〉 태그의 입력란에서 텍스트의 일부분을 선택하면 경고창이 보인다. 이벤트를 명시적으로 호출하기 위해서는 인자 없는 .select() 메서드를 사용한다.

```
$('#other').click(function() {
  $('#target').select();
});
```

〈div〉 태그를 클릭했을 때 id가 target으로 설정된 select 메서드가 호출되어 실행된다.

> **잠깐만**
>
> 현재 선택된 텍스트를 검색하는 방법은 웹 브라우저마다 다르기 때문에 jQuery 플러그인을 사용하여 어떤 종류의 웹 브라우저를 사용해도 결과가 동일하게 보이도록 하는 Cross 브라우징을 구현할 수 있다.

다음의 [예제 10.13]은 〈input〉 태그에 저장된 텍스트 일부를 선택했을 때 발생하는 select 이벤트의 사용 방법을 알아보는 예제이다.

[예제 10.13] sample10_13.html

```
01:  <!DOCTYPE html>
02:  <html>
03:   <head>
04:    <meta charset="UTF-8">
05:    <title>.select() 메서드</title>
06:    <script type="text/javascript" src="jquery-3.1.1.js"></script>
07:    <script type="text/javascript">
08:     $(document).ready(function() {
09:      $(":input").select(function() {
10:       $("div").text("... selected").show().fadeOut(1000);
11:      });
12:     });
13:    </script>
14:   </head>
15:   <body>
16:    <p>
17:     selecct 이벤트 실습
18:    </p>
19:    <input type="text" value="아이템1 아이템2" />
20:    <input type="text" value="" />
21:    <div></div>
22:   </body>
23:  </html>
```

09-11행 <input> 태그에서 select 이벤트가 발생하면, <div> 태그에 "...selected" 문자열을 1초 동안 보여주고 사라지게 한다.

실행 결과

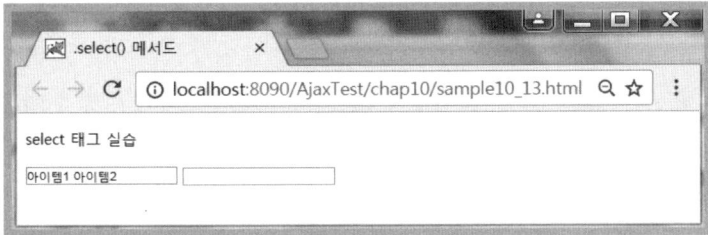

[그림 10.21] sample10_13.html 예제 실행 결과

[그림 10.22]는 전체 텍스트 중에서 일부인 "아이템 1"을 마우스로 선택한 화면으로서 <input> 태그 아래의 <div> 태그에 "....selected" 문자열이 1초 동안 보였다가 사라진다.

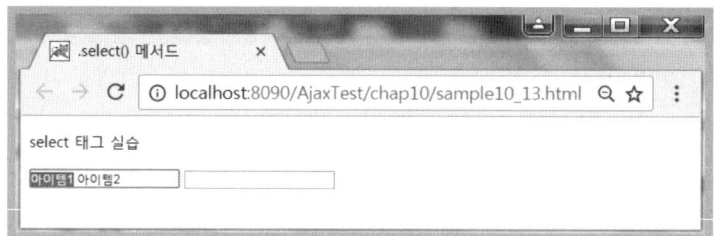

[그림 10.22] sample10_13.html 예제 실행 결과 - 텍스트 일부분을 마우스로 선택한 결과

[그림 10.23]은 선택한 "아이템 1" 문자열을 다른 〈input〉 태그에 드래그로 이동시키는 화면이다.

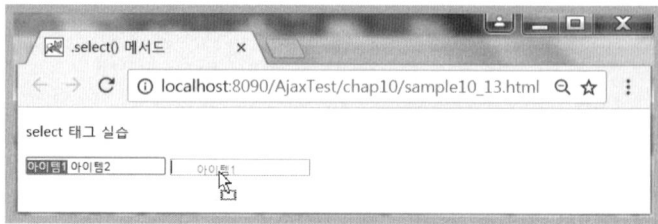

[그림 10.23] sample10_13.html 예제 실행 결과 - "아이템 1" 문자열을 드래그하는 결과

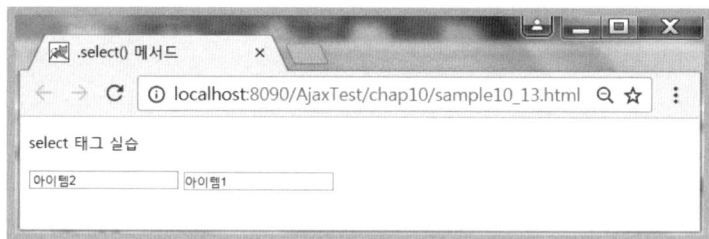

[그림 10.24] sample10_13.html 예제 실행 결과 - 드래그가 완성된 결과

2.4 .submit([function]) 메서드

.submit([function]) 메서드는 대상 요소에서 submit 이벤트가 발생하면 function을 실행하는 메서드이다. 이 메서드는 .on("submit", function) 메서드와 동일하며 인자 없는 .submit() 메서드는 .trigger("submit") 메서드를 줄여서 표현한 것이다.

submit 이벤트는 사용자가 form을 submit할 때만 발생하는 이벤트로서 명시적으로 〈input type="submit"〉 요소와 〈input type="image"〉 그리고 〈button type="submit"〉 요소를 클릭하거나 폼의 요소에서 Enter 키를 눌렀을 때 제한적으로 발생하는 이벤트이다.

간단한 예제 코드를 통해 사용 방법을 살펴보도록 하자.

```
<form id="target">
  <input type="text" value="아이템">
  <input type="submit" value="Go">
</form>
<div id="other">
  submit 이벤트 실습
</div>
```

다음과 같이 form 요소에 submit 이벤트를 설정할 수 있다.

```
$("#target").submit(function(event) {
  alert("submit 이벤트 실습");
  event.preventDefault();
});
```

[submit] 버튼을 클릭하면 경고창이 보이게 된다. 하지만, preventDefault() 메서드를 사용했기 때문에 실제로 전송되기 전에 취소된다. 이벤트를 명시적으로 호출하기 위해서는 다음과 같이 인자 없는 .submit() 메서드를 사용한다.

```
$("#other").click(function() {
  $("#target").submit();
});
```

<div> 태그를 클릭했을 때 id가 target으로 설정된 submit() 메서드가 호출되어 실행된다.

다음의 [예제 10.14]는 form을 전송하기 전에 입력값을 비교하여 "OK" 문자열을 입력하면 "성공" 문자열을 출력하고, 아니면 "실패" 문자열을 출력하는 예제이다.

[예제 10.14] sample10_14.html

```
01: <!DOCTYPE html>
02: <html>
03:   <head>
04:     <meta charset="UTF-8">
05:     <title>.submit() 메서드</title>
06:     <script type="text/javascript" src="jquery-3.1.1.js"></script>
07:     <script type="text/javascript">
08:       $(document).ready(function() {
09:         $("#target").submit(function(event) {
10:           var mesg = "실패";
11:           if($(":text").val() == 'OK') {
12:             mesg = "성공";
13:           }
14:           $("div").text(mesg);
```

```
15:          event.preventDefault();
16:        });
17:      });
18:    </script>
19:  </head>
20:  <body>
21:    OK입력하면 '성공' 출력하고 아니면 '실패' 출력
22:    <form id="target">
23:      <input type="text" value="">
24:      <input type="submit" value="Go">
25:    </form>
26:    <div></div>
27:  </body>
28: </html>
```

09-16행 [submit] 버튼을 클릭하면 <form> 태그 내의 text 값을 "OK" 문자열과 비교한다. 일치하면 "성공" 문자열을 출력하고, 아니면 "실패" 문자열을 출력한다.

실행 결과

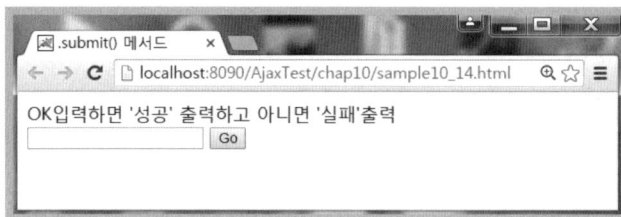

[그림 10.25] sample10_14.html 예제 실행 결과

[그림 10.26] sample10_14.html 예제 실행 결과 - "OK" 문자열을 입력하고 [Go] 버튼을 클릭한 결과

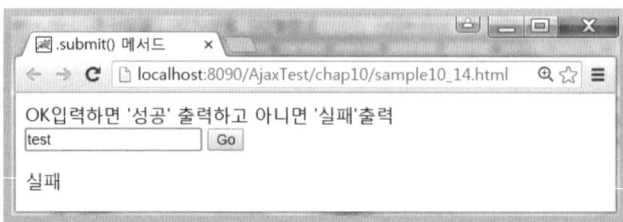

[그림 10.27] sample10_14.html 예제 실행 결과 - "OK" 문자열이 아닌
다른 문자열 "test"를 입력하고 [Go] 버튼을 클릭한 결과

2.5 .keydown([function]) 메서드

.keydown([function]) 메서드는 대상 요소에 keydown 이벤트가 발생하면 function을 실행하는 메서드이다. 이 메서드는 .on("keydown", function) 메서드와 동일하며 인자 없는 .keydown() 메서드는 .trigger("keydown")를 줄여서 표현한 것이다.

keydown 이벤트는 사용자가 키보드를 누르는 순간에 발생하는 이벤트로서 포커스를 가질 수 있는 요소에만 발생할 수 있는 이벤트로서, 일반적으로 〈form〉 태그 내의 요소에서 많이 사용한다. 만약 키보드를 계속적으로 누르고 있으면 반복적으로 keydown 이벤트가 발생한다.

> **잠깐만**
>
> keypress 이벤트는 keydown 이벤트와 비슷하다. 가장 큰 차이점은 keydown 이벤트는 (Shift), (Esc), (Del) 키와 같은 보조키를 인식하지만, keyprsss 이벤트는 보조키를 인식하지 못한다.

간단한 예제 코드를 통해 사용 방법을 살펴보도록 하자.

```
<form>
  <input id="target" type="text" value="">
</form>
<div id="other">
  keydown 이벤트 실습
</div>
```

다음과 같이 〈input〉 요소에 keydown 이벤트를 설정할 수 있다.

```
$("#target").keydown(function() {
  alert("keydown 이벤트 실습");
});
```

〈input〉 태그에 포커스를 지정하고 키보드를 누르면 경고창이 보인다. 이벤트를 명시적으로 호출하기 위해서는 다음과 같이 인자 없는 .keydown() 메서드를 사용한다.

```
$("#other").click(function() {
  $("#target").keydown();
});
```

〈div〉 태그를 클릭했을 때 id가 target으로 설정된 keydown() 메서드가 호출되어 실행된다.

만약 눌러진 키를 확인하려면 다음과 같이 event 객체의 keyCode 속성을 사용하여 확인할 수 있다.

```
$("#target").keydown(function(event) {
  alert(event.keyCode);
});
```

키보드의 키에는 모두 특정값이 맵핑되어 있다. 예를 들어, 'a' 키는 숫자로 65이다. event.keyCode 속성값을 사용하면 키보드의 모든 값을 알아낼 수 있다.

다음의 [예제 10.15]는 〈input〉 태그에 포커스를 지정하고 키보드로 누르는 순간 입력한 값의 키코드(keyCode) 값을 출력하는 예제이다.

[예제 10.15] sample10_15.html

```
01:  〈!DOCTYPE html〉
02:  〈html〉
03:    〈head〉
04:      〈meta charset="UTF-8"〉
05:      〈title〉.keydown() 메서드〈/title〉
06:      〈script type="text/javascript" src="jquery-3.1.1.js"〉〈/script〉
07:      〈script type="text/javascript"〉
08:        $(document).ready(function() {
09:          $("#target").keydown(function(event) {
10:            $("div").text(event.keyCode);
11:          });
12:        });
13:      〈/script〉
14:    〈/head〉
15:    〈body〉
16:      〈form〉
17:        〈input id="target" type="text" value=""〉
18:      〈/form〉
19:      〈div〉
20:      〈/div〉
21:    〈/body〉
22:  〈/html〉
```

09-11행 〈input〉 태그에서 키보드를 누르는 순간에 〈div〉 태그에 keyCode 값을 출력한다.

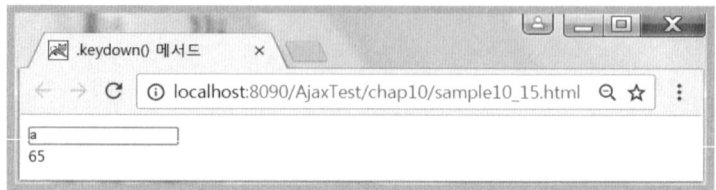

[그림 10.28] sample10_15.html 예제 실행 결과 : 키보드에서 영문 소문자 'a'를 누른 결과

2.6 .keyup([function]) 메서드

.keyup([function]) 메서드는 대상 요소에 keyup 이벤트가 발생하면 function을 실행하는 메서드이다. 이 메서드는 .on("keyup", function) 메서드와 동일하며, 인자 없는 .keyup() 메서드는 .trigger("keyup") 메서드를 줄여서 표현한 것이다.

keyup 이벤트는 사용자가 키보드를 눌렀다가 떼는 순간에 발생하는 이벤트로서 포커스를 가질 수 있는 요소에만 발생할 수 있으며, 일반적으로 〈form〉 태그 내의 요소에서 많이 사용한다.

간단한 예제 코드를 통해 사용 방법을 살펴보도록 하자.

```
〈form〉
  〈input id="target" type="text" value=""〉
〈/form〉
〈div id="other"〉
 keyup 이벤트 실습
〈/div〉
```

다음과 같이 〈input〉 요소에 keyup 이벤트를 설정할 수 있다.

```
$("#target").keyup(function() {
  alert("keyup 이벤트 실습");
});
```

〈input〉 태그에 포커스를 지정하고 키보드를 눌렀다가 떼면 경고창이 보인다.

이벤트를 명시적으로 호출하기 위해서는 다음과 같이 인자 없는 .keyup() 메서드를 사용한다.

```
$('#other').click(function() {
  $('#target').keyup();
});
```

〈div〉 태그를 클릭했을 때 id가 target으로 설정된 요소에서 keyup 메서드가 호출되어 실행된다.

다음의 [예제 10.16]은 keyup 이벤트를 사용하여 〈input〉 태그에 입력한 문자의 개수를 출력하는 예제이다.

[예제 10.16] sample10_16.html

```
01:  <!DOCTYPE html>
02:  <html>
03:   <head>
04:    <meta charset="UTF-8">
05:    <title>.keyup() 메서드</title>
06:    <script type="text/javascript" src="jquery-3.1.1.js"></script>
07:    <script type="text/javascript">
08:     $(document).ready(function() {
09:       $("#target").keyup(function() {
10:         $("div").text($(":text").val().length);
11:       });
12:     });
13:    </script>
14:   </head>
15:   <body>
16:    <form>
17:      <input id="target" type="text" value="">
18:    </form>
19:    <div>
20:    </div>
21:   </body>
22:  </html>
```

09-11행 〈input〉 태그에 포커스를 지정하고 키보드를 눌렀다 떼었을 때, 입력한 문자의 개수를 〈div〉 태그에 출력한다.

실행 결과

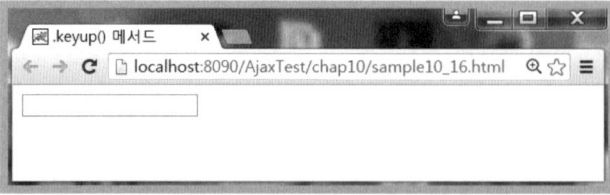

[그림 10.29] sample10_16.html 예제 실행 결과

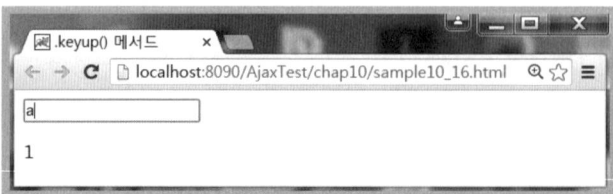

[그림 10.30] sample10_16.html 예제 실행 결과 - 'a' 키를 눌렀을 때의 결과

[그림 10.31] sample10_16.html 예제 실행 결과 - 연속해서 'b' 키를 눌렀을 때의 결과

03 마우스 관련 Event 메서드

다음의 [표 10.4]는 jQuery에서 제공하는 마우스 관련 Event 메서드이다.

[표 10.4] 마우스 관련 Event 메서드

메서드	설명
.click([function])	대상 요소를 마우스로 클릭하면 click 이벤트가 발생하여 function을 실행한다. function은 생략 가능하다.
.dbclick([function])	대상 요소를 마우스로 더블클릭하면 dbclick 이벤트가 발생하여 function을 실행한다. function은 생략 가능하다.
.mouseenter(function)	대상 요소에 마우스로 진입하면 mouseenter 이벤트가 발생하여 function을 실행한다. function은 생략 가능하다.
.mouseover(function)	mouseenter 이벤트와 비슷하지만 버블링 처리가 다르다. 자식 요소로 이벤트가 전달된다.
.mouseleave([function])	대상 요소로 마우스로 진입 후 빠져나올 때 mouseleave 이벤트가 발생하여 function을 실행한다. function은 생략 가능하다.
.mouseout([function])	mouseleave 이벤트와 비슷하지만 버블링 처리가 다르다. 자식 요소로 이벤트가 전달된다.
.mousedown([function])	대상 요소에서 마우스를 누를 때 mousedown 이벤트가 발생하여 function을 실행한다. which 속성 이용 가능(1 : left 버튼, 2 : 중간 버튼, 3 : right 버튼)
.mouseup([function])	대상 요소에서 마우스를 눌렀다 뗄 때 mouseup 이벤트가 발생하여 function을 실행한다. function은 생략 가능하다.
.mousemove([function])	대상 요소 안에서 마우스를 움직일 때 mousemove 이벤트가 발생하여 function을 실행한다. function은 생략 가능하다.
.hover(fnIn, fnOut)	mouseenter와 mouseleave 이벤트를 한꺼번에 처리 가능한 메서드이다. mouseenter 이벤트가 발생하면 fnIn 함수가 실행되고, mouseleave 이벤트가 발생하면 fnOut 함수가 실행된다.

.hover(fnInOut)	mouseenter와 mouseleave 이벤트를 한꺼번에 처리 가능한 메서드이다. mouseenter 및 mouseleave 이벤트가 발생하면 똑같이 fnInOut 함수가 실행된다.

3.1 .click([function]) 메서드

.click([function]) 메서드는 대상 요소에 click 이벤트가 발생하면 function을 실행하는 메서드이다. 이 메서드는 .on("click", function) 메서드와 동일하며, 인자 없는 .click() 메서드는 .trigger("click") 메서드를 줄여서 표현한 것이다.

click 이벤트는 대상 요소를 마우스 포인터로 눌렀다 뗄 때 발생하는 이벤트로서, HTML의 어떤 요소라도 이 이벤트가 발생할 수 있다.

간단한 예제 코드를 통해 사용 방법을 살펴보도록 하자.

```
<div id="target">
  클릭하세요
</div>
<div id="other">
  click 이벤트 실습
</div>
```

다음은 첫 번째 <div> 태그에 click 이벤트 핸들러를 설정하는 코드이다.

```
$('#target').click(function() {
  alert("click 이벤트 실습");
});
```

첫 번째 <div> 태그를 클릭하면 경고창이 출력된다.

다음과 같이 다른 요소를 통해서 이벤트를 발생할 수도 있다.

```
$('#other').click(function() {
  $('#target').click();
});
```

두 번째 <div> 태그를 클릭하면 마찬가지로 경고창이 출력된다.

다음의 [예제 10.17]은 <p> 태그 영역을 클릭하면 slideUp 효과로 제거되는 예제이다.

[예제 10.17] sample10_17.html

```
01: <!DOCTYPE html>
02: <html>
03:   <head>
04:     <meta charset="UTF-8">
05:     <title>.click() 메서드</title>
06:     <style>
07:       p:hover {
08:         background: yellow;
09:       }
10:     </style>
11:     <script type="text/javascript" src="jquery-3.1.1.js"></script>
12:     <script type="text/javascript">
13:       $(document).ready(function() {
14:         $("p").click(function() {
15:           $(this).slideUp();
16:         });
17:       });
18:     </script>
19:   </head>
20:   <body>
21:     <p>홍길동</p>
22:     <p>이순신</p>
23:     <p>유관순</p>
24:   </body>
25: </html>
```

06-09행 〈p〉 태그에 hover(mouseover, mouseenter)했을 때 배경색을 yellow로 설정하는 CSS를
       지정한다.

14-16행 〈p〉 태그를 클릭하면, 선택된 〈p〉 태그를 slideUp 효과를 지정하여 안보이게 설정한다.
       slideUp 효과에 대한 내용은 11장에서 자세히 설명한다.

21-23행 3개의 〈p〉 태그를 설정한다.

실행 결과

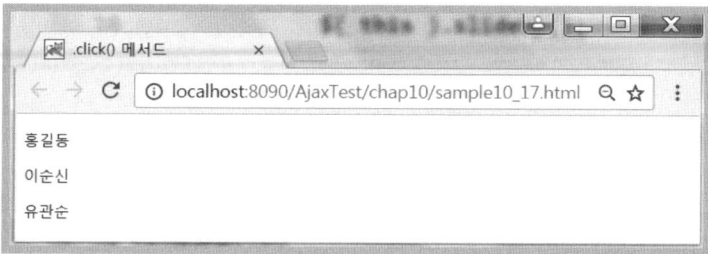

[그림 10.32] sample10_17.html 예제 실행 결과 - 첫 번째 〈p〉 태그에 마우스 hover한 결과

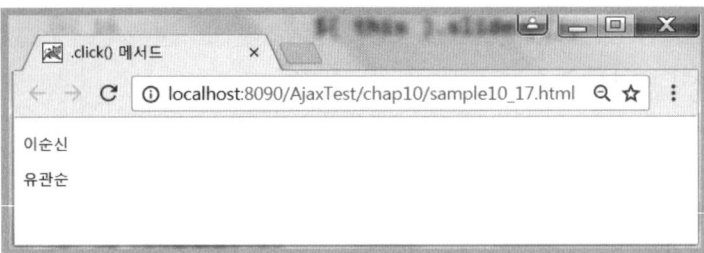

[그림 10.33] sample10_17.html 예제 실행 결과 - 첫 번째 〈p〉 태그 영역에서 마우스를 클릭한 결과

3.2 .dblclick([function]) 메서드

.dblclick([function]) 메서드는 대상 요소에 dblclick 이벤트가 발생하면 function을 실행하는 메서드이다. 이 메서드는 .on("dblclick", function) 메서드와 동일하며 인자 없는 .dblclick() 메서드는 .trigger("dblclick"") 메서드를 줄여서 표현한 것이다.

dblclick 이벤트는 대상 요소를 마우스 포인터로 더블클릭할 때 발생하는 이벤트로서, HTML의 어떤 요소라도 dblclick 이벤트를 발생할 수 있다.

간단한 예제 코드를 통해 사용 방법을 살펴보도록 하자.

```
<div id="target">
  double click 하세요
</div>
<div id="other">
  double click 이벤트
</div>
```

다음은 첫 번째 〈div〉 태그에 dbclick 이벤트 핸들러를 설정하는 코드이다.

```
$("#target").dblclick(function() {
  alert("double click 이벤트");
});
```

첫 번째 〈div〉 태그를 더블클릭하면 경고창이 출력된다.

다음과 같이 다른 요소를 통해서 이벤트를 발생할 수도 있다.

```
$("#other").click(function() {
  $("#target").dblclick();
});
```

두 번째 ⟨div⟩ 태그를 클릭하면 마찬가지로 경고창이 출력된다.

다음은 [예제 10.18]은 더블클릭 이벤트를 실습하는 예제이다.

[예제 10.18] sample10_18.html

```
01:  ⟨!DOCTYPE html⟩
02:  ⟨html⟩
03:   ⟨head⟩
04:    ⟨meta charset="UTF-8"⟩
05:    ⟨title⟩.dbclick() 메서드⟨/title⟩
06:    ⟨style⟩
07:     div {
08:       background: blue;
09:       color: white;
10:       height: 100px;
11:       width: 150px;
12:     }
13:     div.dbl {
14:       background: yellow;
15:       color: black;
16:     }
17:    ⟨/style⟩
18:    ⟨script type="text/javascript" src="jquery-3.1.1.js"⟩⟨/script⟩
19:    ⟨script type="text/javascript"⟩
20:     $(document).ready(function() {
21:       $("div:first").dblclick(function() {
22:         $("div:first").toggleClass("dbl");
23:       });
24:     });
25:    ⟨/script⟩
26:   ⟨/head⟩
27:   ⟨body⟩
28:    ⟨div⟩⟨/div⟩
29:    ⟨span⟩더블클릭 영역⟨/span⟩
30:   ⟨/body⟩
31:  ⟨/html⟩
```

06-16행 ⟨div⟩ 태그에 CSS를 지정한다.

21-23행 ⟨div⟩ 태그를 더블클릭하면 ⟨div⟩ 태그의 배경색이 blue에서 yellow로 토글된다.

실행 결과

[그림 10.34] sample10_18.html 예제 실행 결과 - 색상 영역을 더블클릭하면 색상 변경

3.3 .mouseenter([function]) 메서드

.mouseenter([function]) 메서드는 대상 요소에 mouseenter 이벤트가 발생하면 function을 실행하는 메서드이다. 이 메서드는 .on("mouseenter", function) 메서드와 동일하며 인자 없는 .mouseenter() 메서드는 .trigger("mouseenter") 메서드를 줄여서 표현한 것이다.

mouseenter 이벤트는 대상 요소에 마우스 포인터가 진입하면 발생하는 이벤트로서, 어떤 HTML 요소도 이 이벤트가 발생할 수 있다.

간단한 예제 코드를 통해 사용 방법을 살펴보도록 하자.

```
<div id="outer">
  Outer
  <div id="inner">
    Inner
  </div>
</div>
<div id="other">
  mouseenter 이벤트
</div>
<div id="log"></div>
```

다음은 id가 outer인 <div> 태그에 이벤트 핸들러를 설정하는 코드이다.

```
$('#outer').mouseenter(function() {
  $('#log').append('<div>mouseenter 이벤트</div>');
});
```

마우스를 움직여서 id가 outer인 〈div〉 태그에 위치하면 〈div id="log"〉에 텍스트가 추가된다.

다음과 같이 다른 요소를 통해서 이벤트가 발생할 수도 있다.

```
$('#other').click(function() {
  $('#outer').mouseenter();
});
```

id가 other인 〈div〉 태그를 클릭하면 마찬가지로 텍스트가 추가된다.

잠깐만

mouseenter 이벤트는 mouseover 이벤트와 비슷한데 버블링 처리가 다르다. mouseenter 이벤트는 바인딩 된 요소에 진입하는 경우에만 이벤트가 발생하고, 자식 요소에는 이벤트가 발생하지 않는다. 하지만, mouseover는 버블링되어 자식 요소에도 이벤트가 발생한다. 따라서 [예제 10.19]에서 이벤트를 mouseover로 바꾸어서 실습하면 자식 요소인 Inner에서도 이벤트가 발생하는 것을 확인할 수 있다.

다음의 [예제 10.19]는 〈div〉 태그에 마우스 포인터가 진입하면 텍스트가 출력되는 예제이다.

[예제 10.19] sample10_19.html

```
01:  <!DOCTYPE html>
02:  <html>
03:    <head>
04:      <meta charset="UTF-8">
05:      <title>.mouseenter() 메서드</title>
06:      <style>
07:        div#inner{
08:          border: 2px dotted blue;
09:        }
10:        div#outer{
11:          border: 2px solid red;
12:        }
13:      </style>
14:      <script type="text/javascript" src="jquery-3.1.1.js"></script>
15:      <script type="text/javascript">
16:        $(document).ready(function() {
17:          $('#outer').mouseenter(function() {
18:            $('#log').append('<div>mouseenter 이벤트 발생</div>');
19:          });
20:        });
21:      </script>
22:    </head>
```

```
23:    <body>
24:      <div id="outer">
25:        Outer
26:        <div id="inner">
27:          Inner
28:        </div>
29:      </div>
30:      <div id="other">
31:        mouseenter 이벤트
32:      </div>
33:      <div id="log"></div>
34:    </body>
35:  </html>
```

07-12행 〈div〉 태그에 CSS를 지정한다.

17-19행 id가 outer인 〈div〉 태그에 마우스 포인터가 진입하면 id가 log인 〈div〉 태그에 텍스트를 추가
한다.

실행 결과

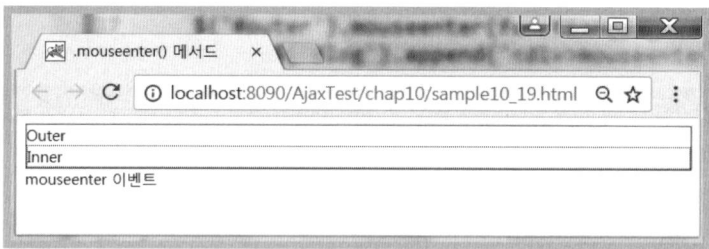

[그림 10.35] sample10_19.html 예제 실행 결과

[그림 10.36]은 id가 inner인 〈div〉 태그에 마우스로 진입한 실행 결과로, mouseenter
이벤트로 처리하였기 때문에 자식으로 이벤트가 전달되지 않아서 텍스트가 한 번만 출력
된다.

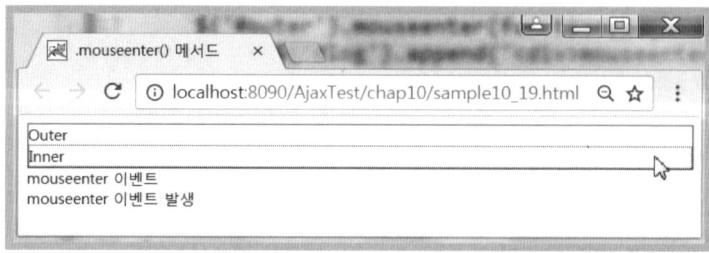

[그림 10.36] sample10_19.html 예제 실행 결과 - id가 inner인 〈div〉 태그에 마우스로 진입한 결과

[그림 10.37]는 mouserenter 이벤트를 mouseover 이벤트로 변경하고 id가 inner인 〈div〉 태그에 마우스로 진입한 실행 결과이다. mouseover 이벤트이기 때문에 자식으로 이벤트가 전달되어 텍스트가 두 번 출력된다.

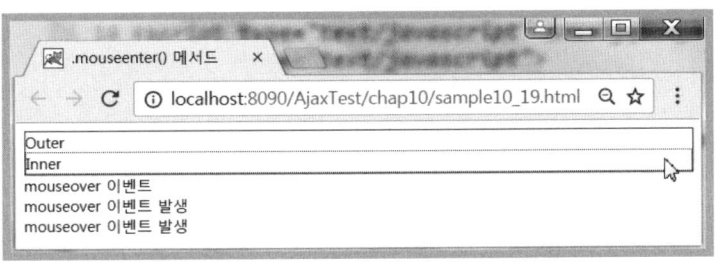

[그림 10.37] sample10_19.html 예제 실행 결과 - mouseover 이벤트로 변경 후에 id가 inner인 〈div〉 태그에 마우스로 진입한 결과

3.4 .mouseleave([function]) 메서드

.mouseleave([function]) 메서드는 대상 요소에 mouseleave 이벤트가 발생하면 function을 실행하는 메서드이다. 이 메서드는 .on("mouseleave", function) 메서드와 동일하며 인자 없는 .mouseleave() 메서드는 .trigger("mouseleave") 메서드를 줄여서 표현한 것이다.

mouseleave 이벤트는 대상 요소에서 마우스 포인터가 떠날 때 발생하는 이벤트로서, 어떤 HTML 요소도 이 이벤트가 발생할 수 있다.

간단한 예제 코드를 통하여 사용 방법을 살펴보도록 하자.

```
<div id="outer">
  Outer
  <div id="inner">
    Inner
  </div>
</div>
<div id="other">
  mouseleave 이벤트
</div>
<div id="log"></div>
```

다음은 id가 outer인 〈div〉 태그에 이벤트 핸들러를 설정하는 코드이다.

```
$("#outer").mouseleave(function() {
  $("#log").append("<div>mouseleave 이벤트 발생</div>");
});
```

마우스를 움직여서 id가 outer인 〈div〉 태그에 위치시킨 후에 빠져나오면 id가 log인
〈div〉 태그에 텍스트가 추가된다.

다음과 같이 다른 요소를 통해서 이벤트를 발생시킬 수도 있다.

```
$('#other').click(function() {
  $('#outer').mouseleave();
});
```

id가 other인 〈div〉 태그를 클릭하면 마찬가지로 텍스트가 추가된다.

잠깐만

mouseleave 이벤트는 mouseout 이벤트와 비슷한데 버블링 처리가 다르다. mouseleave 이벤트
는 바인딩 된 요소에서 빠져나오는 경우에만 이벤트가 발생하고 자식 요소에는 이벤트가 발생하지
않는다. 하지만, mouseout는 자식 요소에도 이벤트가 발생한다. 따라서 [예제10.20]에서 이벤트를
mouseout으로 바꾸어서 실습하면 자식 요소인 Inner에서 빠져나와도 이벤트가 발생하는 것을 확인
할 수 있다.

다음의 [예제 10.20]은 〈div〉 태그에 마우스 포인터가 진입 후 빠져나올 때 텍스트가 출
력되는 예제이다.

[예제 10.20] sample10_20.html

```
01: <!DOCTYPE html>
02: <html>
03:  <head>
04:   <meta charset="UTF-8">
05:   <title>.mouseleave() 메서드</title>
06:   <style>
07:    div#inner{
08:      border: 2px dotted blue;
09:    }
10:    div#outer{
11:      border: 2px solid red;
12:    }
13:   </style>
14:   <script type="text/javascript" src="jquery-3.1.1.js"></script>
15:   <script type="text/javascript">
16:    $(document).ready(function() {
17:      $("#outer").mouseleave(function() {
18:        $("#log").append("<div>mouseleave 이벤트 발생</div>");
19:      });
20:    });
21:   </script>
22:  </head>
```

```
23:    <body>
24:       <div id="outer">
25:          Outer
26:          <div id="inner">
27:             Inner
28:          </div>
29:       </div>
30:       <div id="other">
31:          mouseleave 이벤트
32:       </div>
33:       <div id="log"></div>
34:    </body>
35: </html>
```

07-12행 〈div〉 태그에 CSS를 지정한다.

17-19행 Outer 〈div〉 태그에 마우스 포인터가 진입 후 빠져나올 때 33행의 id가 log인 〈div〉 태그에 텍스트를 추가한다.

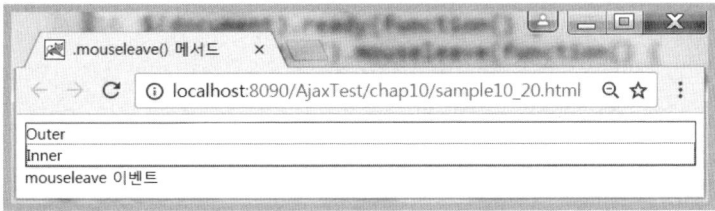

[그림 10.38] sample10_20.html 예제 실행 결과 - Outer 〈div〉 태그 내에 마우스 포인터를 진입한 결과

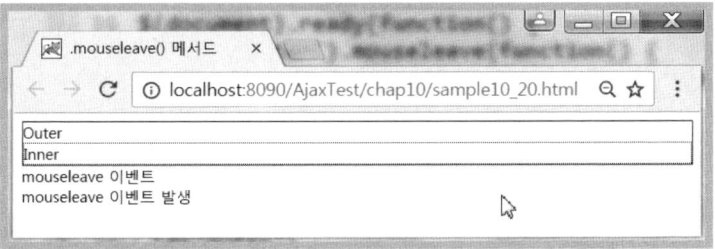

[그림 10.39] sample10_20.html 예제 실행 결과 - Outer 〈div〉 태그 내에
마우스 포인터를 진입 후 빠져나온 뒤의 결과

3.5 .mousemove([function]) 메서드

.mousemove([function]) 메서드는 대상 요소에 mousemove 이벤트가 발생하면 function을 실행하는 메서드이다. 이 메서드는 .on("mousemove", function)과 동일하며 인자 없는 .mousemove() 메서드는 .trigger("mousemove") 메서드를 줄여서 표현한 것이다.

mousemove 이벤트는 대상 요소 안에서 마우스 포인터가 움직일 때 발생하는 이벤트로서, 어떤 HTML 요소도 이 이벤트를 발생할 수 있다. 마우스가 움직일 때, 마우스 포인터의 위치값은 문서의 왼쪽 위(top-left)를 기준으로 하는 event.pageX와 event.pageY 값으로 알 수 있다. event.pageX와 event.pageY 값은 pixel 단위이다.

간단한 예제 코드를 통해 사용 방법을 살펴보도록 하자.

```
<div id="target">
  마우스로 움직이세요
</div>
<div id="other">
  mousemove 이벤트
</div>
<div id="log"></div>
```

다음은 <div> 태그에 이벤트 핸들러를 설정하는 코드이다.

```
$("#target").mousemove(function(event) {
  var msg = "mosemove 이벤트 발생";
  msg += event.pageX + ", " + event.pageY;
  $("#log").append("<div>" + msg + "</div>");
});
```

마우스 포인터를 id가 target인 <div> 태그 안에서 움직이면 id가 log인 <div> 태그에 텍스트가 추가된다.

다음과 같이 다른 요소를 통해서 이벤트를 발생시킬 수도 있다.

```
$("#other").click(function() {
  $("#target").mousemove();
});
```

id가 other인 <div> 태그를 클릭하면 마찬가지로 텍스트가 추가된다.

다음의 [예제 10.21]은 ⟨div⟩ 태그 안에서 마우스 포인터를 움직일 때, 현재 마우스 포인터의 좌표값을 출력하는 예제이다.

[예제 10.21] sample10_21.html

```
01: ⟨!DOCTYPE html⟩
02: ⟨html⟩
03:   ⟨head⟩
04:     ⟨meta charset="UTF-8"⟩
05:     ⟨title⟩.mousemove() 메서드⟨/title⟩
06:     ⟨style⟩
07:       div {
08:         width: 220px;
09:         height: 170px;
10:         margin: 10px 50px 10px 10px;
11:         background: yellow;
12:         border: 2px groove;
13:         float: right;
14:       }
15:     ⟨/style⟩
16:     ⟨script type="text/javascript" src="jquery-3.1.1.js"⟩⟨/script⟩
17:     ⟨script type="text/javascript"⟩
18:       $(document).ready(function() {
19:         $("div").mousemove(function(event) {
20:           $("#result").text("(event.pageX, event.pageY) : " +
21:                         event.pageX + "\t" + event.pageY);
22:         });
23:       });
24:     ⟨/script⟩
25:   ⟨/head⟩
26:   ⟨body⟩
27:     ⟨p⟩
28:       ⟨span⟩마우스로 움직이세요⟨/span⟩⟨br⟩
29:       ⟨span id="result"⟩⟨/span⟩
30:     ⟨/p⟩
31:     ⟨div⟩⟨/div⟩
32:   ⟨/body⟩
33: ⟨/html⟩
```

07-14행 ⟨div⟩ 태그에 CSS을 지정한다.

19-21행 ⟨div⟩ 태그에 안에서 마우스 포인터를 움직이면, 현재 마우스 포인터의 좌표를 id가 result인 28행의 ⟨span⟩ 태그에 출력된다.

실행 결과

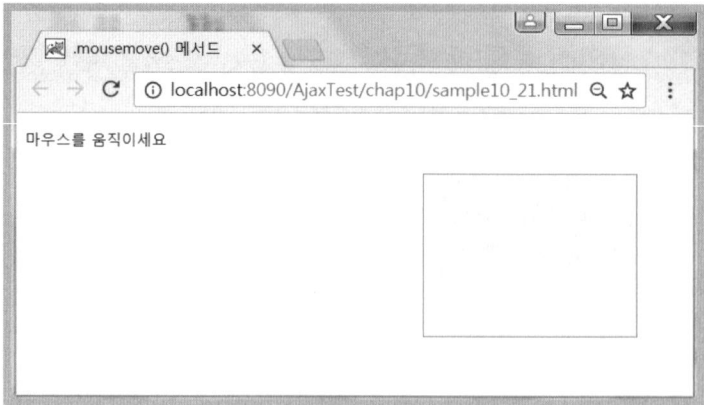

[그림 10.40] sample10_21.html 예제 실행 결과

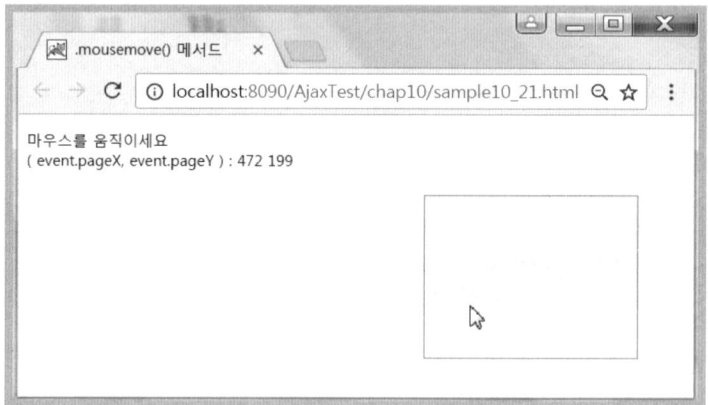

[그림 10.41] div 태그 안에서 마우스 move할 때 좌표값 출력 화면

3.6 .hover(functionIn, functionOut) 메서드

.hover(functionIn, functionOut) 메서드는 대상 요소에 mouseenter와 mouseleave 이벤트가 발생하면 각각 functionIn과 functionOut을 실행하는 메서드이다.

이 메서드는 $(selector).mouseenter(functionIn).mouseleave(functionOut) 메서드를 줄여서 표현한 것이다. 만약 이벤트를 해제하려면 다음과 같이 설정한다.

```
$(selector).off("mouseenter  mouseleave");
```

.hover(functionInOut) 메서드와 같이 한 개의 인자를 설정할 수도 있다. 이 메서드는 $(selector).on("mouseenter mouseleave", functionInOut) 메서드를 줄여서 표현한 것으로서 mouseenter와 mouseleave 이벤트가 발생하면 똑같이 functionInOut 함수가

실행된다.

다음의 [예제 10.22]는 ⟨li⟩ 태그에 hover 이벤트를 적용하여 mouseenter 이벤트가 발생할 때 "***"를 보여주고 mouseleave 이벤트가 발생할 때 문자열을 제거하는 예제이다.

[예제 10.22] sample10_22.html

```
01:  <!DOCTYPE html>
02:  <html>
03:    <head>
04:      <meta charset="UTF-8">
05:      <title>.hover() 메서드</title>
06:      <style>
07:        span {
08:          color: red;
09:        }
10:      </style>
11:      <script type="text/javascript" src="jquery-3.1.1.js"></script>
12:      <script type="text/javascript">
13:        $(document).ready(function() {
14:          $("li").hover(
15:            function() {
16:              $(this).append($("<span> ***</span>"));
17:            },
18:            function() {
19:              $(this).find("span").remove();
20:            }
21:          );
22:        });
23:      </script>
24:    </head>
25:    <body>
26:      <ul>
27:        <li>홍길동</li>
28:        <li>이순신</li>
29:        <li class="fade">유관순</li>
30:        <li class="fade">강감찬</li>
31:      </ul>
32:    </body>
33:  </html>
```

07-09행 ⟨div⟩ 태그에 CSS를 지정한다.

14-20행 ⟨li⟩ 태그에 마우스 포인터가 진입하면 "***"가 보이고 마우스 포인터가 빠져나오면 문자열이 제거된다.

실행 결과

[그림 10.42] sample10_22.html 예제 실행 결과

[그림 10.43] sample10_22.html 예제 실행 결과 - "유관순"에 마우스 포인터가 진입했을 때의 결과

jQuery Effects

CHAPTER 11

[학습 목표]

- jQuery에서 사용 가능한 애니메이션 효과(animation effect)의 종류에 관하여 학습한다.
- 기본적인 효과인 hide()와 show(), toggle() 메서드에 관하여 학습한다.
- fadeIn()과 fadeOut(), fadeToggle() 메서드에 관하여 학습한다.
- slideUp()과 slideDown(), slideToggle() 메서드에 관하여 학습한다.
- 사용자 정의 애니메이션 작성법에 관하여 학습한다.
- animate() 메서드와 애니메이션 큐에 관하여 학습한다.
- queue()와 dequeue() 메서드에 관하여 학습한다.
- stop()과 delay() 메서드에 관하여 학습한다.
- 애니메이션을 비활성화하는 jQuery.fx.off 속성에 관하여 학습한다.

이 장에서는 웹 페이지에서 애니메이션(animation)과 같은 시각적 효과를 보여주는 방법에 관하여 학습한다. jQuery에서 제공하는 기본적인 애니메이션 효과뿐만 아니라 사용자가 만드는 커스텀 애니메이션도 구현할 수 있다.

👁 **잠깐만**

jQuery Effects와 관련된 API Documentation 내용은 다음 URL의 사이트를 참조하면 자세한 내용을 확인할 수 있다.

URL : http://api.jquery.com/category/effects/

01 Effects 관련 메서드

다음은 jQuery에서 시각적인 효과를 보여주기 위한 메서드이다. 특정 요소를 보여주거나 사라지게 하는 기본적인 효과부터 fade 효과를 지정하여 서서히 동작하도록 처리할 수도 있으며, slide 효과를 이용하여 위에서 아래로 보여주거나 반대로 사라지게 할 수도 있다.

[표 11.1] 시각적 효과 관련 메서드

메서드	설명
.hide([duration][, easing] [, callback])	일치하는 대상 요소를 숨긴다. 시간값(duration)을 설정할 수 있고, callback 함수를 사용하여 시각적 효과가 끝났을 때 추가 동작을 처리할 수 있다.
.show([duration][, easing] [, callback])	일치하는 대상 요소를 보여준다. 시간값(duration)을 설정할 수 있고, callback 함수를 사용하여 시각적 효과가 끝났을 때 추가 동작을 처리할 수 있다.
.toggle([duration][, easing] [, callback])	일치하는 대상 요소를 숨기거나 보여주는 효과를 번갈아 제공하는 메서드이다.
.fadeIn([duration][, easing] [, callback])	일치하는 대상 요소를 천천히 나타나게 시각적 효과를 설정하는 메서드이다.
.fadeOut([duration][, easing] [, callback])	일치하는 대상 요소를 천천히 사라지게 시각적 효과를 설정하는 메서드이다.
.fadeToggle([duration][, easing] [, callback])	일치하는 대상 요소를 천천히 사라지게 하거나 나타나게 하는 시각적 효과를 설정하는 메서드이다.
.fadeTo(duration, opacity [, easing][, callback])	일치하는 대상 요소에 직접 불투명도를 지정하여 시각적 효과를 나타내는 메서드이다.
.slideUp([duration][, callback])	일치하는 대상 요소를 위로 올리는 방법(slide up)을 이용하여 요소를 숨기는 시각적 효과를 나타내는 메서드이다.

.slideDown([duration] 　　[, callback])	일치하는 대상 요소를 아래로 내리는 방법(slide down)을 이용하여 요소를 보여주는 시각적 효과를 나타내는 메서드이다.
.slideToggle([duration] 　　[, callback])	일치하는 대상 요소를 보이게 또는 안보이게 시각적 효과를 나타내는 메서드이다.

1.1 .hide([duration][, easing][, callback])와 .show([duration][, easing][, callback]) 메서드

.hide() 메서드는 일치하는 대상 요소를 화면에서 숨기는 효과를 제공하는 메서드이다. 인자 없는 .hide() 메서드를 사용하는 것이 가장 간단한 사용 방법이다.

```
$(".target").hide();
```

이 사용 방법은 애니메이션 효과 없이 바로 요소를 숨기는 기능을 한다. 이것은 .css("display", "none") 사용과 비슷하지만, 요소를 숨길 때의 속성값을 jQuery의 데이터 캐시에 저장해 두었다가 나중에 display 값을 복원해준다. 예를 들어, 만일 요소의 display 스타일 속성값이 inline이었다면, 숨긴 후 다시 보여질 때 display 속성값을 inline으로 복원시킨다는 의미이다.

duration 인자를 설정하면 .hide() 함수는 애니메이션 효과를 가지게 된다. duration은 시각적인 효과를 주기 위한 시간값으로서 기본값은 400이다. 기본 단위는 milliseconds 이고 값이 크면 느린 효과를 주게 된다. 'fast'와 'slow' 문자열을 지원하며 각각 200과 600 milliseconds를 의미한다.

🔍 **잠깐만**

> jQuery 1.4.3 버전부터는 easing 기능을 사용하는 문자열을 사용할 수 있게 되었다. easing은 애니메이션의 속도(speed)를 조작하여 특별한 효과를 나타나게 할 수 있는데, jQuery가 기본적으로 가지고 있는 easing은 "swing"과 "linear"이다. "swing"은 애니메이션이 끝나는 시간쯤에 속도가 살짝 느려지는 것을 의미하고, "linear"은 속도를 끝까지 유지하는 것을 의미한다. 더 많은 easing 효과는 http://jqueryui.com/easing/ 사이트를 참고한다. 하지만, easing은 플러그인 기능이므로 반드시 관련된 라이브러리를 설정해야 사용할 수 있다.

callback 함수를 인자로 사용하면 애니메이션이 완료될 때 해당 callback 함수가 실행된다. 이것은 연속적으로 다른 애니메이션 효과를 추가할 때 유용한 사용법이다. 주의할 점은 callback 함수는 this 키워드 말고는 어떤 다른 인자의 전달도 불가능하다. this는 애니메이션의 대상인 DOM 요소를 의미한다.

.show() 메서드는 .hide() 메서드와 반대로 대상 요소를 보여주는 메서드로서 설정값은 동일하다.

다음의 [예제 11.1]은 〈span〉 태그들을 숨기고, 다시 보여주는 애니메이션 효과를 가진 예제이다.

[예제 11.1] sample11_1.html

```
01: <!DOCTYPE html>
02: <html>
03:   <head>
04:     <meta charset="UTF-8">
05:     <title>.hide()와 .show() 메서드</title>
06:     <script type="text/javascript" src="jquery-3.1.1.js"></script>
07:     <script type="text/javascript">
08:       $(document).ready(function() {
09:         $("#hider").click(function() {
10:           $("span").hide("slow");
11:         });
12:         $("#shower").click(function() {
13:           $("span").show(2000, function() {
14:             $("#red").css("font-size", "30px");
15:           });
16:         });
17:       });
18:     </script>
19:   </head>
20:   <body>
21:     <button id="hider">Hide</button>
22:     <button id="shower">Show</button>
23:     <div>
24:       <span>이성계</span> <span>이순신</span> <span>유관순</span>
25:       <span>강감찬</span> <span>윤봉길</span> <span>정도전</span>
26:       <span>정몽주</span> <span id="red">위인들...</span>
27:     </div>
28:   </body>
29: </html>
```

09-11행 [Hide] 버튼을 클릭하면 〈span〉 태그에 "slow" duration 값을 적용하여 숨긴다.

12-15행 [Show] 버튼을 클릭하면 〈span〉 태그에 2초 duration 값을 적용하여 보여주고, 애니메이션 이 완료되면 id가 red인 〈span〉 태그의 값을 글꼴 크기 30px로 변경한다.

실행 결과

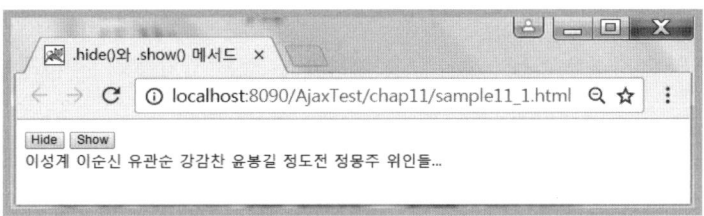

[그림 11.1] sample11_1.html 예제 실행 결과

[그림 11.2] sample11_1.html 예제 실행 결과 - [Hide] 버튼을 클릭한 후 결과

[그림 11.3]은 [Show] 버튼을 클릭하면 모든 〈span〉 태그가 보이고, 애니메이션이 완료된 후에 id가 red인 "위인들..." 값의 글꼴 크기가 30px로 설정되어 보이는 결과이다.

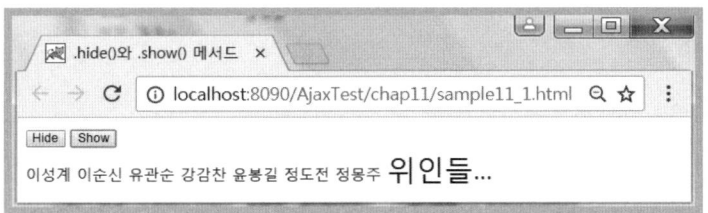

[그림 11.3] sample11_1.html 예제 실행 결과 - [Show] 버튼을 클릭한 후 결과

1.2 .toggle([duration][, easing][, callback]) 메서드

.toggle() 메서드는 일치하는 대상 요소를 화면에서 숨기거나 보여주는 효과를 번갈아 제공하는 메서드이다. 인자 없는 .toggle() 메서드를 사용하는 것이 가장 간단한 사용 방법이다.

```
$(".target").toggle();
```

이 사용 방법은 애니메이션 효과 없이 바로 요소를 숨기거나 보이게 한다. 이때 CSS의 속성값은 변경되지 않는다. 즉, 요소가 보이고 있으면 사라지게 하고, 안 보이면 보이게 처리한다. 예를 들어, 요소의 display 속성이 'inline'이었다면 숨겨지고, 'none'이었다면 보이게 된다. 이 속성값들이 토글되는 것이다.

duration 인자 및 easing 기능과 callback 함수의 사용법은 앞서 배웠던 .show() 메서드 및 .hide() 메서드 사용법과 동일하기 때문에 추가 설명은 생략한다.

다음은 메서드의 인자값으로 boolean 값을 설정할 수 있는 .toggle() 메서드 형태이다.

```
$(".target").toggle(display);
```

display 인자에는 true 또는 false 값을 지정할 수 있다. 이 인자가 true이면 요소가 보이고, false이면 안 보이는 상태이다. 따라서 다음 코드와 동일하다.

```
if (display == true) {
  $("#foo").show();
} else if (display == false) {
  $("#foo").hide();
}
```

다음의 [예제 11.2]는 [예제 11.1]을 .toggle() 메서드로 변경한 예제이다.

[예제 11.2] sample11_2.html

```
01: <!DOCTYPE html>
02: <html>
03:   <head>
04:     <meta charset="UTF-8">
05:     <title>.toggle() 메서드</title>
06:     <script type="text/javascript" src="jquery-3.1.1.js"></script>
07:     <script type="text/javascript">
08:       $(document).ready(function() {
09:         $("#toggler").click(function() {
10:           $("span").toggle("slow");
11:         });
12:       });
13:     </script>
14:   </head>
15:   <body>
16:     <button id="toggler">toggle</button>
17:     <div>
18:       <span>이성계</span> <span>이순신</span> <span>유관순</span>
19:       <span>강감찬</span> <span>윤봉길</span> <span>정도전</span>
20:       <span>정몽주</span> <span id="red">위인들...</span>
21:     </div>
22:   </body>
23: </html>
```

09~11행 [toggle] 버튼을 클릭하면 모든 <span> 태그를 토글시킨다. 안 보이면 보이게 설정하고, 보이면 안 보이게 설정한다.

실행 결과

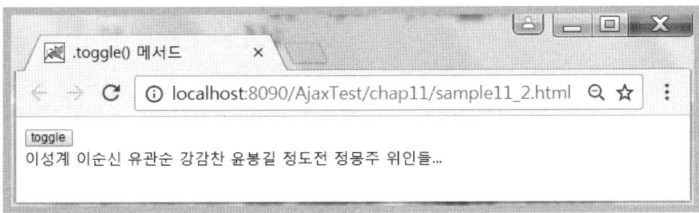

[그림 11.4] sample11_2.html 예제 실행 결과

다음 [그림 11.5]는 [toggle] 버튼을 클릭한 후 결과로 반복적으로 클릭하면 토글되어 [그림 11.4]의 결과와 번갈아 보이게 된다.

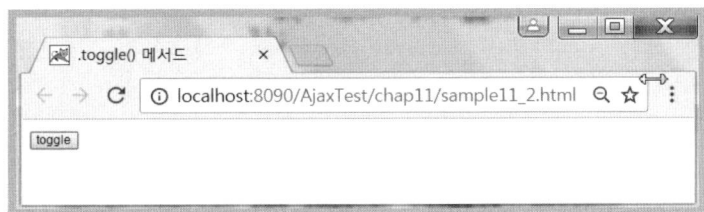

[그림 11.5] sampel11_2.html 예제 실행 결과 - [toggle] 버튼을 클릭한 후 실행 결과

다음의 [예제 11.3]은 display:none으로 설정한 요소가 있는 경우 .toggle() 메서드의 동작을 확인하기 위한 예제이다. none으로 설정된 요소는 토글될 때마다 show와 hide를 반복적으로 수행한다.

[예제 11.3] sample11_3.html

```
01: <!DOCTYPE html>
02: <html>
03:  <head>
04:   <meta charset="UTF-8">
05:   <title>.toggle() 메서드</title>
06:   <script type="text/javascript" src="jquery-3.1.1.js"></script>
07:   <script type="text/javascript">
08:    $(document).ready(function() {
09:     $("button").click(function() {
10:      $("p").toggle();
11:     });
12:    });
13:   </script>
14:  </head>
15:  <body>
16:   <button>Toggle</button>
```

```
17:     <p>홍길동</p>
18:     <p style="display: none">이순신</p>
19:   </body>
20: </html>
```

09-11행 [Toggle] 버튼을 클릭하면 모든 <p> 태그 영역이 토글된다. 따라서 안 보이면 보이게 설정하고, 보이면 안 보이게 설정한다. 따라서 17행의 <p> 태그는 안 보이게 되고, 18행의 <p> 태그는 보이게 된다. 이 작업은 버튼을 클릭할 때마다 토글되어 실행된다.

실행 결과

[그림 11.6]에서는 '홍길동' 값만 보이고, display:none으로 설정된 '이순신' 값은 안 보인다.

[그림 11.6] sample11_3.html 예제 실행 결과

[그림 11.7]은 [Toggle] 버튼을 클릭한 화면으로서 '홍길동' 값은 안 보이고, 이전에 안 보였던 '이순신' 값이 보인다. 버튼을 클릭할 때마다 안 보이는 것은 보이고, 보이는 것은 안 보이게 된다.

[그림 11.7] sample11_3.html 예제 실행 결과 - [Toggle] 버튼을 클릭한 결과

1.3 .fadeIn([duration][, easing][, callback]) 메서드

.fadeIn() 메서드는 일치하는 대상 요소를 서서히 나타나게 시각적 효과를 설정하는 메서드이다. 서서히 나타나게 하는 방법은 투명도(opacity)를 조절하여 움직임을 만들어낸다. opacity는 요소의 투명도를 설정할 수 있는 속성으로서 0.0부터 1.0까지의 값을 설정할 수 있고 값이 작을수록 더 투명해진다. 기본값은 1로 요소는 처음에 불투명하게 보인다. duration 인자 및 easing 기능과 callback 함수의 사용법은 앞서 배웠던 사용법과 동일하기 때문에 추가 설명은 생략한다.

다음의 [예제 11.4]는 "Click here..." 문자열을 클릭할 때마다 display:none으로 설정된 3개의 〈div〉 태그를 fadeIn 효과로 서서히 보이도록 구현한 예제이다.

[예제 11.4] sample11_4.html

```
01: <!DOCTYPE html>
02: <html>
03:   <head>
04:     <meta charset="UTF-8">
05:     <title>.fadeIn() 메서드</title>
06:     <style>
07:       span {
08:         color: red;
09:         cursor: pointer;
10:       }
11:       div {
12:         margin: 3px;
13:         width: 80px;
14:         height: 80px;
15:         float: left;
16:       }
17:       #one {
18:         background: #f00;
19:       }
20:       #two {
21:         background: #0f0;
22:       }
23:       #three {
24:         background: #00f;
25:       }
26:     </style>
27:     <script type="text/javascript" src="jquery-3.1.1.js"></script>
28:     <script type="text/javascript">
29:       $(document).ready(function() {
30:         $("span").click(function() {
31:           $("div:hidden:first").fadeIn("slow");
32:         });
33:       });
34:     </script>
35:   </head>
36:   <body>
37:     <span>Click here...</span>
38:     <div id="one" style="display: none;"></div>
39:     <div id="two" style="display: none;"></div>
40:     <div id="three" style="display: none;"></div>
41:   </body>
42: </html>
```

06-26행 〈div〉 태그 등에 사용할 CSS 스타일을 설정한다.

29-33행 〈span〉 태그에 설정된 "Click here..." 문자열을 클릭하면, 〈div〉 태그에서 hidden(display:none)으로 된 첫 번째 요소를 fadeIn 효과를 이용하여 서서히 보이게 처리한다.

실행 결과

[그림 11.8] sample11_4.html 예제 실행 결과

[그림 11.9]는 "Click here..." 문자열을 클릭할 때마다 hidden으로 되어 있는 〈div〉 태그의 첫 번째 요소가 서서히 보이게 된다. 첫 번째 요소가 보이게 되면 id 속성의 값이 two인 요소가 hidden된 첫 번째 요소가 되어 세 번까지 클릭할 수 있다.

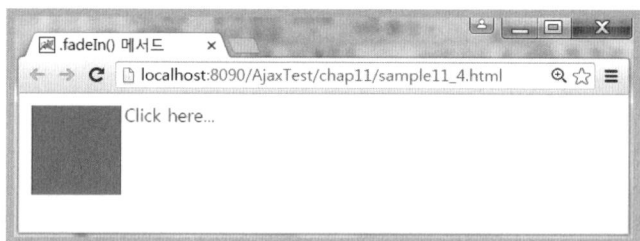

[그림 11.9] sample11_4.html 예제 실행 결과 - "Click here..." 문자열을 클릭했을 때의 결과

1.4 .fadeOut([duration][, easing][, callback]) 메서드

.fadeOut() 메서드는 일치하는 대상 요소를 서서히 사라지게 시각적 효과를 설정하는 메서드이다. 서서히 사라지게 하는 방법은 .faidIn() 메서드와 같이 투명도(opacity)를 조절하여 움직임을 만들어낸다.

.fadeIn() 메서드와 반대로 동작하는 메서드로서, duration 인자 및 easing 기능과 callback 함수의 사용법은 앞서 배웠던 사용법과 동일하기 때문에 추가 설명은 생략한다.

다음의 [예제 11.5]는 "Click here..." 문자열을 클릭할 때마다 3개의 〈div〉 태그를 fadeOut 효과로 서서히 사라지도록 구현한 예제이다.

[예제 11.5] sample11_5.html

```
01:  <!DOCTYPE html>
02:  <html>
03:    <head>
04:      <meta charset="UTF-8">
05:      <title>.fadeOut() 메서드</title>
06:      <style>
07:        span {
08:          color: red;
09:          cursor: pointer;
10:        }
11:        div {
12:          margin: 3px;
13:          width: 80px;
14:          height: 80px;
15:          float: left;
16:        }
17:        #one {
18:          background: #f00;
19:        }
20:        #two {
21:          background: #0f0;
22:        }
23:        #three {
24:          background: #00f;
25:        }
26:      </style>
27:      <script type="text/javascript" src="jquery-3.1.1.js"></script>
28:      <script type="text/javascript">
29:        $(document).ready(function() {
30:          $("span").click(function() {
31:            $("div:visible:first").fadeOut("slow");
32:          });
33:        });
34:      </script>
35:    </head>
36:    <body>
37:      <span>Click here...</span>
38:      <div id="one"></div>
39:      <div id="two"></div>
40:      <div id="three"></div>
41:    </body>
42:  </html>
```

06-26행 <div> 태그 등에 사용할 CSS 스타일을 설정한다.

30-32행 <span> 태그에 설정된 "Click here..." 문자열을 클릭하면, <div> 태그에서 보이는 첫 번째 요소를 fadeOut 효과를 이용하여 서서히 사라지게 처리한다.

[그림 11.10] sample11_5.html 예제 실행 결과

[그림 11.11]은 "Click here..." 문자열을 클릭할 때마다 〈div〉 태그의 첫 번째 요소가 서서히 사라진다.

[그림 11.11] sample11_5.html 예제 실행 결과 - "Click here..." 문자열을 클릭했을 때의 결과

1.5 .fadeToggle([duration][, easing][, callback]) 메서드

.fadeToggle() 메서드는 투명도(opacity)를 조절하여 일치하는 대상 요소를 서서히 사라지게 하거나 나타나게 시각적 효과를 설정하는 메서드이다.

보이는 요소에 적용하면 투명도(opacity)가 0에 도달할 때까지 서서히 투명도 값이 작아지면서 마지막으로 투명도 값이 0이 되었을 때 display 속성을 none으로 처리한다. 따라서 해당 요소는 더이상 페이지의 레이아웃에 영향을 주지 않는다.

다음의 [예제 11.6]은 〈div〉 태그에 fadeToggle 효과를 설정하여 "Click here.." 문자열을 클릭할 때마다 서서히 보이거나 사라지게 구현한 예제이다.

[예제 11.6] sample11_6.html

```
01:  〈!DOCTYPE html〉
02:  〈html〉
03:   〈head〉
04:    〈meta charset="UTF-8"〉
05:    〈title〉.fadeToggle() 메서드〈/title〉
06:    〈style〉
07:      span {
08:        color: red;
```

```
09:         cursor: pointer;
10:       }
11:     div {
12:       margin: 3px;
13:       width: 80px;
14:       height: 80px;
15:       float: left;
16:     }
17:     #one {
18:       background: #f00;
19:     }
20:     </style>
21:     <script type="text/javascript" src="jquery-3.1.1.js"></script>
22:     <script type="text/javascript">
23:       $(document).ready(function() {
24:         $("span").click(function() {
25:           $("div").fadeToggle("slow");
26:         });
27:       });
28:     </script>
29:   </head>
30:   <body>
31:     <span>Click here...</span>
32:     <div id="one"></div>
33:   </body>
34: </html>
```

06-20행 〈div〉 태그 등에 사용할 CSS 스타일을 설정한다.

24-26행 〈span〉 태그에 설정된 "Click here…" 문자열을 클릭하면, 〈div〉 태그에 fadeToggle 효과
를 설정하여 서서히 보이게 하거나 사라지게 된다.

실행 결과

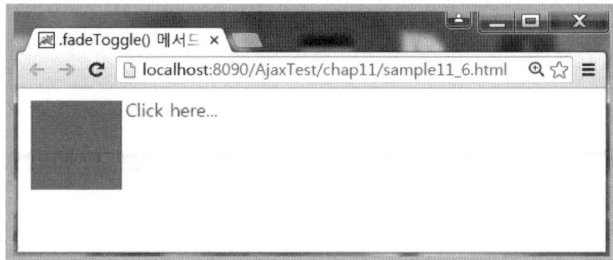

[**그림 11.12**] sample11_6.html 예제 실행 결과

[그림 11.13]은 "Click here…" 문자열을 클릭하면 실행되는 화면으로서, 기존 〈div〉 태
그의 영역이 축소되는 것을 확인할 수 있다.

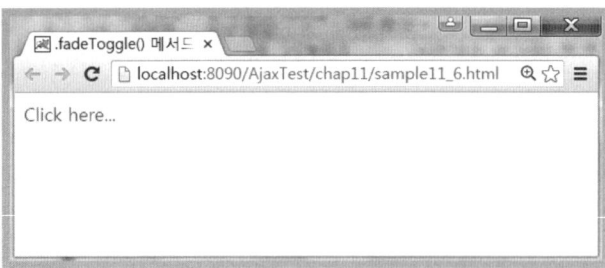

[그림 11.13] sample11_6.html 예제 실행 결과 - "Click here..." 문자열을 클릭했을 때의 결과

1.6 .fadeTo(duration, opacity [, easing][, callback]) 메서드

.fadeTo() 메서드는 직접 투명도(opacity)를 설정하여 일치하는 대상 요소에 시각적 효과를 설정하는 메서드이다.

다음의 [예제 11.7]은 투명도(opacity)를 직접 지정하여 fade 효과를 제공하는 예제이다. 투명도가 기본으로 1로 설정된 첫 번째 〈p〉 태그를 클릭하면 투명도를 0.33으로 설정하여 희미해지고, 투명도가 기본으로 0.5로 설정된 두 번째 〈p〉 태그를 클릭하면 투명도를 1로 설정하여 선명하게 내용이 보인다.

[예제 11.7] sample11_7.html

```
01:  <!DOCTYPE html>
02:  <html>
03:   <head>
04:    <meta charset="UTF-8">
05:    <title>.fadeTo() 메서드</title>
06:    <style>
07:     p {
08:       font-size:30px;
09:       color: red;
10:     }
11:     .my {
12:       opacity: 0.5;
13:     }
14:    </style>
15:    <script type="text/javascript" src="jquery-3.1.1.js"></script>
16:    <script type="text/javascript">
17:     $(document).ready(function() {
18:       $("p:first").click(function() {
19:         $(this).fadeTo("slow", 0.33);
20:       });
21:
22:       $("p:last").click(function() {
23:         $(this).fadeTo("slow", 1);
```

```
24:            });
25:          });
26:       </script>
27:    </head>
28:    <body>
29:       <p>
30:          홍길동
31:       </p>
32:       <p class="my">
33:          이순신
34:       </p>
35:    </body>
36: </html>
```

06-14행 〈p〉 태그에 CSS 스타일을 설정한다. class가 my인 두 번째 〈p〉 요소에 투명도를 0.5로 설정한다.

18-20행 첫 번째 〈p〉 태그의 내용인 '홍길동'을 클릭하면, 클릭한 자신의 투명도를 1에서 0.33으로 변경한다.

22-24행 두 번째 〈p〉 태그의 내용 '이순신'을 클릭하면, 클릭한 자신의 투명도를 0.5에서 1로 변경한다.

실행 결과

[그림 11.14]는 sample11_7.html 파일을 처음 실행한 결과로 첫 번째 〈p〉 태그의 투명도는 1이고, 두 번째 〈p〉 태그의 투명도는 0.5로 초기화 되어 있다.

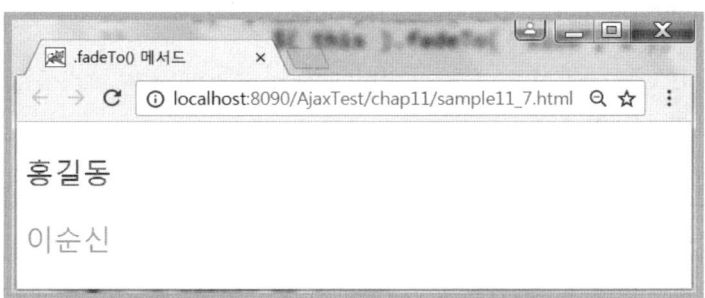

[그림 11.14] sample11_7.html 예제 실행 결과

[그림 11.15]는 첫 번째 〈p〉 태그를 클릭한 결과로 기본값 투명도값 1을 0.33으로 변경하여 흐릿하게 보이게 한 결과이다.

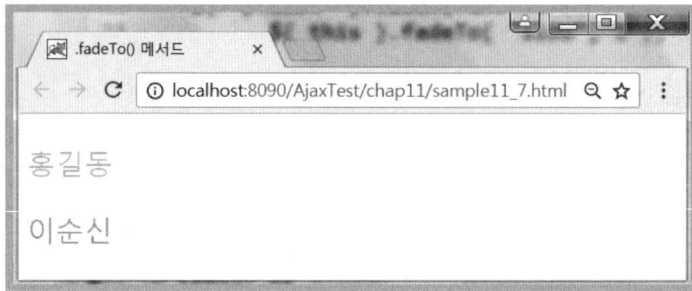

[그림 11.15] sample11_7.html 예제 실행 결과 - 첫 번째 〈p〉 태그를 클릭한 결과

[그림 11.16]은 두 번째 〈p〉 태그를 클릭한 결과로 투명도값 0.5를 1로 변경하여 명확하게 보이게 한 결과이다.

[그림 11.16] sample11_7.html 예제 실행 결과 - 두 번째 〈p〉 태그를 클릭한 결과

1.7 .slideUp([duration][, easing][, callback]) 메서드

.slideUp() 메서드는 요소를 위로 올리는 방법(slide up)을 이용하여 요소를 숨기는 시각적 효과를 내는 메서드이다.

이 메서드는 요소의 height 값을 조작하여 애니메이션 효과를 내며, 보이게 처리할 때는 display 속성값을 jQuery 캐시에 저장해 두었다가 나중에 display 값을 초기값으로 재설정하는 방법을 사용한다. duration 인자 및 easing 기능과 callback 함수의 사용법은 앞서 배웠던 사용법과 동일하기 때문에 추가 설명은 생략한다.

다음의 [예제 11.8]은 3개의 버튼과 〈input〉 요소를 포함하는 〈div〉 태그를 작성하고 특정 버튼을 클릭했을 때, 선택된 버튼을 포함하는 〈div〉 태그를 slideUp 효과를 사용하여 서서히 사라지게 하는 예제이다.

[예제 11.8] sample11_8.html

```
01: 〈!DOCTYPE html〉
02: 〈html〉
03:   〈head〉
```

```
04:      <meta charset="UTF-8">
05:      <title>.slideUp() 메서드</title>
06:      <script type="text/javascript" src="jquery-3.1.1.js"></script>
07:      <script type="text/javascript">
08:        $(document).ready(function() {
09:          $("button").click(function() {
10:            $(this).parent().slideUp("slow", function() {
11:              $("#msg").text($(this).text() + " 완료됨.");
12:            });
13:          });
14:        });
15:      </script>
16:    </head>
17:    <body>
18:      <div>
19:        <button>Hide One</button>
20:        <input type="text" value="One">
21:      </div>
22:      <div>
23:        <button>Hide Two</button>
24:        <input type="text" value="Two">
25:      </div>
26:      <div>
27:        <button>Hide Three</button>
28:        <input type="text" value="Three">
29:      </div>
30:      <div id="msg"></div>
31:    </body>
32:  </html>
```

09-13행 button을 클릭하면, 클릭된 button의 부모 요소인 <div> 태그에 slideUp 효과를 지정하여 서서히 사라지게 하고, id가 msg인 <div> 태그에 클릭한 button의 text 값을 출력한다.

18-29행 button을 클릭할 때 사라지는 3개의 <div> 태그를 작성한다.

30행 button의 text 값을 출력할 <div> 태그를 작성한다.

실행 결과

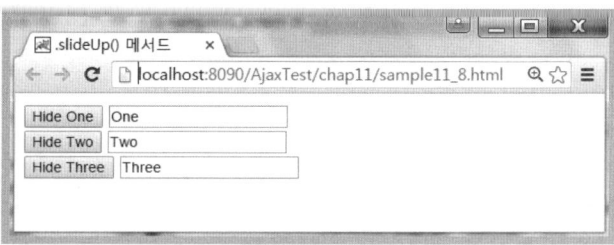

[그림 11.17] sample11_8.html 예제 실행 결과

[그림 11.18]은 [Hide One] 버튼을 클릭했을 때의 실행 결과로 클릭된 버튼과 ⟨input⟩ 요소를 포함하는 ⟨div⟩ 태그를 slideUp시켜 서서히 사라지게 된다. id가 msg인 ⟨div⟩ 태그에는 사라진 버튼의 text 값을 출력한다.

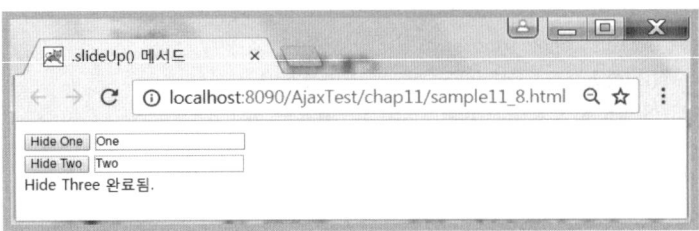

[그림 11.18] sample11_8.html 예제 실행 결과 - [Hide One] 버튼을 클릭했을 때의 결과

1.8 .slideDown([duration][, easing][, callback]) 메서드

.slideDown() 메서드는 요소를 아래로 내리는 방법(slide down)을 이용하여 선택된 요소를 보여주는 시각적 효과를 내는 메서드이다.

이 메서드는 요소의 height 값을 조작하여 애니메이션 효과를 내며, 보이게 처리할 때는 display 속성값을 jQuery 캐시에 저장해 두었다가 나중에 display 값을 초기값으로 재설정하는 방법을 사용한다. duration 인자 및 easing 기능과 callback 함수의 사용법은 앞서 배웠던 사용법과 동일하기 때문에 추가 설명은 생략한다.

다음의 [예제 11.9]는 "Click me!" 문자열을 클릭하면 3개의 ⟨div⟩ 태그가 slide down 효과로 서서히 보이는 예제이다.

[예제 11.9] sample11_9.html

```
01:  ⟨!DOCTYPE html⟩
02:  ⟨html⟩
03:   ⟨head⟩
04:    ⟨meta charset="UTF-8"⟩
05:    ⟨title⟩.slideDown() 메서드⟨/title⟩
06:    ⟨style⟩
07:     div {
08:      background: #ff0000;
09:      margin: 3px;
10:      width: 80px;
11:      height: 80px;
12:      float: left;
13:      display:none;
14:     }
15:    ⟨/style⟩
```

```
16:     <script type="text/javascript" src="jquery-3.1.1.js"></script>
17:     <script type="text/javascript">
18:      $(document).ready(function() {
19:        $(document.body).click(function() {
20:          if($("div:first").is(":hidden")) {
21:            $("div").slideDown("slow");
22:          } else {
23:            $("div").hide();
24:          }
25:        });
26:      });
27:     </script>
28:    </head>
29:    <body>
30:      Click me!
31:      <div></div>
32:      <div></div>
33:      <div></div>
34:    </body>
35:   </html>
```

06-14행 〈div〉 태그에 CSS 스타일을 설정한다.

19-25행 〈body〉 태그의 영역을 클릭했을 때 〈div〉 태그가 slide down 효과로 서서히 보이고, 다시 클릭하면 〈div〉 태그 영역이 사라진다.

> 실행 결과

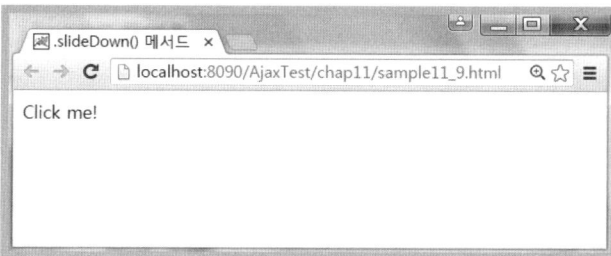

[그림 11.19] sample11_9.html 예제 실행 결과

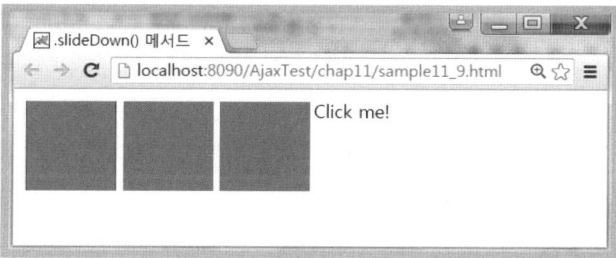

[그림 11.20] sample11_9.html 예제 실행 결과 - "Click me!" 문자열을 클릭한 후의 결과

1.9 .slideToggle([duration][, easing][, callback]) 메서드

.slideToggle() 메서드는 요소를 보이게 또는 안보이게 시각적 효과를 내는 메서드이다. 이 메서드는 요소의 height 값을 조작하여 애니메이션 효과를 내며, 보이면 안보이게 하고 안 보이면 보이게 동작한다. duration 인자 및 easing 기능과 callback 함수의 사용법은 앞서 배웠던 사용법과 동일하기 때문에 추가 설명은 생략한다.

다음의 [예제 11.10]은 [Toggle] 버튼을 클릭할 때 버튼 아래의 문단이 보이면 안 보이게 하고, 안 보이면 보이게 하는 예제이다.

[예제 11.10] sample11_10.html

```
01:  <!DOCTYPE html>
02:  <html>
03:  <head>
04:   <meta charset="UTF-8">
05:   <title>.slideToggle() 메서드</title>
06:   <style>
07:    p {
08:     width: 400px;
09:    }
10:   </style>
11:   <script type="text/javascript" src="jquery-3.1.1.js"></script>
12:   <script type="text/javascript">
13:    $(document).ready(function() {
14:     $("button").click(function() {
15:      $("p").slideToggle("slow");
16:     });
17:    });
18:   </script>
19:  </head>
20:  <body>
21:   <button>Toggle</button>
22:   <p>
23:    죽는 날까지 하늘을 우러러
24:    한 점 부끄럼이 없기를
25:    잎새에 이는 바람에도
26:    나는 괴로워했다. ...
27:   </p>
28:  </body>
29:  </html>
```

06-10행 <p> 태그에 CSS 스타일을 설정한다.

14-16행 button을 클릭할 때 <p> 태그가 안 보이면 slideDown 효과로 서서히 보이고, 보이면 slideUp 효과로 서서히 사라지게 된다.

실행 결과

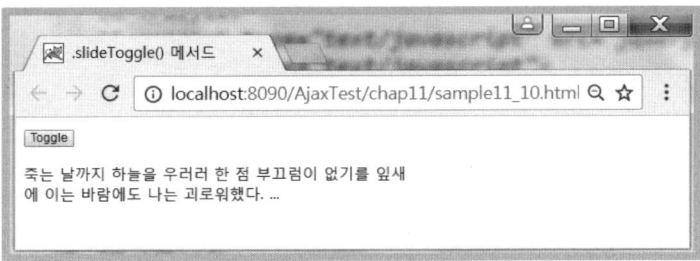

[그림 11.21] sample11_10.html 예제 실행 결과

[그림 11.22]는 [Toggle] 버튼을 클릭한 결과로 〈p〉 태그 영역이 서서히 slideUp 효과로 안 보이게 된다. 다시 버튼을 클릭하면 〈p〉 태그가 서서히 slideDown 효과로 보이게 된다.

[그림 11.22] sample11_10.html 예제 실행 결과 - [Toggle] 버튼을 클릭한 후의 결과

02 Custom Effects 관련 메서드

이 절의 내용은 jQuery에서 제공하는 기본적인 애니메이션 효과뿐만 아니라 사용자가 커스텀 애니메이션을 작성하는 방법에 관하여 살펴본다.

다음은 커스텀 애니메이션을 작성할 때 사용 가능한 메서드이다.

[표 11.2] 커스텀 효과 관련 메서드

메서드	설명
.animate(properties[, duration] [, easing][, callback])	CSS 속성을 이용하여 사용자 애니메이션을 생성하는 메서드이다.
.queue([queueName])	대상 요소에서 실행되고 있는 함수의 큐를 array로 반환한다. queueName은 큐의 이름이고 기본값은 fx이다.
.queue(function)	대상 요소에 새로운 애니메이션을 추가한다.

.dequeue([queueName])	대상 요소의 애니메이션 큐에 저장된 다음 함수를 실행하는 메서드이다.
.clearQueue([queueName])	애니메이션 큐에 저장된 실행 전의 모든 함수를 제거한다.
.stop([clearQueue] [, jumpToEnd])	현재 움직이고 있는 애니메이션을 중지하는 메서드이다. clearQueue는 boolean 값으로 대기 중인 효과들의 제거 여부를 결정한다. true이면 제거되며 기본값은 false이다. jumpToEnd는 boolean 값으로 현재 진행 중인 애니메이션을 완료할지 결정한다. 기본값은 false이다.
.delay(duration [, queueName])	애니메이션 큐에 저장된 함수의 실행을 타이머를 설정하여 지연할 수 있는 메서드이다.
jQuery.fx.off	모든 애니메이션 효과를 비활성 상태로 설정한다.

2.1 .animate(properties[, duration][, easing][, callback]) 메서드

.animate() 메서드는 CSS 속성들을 이용하여 사용자 애니메이션을 작성할 수 있는 메서드이다. properties 인자는 움직임을 만들어 낼 수 있는 CSS 속성들이고 duration 인자는 움직임이 발생할 시간이다. easing 인자는 움직임에 특정 변화를 줄 수 있는 요소이고 callback 인자는 움직임이 멈춘 후에 실행될 함수이다.

특히 이 메서드는 CSS 속성들 중에서 수치(numeric) 속성만을 사용하여 애니메이션(움직임) 효과를 만들어낸다.

모든 움직임에 관련된 속성들은 단수 수치 값(single numeric value)을 이용해서 애니메이션 효과를 설정할 수 있고 비수치형 속성값들로는 애니메이션 효과를 설정할 수 없다. 수치 값으로는 width, height, left 등이 대표적이고 background-color와 같은 속성은 사용할 수 없다. 속성값들은 픽셀 단위로 제어할 수 있으며 em과 %와 같은 값들 또한 사용이 가능하다.

또한, 스타일 속성뿐만 아니라, 비스타일 속성들(scrollTop, scrollLeft 속성 등)도 애니메이션 효과에 사용할 수 있다.

짧은 표현 방식의 CSS 속성들(font, background, border 등)은 완벽하게 지원하지 못하기 때문에 명확한 속성 표현식을 사용해야 한다. 예를 들어, border 스타일을 바꾸고 싶다면 border style 또는 border width와 같이 명확한 속성을 사용해야 하고, font의 사이즈를 바꾸고 싶은 경우에도 'fontSize' 또는 'font'라고 사용하지 말고 'font-size'로 명확하게 사용해야 한다.

추가로 수치에 대한 속성과 더불어 'show', 'hide', 'toggle'과 같은 문자열도 사용할 수 있다.

다음 코드는 모든 〈p〉 태그의 높이(height)와 투명도(opacity)를 토글한다. slow는 600

milliseconds 즉, 0.6초를 의미한다.

```
$("p").animate({
    height: "toggle",
    opacity: "toggle"
}, "slow");
```

다음 코드는 모든 ⟨p⟩ 태그를 오른쪽으로 50만큼 그리고 투명도를 1로 설정한다. 투명도 1은 visible을 의미하며, 시간은 500 즉, 0.5초를 의미한다.

```
$("p").animate({
    left: 50,
    opacity: 1
}, 500);
```

다음 코드는 easing을 사용한 경우로 easein을 위한 plugin이 필요하다.

```
$("p").animate({
    opacity: "show"
}, "slow", "easein");
```

🔍 **잠깐만**

jQueryUI 플러그인을 사용하는 easing 플러그인은 다음과 같이 CSS 스타일과 ⟨script⟩를 설정하여 사용한다.

```
<link rel="stylesheet" href="https://code.jquery.com/ui/1.12.1/themes/base/jquery-ui.css">
<script src="https://code.jquery.com/ui/1.12.1/jquery-ui.js"></script>
```

다음 코드는 모든 ⟨p⟩ 태그의 height와 width를 변경하고 투명도를 0.5로, easing은 linear로 설정한다. 애니메이션이 모두 끝나면 callback 함수를 실행하여 경고창을 보여준다.

```
$("p").animate({
    height: 200, width: 400, opacity: 0.5
}, 1000, "linear", function() {
    alert("완료");
});
```

다음의 [예제 11.11]은 slideToggle 효과를 이용한 [예제 11.10]을 .animate() 메서드를 사용하여 간단하게 구현한 예제이다.

[예제 11.11] sample11_11.html

```
01:  <!DOCTYPE html>
02:  <html>
03:   <head>
04:    <meta charset="UTF-8">
05:    <title>.animate() 메서드</title>
06:    <style>
07:     p {
08:       width: 400px;
09:     }
10:    </style>
11:    <script type="text/javascript" src="jquery-3.1.1.js"></script>
12:    <script type="text/javascript">
13:     $(document).ready(function() {
14:       $("button").click(function() {
15:         $("p").animate( {
16:           height: "toggle"
17:         }, "slow");
18:       });
19:     });
20:    </script>
21:   </head>
22:   <body>
23:    <button>Toggle</button>
24:    <p>
25:      죽는 날까지 하늘을 우러러
26:      한 점 부끄럼이 없기를
27:      잎새에 이는 바람에도
28:      나는 괴로워했다. ...
29:    </p>
30:   </body>
31:  </html>
```

06-10행 <p> 태그에 CSS 스타일을 설정한다.

14-18행 button을 클릭하면 <p> 태그에 애니메이션 효과를 설정한다. height 속성값을 "toggle"로 지정하여 <p> 태그를 보이고, 안 보이는 동작을 반복적으로 처리한다.

실행 결과

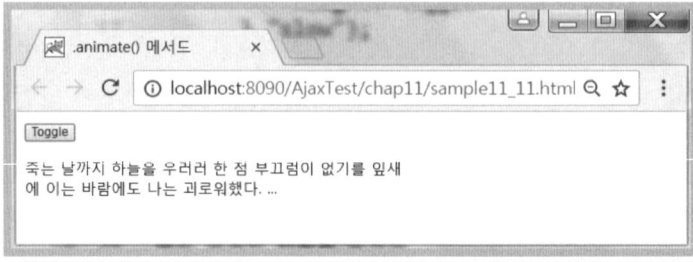

[그림 11.23] sample11_11.html 예제 실행 결과

[그림 11.24]는 [Toggle] 버튼을 클릭했을 때의 실행 결과이다. height 값이 toggle이기 때문에 버튼을 클릭하면 height 값이 0으로 서서히 감소하여 ⟨p⟩ 태그가 사라지게 되고, 다시 클릭하면 height 값이 복구되어 서서히 보이게 된다.

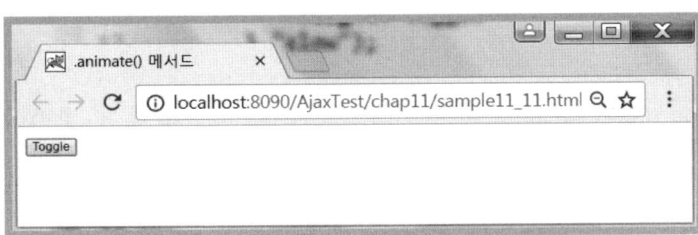

[그림 11.24] sample11_11.html 예제 실행 결과 - [Toggle] 버튼을 클릭한 결과

다음의 [예제 11.12]는 버튼을 클릭하면 ⟨div⟩ 태그값인 "Hello" 문자열에 창 넓이의 50%, 투명도는 0.4, 왼쪽 마진은 0.6in, 글꼴 크기는 3em, border 너비는 10px로 지정한 커스텀 애니메이션 효과를 설정한 예제이다.

[예제 11.12] sample11_12.html

```
01:  ⟨!DOCTYPE html⟩
02:  ⟨html⟩
03:   ⟨head⟩
04:    ⟨meta charset="UTF-8"⟩
05:    ⟨title⟩.animate() 메서드⟨/title⟩
06:    ⟨style⟩
07:      div {
08:        background-color: #bca;
09:        width: 100px;
10:        border: 1px solid green;
11:      }
12:    ⟨/style⟩
13:    ⟨script type="text/javascript" src="jquery-3.1.1.js"⟩⟨/script⟩
14:    ⟨script type="text/javascript"⟩
15:      $(document).ready(function() {
16:        $("#go").click(function() {
17:          $("#block").animate( {
18:            width: "50%",
19:            opacity: 0.4,
20:            marginLeft: "0.6in",
21:            fontSize: "3em",
22:            borderWidth: "10px"
23:          }, 1500);
24:        });
25:      });
26:    ⟨/script⟩
27:   ⟨/head⟩
28:   ⟨body⟩
```

```
29:     <button id="go">Run</button>
30:     <div id="block">Hello!</div>
31:   </body>
32: </html>
```

07-11행 <p> 태그에 CSS 스타일을 설정한다.

14-23행 button을 클릭하면 <div> 태그의 "Hello" 문자열에 애니메이션 효과를 설정한다. 창 넓이의 50%, 투명도는 0.4, 왼쪽 마진은 0.6in, 글꼴 크기는 3em, border 너비는 10px로 지정한 애니메이션 효과를 실행한다.

실행 결과

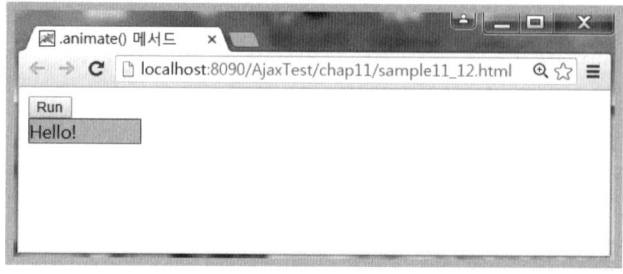

[그림 11.25] sample11_12.html 예제 실행 결과

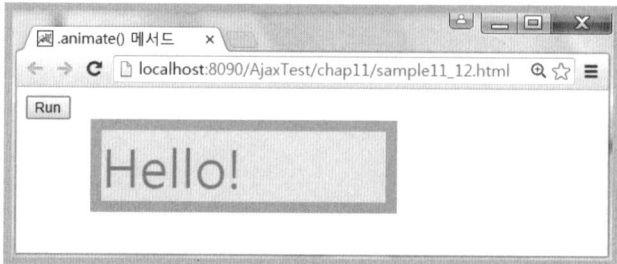

[그림 11.26] sample11_12.html 예제 실행 결과 - [Run] 버튼을 클릭한 결과

2.2 애니메이션 큐(Queue)

.animate() 메서드는 메서드 체인을 이용하여 연속적으로 애니메이션 효과를 줄 수 있다. 다음은 세 번의 .animate() 메서드를 호출하는 코드로서 각각의 애니메이션 효과는 큐(queue) 자료구조를 사용하여 관리된다. 큐(queue)는 FIFO(First In First Out) 구조로서, 먼저 들어간 데이터가 먼저 나오는 자료구조이다. 결국, 명시된 애니메이션 순서대로 애니메이션 큐에 저장되기 때문에 저장된 순서대로 실행되는 것이다.

```
$("#go").click(function() {
  $("#block").animate({
    width : "50%",
```

```
    opacity : 0.4,
  }, 1500).animate({
    marginLeft : "0.6in",
    fontSize : "3em",
  }, 1500).animate({
    borderWidth : "10px"
  }, 1500);
});
```

다음의 [예제 11.13]은 [예제 11.12]에서 확인한 애니메이션을 세 번의 .animate() 메서드를 사용하여 애니메이션 큐(queue)가 FIFO로 관리하는 것을 확인하기 위한 예제이다.

[예제 11.13] sample11_13.html

```
01:  <!DOCTYPE html>
02:  <html>
03:    <head>
04:      <meta charset="UTF-8">
05:      <title>애니메이션 큐(Queue)</title>
06:      <style>
07:        div {
08:          background-color: #bca;
09:          width: 100px;
10:          border: 1px solid green;
11:        }
12:      </style>
13:      <script type="text/javascript" src="jquery-3.1.1.js"></script>
14:      <script type="text/javascript">
15:        $(document).ready(function() {
16:          $("#go").click(function() {
17:            $("#block").animate( {
18:              width : "50%",
19:              opacity : 0.4,
20:            }, 1500).animate( {
21:              marginLeft : "0.6in",
22:              fontSize : "3em",
23:            }, 1500).animate( {
24:              borderWidth : "10px"
25:            }, 1500);
26:          });
27:        });
28:      </script>
29:    </head>
30:    <body>
31:      <button id="go">Run</button>
32:      <div id="block">Hello!</div>
33:    </body>
34:  </html>
```

07-11행 〈div〉 태그에 CSS 스타일을 설정한다.

16-26행 button을 클릭하면 〈div〉 태그의 "Hello" 문자열에 세 번의 애니메이션 효과를 설정한다. 첫 번째 애니메이션은 창 너비의 50%, 투명도는 0.4로 설정하여 큐에 저장하고, 두 번째 애니메이션은 왼쪽 마진을 0.6in, 글꼴 크기는 3em로 설정하여 큐에 저장하며, 세 번째 애니메이션은 border 너비를 10px로 설정하여 큐에 저장한다. FIFO 구조로 관리되기 때문에 먼저 들어간 애니메이션이 가장 먼저 실행된다.

실행 결과

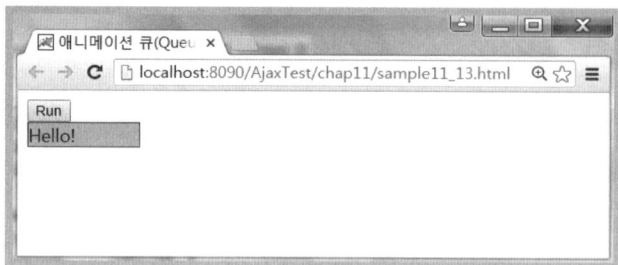

[그림 11.27] sample11_13.html 예제 실행 결과

[그림 11.28]은 첫 번째 큐에 저장된 애니메이션이 실행된 결과로 width가 50%이고 opacity가 0.4로 설정되어 애니메이션이 실행된 결과이다.

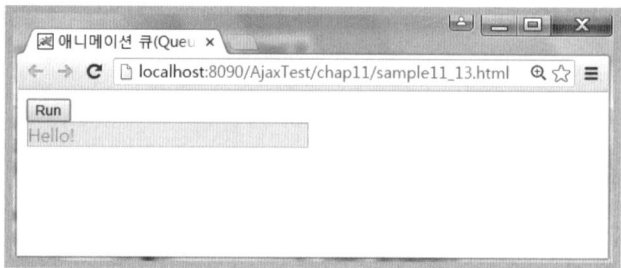

[그림 11.28] sample11_13.html 예제 실행 결과 - 큐에 저장된 첫 번째 애니메이션이 실행된 결과

[그림 11.29]는 큐에 저장된 두 번째 애니메이션이 실행된 결과로 marginLeft가 0.6in 이고 font-size가 3em으로 설정되어 애니메이션이 실행된 결과이다.

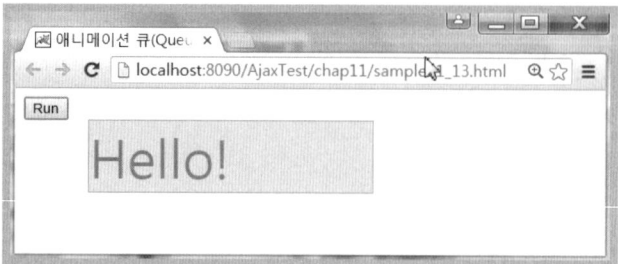

[그림 11.29] sample11_13.html 예제 실행 결과 - 큐에 저장된 두 번째 애니메이션이 실행된 결과

[그림 11.30]은 큐에 저장된 세 번째 애니메이션이 실행된 결과로 borderWidth 값을 10px로 설정하여 애니메이션이 실행된 결과이다.

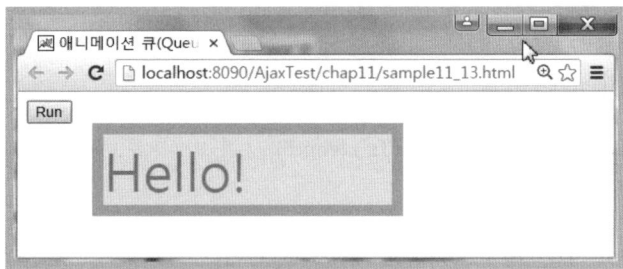

[그림 11.30] sample11_13.html 예제 실행 결과 - 큐에 저장된 세 번째 애니메이션이 실행된 결과

2.3 .queue([queueName]) 메서드

.queue([queueName]) 메서드는 대상 요소에서 실행되고 있는 함수의 큐를 array로 반환한다. queueName은 큐의 이름이고 기본값은 "fx"이다.

다음은 〈div〉 태그에서 실행 중인 애니메이션 큐의 개수를 리턴하는 코드이다.

```
var count = $("div").queue("fx").length;
```

다음의 [예제 11.14]는 [예제 11.13]에서 .queue("fx") 메서드를 사용하여 애니메이션 큐에 저장된 개수를 알아보기 위한 예제이다.

[예제 11.14] sample11_14.html

```
01:  <!DOCTYPE html>
02:  <html>
03:    <head>
04:      <meta charset="UTF-8">
05:      <title>.queue() 메서드</title>
06:      <style>
07:        div {
08:          background-color: #bca;
09:          width: 100px;
10:          border: 1px solid green;
11:        }
12:      </style>
13:      <script type="text/javascript" src="jquery-3.1.1.js"></script>
14:      <script type="text/javascript">
15:        $(document).ready(function() {
16:          $("#go").click(function() {
17:            $("#block").animate( {
18:              width : "50%",
```

```
19:          opacity : 0.4,
20:        }, 500 , function() {
21:          console.log($("div").queue("fx").length);
22:        }).animate( {
23:          marginLeft : "0.6in",
24:          fontSize : "3em",
25:        }, 500, function() {
26:          console.log($("div").queue("fx").length);
27:        }).animate( {
28:          borderWidth : "10px"
29:        }, 500,function() {
30:          console.log($("div").queue("fx").length);
31:        });
32:      });
33:    });
34:    </script>
35:  </head>
36:  <body>
37:    <button id="go">Run</button>
38:    <div id="block">Hello!</div>
39:  </body>
40: </html>
```

07-11행 〈div〉 태그에 CSS 스타일을 설정한다.

16-32행 button을 클릭하면 〈div〉 태그의 "Hello" 문자열에 세 번의 애니메이션 효과를 설정한다. 각 애니메이션 효과가 끝날 때 callback 함수를 호출하여 애니메이션 큐에 저장된 함수의 개수를 출력한다.

실행 결과

[그림 11.31]은 〈p〉 태그와 관련된 애니메이션 큐에 저장된 함수의 개수를 출력한다. 세 번의 .animate() 메서드를 추가했기 때문에 3이 출력되고, 애니메이션이 하나씩 종료됨에 따라 개수도 1씩 줄어든다.

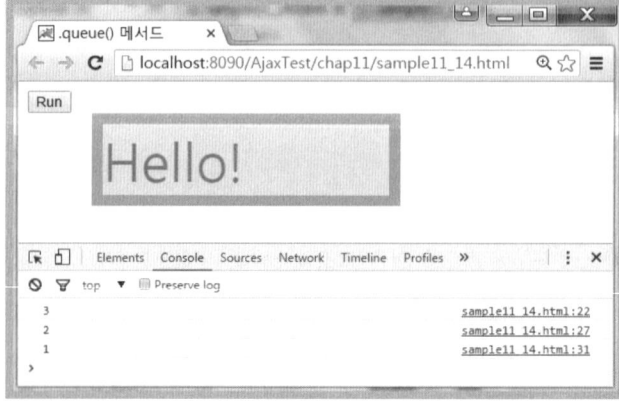

[그림 11.31] sample11_14.html 예제 실행 결과

2.4 .queue(function) 메서드

.queue(function) 메서드는 대상 요소에 새로운 애니메이션을 추가하는 메서드이다. 요소에 적용된 애니메이션 함수들은 jQuery에 의해서 자동으로 큐를 이용하여 관리된다. 일반적인 어플리케이션은 "fx"라는 단 하나의 큐를 사용하며, 큐는 FIFO 구조이기 때문에 순서대로 애니메이션이 동작한다.

하나의 요소에 다수의 애니메이션 함수를 실행하는 방법은 다음과 같이 메서드 체인 형식으로 사용하는 경우이다.

```
$('#foo').slideUp().fadeIn();
```

이 코드가 실행되면 요소는 slideUp을 실행하고, slideUp이 모든 완료된 후에 fadeIn 효과가 적용된다. .queue() 메서드를 사용하여 큐의 끝에 새로운 함수를 추가하면 직접 애니메이션 큐를 조작할 수 있다. 이것은 애니메이션 메서드에 callback 함수를 사용하는 것과 유사하다.

```
$('#foo').slideUp(function() {
  alert('Animation complete.');
});
```

위 코드는 다음 코드와 동일하다.

```
$('#foo').slideUp();
$('#foo').queue(function() {
  alert('Animation complete.');
});
```

다음의 [예제 11.15]는 버튼을 클릭하면 첫 번째 애니메이션으로 slideUp이 실행되고 이후에 .queue() 메서드에 저장된 함수가 실행되어 경고창이 보이는 예제이다.

[예제 11.15] sample11_15.html

```
01: <!DOCTYPE html>
02: <html>
03:   <head>
04:     <meta charset="UTF-8">
05:     <title>.queue() 메서드</title>
06:     <style>
07:       div {
08:         background-color: #bca;
09:         width: 100px;
```

```
10:        border: 1px solid green;
11:      }
12:    </style>
13:    <script type="text/javascript" src="jquery-3.1.1.js"></script>
14:    <script type="text/javascript">
15:      $(document).ready(function() {
16:        $("#go").on("click",function() {
17:          $('#foo').slideUp();
18:          $('#foo').queue(function() {
19:            alert('Animation complete.');
20:          });
21:        });
22:      });
23:    </script>
24:  </head>
25:  <body>
26:    <button id="go">Run</button>
27:    <div id="foo">Hello!</div>
28:  </body>
29: </html>
```

07-11행 ⟨div⟩ 태그에 CSS 스타일을 설정한다.

16-21행 버튼을 클릭하면 첫 번째 애니메이션으로 slideUp이 실행되고 이후에 .queue() 메서드에 저장된 함수가 실행되어 경고창이 보인다.

실행 결과

[그림 11.32] sample11_15.html 예제 실행 결과

[그림 11.33] sample11_15.html 예제 실행 결과 - [Run] 버튼을 클릭했을 때
slideUp 효과가 적용된 결과

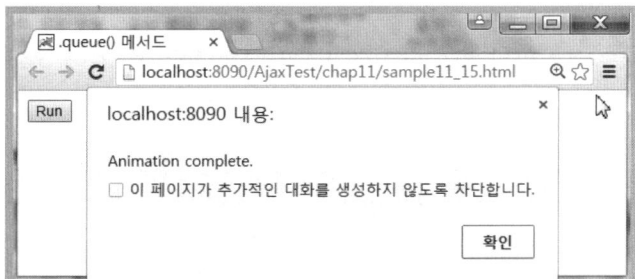

[그림 11.34] sample11_15.html 예제 실행 결과 - slideUp 효과 이후에 .queue() 메서드에
저장된 함수가 적용된 결과

2.5 .dequeue([queueName]) 메서드

.dequeue([queueName]) 메서드는 대상 요소의 애니메이션 큐에 저장된 다음 함수를 실
행하는 메서드이다. 이 메서드의 사용법을 알기 위하여 간단한 코드를 먼저 살펴보도록
한다.

다음과 같이 연속적으로 .queue() 메서드를 사용하여 함수를 추가한다고 해서 애니메이
션이 모두 실행되는 것이 아니다.

```
$('#foo').slideUp();
$('#foo').queue(function() {
  alert('Animation first complete.');
}).queue(function() {
  alert('Animation second complete.');
});
```

위 코드는 첫 번째 .queue() 메서드에 저장된 함수만 실행된다. 이렇게 .queue() 메서드
에 등록된 함수를 연속적으로 실행하기 위하여 .dequeue() 메서드가 사용된다.

```
$('#foo').slideUp();
$('#foo').queue(function() {
  alert('Animation first complete.');
  $(this).dequeue();    // .queue()에 등록된 함수 연속 실행 보장
}).queue(function() {
  alert('Animation second complete.');
});
```

.dequeue() 메서드가 호출되면 애니메이션 큐의 다음 함수가 큐에서 제거되어 실행된다.

다음의 [예제 11.16]은 버튼을 클릭하면 첫 번째 애니메이션으로 slideUp이 실행되고,
이후에 .queue() 메서드에 저장된 함수가 연속적으로 실행되어 콘솔창에 문자열을 출력
하는 예제이다.

[예제 11.16] sample11_16.html

```
01:  <!DOCTYPE html>
02:  <html>
03:   <head>
04:    <meta charset="UTF-8">
05:    <title>.dequeue() 메서드</title>
06:    <style>
07:      div {
08:        background-color: #bca;
09:        width: 100px;
10:        border: 1px solid green;
11:      }
12:    </style>
13:    <script type="text/javascript" src="jquery-3.1.1.js"></script>
14:    <script type="text/javascript">
15:      $(document).ready(function() {
16:       $("#go").on("click", function() {
17:        $('#foo').slideUp();
18:        $('#foo').queue(function() {
19:          console.log('Animation first complete.');
20:          $(this).dequeue();
21:        }).queue(function() {
22:          console.log('Animation second complete.');
23:        });
24:       });
25:      });
26:    </script>
27:   </head>
28:   <body>
29:    <button id="go">Run</button>
30:    <div id="foo">Hello!</div>
31:   </body>
32:  </html>
```

07-11행 <div> 태그에 CSS 스타일을 설정한다.

16-24행 버튼을 클릭하면 첫 번째 애니메이션으로 slideUp이 실행되고, 이후에 .queue() 메서드에 저
장된 함수가 연속적으로 실행되어 콘솔창에 문자열을 출력한다. 만약 20행의 .dequeue() 메서
드를 주석으로 처리하고 실행하면, 첫 번째 .queue() 메서드에 저장된 함수만 실행된다.

실행 결과

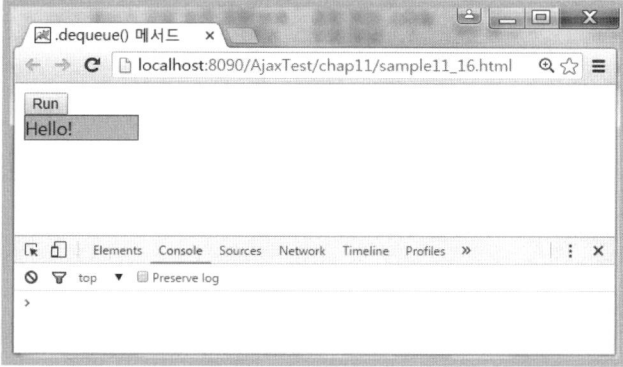

[그림 11.35] sample11_16.html 예제 실행 결과

[그림 11.36]은 [Run] 버튼을 클릭했을 때의 결과로, .queue() 메서드로 추가된 함수가 연속적으로 실행되어 콘솔창에 순서대로 문자열이 출력되는 것을 확인할 수 있다.

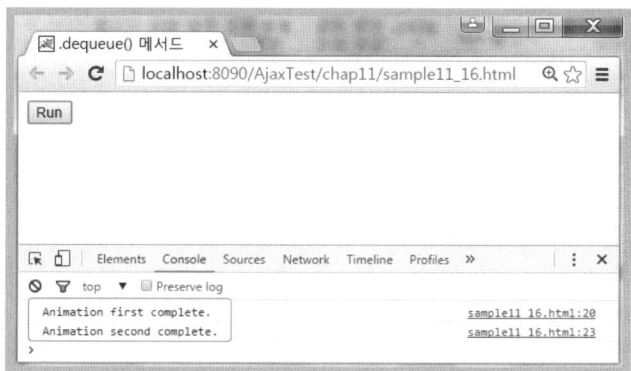

[그림 11.36] sample11_16.html 예제 실행 결과 - [Run] 버튼을 클릭했을 때 실행 화면

2.6 .clearQueue([queueName]) 메서드

.clearQueue([queueName]) 메서드는 애니메이션 큐에 저장된 실행전의 모든 함수를 제거하는 메서드이다. 이 함수가 호출되면 큐에 남아 있는 모든 함수가 제거되면서 실행이 중지된다. 만약 인자 없이 사용되면 기본 큐인 fx에 남아 있는 함수가 제거되며, 비슷한 기능의 메서드로는 .stop(true) 메서드가 있다. 하지만 .stop() 메서드는 애니메이션 동작에만 관련이 있기 때문에 애니메이션 움직임을 멈추는 효과만 가지고 있다. 반면에 .clearQueue() 메서드는 애니메이션 큐에 저장된 모든 함수가 제거되는 차이점이 있다.

[예제 11.17]는 애니메이션 큐에 저장되어 연속적으로 실행되어야 하는 애니메이션들을 .clearQueue() 메서드를 사용하여 모두 제거하는 예제이다.

[예제 11.17] sample11_17.html

```
01:  <!DOCTYPE html>
02:  <html>
03:   <head>
04:    <meta charset="UTF-8">
05:    <title>.clearQueue() 메서드</title>
06:    <style>
07:     div {
08:       margin: 3px;
09:       width: 40px;
10:       height: 40px;
11:       position: absolute;
12:       left: 0px;
13:       top: 30px;
14:       background: green;
15:       display: none;
16:     }
17:     div.newcolor {
18:       background: blue;
19:     }
20:    </style>
21:    <script type="text/javascript" src="jquery-3.1.1.js"></script>
22:    <script type="text/javascript">
23:     $(document).ready(function() {
24:      $("#start").click(function() {
25:       var myDiv = $("div");
26:       myDiv.show("slow");
27:       myDiv.animate( {
28:         left:"+=200"
29:       }, 5000);
30:       myDiv.queue(function() {
31:         var that = $(this);
32:         that.addClass("newcolor");
33:         that.dequeue();
34:       });
35:       myDiv.animate( {
36:         left:"-=200"
37:       }, 3000);
38:       myDiv.slideUp();
39:      });
40:
41:      $("#stop").click(function() {
42:       var myDiv = $("div");
43:       myDiv.clearQueue();
44:      });
```

```
45:
46:        });
47:      </script>
48:   </head>
49:   <body>
50:      <button id="start">Start</button>
51:      <button id="stop">Stop</button>
52:      <div></div>
53:   </body>
54: </html>
```

06–20행 〈div〉 태그에 적용할 CSS 스타일을 설정한다.

24–39행 [Start] 버튼을 클릭하면, 26행의 slow 효과와 26~29행은 52행의 〈div〉 태그를 5초 동안 오른쪽으로 움직이는 효과, 30~34행은 〈div〉 태그의 색상을 blue로 변경하는 효과, 35~37행은 〈div〉 태그를 3초 동안 왼쪽으로 움직이는 효과 그리고 마지막으로 38행의 slideUp 효과가 순서적으로 적용된다. 애니메이션 효과를 적용하기 위한 모든 함수가 애니메이션 큐에 저장되어 있다.

41–44행 [Stop] 버튼을 클릭하면, .clearQueue() 메서드가 수행되어 애니메이션 큐에 저장된 모든 함수가 제거된다. 따라서 [Start] 버튼에 의해서 실행 중인 애니메이션 효과도 제거되어 중지되는 것을 확인할 수 있다.

실행 결과

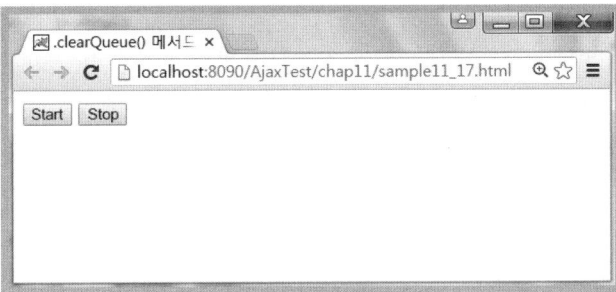

[**그림 11.37**] sample11_17.html 예제 실행 결과

[그림 11.38]은 [Start] 버튼을 클릭한 후의 실행 결과로 애니메이션 큐에 저장된 함수가 순서대로 모두 실행된다.

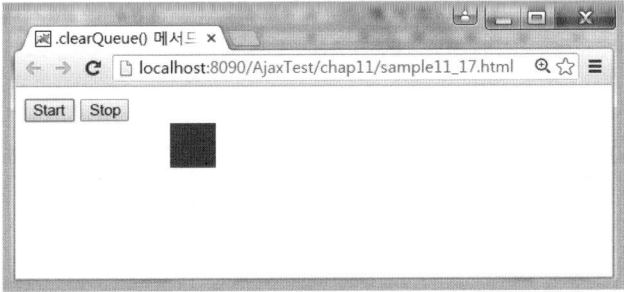

[**그림 11.38**] sample11_17.html 예제 실행 결과 - [Start] 버튼을 클릭한 후

[그림 11.39]는 [Start] 버튼에 의해서 실행 중인 효과를 [Stop] 버튼을 클릭하여 .clearQueue() 메서드가 실행된 결과이다. 애니메이션 큐에 저장된 실행 전의 모든 함수가 제거되고 실행 중인 애니메이션은 중지된다.

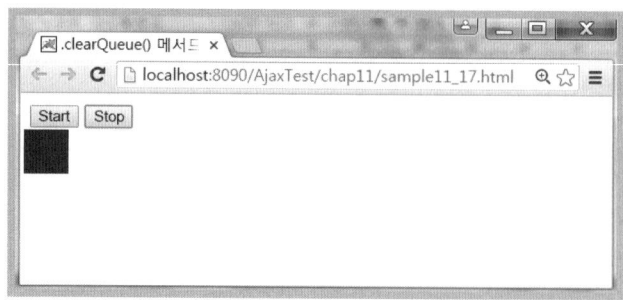

[그림 11.39] sample11_17.html 예제 실행 결과 - [Stop] 버튼을 클릭한 후의 결과

2.7 .stop([clearQueue][, jumpToEnd]) 메서드

.stop() 메서드는 현재 움직이고 있는 애니메이션을 중지하는 메서드이다. 첫 번째 인자인 clearQueue는 boolean 값으로서 대기 중인 애니메이션들의 제거 여부를 결정하는 값으로서 기본값은 false이다. 두 번째 인자인 jumptoEnd도 boolean 값으로서 현재 진행 중인 애니메이션을 완료할지 결정하는 값이고 기본값은 false이다.

.stop() 메서드를 호출하면 현재 진행 중인 애니메이션이 즉시 멈추게 된다. 예를 들어 .slideUp 효과로 숨겨질 때, .stop() 메서드가 호출되면 해당 요소는 height가 축소된 채로 중지하게 된다. 이후에 진행될 애니메이션들은 큐에 그대로 남아 있게 되며, 남아 있는 애니메이션들은 최초에 실행된 애니메이션이 완료될 때까지 실행되지 않고 대기하게 된다. 만일 첫 번째 인자인 clearQueue에 true 값을 설정하면 큐에 대기 중인 함수들은 모두 제거되게 된다.

> **잠깐만**
>
> 이전 버전에서는 .stop() 메서드를 호출하면 토글되던 애니메이션이 진행된 후 중지되었으나 jQuery 1.7 버전부터 .stop() 메서드를 사용해서 토글되는 애니메이션을 멈추고 jQuery 내부 효과를 가로챌 수 있게 되었다. 다음 코드를 실행하면 애니메이션이 멈추고 토글이 진행된다.
>
> ```
> <button id="toggle">slideToggle</button>
> <div class="block"></div>
> ..
> <script>
> var $block = $(".block");
> $("#toggle").on("click", function() {
>     $block.stop().slideToggle(1000);
> });
> </script>
> ```

다음의 [예제 11.18]은 버튼을 클릭하여 .stop() 메서드를 호출해서 실행 중인 애니메이션을 중지하는 예제이다.

[예제 11.18] sample11_18.html

```html
01:  <!DOCTYPE html>
02:  <html>
03:   <head>
04:    <meta charset="UTF-8">
05:    <title>.stop() 메서드</title>
06:    <style>
07:     div {
08:       position: absolute;
09:       background-color: #abc;
10:       left: 0px;
11:       top: 30px;
12:       width: 60px;
13:       height: 60px;
14:       margin: 5px;
15:      }
16:    </style>
17:    <script type="text/javascript" src="jquery-3.1.1.js"></script>
18:    <script type="text/javascript">
19:     $(document).ready(function() {
20:       $("#go").click(function() {
21:         $(".block").animate({ left: "+=100px" }, 2000);
22:       });
23:       $("#stop").click(function() {
24:         $(".block").stop();
25:       });
26:       $("#back").click(function() {
27:         $(".block").animate({ left: "-=100px" }, 2000);
28:       });
29:     });
30:    </script>
31:   </head>
32:   <body>
33:    <button id="go">Go</button>
34:    <button id="stop">STOP!</button>
35:    <button id="back">Back</button>
36:    <div class="block"></div>
37:   </body>
38:  </html>
```

06-16행 <div> 태그에 CSS 스타일을 설정한다.

20-22행 [Go] 버튼을 클릭하면 <div> 태그가 2초 동안 오른쪽으로 움직이는 애니메이션이 적용된다.

23-25행 [STOP!] 버튼을 클릭하면 현재 진행 중인 애니메이션이 중지된다.

26-28행 [Back] 버튼을 클릭하면 ⟨div⟩ 태그가 2초 동안 왼쪽으로 움직이는 애니메이션이 적용된다.

실행 결과

[그림 11.40] sample11_18.html 예제 실행 결과

[그림 11.41]은 [Go] 버튼을 클릭하여 애니메이션이 실행되는 중간에 [STOP!] 버튼을 클릭하여 진행 중인 애니메이션을 중지한 결과이다.

[그림 11.41] sample11_18.html 예제 실행 결과 - [Go] 버튼을 클릭하여
애니메이션 실행 중에 [STOP!] 버튼을 클릭한 결과

2.8 .delay(duration[, queueName]) 메서드

.delay() 메서드는 애니메이션 큐에 저장된 함수의 실행을 지정된 시간만큼 지연시킬 수 있는 메서드이다. 기본적인 effects 함수 또는 사용자 정의 함수들에 대해서 적용할 수 있으며, 실행되고 있는 함수가 아닌 대기 중인 후속 함수에만 적용된다. 그리고 show() 또는 hide()와 같은 인자 없는 형태의 함수는 지연되지 않는다.

다음의 [예제 11.19]는 동일한 두 개의 ⟨div⟩ 태그에 애니메이션이 동작할 때, 하나의 ⟨div⟩ 태그에 .delay() 메서드를 설정하여 다른 하나의 ⟨div⟩ 태그와의 애니메이션 동작 처리를 비교하는 예제이다.

[예제 11.19] sample11_19.html

```
01:  <!DOCTYPE html>
02:  <html>
03:    <head>
04:      <meta charset="UTF-8">
05:      <title>.delay() 메서드</title>
06:      <style>
07:        div {
08:          position: absolute;
09:          width: 60px;
10:          height: 60px;
11:          float: left;
12:        }
13:        .first {
14:          background-color: #3f3;
15:          left: 0;
16:        }
17:        .second {
18:          background-color: #33f;
19:          left: 80px;
20:        }
21:      </style>
22:      <script type="text/javascript" src="jquery-3.1.1.js"></script>
23:      <script type="text/javascript">
24:        $(document).ready(function() {
25:          $("button").click(function() {
26:            $("div.first").slideUp(300).delay(1000).fadeIn(400);
27:            $("div.second").slideUp(300).fadeIn(400);
28:          });
29:        });
30:      </script>
31:    </head>
32:    <body>
33:      <p><button>Run</button></p>
34:      <div class="first"></div>
35:      <div class="second"></div>
36:    </body>
37:  </html>
```

06-21행 〈div〉 태그 등에 사용할 CSS 스타일을 설정한다.

25-28행 [Run] 버튼을 클릭했을 때 첫 번째 〈div〉 태그에 .delay(1000) 값을 지정하여 두 번째 〈div〉 태그보다 1초 동안 애니메이션 효과가 지연되도록 설정한다.

실행 결과

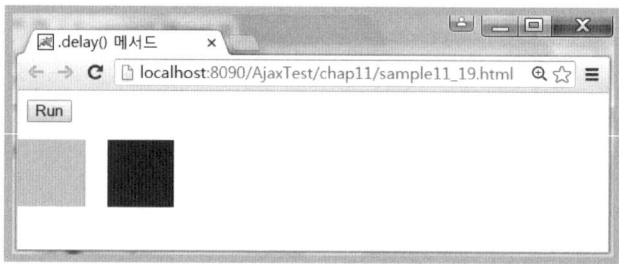

[그림 11.42] sample11_19.html 예제 실행 결과

[그림 11.43]은 [Run] 버튼을 클릭했을 때의 실행 결과로, 첫 번째 〈div〉 태그에 .delay(1000) 메서드를 지정하여 두 번째 〈div〉 태그보다 1초 동안 지연되어 애니메이션이 실행된다.

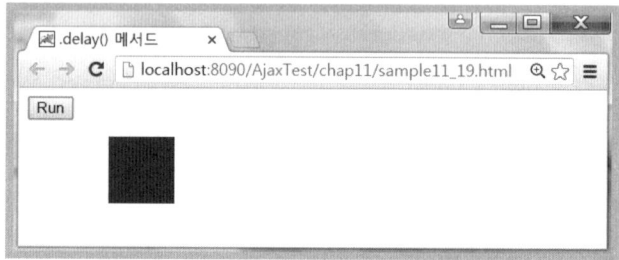

[그림 11.43] sample11_19.html 예제 실행 결과 - [Run] 버튼을 클릭했을 때의 결과

2.9 jQuery.fx.off

jQuery.fx.off는 모든 애니메이션을 비활성 상태로 설정할 수 있는 Global jQuery 객체의 속성이다. 이 속성값을 true로 지정하면, 즉시 모든 애니메이션 함수들은 동작이 비활성 된다.

애니메이션을 비활성 상태로 설정해야 하는 경우는 jQuery가 사양이 낮은 환경(PC)에서 실행되거나 애니메이션에 대한 접근성 문제가 발생했을 경우이다. 애니메이션을 다시 실행하려면 속성값을 false로 지정하면 된다.

다음의 [예제 11.20]은 jQuery.fx.off 속성을 이용하여 애니메이션을 활성화 또는 비활성화 하는 예제이다.

[예제 11.20] sample11_20.html

```html
01:  <!DOCTYPE html>
02:  <html>
03:    <head>
04:      <meta charset="UTF-8">
05:      <title>jQuery.fx.off</title>
06:      <style>
07:        div {
08:          width: 50px;
09:          height: 30px;
10:          margin: 5px;
11:          float: left;
12:          background: green;
13:        }
14:      </style>
15:    <script type="text/javascript" src="jquery-3.1.1.js"></script>
16:    <script type="text/javascript">
17:      $(document).ready(function() {
18:      var toggleFx = function() {
19:        jQuery.fx.off = !jQuery.fx.off;
20:      };
21:      toggleFx();
22:      $("button").click(toggleFx);
23:      $("input").click(function() {
24:        $("div").toggle("slow");
25:      });
26:      });
27:    </script>
28:    </head>
29:    <body>
30:      <input type="button" value="Run">
31:      <button>Toggle fx</button>
32:      <div></div>
33:    </body>
34:  </html>
```

07-13행 <div> 태그에 적용할 CSS 스타일을 설정한다.

18-20행 toggleFx() 함수 내에서 jQuery.fx.off 속성을 토글하는 코드를 작성한다.

21행 처음 실행할 때 toggleFx() 함수를 명시적으로 호출하여 jQueyr.fx.off의 기본값 false를 true 로 설정한다. 따라서 [Run] 버튼을 클릭할 때 애니메이션 효과 없이 <div> 태그에 적용된다.

22행 [Run] 버튼을 클릭하면 toggleFx 함수가 호출되어 jQuery.fx.off 속성이 true이면 false가 저장되고, false이면 true가 저장되어 애니메이션 동작을 활성화하거나 비활성화한다.

23-25행 [Run] 버튼을 클릭하면 <div> 태그가 .toggle 메서드에 의해서 보이거나 사라지는 애니메이션 효과가 발생한다.

실행 결과

　[그림 11.44]에서 [Run] 버튼을 바로 클릭하면 〈div〉 태그가 애니메이션 효과 없이 사라
진다. 하지만 [Toggle fx] 버튼을 클릭한 후에 [Run] 버튼을 클릭하면 애니메이션 효과
가 적용된다.

[그림 11.44] sample11_20.html 예제 실행 결과

jQuery의 Ajax 관련 기능

CHAPTER 12

[학습 목표]

- jQuery에서 Ajax 통신 방법에 관하여 학습한다.
- jQuery.ajax() 메서드 사용법에 관하여 학습한다.
- .load() 메서드 사용법에 관하여 학습한다.
- jQuery.get() 및 jQuery.post() 메서드에 관하여 학습한다.
- jQuery.getJSON() 메서드에 관하여 학습한다.
- .ajaxComplete() 메서드 및 .ajaxSetup() 메서드에 관하여 학습한다.
- query 스트링으로 자동 변환해주는 .serialize() 메서드에 관하여 학습한다.

이 장에서는 3장에서 살펴본 JavaScript의 Ajax 기술을 jQuery 프레임워크에서 사용하는 방법에 관하여 학습한다. jQuery 프레임워크도 내부적으로는 JavaScript 기술을 사용하는 것이기 때문에 3장에서 배웠던 내용을 다시 복습하고, 12장을 살펴보는 것이 이해하기가 훨씬 쉬울 것으로 생각한다.

> 👁 **잠깐만**
>
> jQuery Ajax와 관련된 API Documentation 내용은 다음 URL의 사이트를 참조하면 자세한 내용을 확인할 수 있다.
>
> URL : http://api.jquery.com/category/ajax/

다음은 jQuery에서 Ajax를 사용할 때 유용하게 사용할 수 있는 메서드이다.

[표 12.1] Ajax 관련 메서드

메서드	설명
jQuery.ajax(url [, settings])	비동기 HTTP(Ajax) 요청을 수행하는 메서드로, 일반적으로 가장 많이 사용된다.
.load(url[, data][, callback])	Ajax 통신의 가장 간단한 형식으로 서버로 데이터를 받아서 일치하는 요소에 HTML을 추가한다.
jQuery.get(url[, data] [, callback][, dataType])	GET 방식으로 서버와 통신하는 jQuery Ajax 메서드이다.
jQuery.post(url[,data] [, callback][, dataType])	POST 방식으로 서버와 통신하는 jQuery Ajax 메서드이다.
jQuery.getJSON(url[,data] [, callback])	HTTP GET 방식을 이용하여 서버로부터 받은 JSON 데이터를 처리하는 메서드이다.
.ajaxComplete(function)	Ajax 요청이 완료되면 호출되는 메서드이다. 성공 및 실패와 상관없이 호출된다.
.ajaxSuccess(function)	Ajax 요청이 성공한 경우 호출되는 메서드이다.
.ajaxError(function)	Ajax 요청이 실패한 경우 호출되는 메서드이다.
.ajaxSetup(options)	Ajax 요청시 global 옵션값들을 설정할 수 있는 메서드이다.
.serialize()	폼 요소 내의 데이터를 query 스트링 형식으로 변환한다.

01 jQuery.ajax(url[, settings]) 메서드

jQuery.ajax() 메서드는 비동기 HTTP(Ajax) 요청을 수행하는 메서드이다. url은 요청을 보낼 타깃 URL 값으로서 문자열로 지정하면 되고, settings는 key/value 쌍으로 구성되어 Ajax 요청시 추가로 설정할 수 있는 설정 값이다. 모든 값은 생략 가능한 옵션 값으로서 기본적인 설정 값은 jQuery.ajaxSetup()에 따로 정의할 수도 있다.

settings에 설정 가능한 옵션 값은 다음과 같다.

● **asyn(Boolean)**

기본값은 true이기 때문에 모든 요청은 비동기(Asynchronous) 방식으로 동작한다. 만일 동기(synchronous) 방식으로 사용하려면 asyn:false 형태로 지정해야 한다. 단, 크로스 도메인과 dataType: "jsonp"인 경우는 동기 방식이 지원되지 않는다. 동기 방식은 브라우저가 일시적인 잠금 상태가 되기 때문에 응답을 받을 때까지 다른 조작을 취할 수 없다.

● **beforeSend(Function)**

요청을 보내기 전에 XMLHttpRequest 값 변경을 가능하게 하는 콜백 함수이다. 이 함수에서 false를 반환하면 Ajax 요청이 취소된다. jQuery 1.5부터 beforeSend 옵션은 요청의 type에 상관없이 호출할 수 있다.

● **cache(Boolean)**

기본값은 true로서 응답 결과가 브라우저 캐시에 저장된다. dataType이 'script'와 'jsonp'일 때는 false로 세팅하며, 만일 이 값을 false로 설정하면 브라우저 캐시 사용을 강제적으로 막는다. 또한, false로 설정하면 URL 쿼리스트링에 "_={TIMESTAMP}" 값이 추가된다.

● **complete(Function)**

요청이 완료되었을 때 호출되는 함수로서, 요청에 대한 응답결과로서 success 함수나 error 함수가 실행된 후에 complete 함수가 실행된다. 이 함수는 2개의 인자를 갖는데, XMLHttpRequest 객체의 superset 객체인 jqXHR 객체와 요청에 대한 상태값("success", "notmodified", "error", "timeout", "abort", "parsererror")으로 구성되어 있다.

● **contentType(String)**

서버에 데이터를 보낼 때 사용되는 content-type으로 기본값은 "application/x-www-form-urlencoded;charset=UTF-8"이다. 명시적으로 변경하려면 jQuery.ajax() 함수 안에서 content-type을 설정해 주어야 하며, 서버로 데이터를 보낼 때는 항상 UTF-8을 사용한다.

● **crossDomain(added 1.5)Boolean**

기본값은 false로서 같은 도메인 내의 요청일 경우에 사용된다. 만약 2개의 다른 도메인(CrossDomain) 간의 데이터 교환이라면(JSONP와 같은) true로 설정해야 한다.

● **data(Object|String)**

서버로 보낼 데이터로서 GET 요청 형태의 query 스트링으로 변환되어 GET 요청 파라미터에 자동으로 추가된다. 데이터는 key/value의 쌍으로 이루어져 있고, 만일 value가 배열이면 jQuery는 같은 key로 서로 다른 값을 가지게 된다.

● **dataType(String)**

서버에서 응답받을 때의 데이터 타입으로서 jQuery가 적절하게 판단하여 처리한다. 만일 인자를 아무것도 적지 않으면 응답 메시지의 MIME type을 기초로 하여 처리하게 되는 것이다. 데이터는 success() 함수의 첫 번째 입력값에 전달되며 입력값의 형태는 다음과 같다.

- "xml" : jQuery가 XML 문서를 반환한다.
- "html" : 평문 HTML을 반환한다.
- "script" : JavaScript를 실행하고 평문 텍스트를 반환한다.
  query 스트링에 "_=[TIMESTAMP]"를 추가하면 캐싱을 방지할 수 있다.
- "json" : JSON을 JavaScript 객체 형태로 반환한다.
- "jsonp" : JSONP를 사용하여 JSON 블럭을 로드한다.
- "text" : 평문 텍스트 문자열을 반환한다.
- multiple, 공백 구분 값(space-separated values) : jQuery 1.5에서 dataType을 변환할 수 있게 되었다. 예를 들어 응답받은 text를 XML로 변환하고 싶으면 "text xml"이라고 설정하면 된다.

● **error(Function)**

요청(request)이 실패하면 호출되며, 이 함수는 3개의 인자를 통해 특정 데이터를 받을 수 있다. 첫 번째 인자인 jqXHR 객체는 발생한 에러 타입과 추가적인 예외 사항이 저장되고, 두 번째 인자에는 "timeout", "error", "abort", "parsererror"와 같은 상태값이 저장되고, 세 번째 인자에는 HTTP 에러가 담겨 있는데, "Not Found"나 "Internal Server Error."와 같은 값들이다. 단, cross-domain 스크립트나 JSONP 요청에 대해서는 이 함수를 사용할 수 없다.

● **global(Boolean)**

ajaxStart() 또는 ajaxStop()과 같이 Ajax를 trigger할 수 있는 옵션을 제공한다. 기본값은 true이다.

● **headers(Object)**

기본값은 {} 로서 요청 시 추가로 보낼 헤더 정보이다. key/value 쌍으로 구성되며, beforeSend 함수가 호출되기 전에 처리해야 한다. 따라서 beforeSend 함수 내에서 value 값을 재수정 할 수 있다.

● **ifModified(Boolean)**

현재의 응답이 이전의 응답 결과와 다를 경우에만 처리하도록 설정한다. 이것은 마지막 수정 정보를 헤더에서 체크하는 것으로서, 기본값은 false 이기 때문에 이 옵션이 무시된다. 즉, 언제나 request에 대한 응답을 체크하는 것이다.

● method(String)

요청에 대한 HTTP method("POST", "GET", "PUT" 등)을 설정한다. 기본은 "GET"이다.

● processData(Boolean)

data 옵션에서 {key:value} 쌍의 값들을 query 스트링 형식인 key=value로 변경한다. query 스트링이 아닌 다른 형식을 원하는 경우 false로 지정한다.

● statusCode(Object)

요청에 대한 응답 시 전달된 HTTP 상태 코드와 실행될 함수로 이루어진다. 예를 들어, 404 상태에 대해 알림창을 보여주는 경우는 다음과 같다.

```
$.ajax({
    statusCode: {
        404: function() {
            alert("page not found");
        }
    }
});
```

● success(data, textStatus, jqXHR)

요청이 성공했을 때 호출되며, 이 함수는 3개의 인자를 전달한다. data 인자는 서버에서 전달된 데이터가 저장되고, 두 번째는 상태값이 저장되며, 마지막으로 jqXHR가 저장된다.

● timeout

요청에 대한 응답 제한 시간을 milliseconds 단위로 설정한다. $.ajaxSetup()에서 설정한 timeout시간을 override 한다.

다음의 [예제 12.1]은 〈input〉 태그에 입력한 두 개의 정수값을 calc.jsp로 전송하고, 전송된 두 개의 값을 더하여 text 형식으로 응답 처리하는 예제이다.

[예제 12.1] sample12_1.html

```
01:  <!DOCTYPE html>
02:  <html>
03:   <head>
04:     <meta charset="UTF-8">
05:     <title>jQuery.ajax() 메서드</title>
06:     <script type="text/javascript" src="jquery-3.1.1.js"></script>
07:     <script type="text/javascript">
08:       $(document).ready(function() {
09:         $("#cal").on("click" , function() {
10:           $.ajax({
11:             type: "get",
```

```
12:              url: "calc.jsp",
13:              data: {
14:                v1: $("#v1").val(),
15:                v2: $("#v2").val()
16:              },
17:              dataType: "text",
18:              success: function(responseData, status , xhr) {
19:                $("#result").text(responseData);
20:              },
21:              error:function(xhr, status, error) {
22:                console.log(error);
23:              }
24:            });
25:          });
26:        });
27:    </script>
28:  </head>
29:  <body>
30:    값1<input type="text" name="v1" id="v1"> <br>
31:    값2<input type="text" name="v2" id="v2"> <br>
32:    <button id="cal">계산</button>
33:    <div id="result"></div>
34:  </body>
35: </html>
```

09-25행 `<input>` 태그에 두 개의 값을 입력한 뒤에 [계산] 버튼을 클릭하면, 입력한 두 개의 값을 calc. jsp로 Ajax 요청한다. calc.jsp에서 응답 결과를 text 형식으로 받고 성공하면 `<div>` 태그에 결과값을 출력한다.

[예제 12.1] calc.jsp

```
01: <%@ page language="java" contentType="text/html; charset=UTF-8"
02:              pageEncoding="UTF-8"%>
03: <%
04:   int v1 = Integer.parseInt(request.getParameter("v1"));
05:   int v2 = Integer.parseInt(request.getParameter("v2"));
06:   System.out.print(v1+v2);
07:   out.print(v1+v2);
08: %>
```

04-07행 클라이언트에서 전송된 두 개의 파라미터를 정수형으로 받아서 더한 결과를 응답 처리한다.

[그림 12.1] sample12_1.html 예제 실행 결과 - 실행 후에 두 개의 숫자 값을 입력한 결과

[그림 12.2] sample12_1.html 예제 실행 결과 - 값 입력 후에 [계산] 버튼을 클릭한 결과

다음의 [예제 12.2]는 [예제 12.1]을 text 형식이 아닌 json 형식으로 수정하여 응답 처리
하는 예제이다.

[예제 12.2] sample12_2.html

```
01:  <!DOCTYPE html>
02:  <html>
03:    <head>
04:      <meta charset="UTF-8">
05:      <title>jQuery.ajax() 메서드</title>
06:      <script type="text/javascript" src="jquery-3.1.1.js"></script>
07:      <script type="text/javascript">
08:        $(document).ready(function() {
09:          $("#cal").on("click" , function() {
10:            $.ajax({
11:              type: "get",
12:              url: "calc2.jsp",
13:              data: {
14:                v1: $("#v1").val(),
15:                v2: $("#v2").val()
16:              },
17:              dataType: "json",
18:              success: function(responseData, status , xhr) {
19:                $("#result").text(responseData.result);
20:              },
21:              error:function(xhr, status, error) {
```

```
22:              console.log(error);
23:                }
24:            });
25:          });
26:        });
27:      </script>
28:    </head>
29:    <body>
30:      값1<input type="text" name="v1" id="v1"><br>
31:      값2<input type="text" name="v2" id="v2"><br>
32:      <button id="cal">계산</button>
33:      <div id="result"></div>
34:    </body>
35:  </html>
```

09-25행 <input> 태그에 두 개의 숫자를 입력한 뒤에 [계산] 버튼을 클릭하면, 입력된 두 개의 값을 calc.jsp로 Ajax 요청한다. calc.jsp에서 응답 결과를 json 형식으로 받고 성공하면 <div> 태그에 결과값을 출력한다.

[예제 12.2] calc2.jsp

```
01: <%@ page language="java" contentType="text/html; charset=UTF-8"
                  pageEncoding="UTF-8"%>
02: <%
03:   int v1 = Integer.parseInt(request.getParameter("v1"));
04:   int v2 = Integer.parseInt(request.getParameter("v2"));
05: %>
06: {
07:   "v1": <%=v1 %>,
08:   "v2" : <%=v2 %>,
09:   "result" : <%= v1+v2 %>
10: }
```

02-10행 클라이언트에서 전송된 두 개의 파라미터를 정수형으로 받아서 더한 결과를 JSON 형식으로 응답한다.

실행 결과는 [예제 12.1]의 결과와 같다.

02 .load(url[, data][, callback]) 메서드

.load() 메서드는 Ajax통신의 가장 간단한 형태의 메서드로서, 서버로부터 데이터를 받아서 일치하는 요소에 HTML을 추가한다.

다음은 간단한 예제 코드이다.

```
$('#result').load('ajax/test.html');
```

서버에서 데이터로 test.html을 받아서 id가 result인 요소에 추가한다.

다음은 callback 함수가 사용된 예제 코드이다.

```
$("#result").load("ajax/test.html", function() {
        alert("ajax 요청");
});
```

callback 함수는 HTML이 추가된 후에 실행된다. 만약 id가 result인 요소가 없다면, .load() 메서드는 실행되지 않는다.

.load() 메서드는 타깃 HTML 문서에서 특정 요소만 선택해서 가져올 수도 있다. 공백을 주고 jQuery 선택자를 사용하면 URL에 있는 내용 중에서 선택자에 해당하는 요소만 가져오게 된다.

```
$('#result').load('ajax/test.html #container');
```

test.html에서 id가 container인 요소만 서버에서 데이터로 받게 된다. 따라서 .load() 메서드에 의해 탐색되는 문서는 완전한 전체 문서가 아닐 수도 있다.

다음의 [예제 12.3]은 .load() 메서드를 사용하여 test.html 문서를 가져와 추가하는 예제이다.

[예제 12.3] sample12_3.html

```
01:  <!DOCTYPE html>
02:  <html>
03:   <head>
04:    <meta charset="UTF-8">
05:    <title>.load() 메서드</title>
```

```
06:        <script type="text/javascript" src="jquery-3.1.1.js"></script>
07:        <script type="text/javascript">
08:         $(document).ready(function() {
09:           $("#html").on("click" , function() {
10:             $("#result").load("test.html");
11:           });
12:         });
13:        </script>
14:      </head>
15:      <body>
16:       <button id="html">요청</button>
17:       <div id="result"></div>
18:      </body>
19:    </html>
```

09-11행 [요청] 버튼을 클릭하면 test.html 문서를 서버로부터 가져와 〈div〉 태그에 설정한다. 따라서 〈div〉 태그에 〈h1〉 태그로 된 test.html 문서의 내용인 "Hello World" 문자열이 출력된다.

[예제 12.3] test.html

〈h1〉Hello World〈/h1〉

실행 결과

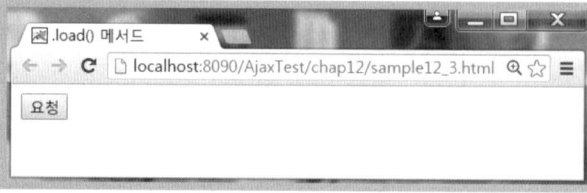

[그림 12.3] sample12_3.html 예제 실행 결과

[그림 12.4] sample12_3.html 예제 실행 결과 - [요청] 버튼을 클릭한 후의 결과

다음의 [예제 12.4]는 .load() 메서드를 사용하여 서버에서 데이터로 받아오는 test2.
html 문서 내에서 id가 sub인 요소만 가져와 추가하는 예제이다.

[예제 12.4] sample12_4.html

```
01:    <!DOCTYPE html>
02:    <html>
03:      <head>
04:        <meta charset="UTF-8">
05:        <title>.load() 메서드</title>
06:        <script type="text/javascript" src="jquery-3.1.1.js"></script>
07:        <script type="text/javascript">
08:          $(document).ready(function() {
09:            $("#html").on("click", function() {
10:              $("#result").load("test2.html#sub");
11:            });
12:          });
13:        </script>
14:      </head>
15:      <body>
16:        <button id="html">요청</button>
17:        <div id="result"></div>
18:      </body>
19:    </html>
```

09-10행 [요청] 버튼을 클릭하면 서버로부터 test2.html 문서를 받아 해당 문서 내에서 id가 sub인 요소
만 가져와서 <div> 태그에 설정한다. 따라서 <div> 태그에 <h2> 태그로 된 "부분 데이터 처리"
문자열이 추가된다.

[예제 12.4] test2.html

```
<h1>Hello World</h1>
<h2 id="sub">부분 데이터 처리</h2>
```

실행 결과

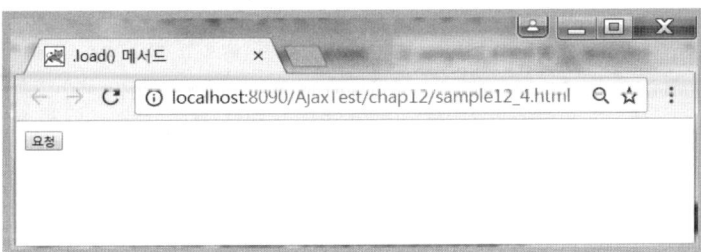

[그림 12.5] sample12_4.html 실행 결과

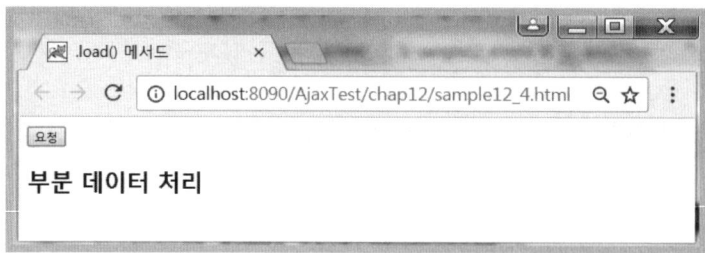

[그림 12.6] sample12_4.html 실행 결과 : [요청] 버튼을 클릭한 뒤의 결과

03 jQuery.get(url[, data][, callback][, dataType]) 메서드

jQuery.get() 메서드는 GET 방식으로 서버와 통신하는 jQuery Ajax 메서드이다. data 에는 서버로 보낼 데이터를 설정하고, callback은 요청에 대한 응답이 성공한 경우에 수행되는 함수이며, dataType는 서버에서 반환되는 데이터의 타입을 설정하면 된다.

이 메서드는 다음 코드와 동일하다.

```
$.ajax({
    url: url,
    data: data,
    success: success,
    dataType: dataType
});
```

callback 함수에는 응답받은 MIME 타입별로 XML, text 문자열, JSON 객체 등과 같은 데이터가 전달되고 응답 상태값도 문자열로 넘어온다.

일반적으로 성공시 처리할 핸들러를 지정하여 사용하게 된다.

```
$.get("ajax/test.html", function(data) {
    $(".result").html(data);
    alert("ajax 요청");
});
```

또한, jQuery.get() 메서드는 체인 형태로 엮어진 여러 개의 .done(), .fail(), .always() 메서드들을 단일 요청에 사용할 수 있으며, 요청이 완료된 후에도 이들 callback 메서드를 추가 지정할 수 있고, 요청이 이미 완료되었다 하더라도 다시 호출해서 사용할 수 있다.

🔍 **잠깐만**

jQuery 1.5에서 사용했던 .success(), .complete(), .error() 메서드는 jQuery 1.8부터는 지원하지 않는(deprecated)다. 대신에 .done(), .fail(), .always() 메서드를 사용해야 한다.

```javascript
var jqxhr = $.get("example.jsp", function() {
   alert("success");
})
 .done(function() {
   alert("second success");
})
 .fail(function() {
   alert("error");
})
 .always(function() {
   alert("finished");
});
// 저장된 jqxhr로 callback 메서드를 재호출 가능하다.
jqxhr.always(function() {
   alert("second finished");
});
```

다음의 [예제 12.5]는 jQuery.get() 메서드를 사용하여 서버의 test.html에 요청한 응답 결과를 〈div〉 태그에 설정하는 예제이다.

[예제 12.5] sample12_5.html

```html
01:  <!DOCTYPE html>
02:  <html>
03:   <head>
04:    <meta charset="UTF-8">
05:    <title>jQuery.get() 메서드</title>
06:    <script type="text/javascript" src="jquery-3.1.1.js"></script>
07:    <script type="text/javascript">
08:     $(document).ready(function() {
09:       $("#html").on("click" , function() {
10:         var jqxhr = $.get("test.html", function(data) {
11:           console.log("success");
12:           $("#result").html(data);
13:         })
14:         .done(function() {
15:           console.log("second success");
16:         })
17:         .fail(function() {
18:           console.log("error");
19:         })
20:         .always(function() {
```

```
21:            console.log("finished");
22:          });
23:        });
24:      });
25:    </script>
26:  </head>
27:  <body>
28:    <button id="html">요청</button>
29:    <div id="result"></div>
30:  </body>
31: </html>
```

10-22행 [요청] 버튼을 클릭하면 jQuery.get() 메서드를 사용하여 서버의 test.html에 Ajax 요청한다.
성공시 〈div〉 태그에 응답 결과를 추가하고 이후의 .done() 메서드와 .always() 메서드를 콜
백으로 수행한다. .fail() 메서드는 실패시 호출되는 메서드이기 때문에 호출되지 않는다.

[예제 12.5] test.html

〈h1〉Hello World〈/h1〉

실행 결과

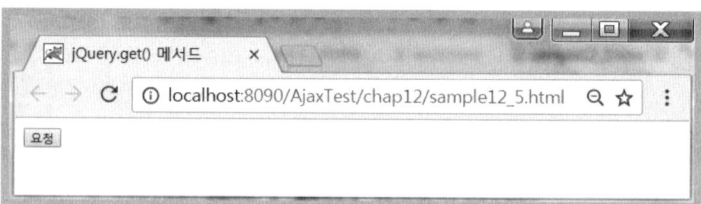

[그림 12.7] sample12_5.html 예제 실행 결과

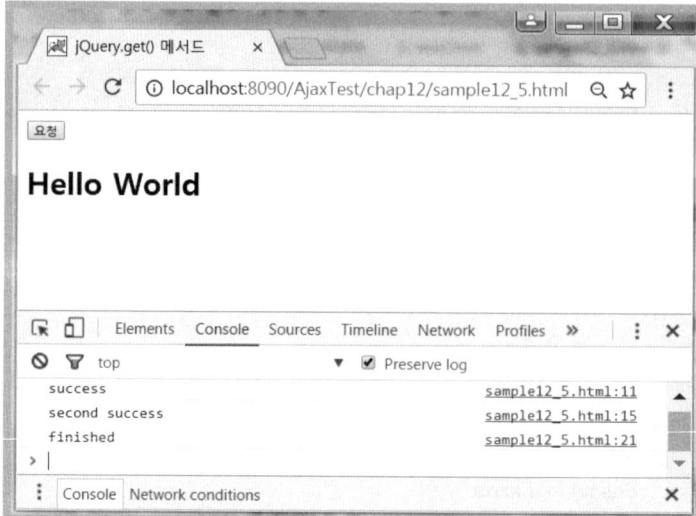

[그림 12.8] sample12_5.html 예제 실행 결과 - [요청] 버튼을 클릭한 후의 결과

04 jQuery.post(url[, data][, callback][, dataType]) 메서드

jQuery.post() 메서드는 POST 방식으로 서버와 통신하는 jQuery Ajax 메서드이다. data는 서버로 보낼 데이터를 설정하고 callback은 요청에 대한 응답이 성공한 경우에 수행되는 함수이며 dataType는 서버에서 반환되는 데이터의 타입을 설정하면 된다.

이 메서드는 다음 코드와 동일하다.

```
$.ajax({
    type: "POST",
    url: url,
    data: data,
    success: success,
    dataType: dataType
});
```

jQuery.get() 메서드와 마찬가지로 성공시 처리할 핸들러를 지정하여 사용하게 된다.

```
$.post('ajax/test.html', function(data) {
    $('.result').html(data);
});
```

앞서 배웠던 jQuery.get() 메서드와는 method 요청방식만 다르고 나머지는 동일하기 때문에 실습은 생략하기로 한다.

05 jQuery.getJSON(url[, data][, callback]) 메서드

jQuery.getJSON() 메서드는 GET 방식으로 서버에 요청하고, 서버로부터 받은 JSON 데이터를 처리하는 jQuery Ajax 메서드이다.

이 메서드는 다음 코드와 동일하다.

```
$.ajax({
    dataType: "json",
    url: url,
```

```
    data: data,
    success: success
});
```

get() 메서드 및 post() 메서드와 마찬가지로 성공시 처리할 핸들러를 지정하여 사용하게 된다.

```
$.getJSON('ajax/test.html', function(data) {
    // do something
});
```

다음의 [예제 12.6]는 jQuery.getJSON() 메서드를 사용하여 서버에 요청하고, 서버에서 응답된 JSON 데이터를 〈div〉 태그에 출력하는 예제이다.

[예제 12.6] sample12_6.html

```
01:  <!DOCTYPE html>
02:  <html>
03:    <head>
04:      <meta charset="UTF-8">
05:      <title>jQuery.getJSON() 메서드</title>
06:      <script type="text/javascript" src="jquery-3.1.1.js"></script>
07:      <script type="text/javascript">
08:        $(document).ready(function() {
09:          $("#html").on("click" , function() {
10:            var mesg = "";
11:            var jqxhr = $.getJSON("test.json", function(data) {
12:              console.log("success");
13:              mesg += data.one + "<br>";
14:              mesg += data.two + "<br>";
15:              mesg += data.three + "<br>";
16:              $("#result").html(mesg);
17:            })
18:            .done(function() {
19:              console.log("second success");
20:            })
21:            .fail(function() {
22:              console.log("error");
23:            })
24:            .always(function() {
25:              console.log("finished");
26:            });
27:          });
28:        });
29:      </script>
```

```
30:    </head>
31:    <body>
32:      <button id="html">요청</button>
33:      <div id="result"></div>
34:    </body>
35: </html>
```

09-17행 [요청] 버튼을 클릭하면 jQuery.getJSON() 메서드를 사용하여 "test.json" 파일에 Ajax 요청한다. 성공시 응답받은 JSON 객체를 파싱하여 〈div〉 태그에 응답 결과를 출력한다.

[예제 12.6] test.json

```
{
  "one": "홍길동",
  "two": "이순신",
  "three": "유관순"
}
```

실행 결과

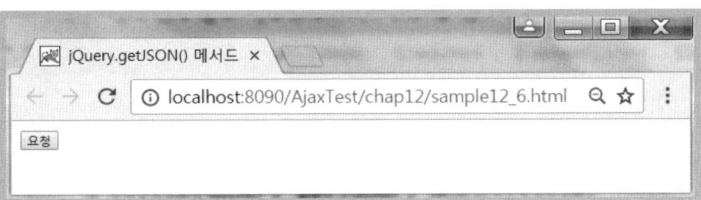

[그림 12.9] sample12_6.html 예제 실행 결과

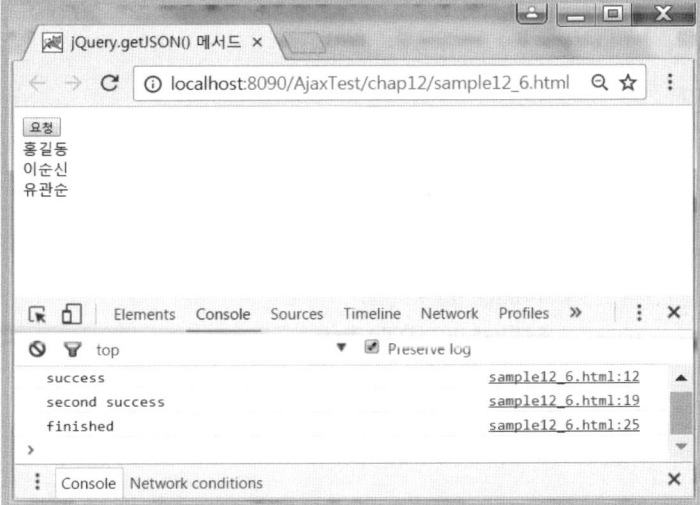

[그림 12.10] sample12_6.html 예제 실행 결과 - [요청] 버튼을 클릭한 후의 결과

06 .ajaxComplete(function) 메서드

.ajaxComplete(function) 메서드는 ajax 요청이 완료되면, 성공 또는 실패와 상관없이 항상 호출되는 메서드이다. ajax 요청이 완료되면 jQuery는 ajaxComplete 이벤트를 발생시켜서 이 메서드를 호출하게 된다. 만약 요청들을 구분해서 제어하기 위해서는 핸들러에 파라미터를 설정할 수도 있다.(event 객체, XMLHttpRequest 객체, settings) 예를 들어, 특정한 URL인 경우에만 이벤트의 콜백이 수행되도록 제한할 수도 있다.

```javascript
$(document).ajaxComplete(function(event, xhr, settings) {
    if (settings.url === "ajax/test.html") {
        $(".log").text("ajaxComplete 메서드 호출" + xhr.responseText);
    }
});
```

다음의 [예제 12.7]은 [예제 12.1]에 .ajaxComplete() 메서드를 추가하여 ajax가 완료되었을 때 발생하는 ajaxComplete 이벤트를 확인하기 위한 예제이다.

[예제 12.7] sample12_7.html

```html
01: <!DOCTYPE html>
02: <html>
03:   <head>
04:     <meta charset="UTF-8">
05:     <title>.ajaxComplete() 메서드</title>
06:     <script type="text/javascript" src="jquery-3.1.1.js"></script>
07:     <script type="text/javascript">
08:       $(document).ready(function() {
09:         $("#html").on("click" , function() {
10:           var result ="";
11:           $(document).ajaxComplete(function(event, xhr, settings) {
12:             console.log("ajaxComplete");
13:             result += settings.type + "<br>";
14:             result += xhr.status + "<br>";
15:             result += settings.url + "<br>";
16:             result += settings.dataType + "<br>";
17:             result += settings.async + "<br>";
18:             $("#result").html(result);
19:           });
20:
21:           $.ajax({
22:             type: "get",
23:             url: "calc.jsp",
24:             data: {
```

```
25:                   v1: $("#v1").val(),
26:                   v2: $("#v2").val()
27:                },
28:                dataType: "text",
29:                success: function(responseData, status , xhr) {
30:                   $("#result").text(responseData);
31:                },
32:                error:function(xhr, status, error) {
33:                   console.log(error);
34:                },
35:                complete:function() {
36:                   console.log("complete");
37:                }
38:             });
39:          });
40:       });
41:    </script>
42:    </head>
43:    <body>
44:       값1<input type="text" name="v1" id="v1"><br>
45:       값2<input type="text" name="v2" id="v2"><br>
46:       <button id="cal">계산</button>
47:       <div id="result"></div>
48:       <div id="mesg"></div>
49:    </body>
50: </html>
```

11-19행 ajax 통신이 완료되면 ajaxComplete 이벤트가 발생하여 ajaxComplete() 메서드가 호출된
다. 세 번째 인자인 settings에 저장된 속성값을 <div> 태그에 출력한다.

21-38행 [계산] 버튼을 클릭하면 calc.jsp로 Ajax 요청한다.

실행 결과

[그림 12.11] sample12_7.html 예제 실행 결과

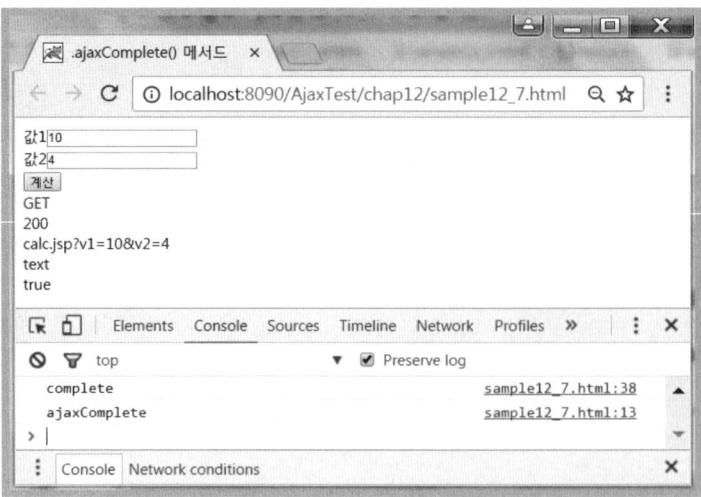

[그림 12.12] sample12_7.html 예제 실행 결과 - 값을 입력하고 [계산] 버튼을 클릭한 후의 결과

07 .ajaxSetup(options) 메서드

.ajaxSetup(options) 메서드는 Ajax 요청시 설정하는 옵션값들 중에서 global 형태로 옵션값들을 설정할 수 있는 메서드이다. .ajaxSetup(options)에도 값이 존재하고 jQuery.ajax(options)에도 동일한 값이 존재하면 jQuery.ajax(options)에 설정된 값이 우선 적용된다. jQuery.ajax()에서 중복사용되거나 세밀하게 옵션값들을 지정하는 경우에 사용할 수 있다.

다음은 url 값을 정의하는 예이다.

```
$.ajaxSetup( {
    url: 'ping.jsp'
});
```

이 메서드에서 정의한 값은 자동으로 ajax 요청시 반영된다. 따라서 다음 코드는 ping.jsp를 요청하는 ajax 예이다.

```
$.ajax( {
    // url 값으로 ping.jsp를 다시 쓸 필요가 없다.
    data: {'name': '홍길동'}
});
```

다음은 $.ajaxSetup() 메서드에서 옵션값을 정의하고 실제 Ajax 요청 시에는 간단히
data만 추가하는 예이다.

```
$.ajaxSetup({
  url: "test.jsp",
  type: "POST"
});
$.ajax({ data: myData });
```

다음의 [예제 12.8]은 ajax 요청시 지정하는 옵션값들을 .ajaxSetup() 메서드에 설정하
고 ajax 통신하는 예제이다.

[예제 12.8] sample12_8.html

```
01:  <!DOCTYPE html>
02:  <html>
03:    <head>
04:      <meta charset="UTF-8">
05:      <title>.ajaxSetup() 메서드</title>
06:      <script type="text/javascript" src="jquery-3.1.1.js"></script>
07:      <script type="text/javascript">
08:        $(document).ready(function() {
09:          $("#html").on("click" , function() {
10:            $.ajaxSetup( {
11:              url: "calc.jsp",
12:              type: "get",
13:              dataType: "text"
14:            });
15:
16:            $.ajax( {
17:              data: {
18:                v1: $("#v1").val(),
19:                v2: $("#v2").val()
20:              },
21:              success: function(responseData, status , xhr) {
22:                $("#result").text(responseData);
23:              },
24:            });
25:          });
26:        });
27:      </script>
28:    </head>
29:    <body>
30:      값1<input type="text" name="v1" id="v1"><br>
31:      값2<input type="text" name="v2" id="v2"><br>
32:      <button id="cal">계산</button>
```

```
33:    <div id="result"></div>
34:    </body>
35: </html>
```

10-14행 .ajaxSetup 메서드를 사용하여 ajax 요청시 사용하는 옵션값들을 설정한다. 이후 모든 ajax 통신할 때 이 옵션 값들이 적용된다.

16-24행 ajax 옵션값으로 data만 설정한다. 나머지 옵션값들은 .ajaxSetup 메서드에서 설정한 옵션값들이 적용된다.

08 .serialize() 메서드

실행 결과는 [예제 12.1]과 동일하게 처리되기 때문에 생략한다.
.serialize() 메서드는 폼 요소의 데이터를 query 스트링 형식으로 변환해주는 메서드이다.

간단한 예제 코드를 이용하여 이해하도록 한다.

```
<form>
    <input type="text" name="a" value="1" id="a" />
    <input type="text" name="b" value="2" id="b" />
    <input type="hidden" name="c" value="3" id="c" />
</form>
```

<form> 태그의 요소가 submit될 때 serialize() 메서드에 의해서 query 스트링으로 변환되어 전송된다.

```
$("form").submit(function() {
    console.log($(this).serialize());
});

// serialize() 메서드에 의한 결과물
a=1&b=2&c=3
```

다음의 [예제 12.9]은 폼 전송시 파라미터 값을 query 스트링으로 변환해주는 .serialize() 메서드에 관한 예제이다.

[예제 12.9] sample12_9.html

```
01:  <!DOCTYPE html>
02:  <html>
03:    <head>
04:      <meta charset="UTF-8">
05:      <title>.serialize() 메서드</title>
06:      <script type="text/javascript" src="jquery-3.1.1.js"></script>
07:      <script type="text/javascript">
08:        $(document).ready(function() {
09:          $("form").on("submit" , function() {
10:            console.log($(this).serialize());
11:            return false;
12:          });
13:        });
14:      </script>
15:    </head>
16:    <body>
17:      <form>
18:        <input type="text" name="a" value="1" id="a" />
19:        <input type="text" name="b" value="2" id="b" />
20:        <input type="hidden" name="c" value="3" id="c" />
21:        <input type="submit" value="전송">
22:      </form>
23:    </body>
24:  </html>
```

09-12행 [전송] 버튼을 클릭하여 submit하면 .serialize() 메서드에 의하여 폼 요소의 파라미터 값이 query 스트링으로 변환되어 전송된다. 변환된 전송값을 콘솔에 출력하여 확인한다.

실행 결과

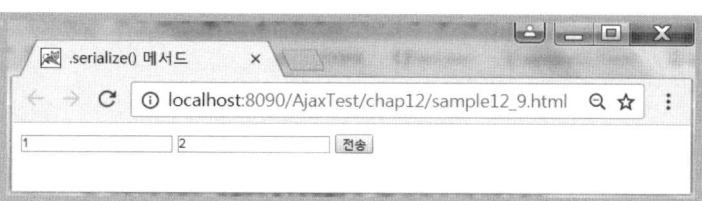

[그림 12.13] sample12_9.html 예제 실행 결과

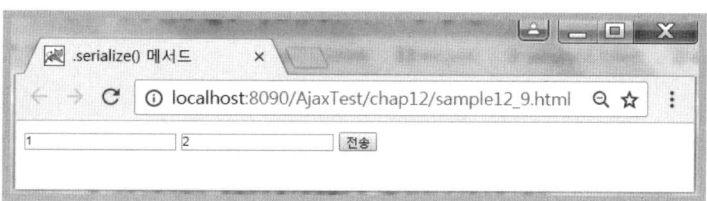

[그림 12.14] sample12_9.html 예제 실행 결과 - [전송] 버튼을 클릭한 후의 결과

동적화면 처리를 위한

Ajax와 jQuery
프로그래밍 입문

인쇄 일자 : 2017년 1월 17일 초판 인쇄

발행 일자 : 2017년 1월 23일 초판 발행

펴낸곳 : 가메출판사(http://www.kame.co.kr)

발행인 : 성만경

지은이 : 인경열

주소 : 서울특별시 마포구 양화로 56 (서교동, 동양한강트레벨) 504호

전화 : 031)923-8317

팩스 : 031)923-8327

ISBN : 978-89-8078-287-1

등록번호 : 제313-2009-264호

정가 : 23,500원
